成人高等教育基础医学教材

计算机基础与应用

Jisuanji Jichu yu Yingyong

主　编　王世伟

副主编　刘尚辉　张志常

上海科学技术出版社

图书在版编目(CIP)数据

计算机基础与应用/王世伟主编.—上海:上海科学技术
出版社,2011.7
成人高等教育基础医学教材
ISBN 978-7-5478-0848-1

Ⅰ.①计... Ⅱ.①王... Ⅲ.①电子计算机—成人
高等教育—教材 Ⅳ.①TP3

中国版本图书馆 CIP 数据核字(2011)第 096505 号

上海世纪出版股份有限公司
上 海 科 学 技 术 出 版 社 出版、发行
(上海钦州南路 71 号 邮政编码 200235)
新华书店上海发行所经销
苏州望电印刷有限公司印刷
开本 787×1092 1/16 印张:21.25
字数:518 千字
2011 年 7 月第 1 版 2011 年 7 月第 1 次印刷
ISBN 978-7-5478-0848-1/R·267
定价:45.00 元

成人高等教育基础医学教材

编写委员会

■ **主任委员** 赵 群

■ **副主任委员** 陈金宝

■ **委 员**（以姓氏笔画为序）

于爱鸣	王 健	王世伟	王丽宇	王怀良
王艳梅	王爱平	方 瑾	孔垂泽	田 静
邢 花	朱闻溪	刘 宇	刘俊亭	刘彩霞
汤艳清	孙田杰	孙海涛	苏兰若	李 丹
李小寒	李红丽	李栢林	李福才	肖卫国
邱 峰	佟晓杰	邱雪杉	张 波	张东方
张喜轩	陈 磊	苑秀华	范 玲	罗恩杰
孟胜男	孟繁浩	赵 斌	赵成海	施万英
祝 峥	袁长季	钱 聪	徐甲芬	高丽红
曹 宇	蔡际群	翟效月	颜红炜	潘兴瑜
潘颖丽	薛辛东	魏敏杰		

■ **教材编写办公室**

刘 强 刘伟韬

成人高等教育基础医学教材

计算机基础与应用

编委会名单

■ **主 编** 王世伟

■ **副主编** 刘尚辉 张志常

■ **编 委** （以姓氏笔画为序）
王世伟 付 淼 刘尚辉
李 静 张志常 庞东兴
郑 璐 徐东雨 霍 妍

前　言

近年来,随着高等医学教育的迅速发展,全日制本科医药类教材建设得到了长足的进步,教材体系日益完善,品种迅速增多,质量逐渐提高。然而,针对成人护理学及药学专业高等教育教材,能够充分体现以教师为主导、以学生为主体、以学生自主学习为主模式的教材,可供选择的并不多。根据教育部《关于普通高等教育教材建设与改革的意见》的精神,为了进一步提高成人高等教育护理学及药学专业教材的质量,更好地把握21世纪成人高等教育护理学及药学内容和课程体系的改革方向,以中国医科大学为主,聘请了北京大学、复旦大学、中山大学、西安交通大学、江南大学、卫生部中日友好医院、辽宁中医药大学、沈阳药科大学、沈阳医学院和澳门理工学院等单位的专家编写了本系列教材,由上海科学技术出版社出版。本系列教材分为成人高等教育基础医学教材和成人高等教育护理学专业教材、成人高等教育药学专业教材,前者供护理学及药学专业学生使用,后两者分别为护理学及药学的专业教材。

本系列教材编排新颖、版式紧凑、层次清晰、结构合理。每章由三大部分组成:第一部分是导学,告知同学本章需要掌握的内容和重点难点,以方便教师教学和学生有目的地学习相关内容;第二部分是具体学习内容,力求体现科学性、适用性和易读性的特点;第三部分是复习题,便于学生课后复习,其中选择题和判断题的答案附于书后。

本系列教材的使用对象主要为护理学及药学专业的高起本、高起专和专升本三个层次的学生。其中,对高起本和专升本层次的学习要求相同,对高起专层次的学习要求在每章导学部分予以说明。本系列教材中的基础医学教材也适用于其他相关医学专业。

除了教材外,我们还将通过中国医科大学网络教育平台(http://des.cmu.edu.cn)提供与教材配套的教学大纲、网络课件、电子教案、教学资源、网上练习、模拟测试等,为学生自主学习提供多种资源,建造一个立体化的学习环境。

为了确保本系列教材的编写进度和质量,我们成立了教材编写委员会。编写委员会主任委员由中国医科大学校长赵群教授担任,副主任委员由中国医科大学网络教育学院常务副院长陈金宝教授担任。编写委员会下设教材编写办公室,由刘强和刘伟韬同志负责各分册协调和部分编务工作等。教材部分绘图工作由齐亚力同志完成。

由于时间仓促,任务繁重,在教材编写中难免存在不足,恳请广大教师、学生和读者惠予指正,使本系列教材更臻完善,成为科学性强、教学效果更好、更符合现代成人高等教育要求的精品教材。

成人高等教育护理学及药学专业教材
编写委员会
2011年5月

编 写 说 明

　　计算机与医学信息技术的应用水平是评价医学人才核心能力的重要考量指标,高校计算机基础与应用课程均定义为主干公共基础课程,因此学好本课程的重要意义不仅仅在于掌握计算机的操作技能,而且要结合医学信息化发展进程对医学人才计算机知识能力的要求,培养出适应未来需求并能够熟练掌握和自主运用计算机技术,解决医学信息化、数字化进程中实际问题的合格人才。

　　本教材是针对成人高等教育课程编写的,根据成人高等教育培养目标的要求和成人高等教育学生的实际情况,结合教学要求和考试大纲的要求,科学合理安排计算机基础与应用课程体系中的知识点和能力点,采用简洁通俗的案例式教学方法,突出本书的助教与助学的功能特色,精心设计了适合学生自学的复习题,并在书中给出了操作实践的答案与解析。在激发、引导学生自学的同时还兼顾计算机基础与应用课程中知识体系与技能培养的科学性和完整性。

　　为了配合学生在网络上自主学习的需要,我们还提供了完全免费开放的精品课程网站 www.cmu. edu. cn/computer,网站中有完整的课件和丰富的教学资源。通过网上互动平台交流学习,可以提高自主学习的兴趣和效率。

　　本教材共七章,第一章由王世伟编写,第二章由刘尚辉编写,第三章由霍妍、付淼、李静编写,第四章由张志常编写,第五章由庞东兴编写,第六章由郑璐编写,第七章由徐东雨编写。

　　本书的出版将承载成人高等教育课程改革与发展的重担,面临"明确教学目标,适应成人教育,突出医信核心,夯实能力基础,激发创新思维,培养合格人才"的严格考验。由于我们的水平与经验尚有不足,欢迎广大使用本书的师生提出您的宝贵意见! 让我们共勉提高。

《计算机基础与应用》编委会

2011 年 5 月

目　　录

第一章
计算机与信息技术基础

导　学

内容及要求

本章作为计算机与信息技术应用基础的入门课程，共安排了四节，分别是计算机、信息与社会，计算机内信息的表示与编码，计算机硬件组成及其工作原理和计算机软件系统。

重点、难点

本章要求重点掌握：①计算机的发展历史、分类、应用范围及特点；信息和数据的基本概念。②计算机系统的基本组成及各部分的主要功能，数据存储的概念。③数据在计算机中的各种表示方式与各种进制数制式转换。④微型计算机硬件的组成部分，计算机主要部件的性能指标。⑤计算机在医学领域中的应用。⑥本章后面的实践与解析要求认真完成并举一反三地多加练习。

- 计算机、信息与社会
- 计算机内信息的表示与编码
- 计算机硬件组成及其工作原理
- 计算机软件系统

　　随着计算机技术的迅速发展及其在医学领域中应用的不断深入，计算机与信息技术应用基础课程已经成为全国高等院校学生和医疗卫生领域在职人员教育的一门必修的公共基础课程。

■■■第一节　计算机、信息与社会

　　世界上第一台电子计算机 ENIAC(electronic numerical integrator and calculator，电子数字积分计算机)诞生于 1946 年美国宾夕法尼亚州立大学，它是 20 世纪科学技术发展进程中最卓越的成就之一。它的出现为人类社会进入信息时代奠定了坚实的基础，有力地推动了其他科学技术的发展，对人类社会的进步产生了极其深远的影响。

　　计算机的应用已经渗入到社会的各行各业，正在改变人们传统的学习、工作和生活方式，推动社会的飞速发展。本节讨论计算机文化、计算机的特点、计算机的发展历史和计算机内信息的数字化等问题。

一、计算机文化

目前,计算机应用基础已成为文明人类必需的文化内容,它与传统的语言、基础数学一样重要。一个国家的人民对计算机技术的了解和掌握程度是衡量这个国家全民科学素养的重要指标之一。

(一)计算机文化现象

计算机作为一种人类大脑思维的延伸与模拟工具,它的逻辑推理能力、智能化处理能力可以帮助人类进一步展开思维空间;它的高速运算能力和大容量存储能力弥补了人类这一方面的不足。人们通过某种计算机语言向计算机下达某些指令,可以使计算机完成人类自身可想而不能做到的事情,而计算机的应用又将为人类社会的发展开辟全新的研究领域,创造更多的物质和精神财富。例如,电子邮件、远程访问等改革了人类的交流方式,拓宽了人类生活和研究的交流空间,丰富了人类的文化生活;计算机三维动画技术的应用可以制造出高度逼真的视觉效果,创造出更多、更精彩的影视作品;图文照排系统的应用彻底革新了出版、印刷行业;生物芯片、基因重组技术都是借助计算机技术对人类自身奥秘以及对动、植物进化的奥秘进行探索和优化,这也促进了生物技术突飞猛进的向前发展。

计算机的出现为人类创造文化提供了新的现代化工具,革新了创造文化的方式与方法,形成了一种新的人类文化——计算机文化。

(二)计算机应用领域

计算机技术在社会生活中如此重要,已经形成了一种计算机文化。因此人们有必要了解计算机在人们社会生活中的应用领域。计算机的主要应用领域归纳起来可以分为以下几个主要方面。

1. **科学计算** 科学计算(scientific computing)也称为数值计算,主要解决科学研究和工程技术中提出的数值计算问题。这是计算机最初的也是最重要的应用领域。世界上第一台计算机的研制就是为了科学计算而设计的,当时这台计算机解决的科学计算问题都是人工计算望而却步的,有的更是人工计算无法解决的。随着科学技术的发展,各个应用领域的科学计算问题日趋复杂,使人们不得不更加依赖计算机解决计算问题,如计算天体的运行轨迹、处理石油勘探数据和天气预报数据、求解大型方程组等都需要借助计算机完成。科学计算的特点是计算量大、数据变化范围广。

2. **数据处理** 数据处理(date processing)是指对大量的数据进行加工处理,如收集、存储、传送、分类、检测、排序、统计和输出等,从中筛选出有用信息。与科学计算不同,数据处理的数据虽然量大,但计算方法简单。数据处理也是计算机的一个重要而应用广泛的领域,应用于各种数据处理系统,如电子商务系统、图书情报检索系统、医院信息系统、生产管理系统、酒店事务管理系统等。

3. **过程控制** 过程控制(procedure control)又称实时控制,指用计算机实时采集被控制对象的数据(有时是非数值量),对采集的对象进行分析处理后,按被控制对象的系统要求对其进行精确的控制。

工业生产领域的过程控制是实现工业生产自动化的重要手段。利用计算机代替人对生产过程进行监视和控制,可以提高产品的数量和质量,减轻劳动者的劳动强度,保障劳动者的人身安全,节约能源、原材料,降低生产成本,从而提高劳动生产率。目前我国的很多生产企业(如钢铁厂、化工厂、生物制品厂、制药厂等)都已广泛采用了生产过程的计算机控制系统。

交通运输、航空航天领域应用过程控制系统更为广泛,铁路车辆调度、民航飞机起降、火箭发射及飞行轨迹的实时控制都离不开计算机系统的过程控制。

4. **计算机辅助系统** 计算机辅助系统(computer aided system)包括计算机辅助设计(computer aided design,CAD)、计算机辅助制造(computer aided manufacturing,CAM)和计算机辅助教学(computer aided instruction,CAI)。

　　计算机辅助设计是指利用计算机辅助人们进行设计。由于计算机具有高速的运算能力及图形处理能力,使计算机辅助设计技术得到广泛应用,如建筑设计、机械设计、集成电路设计和服装设计等领域都有相应的计算机辅助设计系统软件的应用。采用计算机辅助设计后,大大减轻了相应领域设计人员的劳动强度,提供了设计速度和设计质量。

　　计算机辅助制造是指利用计算机对生产设备进行管理、控制和操作。在产品的生产过程中,利用计算机控制生产设备的运行、处理生产过程中所需的数据、控制和处理生产材料的流动,以及对产品进行质量检验等属于计算机辅助制造技术。利用计算机辅助制造技术可以提高产品质量及数量、降低成本、缩短生产周期、降低劳动强度(如用数控机床加工工件)。

　　计算机辅助教学是指利用计算机帮助老师教学,指导学生学习的计算机软件。目前国内外计算机辅助教学软件比比皆是,尤其是近年来计算机多媒体技术和网络技术的飞速发展,网络计算机辅助教学软件如雨后春笋,交相辉映。网络教育得到了快速发展,并取得巨大成功。

　　5. 人工智能　人工智能(artificial intelligence, AI)是指用计算机模拟人类的演绎推理和决策等智能活动。在计算机存储一些定理和推理规则,设计程序让计算机自动探索解题方法和推导出结论是人工智能领域的基本方法。人工智能是计算机应用研究的前沿学科。人工智能领域的应用成果非常广泛,例如,模拟医学专家的经验对某一类疾病进行诊断;具有低等智力的机器人;计算机与人类进行棋类对弈;数学中的符号积分和几何定理证明等。

　　6. 信息高速公路与计算机网络　信息高速公路(information super-highway)的概念源于美国。早在1991年,参议员戈尔提出要把美国所有信息库及信息网络联成一个全国性大网,让各种形态的信息在大网中高速交互传输。1993年9月,美国总统克林顿正式宣布实施国家信息基础设施计划,即"信息高速公路"计划。这项计划预计20年内耗资4 000亿美元,计划1997~2000年初布建成。这项计划震惊全球,各国纷纷提出自己的发展信息高速公路的计划,积极加入到这场世纪之交的大竞争中去。国家信息基础设施建设包括人才的培养、信息资源建设、高性能计算机的投入、高速宽带通信基础设施的建设和一系列的标准法规等政策的制定。我国政府及时抓住了发展契机,提出了我国发展国家信息基础设施的计划,目前正抓紧实施各方面基础建设。

　　计算机网络技术是随着计算机技术和通信技术的发展而日趋完善并走向成熟的。计算机网络有着广泛的应用领域,主要功能有:数据通信、资源共享、实现分布式的信息处理、提高系统的可靠性和可用性等。这一应用领域的发展已经使整个世界进入了信息时代,改变了和继续改变着人类社会的面貌和生活方式。

　　7. 多媒体计算机系统　多媒体计算机系统即利用计算机的数字化技术和人机交互技术,将文字、声音、图形、图像、音频、视频和动画等集成处理,提供多种信息表现形式。这一技术被广泛应用于电子出版、教学和休闲娱乐等方面。

(三)计算机医学应用

　　作为医学工作者,有必要了解计算机在医学领域的应用情况。20世纪50年代末开始,计算机应用逐渐渗透到医药卫生领域,形成一门多学科交叉的边缘科学——医药信息学(medical information science)。它研究的对象是具有生命活动特征的医学信息。20世纪70年代末,"国际医药信息学会"宣告成立;80年代初,"中国医药信息学会"成立。这两个学会的成立及开展的工作为医药信息学的发展做出了巨大的贡献。

　　20世纪90年代,全球性的信息高速公路建设浪潮给计算机医学应用带来新的机遇和挑战。1995年,中国卫生部宣布启动"金卫工程"建设项目,这是一项以医院信息系统为基础,包括建设城镇职工医疗保险信息网络和远程诊疗信息系统的大型信息系统,各省、市、区正在抓紧实施。以下介绍计算机医学应用的主要方面。

　　1. 医院信息系统　医院信息系统(hospital information system, HIS)是采集、管理医院各类信息,实现信息共享的计算机网络系统。国外的医院信息系统研究始于 20 世纪 50 年代,大多数系统建立在大型或小型主机上,目前正在由集中式系统向分布式系统过渡、从单纯面向管理到面向医疗过渡、从医院局域网到逐步与外院的广域网、无线网相连接。我国的医院信息系统建设始于 20 世纪 80 年代,大体上经历了单机单任务、基于文件服务器的医院内部信息系统、客户/服务器体系结构的医院信息系统三个阶段。"金卫工程"的启动、促进了各地区的医院信息系统建设,国内具有代表性的建设项目有卫生部医院管理研究所开发的"中国医院信息系统"和解放军总后勤部卫生部主持开发的军队医院信息系统。

2. 医学数据处理 人工处理医学数据是相当繁琐的事情,医院信息系统的应用和医学统计软件包的诞生把广大医学工作者从海量的医学信息数据处理的计算工作中解脱出来,同时提高了数据处理结果的准确性、可靠性和科研管理水平。目前常用的专业统计软件包有 SAS、SPSS 等。现在 Microsoft Office 的 Excel 软件,由于应用简单方便,统计结果准确明了,逐步成为医学数据统计分析和处理的常用软件。

医学数据的科学计算,目前已成为医学图像处理、医学计算机仿真(医学生理仿真、医学临床仿真)的重要手段。利用计算机网络计算发展成型的"循证医学",是计算机技术推动医学发展的典范。

"人类基因组计划"是人类探索自身奥秘的计划,所建立的人类基因组图谱将成为疾病预测、预防、诊断和治疗的基础。由于人类基因数据超级庞大,这一跨世纪的大型工程就只能够依靠计算机技术和网络技术的深入开发与应用得以实现。人类基因研究的背景和计算机技术的结合,诞生了目前科学领域最热门的学科——生物信息学。

3. 医药信息检索系统 早期的医药信息检索一般使用主从结构的国际联机检索系统,用户获得的信息非常有限,要求用户有较强的信息检索能力并且需要支付很高的检索费用。还有的用户单位订购某类定期信息检索光盘(如医学信息检索光盘 Medline),供用户在本地检索信息,而这些信息相对滞后且有限。

目前,随着 Internet 的飞速发展,信息高速公路计划的提出与实施,高速宽带网、无线网、3G 网和 4G 网的应用日益普及,用户可以通过网络实时检索各类所需信息,手段灵活安全方便。目前中国已经建成"中国 500 所大型医院信息库"、"中国医院信息网"等信息资源库。可以共享宝贵的医学信息资源,提高公共医疗卫生服务的水平。

4. 智能化医疗仪器的研制 微型计算机、微处理机和单片机的诞生使计算机应用于智能化的医疗仪器成为可能。目前已有各类智能化的医疗仪器面世,如电子温度计、电子血压计、心电功能监护仪、生理生化分析仪、计算机断层扫成像(CT)、核磁共振成像(MRI)、正电子发射计算机成像(PET)、单光子发射计算机断层成像(SPECT)以及 X 光刀、伽玛刀等先进的医疗仪器的应用,使医学诊断和治疗的手段大大提高了一步,三维医学影像的检查和介入治疗也使得医疗水平得到很大提高。

5. 医学专家系统 医学专家系统(medical expert system)是以医学专家知识为基础,以共享某一医学领域专家知识的软件系统。这是国内医学应用领域中最为活跃的一部分,尤其以中医计算机辅助诊断系统的应用独具特色,深受国内外医学界专家的重视和好评。主要的作用是结合医学专家的临床经验,利用计算机分析病情辅助医生做出正确、合理的诊断和治疗方案。

生物芯片、纳米技术、医学图像处理技术等项目中计算机技术的引入和应用,将进一步促进医学领域数字化应用的快速发展。

二、计算机的特点

计算机之所以得到广泛应用,正是由于它的特点所决定的。

1. 运算速度快 计算机的运算速度是计算机最重要的评价指标。从世界上第一台计算机每秒钟运算 5 000 次发展到今天高达每秒钟运算 1 000 亿次的超级计算机,不仅大大加快了问题的求解速度,而且使某些过去靠人工根本无法完成的计算工作有了完成的可能。如天气预报,利用计算机实时快速的分析处理气象数据,可以准确地预报出中长期的天气预报,由于气象信息的数据量巨大且瞬息万变,因此必须使用计算速度达百亿次以上的计算机才能完成这些计算工作,足以见得计算机高速运算特点的重要性。

2. 运算精度高 运算精度是指数据在计算机内可以表示的有效位数。计算机上的单精度实数运算一般只有 7~8 位的有效数字,双精度实数运算可提供 15~16 位有效数字。必要时可借助软件提高计算精度。

3. 存储容量大 目前计算机主储存器(内存)容量已大大提高,达到"GB"数量级,而且辅助存储器(外存)容量已达"TB"数量级。主存储器由半导体材料制成,其工作速度与中央处理器同步。辅助存储器包括磁盘、磁带、光盘等用来保存大量的数据和资料,实现海量数据存储。

4. 自动化程度高,可靠性好 计算机的运行是在程序控制下自动运行的,无需人工干预,且有实时监控的能力,因此计算机的运行自动化程度高,可靠性好。

5. 严密的逻辑判断能力 计算机不仅可以完成数值计算,而且还能进行各种逻辑运算(如判断大小、异同或真假等等)。例如,计算机可以根据从人造卫星接收的大量数据和图片信息,分析判断地面上的农作物长势、病虫害,判断环境污染、森林火灾、江河水灾和军事设施等情报。

6. 联网通信,共享资源 计算机联成网络后,汇集了世界上所有的信息资源,为人们提供了一种有效和快捷的交流手段,使世界上的人们可以充分利用和共享宝贵的信息资源,极大促进社会的进步。

三、计算机的发展史

人类创造计算工具、发展计算技术的历史悠久。从 13 世纪在中国诞生算盘到 17 世纪英国诞生的计算尺,再到 20 世纪 40 年代美国诞生的电子计算机,都证明了任何一项科学技术的发明离不开当时的社会发展需求以及当时生活科学技术的发展水平。而电子计算机的发明和发展是近半个多世纪的事情,它对现代科学技术和社会的发展影响是人们始料不及的,其贡献和作用应该说怎样评价都不为过。

(一) 计算机的诞生

19 世纪 50 年代,英国数学家乔治·布尔(George Boole,1815~1864)创立了逻辑代数,奠定了电子计算机的数学理论基础。1936 年,英国科学家图灵(Alan Turing,1912~1954)首次提出了逻辑机的模型——"图灵机",并建立了算法理论,被誉为计算机之父。两位科学家的研究为计算机的诞生提供了重要的理论依据。20 世纪初,科学技术的飞速发展要求一种高速、准确的计算工具以解决当时科学研究与工程制造上大量的计算问题。人们开始谋求一种新的高速高效精确的计算工具,这就是电子计算机诞生的时代背景。

1946 年 2 月,世界上第一台电子计算机 ENIAC 诞生于美国宾夕法尼亚州立大学。这台计算机使用了 18 000 个电子管,体积约 90 m³,耗电 140 多 kW,占地 170 m²,重约 30 t。这样的庞然大物每秒钟能够作 5 000 次加法运算,该机只要运行 2 个小时,就解决了当时 100 名工程师需要计算一年的工作量。

1946 年 6 月,美籍匈牙利数学家冯·诺依曼(John. Von. Neumann,1903~1957)在他的《电子计算机装置逻辑结构初探》研究报告中首次提出顺序存储程序通用电子计算机的方案,从而奠定了电子计算机结构的基本框架。时至今日,计算机技术日新月异,但其基本结构仍然是冯·诺依曼结构。

（二）计算机的分代

至电子计算机诞生以来,计算机技术发展速度之快,影响之大是其他任何技术所不能相比的。从计算机硬件构造上看,计算机经历了四代发展的历程,并正向新的一代迈进。

1. 第一代(1946~1955)　电子管计算机时代。其主要生产器件为电子管(真空管),汞延迟线存储器和磁鼓等;性能指标为每秒 1 万次、2kB 存储器;使用机器语言。代表机型有 ENIAC、EDVAC、UNIVAC 和 IBM650 等。

2. 第二代(1955~1965)　晶体管计算机时代。主要生产器件为晶体管(半导体管),磁芯存储器等;性能指标为每秒 300 万次,32kB 存储器;软件有汇编语言、ALGOL 60、FORTRAN 和 COBOL。代表机型有 IBM 7090、IBM 7094、CDC 6600 等。

3. 第三代(1965~1980)　中小规模集成电路计算机时代。其主要生产器件为中小规模集成电路、半导体存储器、磁盘和微处理器等;性能指标为每秒 1 亿~10 亿次浮点运算、8~256MB 存储器;软件有操作系统、结构化程序设计语言、并行算法和数据库等。代表机型有 IBM360、IBM370 和 PDP-11 等。

4. 第四代(1980~2000)　大规模、超大规模集成电路计算机时代。主要生产器件为大或超大规模集成电路、半导体存储器、磁盘、光盘、微处理器、微型计算机、多处理机系统、分布式计算机系统、并行计算机系统和工作站等。主要性能指标达到每秒 10 亿次以上,甚至今天已经生产出每秒 1 000 万亿次的超大型计算机,256~4 096MB 存储器;软件有 ADA 语言、C++语言、Java 语言、专家系统、数据库系统、软件工具、各类应用软件等。代表机型有 IBM 308X、CRAY-3、IBM 的 Blue Gene/L、NASA 的 Columbia 等。

5. 计算机的新发展　目前计算机正向人工智能、神经元网络计算机和生物芯片方向发展。面向人工智能应用计算机的硬件有超大规模集成电路、半导体存储器、砷化镓半导体(Gallium arsenide, GAAS)、高电子迁移率场效晶体管(high electron mobility transistor, HEMT)和大规模并行计算机系统;软件有逻辑语言、函数型语言、面向对象语言和智能软件系统等,代表机型的计算机有 MARK V、NX-16 和 NX 1/16 等。

(1) 第五代——人工智能电脑:第五代计算机目前仍处在探索、研制阶段。第五代电脑是具有人工智慧的电脑。所谓人工智慧电脑是将人类的智慧、推理能力、逻辑判断、图形语音辨识等与电脑相结合,第五代电脑常常要处理复杂而大量的资料。因此,这种电脑的处理速度要更快、记忆容量要更大。

(2) 第六代——神经电脑:人脑有 140 亿神经元及 10 亿多神经节,每个神经元都与数千个神经元交叉相联,它的作用都相当于一台微型电脑。人脑总体运行速度相当于每秒 1 000 万亿次的电脑功能。用许多微处理机模仿人脑的神经元结构,采用大量的并行分布式网络就构成了神经电脑。神经电脑除有许多处理器外,还有类似神经的节点,每个节点与许多点相连。若把每一步运算分配给每台微处理器,它们同时运算,其信息处理速度和智能会大大提高。神经电脑的信息不是存在存储器中,而是存储在神经元之间的联络网中。若有节点断裂,电脑仍有重建资料的能力。它还具有联想、记忆、视觉和声音识别能力。美国研究出由左脑和右脑两个神经块连接而成的神经电脑。右脑为经验功能部分,有 1 万多个神经元,适于图像识别;左脑为识别功能部分,含有 100 万个神经元,用于存储单词和语法规则。神经电脑将会广泛应用于各领域。它能识别文字、符号、图形、语言以及声呐和雷达收到的信号,判读支票,对市场进行估计,分析新产品,进行医学诊断,控制智能机器人,实现汽车自动驾驶和飞行器的自动驾驶,发现、识别军事目标,进行智能决策和智能指挥等。因此,神经电脑又被称为人工大脑,它是人类开发的第六代电脑。

（三）中国计算机发展历史

中国计算机发展起步于 1956 年,电子计算机的研制被列入当年制定的"十二科学技术发展规划"的重点项目。1957 年,我国研制成功第一台模拟电子计算机。1958 年,我国研制成功第一台电子数字计算机(103 机)。1964 年,研制成功一系列的晶体管计算机,如 109 乙、109 丙、108 乙和 320 等机型。从 1971 年起,我国自主生产出一系列的集成电路计算机,如 150、DJS-100 系列和 DJS-200 系列、银河系列和曙光系列计算机等。这些计算机产品成为我国当时乃至今应用计算机的主流机型。

20 世纪 80 年代后,我国计算机事业澎湃发展。1983 年,1 亿次巨型计算机"银河-Ⅰ"诞生;1993 年,10 亿次巨型计算机"银河-Ⅱ"诞生;1995 年,曙光 1000 大型通用计算机通过鉴定,其运算峰值达到 25 亿次每秒;1997 年,130 亿次巨型计算机"银河-Ⅲ"诞生;2000 年 7 月,3 840 亿次巨型计算机"神威-Ⅰ"问世;2001 年我国研制的曙光 3000 超级计算机运算峰值达到 4 032 亿次每秒;2002 年 8 月,联想集团研制的深腾 1800 超级计算机运算峰值达到 1.08 万亿次每秒,居世界第 43 位;2003 年 12 月,联想集团又推出了深腾 6800 超级计算机,其运算速度达到 4.183 万亿次每秒;2004 年 6 月,由中国科学院计算技术研究所、曙光公司、上海超级计算中心三方共同研制的曙光 4000A 超级服务器,其运算峰值达到 11 万亿次每秒,计算值位列全球第十。2009 年,造价 2 亿元、每秒峰值运算速度超过 200 万亿次每秒的超级计算机"魔方",这台运算速度世界第十、亚洲第一的超级计算机,开始在上海高速运转。由此,中国正式迈入了每秒运算速度超百万亿次的计算机全新的时代。

"魔方"(图 1-1)外表就像几十个黑色电话亭排列在一起。每个"电话亭"其实就是一个机柜。其中 42 个运算节点机柜,每个都集成了 200 颗四核中央处理器(central processing unit, CPU),每个都相当于 800 台普通家用电脑的运算能力。还有 15 个存储机柜,使全机总存储容量达到 500TB(千万亿字节),相当于整整 50 万个 1G 的 USB 盘(简称 U 盘)。此外,还有 10 个网络机柜用于机柜通信。连通这数十个大机柜需要的网线长约 30 公里,差不多可以从上海市人民广场铺到上海浦东国际机场。

图 1-1　我国目前最快的超级计算机"魔方"

超级计算机的设计原理并不复杂,就是让数千台乃至上万台计算机协作,变成一台超级计算机,术语叫并行计算。"魔方"采用的是刀片机群体系架构,每个刀片就是一个服务器,能协同工作。"魔方"运行起来的峰值速度,每秒超过 200 万亿次。

在微型计算机方面,我国先后推出了联想、长城、方正、同创、浪潮和实达等产品,并出口国外。软件产业更是兴旺发达,为推广我国计算机应用做出巨大贡献。

四、计算机的分类

计算机的分类有三种方式;按其应用特点可分为专用计算机和通用计算机;按机器规模大小可分为巨型计算机、大型通用计算机、小型通用计算机和微型计算机。

1. **按计算机处理数据的方式分类**　按计算机处理数据的方式分类有电子数字计算机、电子模拟计算机和数模混合计算机三种。

（1）电子数字计算机：电子数字计算机以数字量（也称不连续量）作为运算对象进行运算，其特点是运算速度快，精确度高，具有"记忆"（存储）和逻辑判断能力。计算机的内部操作和运算是在程序控制下自动进行的。当前一般不加特别说明时，计算机指的就是电子数字计算机。电子数字计算机又可以按照不同要求进行划分。

（2）电子模拟计算机：电子模拟计算机是一种用连续变化的模拟量（如电压、温度、角度来模仿实际所需要计算的对象）作为运算量的计算机，现在已经很少使用。

（3）数模混合计算机：数模混合计算机兼有数字和模拟两种计算机的优点，既可以接收、处理和输出模拟量，也可以接收、处理和输出数字量。

2. 按计算机使用范围分类　按计算机使用范围分类，有通用计算机和专用计算机两种。

（1）通用计算机：通用计算机是指可以用于解决不同类型问题而设计的计算机。通用计算机既可以进行科学计算，又可用于数据处理和工业控制等。它是一种用途广泛、结构复杂的计算机。

（2）专用计算机：专用计算机是为某种特定目的而设计的计算机。例如，用于数控机床、轧钢控制、银行存款等的计算机。专用计算机针对性强、效率高，结构比通用计算机简单。

3. 按计算机的规模和处理能力分类　计算机的规模和处理能力主要是指其体积、字长、运算速度、存储容量、外部设备、输入/输出能力等主要技术指标，按此分类方法，一般可分为巨型机、大型机、中型机、小型机、微型机、工作站等。

（1）巨型计算机：又称超级计算机（super computer）或超高性能计算机。各类计算机中，此类计算机运算速度最快，主存容量最大，不仅有标量运算，而且还有向量运算。主要用来解决其他计算机不能或难以解决的大型复杂的计算问题，如准确的中长期天气预报，石油勘探开发中的数据计算，科学研究中的数据运算等。

（2）大型通用计算机：它是处理能力强大的通用计算机（mainframe computer），属于比较早期的计算机种，既适用于科学计算，又能够进行大量数据处理。大型通用计算机一般拥有 4～8 个 CPU，最高处理速度达到 6 亿次每秒。它拥有多达百台大容量磁盘机，支持大型数据库，连接数百台用户终端，可实现分时处理。现代企业信息管理系统（management information system，MIS）多建立在大型通用计算机基础之上。

（3）小型通用计算机：又称超级小型计算机（mini computer），该机种除了规模小些以外，其功能与低档大型通用计算机相当，其性价比较高，一般中小企业信息管理系统均建立在该机种基础之上。

（4）微型计算机：又称个人计算机（personal computer，PC）。在各类计算机中，微型计算机发展最快，性价比最高，应用最广泛，最具发展前途。微型计算机采用先进的 CPU 作为处理器，计算速度已高达 20 亿次每秒，内存容量高达 1GB，2GB 甚至更高，硬盘容量多达 150GB 至 1TB。当今，微型计算机已发展出单片机、便携机（笔记本）、台式计算机和工作站。工作站是一种小巧紧凑的计算机系统，有很大的虚拟储存空间、强有力的图形处理硬件和网络通信接口，以及丰富的系统软件、支撑软件和应用软件。高档工作站的 CPU 可多达 20 多个。工作站具有比台式机更强的数据处理、图形图像处理和网络功能。因此广泛用于科学计算、软件工程、工业控制和人工智能等领域。

今后随着多核 CPU 技术的发展和并行计算机处理技术的应用，多核并行计算机的研制将成为计算机发展的主流。巨型计算机的研制也是我国着力发展的重要项目之一，正在跻身世界计算机强国的行列。

随着网络技术的发展，服务器的作用越来越重要。在 Internet 技术中，用作服务器的计算机可以是大型计算机、微型计算机甚至是巨型计算机。

五、21 世纪计算机发展趋势

21 世纪计算机将向以下几个方向发展。

(1) 超级计算机的研制仍然是热点。截至 2009 年年底,全世界最快的超级计算机是走鹃超级计算机超越了每秒千万亿次的速度,或者每秒预算千万亿次。走鹃超级计算机是由国际商用机器公司(IBM)及国家核安全局共同开发的,用于高等物理和美国防核泄漏方面,用来模拟其安全性及可靠性的。走鹃具有破纪录运转速度的秘密在于它的独特的复合设计。走鹃是目前世界上最快的计算机,速度是每秒 1 105 万亿次。在 2009 年的超级计算机大会上,它仍然占据着第一名的位置。

(2) 由于 CPU 的制造工艺已经达到了接近物理极限的程度,人们将寻找新的制造领域,如光子计算机、生物计算机等将逐渐成为 21 世纪的主力军。光电子计算机的优点是快速(比电子快 1 000 倍以上)、不发热、电路之间没有干扰,能克服当今硅芯片的缺欠。生物计算机最大优点是处理速度极快,处理信息速度是集成电路的万分之一,其本身具有并行计算能力,而不必依赖数千台微处理器的联合运算。

(3) 计算机将进一步微型化,毫微秒技术将产生更加微型化的机器人。现在 Mitre 公司已生产出 5 mm 的机器人,将使其具有自我复制的能力,与医学诊治相结合,在人类的血液中植入微型机器人以对付癌症、艾滋病、糖尿病等疾病,帮助人类战胜病魔。

(4) 计算机人工智能化、人性化。在建立人工智能化、自然化、人性化系统方面,最基本的技术就是自然语言处理技术。语音识别技术在近年获得了令人惊讶的进展,如 IBM 公司的"via voice"就可以对连续语音进行可靠的识别。现在这些产品还有一些较大的难题,就是处理和识别标点符号。在今后的语音识别中,人们可以对计算机说话或提问,令其学会思考判断,理解人类的思想情绪,进而做出正确的回答或动作。

(5) 计算机网络将向高速宽带或无线网络方向发展。真正做到网络共享硬件资源、信息资源。人类将完全实现无纸化办公和移动办公。利用计算机来实现全球卫星导航和通信。不久将在 3G 通信网络的基础上实现 4G 网络通信。4G 通信将是一个比 3G 通信更完美的新无线世界,它将创造出许多难以想像的应用。4G 最大的数据传输速率超过 100Mb/s,4G 手机将可以提供高性能的流媒体内容,并通过 ID 应用程序成为个人身份鉴定设备。

六、信息的数字化

人类社会最基本的三个要素是物质、能量和信息。物质是基础,能量是动力,而信息则是社会经济系统赖以构造和协调的纽带,是合理配置、正确调度的依据,是社会生产力的倍增器。如何社会活动都包含着对信息的采集、传输、存储、加工处理和有效利用。信息技术正从整体上影响着世界经济和社会发展的进程,信息技术的发展水平、应用水平和教育水平已经成为衡量社会进步程度的重要标志。

1. **信息的概念**　人类对自身生存、进步三要素(物质、能量、信息)的认识经历了漫长而曲折的历程。人类首先认识了物质世界。在远古,人类在求生存的过程中学会了制造和使用石器、铜器及铁器等工具,学会了狩猎、取火和种植;在近代和现代,人类不断发明创造新技术、新产品,发展生产力,改善生存条件。人类在与大自然长期斗争中认识到:客观存在的物质世界是人类赖以生存的基本条件。人类对能量的认识要晚得多,到 17 世纪蒸汽机诞生以后,人类从大规模机器工业革命中才逐渐认识到;物质在运动中将产生一种推动社会生产力发展的强大动力,这就是能量。人类最后才认识了信息,20 世纪中叶,电话、电报、遥感等通信技术相继问世,人类开始对信息产生认识;电子计算机的诞生进一步发展了人类对信息的认识。但是时至今日,人类对信息的认识还需要不断地深入和发展。

对于信息,一种比较流行的看法认为:信息是客观存在的一切事物及其运动状态的表征,信息通过物质载体以消息、情报、数据和信号等方式被表达并进行传递和交换。

2. 信息的特征　信息的巨大作用源于信息的基本特征。具体如下。

(1)普遍性：无论是生命世界或无生命世界，还是社会生活或人类思维，信息都是无处不在、无时不有的。

(2)寄载性：物质是信息存在的基础，产生的源泉，即信息必须寄载于物质载体之上，信息不可能独立于物质之外。

(3)共享性：信息是一种资源，可以为人类所共享。

(4)时效性：即信息被利用的价值会因时间、地点和对象而异。信息是此一时，彼一时，此处有用而他处无用，对你有用而对他人无用。

(5)可识别性：包括直接识别（通过人类的眼、耳、鼻、舌等感官）和间接识别（通过各种探测手段）。

(6)可表征性：世界上一切存在的事物及其运动都会产生信息，而信息正是表征这些存在的事物及其运动状态的一种普遍形式。对某一事物及其运动，可以用事件来描述，事件发生前的平均信息量可用美国科学家申侬的信息熵公式来计算。可见，信息不仅表述事物，而且信息量（表征的能力）也是可以度量的。

(7)可处理性：对信息可进行采集、存储、分析、转换、传递、挖掘、压缩和再生等。

3. 信息与数据　计算机实际上是一台信息（数据）处理机。也就是说，用计算机来处理信息时，必须将现实世界中的信息转换为计算机能够识别、存储和处理的形式，即二进制的 0 和 1，以及其他各种经过转换的数据，然后经过加工处理，再将结果（新的信息）提供给外界。例如，数字视频技术就是将通过摄像机获得的光学运动图像进行处理，转变为数字化图像，然后进行压缩，以便存储在磁盘、光盘等介质上，或通过电缆等其他方式传送出去。

这里所谈的数据，不仅仅是指一些数字，还包括各种数字数值、字符数据、文字数据、图形图像数据和影音数据等。通常所谓数据处理，是指对各种数据进行如采集、存储、传输、转换、分析、分类、排序、查询、计算、和图像声音处理等操作。在计算机任何形式的数据都是用二进制数来表示的。

信息与数据既有联系又有区别。数据是世间一切事物的客观描述的形式，信息是经过数据处理后产生的有用数据依据。信息是数据表达的内涵和解释。数据是具体的物理形式，而信息则是处理后产生出来的可利用的、有价值的数据。人们正是在获得和使用信息的过程中得到锻炼或经验。社会的前进和发展也正是在于信息的获取和应用中完成的。在很多场合下，由于信息与数据关系的密不可分，人们通常不能区分"数据"和"信息"、"信息处理"与"数据处理"的两种概念。

世界上浩如烟海的信息都用 0 和 1 来表示，要存储如此多的二进制数据显然需要存储容量特别巨大的介质，同时既要提高计算机处理信息的速度，又要提高信息传送的能力（即提高网络通信的速度），还要确保网络信息通信的质量和安全，这些都是计算机科学所要研究的基本内容和发展方向。

■■ 第二节　计算机内信息的表示与编码

二进制数是计算机表示信息的基础。本节首先引入二进制数的概念，再介绍数值型数据在计算机内的表示方式以及字符（包含英文字符和汉字）在计算机内的表示方式与编码。

一、二进制

人类其实习惯使用十进制表示数。十进制有 0～9 十个数字，两个十进制数运算时遵循"逢十进一"的计算规律。在进位数制中所用数值的个数称为该进位数制的基数，那么十进数的基数是 10。

人类发展的实践过程中，还创造出许多不同的进位数制用于表达各种不同的事物，比如 12 进制，表示 1 年有 12 个月；24 进制，表示 1 天有 24 小时；60 进制，表示 1 分钟有 60 秒；7 进制，表示一星期有 7 天等等。因此只要人们习惯了这些日常所用的数制，反而会觉得使用起来很方便。不同进位数制之间的区别在于它们的基数和表记符合不同进位规则不同而已。二进制是伴随计算机应运而生的一种计算机表记符号，也称计算机语言。

二进制数只有 0 和 1 两个计数符号，其进位的基数是 2，遵循"逢二进一"的进位规则。在计算机中采用二进制数表示数据的原因如下。

（1）由于计算机内使用的电子器件制造，其电子器件的逻辑状态是二值性的，如电压的高/低，开关的通/断，磁场的高/低，电流的大/小等特性正好可以用二进制数值来表述。

（2）计算机科学理论已经证明，计算机中使用 e 进制（e≈2.71828）最合理，取整数，可以使用二进制。

（3）运算方法简单。$0+0=0$，$0+1=1$，$1+0=1$，$1+1=10$。数值量与逻辑量共存，便于使用逻辑器件实现算术运算。

二进制的基数为 2，表记符号只有 1 和 0 两个数字。运算规则简单实用，并且快速。

例如：

$$
\begin{array}{r}
1100110100 \\
+\ 1111100000 \\
\hline
11100010100
\end{array}
$$

二、八进制与十六进制数

人们使用二进制来书写一个比较大的数值时，书写起来很长，看起来不方便，很容易出错。于是人们又发明了使用八进制或十六进制来表记数值，并且找到了和二进制一一对照的关系，书写和计算更加简单方便快速。

八进制的基数为 8，共有 0～7 的 8 个数字，运算遵循"逢八进一"的规则。一位八进制的数正好用 3 位二进制数来表示，它的对应关系如表 1-1 所示。

表 1-1　八进制数与二进制数的对应关系

八进制	0	1	2	3	4	5	6	7
二进制	000	001	010	011	100	101	110	111

八进制数与二进制数的转换很容易，按照表 1-1，每一八进制数对应 3 位二进制数，即完成了八进制数到二进制数的转换；例如：$(157)_8 = (001101111)_2$。

十六进制数的基数是 16，表记符号有 16 个：0、1、2、3、4、5、6、7、8、9、A、B、C、D、E、F。运算规则是"逢十六进一"。一位十六进制数对应 4 位二进制数表达，它们的对应关系如表 1-2 所示。

表 1-2　十六进制数与二进制数的对应关系

十六进制	0	1	2	3	4	5	6	7	8	9	A	B	C	D	E	F
二进制	0000	0001	0010	0011	0100	0101	0110	0111	1000	1001	1010	1011	1100	1101	1110	1111

十六进制数与二进制数的转换同样很容易，按照表 1-2，每一位十六进制数对应写出 4 位二进制数，即可完成十六进制数转换成二进制数。例如，$(A5D6)_{16} = (1010010111010110)_2$。

三、二进制数与十进制数的转换

十进制数毕竟是人们最熟悉数制。在计算机操作中人们希望直接使用十进制数,而计算机内部仅能够接受二进制数,因此就必须找到一种十进制数与二进制数之间的相互转换的方法。其实这个方法是非常简单的并可以由计算机自动进行转换。

1. 二进制数向十进制数转换的方法　一个二进制数按其位权(用十进制表示)展开求和,即可得到相应的十进制数。如:

$(110.101)_2 = (1 \times 2^2 + 1 \times 2^1 + 0 \times 2^0 + 1 \times 2^{-1} + 0 \times 2^{-2} + 1 \times 2^{-3})_{10} = (4 + 2 + 0.5 + 0.125)_{10} = (6.625)_{10}$。

2. 十进制数向二进制数转换的方法　十进制整数部分转换成二进制数,采用"除2取余数"的方法,十进制小数部分的转换采用"乘2取整数"的方法转换。

例如,$(56.625)_{10} = (111000.101)_2$

除法	商	余数	乘法	积的整数	积的小数
56÷2	28	0	0.625×2	1	0.25
28÷2	14	0	0.25×2	0	0.5
14÷2	7	0	0.5×2	1	0
7÷2	3	1			
3÷2	1	1			
1÷2	0	1			

四、数在计算机的表示方法

计算机内数据都是用二进制数来表示的,通常称为机器语言。除了数值以外,还可以表示各种语言字符、标点符号、图形图像甚至声音等各类数值信息。

1. 信息度量单位　无论是数值型数据,还是字符(包括英文字符、汉字或其他符号)都是存储在一个称为字节的单元之中。

一个二进制数称为"位"(bit),8个二进制数称为"字节"(Byte)。1 024 Byte简称1kB,1 024kB简称1MB,1 024MB简称1GB,1 024GB简称1TB。计算机处理的最小单位是二进制数的位,而计算机寻址单位是字节。

2. 原码　二进制数在计算机内可以使用原码、反码和补码表示。

以下假设使用8位二进制数表示一个数值,用其中最高位(左边第一位)来表示数值的符号位+或-(0表示正数,1表示复数),其余的7位二进制数表示具体的数值。例如,设十进制数 A= +105,其原码的表记是[A]原=01101001(表1-3)。设十进制数 B=-37,其原码的表记是[B]原= 10100101(表1-4)。

表1-3　105的二进制数值原码表记

0	1	1	0	1	0	0	1

符号位　　　　　　　　　　　数值位

表1-4　-37的二进制数值原码表记

1	0	1	0	0	1	0	1

符号位　　　　　　　　　　　数值位

在原码表示法中,数值 0 有两种表示方法:正 0 和负 0,简记为[+0]＝00000000,[-0]＝10000000。

3. 反码　反码又称"对 1 的补码"。符号位的规定与原码相同。正数的反码与原码相同,负数的反码是在原码的基础上按位取反。例如[+27]$_反$＝[+27]$_原$＝00011011,而[-37]$_反$＝11011010。

在反码表示法中,数值 0 也有两种表示方法,正 0 和负 0,简记为[+0]＝00000000,[-0]＝11111111。

反码表示法的优点是统一了加减法运算,只需要计算加法;反码表示法的缺点是运算时会引起循环进位,这既占用机器计算时间,又给机器设计带来麻烦。因此,人们又寻找另一种表示方法,即补码。

4. 补码　补码又称"对 2 的补码"。符号位与原码约定相同。正数的补码与原码相同,负数的补码是在原码的基础上按位取反后,最后一位加 1。例如,[+27]$_补$＝[+27]$_原$＝00011011,[-37]$_补$＝11011011。

在补码表示法中,0 有惟一的表示方法:[+0]$_补$＝[-0]$_补$＝00000000。

引入补码概念后,加法、减法都可以用加法实现。因此,现代计算机多采用补码运算。在讨论原码时已经假设使用 8 位二进制表示数,即假设这台计算机的字长是 8 位。又因为要使用最高位来表示数值的符号位,因此只有 7 位二进制数来表示数值,即数值的表示范围为+127～-127。当实际数值不在这个范围内时就会出错,这就是溢出。当然,现代计算机的字长早已经达到 32 位甚至 64 位了。但终究有一个数值表示的范围,对于溢出的问题,设计任何计算机都必须要做出正确的处理。

前面讨论的三种数值的表示方法只能表示单纯整数或小数,称为数的定点表示法。在计算机中参与运算的数一般是实数,即有整数部分又有小数部分。为了表示实数,使用数的浮点表示方法。任何一个实数可以表示成 $A＝2^i×S$,其中 S 是实数的尾数,S 的符号可以用 C_S 表示,0 表示正数,1 表示负数;i 是用二进制表示的阶码,i 的符号可以用 C_i 表示,0 表示正数,1 表示负数。例如,实数 110.101 可以用浮点表示成 $2^{11}×0.110101$。浮点表示方法的格式如下。

C_i	i	C_S	S

C_i 和 C_S 各只用一位,i 的位数决定实数的表示范围,S 的位数决定实数的精度。

计算机内的数值运算以加法为基础,其他运算都都可以变成加法实现。然而,现代的微处理器内已集成了浮点运算部件,其中包括了乘法器等部件,以提高运算速度。

五、计算机的编码

编码即字符在计算机内的表示方法,是用二进制形式表示的,其中包括英文字符、数字、运算符号、控制符号、甚至还可保护汉字及特殊符号等。

(一) ASCII 编码

当今计算机普遍使用美国信息交换标准代码即 ASCII(American Standard Cord for Information Interchange)编码。ASCII 编码中包含 128 个字符,用 8 位二进制数(单字节)编码来表示,但是只用低 7 位来表示 128 个基本字符,高位为 0。编码 0～127 称为 ASCII 码基本字符集;编码 128～255 称为 ASCII 码扩展字符集,可以留做它用。

ASCII 编码其中的 0～31 表示控制符号,32～64 为常用符号,65～122 为英文字符等。ASCII 编码对照详见表 1-5。

表 1-5　ASCII 基本字符集对照

0	NUT	32	(space)	64	@	96	、
1	SOH	33	!	65	A	97	a
3	ETX	35	#	67	C	99	c
4	EOT	36	$	68	D	100	d
5	ENQ	37	%	69	E	101	e
6	ACK	38	&	70	F	102	f
7	BEL	39	,	71	G	103	g
8	BS	40	(	72	H	104	h
9	HT	41	)	73	I	105	i
10	LF	42	*	74	J	106	j
11	VT	43	+	75	K	107	k
12	FF	44	,	76	L	108	l
13	CR	45	—	77	M	109	m
14	SO	46	.	78	N	110	n
15	SI	47	/	79	O	111	o
16	DLE	48	0	80	P	112	p
17	DCI	49	1	81	Q	113	q
18	DC2	50	2	82	R	114	r
19	DC3	51	3	83	X	115	s
20	DC4	52	4	84	T	116	t
21	NAK	53	5	85	U	117	u
22	SYN	54	6	86	V	118	v
23	TB	55	7	87	W	119	w
24	CAN	56	8	88	X	120	x
25	EM	57	9	89	Y	121	y
26	SUB	58	:	90	Z	122	z
27	ESC	59	;	91	[	123	{
28	FS	60	〈	92	\	124	|
29	GS	61	=	93	]	125	}
30	RS	62	〉	94	ˇ	126	～
31	US	63	?	95	——	127	DEL

（二）汉字编码

汉字编码包括汉字内码、汉字输入编码(外码)和汉字输出编码(屏显字模、打印字模)三个主要内容。

1. **汉字内码**　汉字内码是汉字在计算机内存储地址的表示。汉字内码是汉字在计算机内存储地址的表示。汉字内码是汉字在计算机内存储地址的编码。汉字数量众多,国家文字标准 GB2312-

80 国标码(区位码)简称字符集,定义了以 1~94 个区和 1~94 个位相交构成的二维表,此表最多可以容纳 7 445 个汉字和符号,其中已经公布了 6 763 个简体汉字,分为二级字库存储,其中一级汉字库包括 3 755 个最常用汉字,编码位于 16~55 区。二级汉字库包含 3 008 个非常有汉字,编码分别位于 56~87 区。另外,字符集还包括 682 个常用的基本符号编码位于。汉字编码对照表可在 GB2312 - 80 标准工具书中查看或网络上查找。表中还有许多空位留用,以备扩充新的文字或符号。

国标码是 4 位十六进制数编码。例如,"啊"字的区位码的十进制编码是 1601,即存放在 16 区 01 位,但国标码必须将区码和位码均转换成十六进制数表示,即区位分别加上十六进制数 20。那么"啊"字的国标码就是 3021。

汉字内码使用两个连续的字节(双字节编码)来存放一个汉字的内码,且两字节的最高位都是 1,这也是汉字编码的显著特点之一。将国标码分别加上 80$_H$,作为汉字内码,以汉字"啊"为例,国标码为 3021$_H$,汉字内码为 B0A1$_H$。

2. 汉字输入编码(外码)　汉字的输入不能像英文字符那样,一个键对应一个字符,只能多键输入一个汉字,这里的多键就是该汉字的输入编码。可见,汉字输入编码是将汉字输入到计算机内的一种(屏幕显示汉字)的编码。目前,已经发明了几百种以上的汉字输入编码,如微软拼音、五笔型、智能 ABC、搜狗输入法等等。

(1) 区位码:区位码是针对 GB2312 - 80 汉字库字符集的 4 位十进制的编码,分别由两个区码 00~94 和两个位码 00~94 组成,这是一种无重码的汉字输入方法。每个汉字或符号均为 4 位数字构成,例如"啊"字的区位码是 1601。汉字图符一一对应,没有重复,从而避免了同音字的混淆。其缺点是,按键 4 次才能输入一个汉字,速度较慢。

(2) 拼音输入法:即使用汉语拼音作为汉字输入法,例如汉字"湖"的拼音是"hu","中"字的拼音是"zhong"。此输入法简单易学,但输入速度较慢。

(3) 智能 ABC 输入法:基本方法和拼音法相同,但最大的优点是支持词组输入法,即采取拼音声母组合的方法完成词组的快速输入。例如,输入"电子计算机"词组只要按键"DZJSJ＋空格键"就可完成。且支持"全拼组合＋回车"的方法创建新的词组,供不同用户使用。

(4) 字型输入法:是一种以汉字的偏旁部首作为基本键位的输入编码,即把键盘上的某一按键和汉字的某一部首(提手、宝盖、耳刀等)或笔画(横、竖、撇、奈、点、折、勾)一一对应,按照笔顺按键输入相应汉字。五笔字型输入法就属于此种方法。例如"湖"字的三个部首"氵"、"古"、"月"分别对应键盘上的 i、d 和 e 键。"ide"就是"湖"字的五笔字型输入编码。

一般来说,无论哪种输入方法都有其各自的优缺点,只要用户熟悉某种汉字输入方法就可以,大可不必过分追求汉字输入速度,除非是专业计算机操作员。

3. 汉字输出编码　汉字对于计算机输出来说就像一幅平面线条图画,每个汉字都分别采用纵横排列的 0、1 点矩阵,1 代表线条,0 代表空白来描述汉字的笔画,并用固定编码(内码)保存起来,称为字模。一般计算机都设计有多种不同字模,比如 16×16 点阵屏幕显示字模、32×32 点阵打印输出字模以及各种不同字体风格(宋、仿、黑、楷、隶体等)的字模库。计算机中除了事先安装好的字库之外,有些计算机还提供了新汉字自定义的工具软件,允许用户自行定义某些新增加的汉字或符号。

第三节　计算机硬件组成及其工作原理

一个完整的计算机系统包括计算机硬件系统和软件系统两部分。计算机硬件系统包括:输入设备、输出设备、存储设备、运算器和控制器五部分。计算机即由机械和电子器件组成的一种设备。软件系统包括:系统软件和应用软件两部分,以及用户的程序和数据。没有安装软件的计算机称为裸机,只有配置并安装了完备而丰富的软件系统的计算机才能充分发挥其硬件的优势。

一、计算机硬件组成及其工作原理

计算机的硬件是计算机的物理装置,是看得见、摸得着的实体设备和器件。迄今,绝大多数计算机硬件结构都遵从德国科学家冯·诺依曼结构:即由控制器、运算器、存储器、输入设备和输出设备五部分组成(图1-2)。

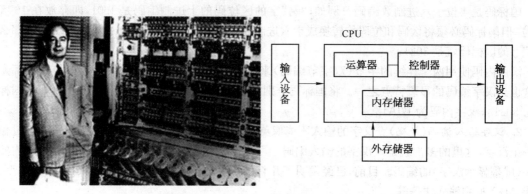

图1-2 德国科学家冯·诺依曼与计算机硬件基本结构图

控制器是计算机控制中心,向其他器件发出控制指令,指挥所有部件协调一致地工作。运算器是计算机进行算术运算、逻辑运算的主要器件。运算器中的一个运算单元能运行一位二进制数运算,运算单元的个数表示运算器的位数(也称为计算机的字长),一般计算机芯片中早已把控制器和运算器两部分器件集成在一起,做成一个芯片,该芯片统称为中央处理器,也称为CPU。现代计算机多数已经采用32位字长甚至64位字长的运算器,今天更多计算机中的CPU采用集成双核甚至多核的结构,使运算器可以实现双倍或多倍字长的并行运算,可见其运算速度之快,精度之高。存储器是用来存放程序和用户数据的器件,按其功能和结构又分为内存(RAM、ROM)和外存(硬盘、软盘、光盘、U盘等)。输入设备,是指负责把用户的指令或数据输入到计算机中的设备(如键盘、鼠标、扫描仪、麦克风等)。输出设备,是指负责把计算机内的信息或数据输出显示到屏幕上、打印机打印出来、喇叭输出声音的设备(显示器、打印机、音箱、绘图仪等)。有些设备还兼有输入和输出两种功能于一体(如外存、触摸屏)等。这样的设备叫做输入/输出设备(input/output device, I/O设备)。

计算机的工作原理是:它可以根据用户的要求编制计算机运行的程序,将程序和原始数据通过计算机输入设备,将其输入并转换成二进制代码指令(也称机器语言)送入存储器中保存;然后,按照用户程序指令顺序由控制器发出相应的控制指令(即发出电脉冲序列信号),将已经存储在存储器中的数据取出送入运算器中进行运算;计算得出的中间结果或最后结果再由运算器传送回到存储器保存;并按照用户需要将这些运算的结果或数据(均为二进制数据),同步转换成人们习惯的十进制数据、文字、图形或音、视频信息传送到输出设备上显示出来(也可以输出到打印机打印出来)。

二、微型计算机的硬件组成

微型计算机的组成仍然遵循冯·诺依曼结构,它由微处理器、存储器、系统总线(地址总线、数据总线、控制总线)输入输出接口及其连接的I/O设备组成。由于微型计算机采用了超大规模集成电路器件,使得微型计算机的体积越来越小,成本越来越低,而运算速度却越来越快。产品实现了标准化、系列化、多功能化和通用化。为大规模推广、普及和应用计算机带来更多的动力。微型计算机硬件结构如图1-3所示。

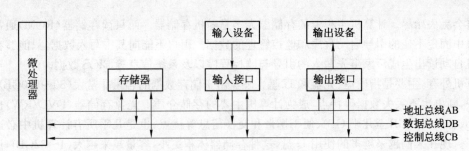

图 1-3　微型计算机硬件结构图

（一）中央处理器

中央处理器（CPU）是指由运算器和控制器以及内部总线组成的电子器件，简称微处理器。CPU 内部结构大概可以分为控制单元、运算单元、存储单元和时钟等几个主要部分。CPU 的主要功能是控制计算机运行指令的执行顺序和全部的算术运算及逻辑运算操作。其性能的好坏是评价计算机最主要的指标之一。

1971 年，美国 Intel 公司推出了世界上第一台微处理器 4004。从此以后，Intel 便与 CPU 结下了不解之缘。CPU 的出现是一次伟大的工业革命，从 1971 年到 1999 年，在短短四分之一世纪内，CPU 的发展日新月异，令人难以置信。目前的 Pentium 奔腾 CPU 比 1981 年用于第一台 PC 机的 8088 要快 300 倍以上。可以说，人类的其他发明都没有比 CPU 的发展那么神速、影响那么深远。

最近逐渐成为主流的双核 CPU，主要是指基于 X86 开放架构的双核技术，即在一个处理器上集成两个（甚至 4～8 个）运算核心，从而大大提高了运算速度。目前世界上有两大生产 CPU 的厂商 Intel 公司和 AMD 公司。AMD 公司从开始设计时就考虑到对 CPU 多核芯的支持，所有部件都直接连接到 CPU，从而消除了系统架构方面的瓶颈问题。而 Intel 公司采用多核心共享前端总线的方式，可能遇到多内核争用总线资源的问题。相比 AMD 公司而言，CPU 的架构更容易实现双核甚至多核的控制。

截至 2009 年 10 月，世界上最快的 CPU 是美国硅谷的 Tilera 近日宣布推出的"TILE-Gx100"，它是全球第一款核心数量多达 100 个的 CPU，同时还有 64 核心（TILE-Gx64）、36 核心（TILE-Gx36）、16 核心（TILE-Gx16）等不同版本。Tilera 宣称，TILE-Gx100 的性能是当今已有处理器最高水平的 4 倍，同时性能功耗比更是 Intel 尚未发布的 32nm West mere 处理器的 10 倍之多。

（二）存储器

存储器是用来存放计算机程序和数据的设备，按其功能和特点分类如图 1-4 所示。

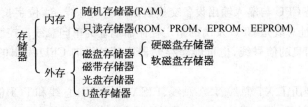

图 1-4　存储器分类

计算机存储器从大类来区分有内存和外存两类。其中随机存储器（RAM）的大小就是人们常说的内存大小，也是衡量计算机性能的主要配置指标之一。RAM 是半导体器件组成，主要提供存储和 CPU 直接交换的数据，其工作速度能够与 CPU 同步，伴随计算机一同工作，一旦断电，其中存储的内容将会丢失殆尽。计算机主板上的存储器大多是随机存储器。而只读存储器(ROM)通常是保存计算机中固定不变的引导启动程序和监控管理的数据。用户不能向其中写入数据,只能够在开机时计算机自动读出生成厂家事先写入的引导与监控程序以及系统信息等 BIOS 数据。

计算机外存,主要是指硬盘、光盘和 U 盘。硬盘由于储存数据的容量非常大(80~500GB),且读写速度快,断电也不丢失数据等特点,成为计算机主要的存储介质。光盘存储器(DVD/RW)也是由于体积小、容量大(6GB 至几十 GB)、便于携带和交换信息等优点,也是几乎所有计算机中必选的标准配置了。现在人们越来越多的使用 U 盘,这种存储器体积更小,容量越来越大(4~32GB),读写速度快,因其物美价廉,成为移动存储介质的首选,深受喜爱。

(三) 主板与主板芯片组

计算机主板上设计集成了多组连接各种器件的信号线,统称总线,主板的配置将决定计算机的性能和档次。其核心是主板芯片组,它决定总线类型、规模、功能、工作速度等各项综合指标。

主板芯片组一般包含南桥芯片和北桥芯片。北桥芯片主要决定主板的规格、对硬件的支持及系统性能,它连接着 CPU、内存、AGP 总线。因此决定了使用何种 CPU、AGP 多少倍速显卡以及内存工作频率等指标。南桥芯片主要决定主板的功能,主板上的各种接口(串、并、U 口等)、PCI 总线(如接驳显示卡、视频卡、声卡)、IDE(接硬盘、光驱)及主板上的其他芯片都由南桥控制。南桥芯片通常裸露在 PCI 插槽旁边,体积较大。南北桥进行数据传递时需要一条通道,称为南北桥总线。南北桥总线越宽,数据传送越快。

通常从几个方面考虑主板性能:一是对 CPU 与内存的支持度,多数 Pentium III 主板支持 SDRAM,早期的 845 芯片组支持 DDR。目前支持 775CPU 的主板支持 DDR2。二是考虑对硬盘的支持度,目前多数主板支持 SATA 总线的串口硬盘,同时支持 IDE 接口硬盘,SATA 比 IDE 接口速度快的多。三是要考虑对显卡接口的支持度,目前主板多数支持 PCIE 和 AGP 接口显卡,PCIE 总线比 AGP 总线速度快。

目前市场上计算机主板的生产厂家很多,各种型号芯片组的主板产品也很多,选择时应考虑其稳定性、可靠性、扩展性、兼容性和性价比等因素。用户可以根据需要首先确定计算机的档次,然后再考虑主板、CPU、RAM、显卡、硬盘、DVD/RW 等主要器件的性能指标。需要注意的是,目前双核(甚至多核)CPU 逐渐成为主流,因此主板对其支持的程度也就成为主要的性能指标。用户可以随时上网查询相关信息。

(四) 系统总线

总线就是微型计算机内部件之间、设备之间传输信息的公用信号线。总线的特点在于其公用性。可以形象地比作是从 CPU 出发的高速公路。

系统总线包括集成在 CPU 内部的内部总线和外部总线。外部总线包括数据总线、地址总线和控制总线。数据总线是 CPU 与输入输出设备交换数据的双向总线,64 位字长的计算机其数据总线就有 64 根数据线。地址总线是 CPU 发出的指定存储器地址的单向总线。控制总线是 CPU 向存储器或外设发出的控制信息的信号线,也可能是存储器或某外设向 CPU 发出的响应信号线,是双向总线。

个人计算机总线经历了 XT 总线、ISA 总线、EISA 总线、VL 总线和 PCI 总线等。目前,绝大多数主板支持 PCIE 总线结构,可以从主板上到看到是否有 PCIE 扩展槽来判断。

(五) 输入输出接口

输入输出接口又称 I/O 接口。目前主板上大都集成了 COM 串行接口,LPT 打印机接口,PS2 鼠标接口、USB 外设接口等。少数计算机集成了 IEEE1394 接口,高清视频接口等。

1. USB 接口　USB(universal serial bas)接口是 1994 年推出的一种计算机连接外部设备的通

用热插拔接口。早期的 1.0 版读写速度稍慢,现在大多数已经是 2.0 版的 USB 接口,达到了 480 MB/s,读写速度明显提高。其主要的特点是热插拔技术,即允许所有的外设可以直接带电连接,如键盘、鼠标、打印机、显示器、家用数码设备等,大大提高了工作效率。

现在所有计算机的主板上都集成了两个以上的 USB 2.0 接口,有的多达 10 个。

2. IEEE1394 接口 IEEE1394 接口是一种串行接口,也是一种标准的外部总线接口标准,可以通过该接口把各种外部设备连接到计算机上。这种接口由比 USB 接口更强的性能,传输速率更高,主要用于主机与硬盘、打印机、扫描仪、数码摄像机和视频电话等高数据通讯量的设备连接。目前少数的计算机上集成安装了 IEEE1394 接口。

(六) 输入输出设备

计算机输入与输出设备是指人与计算机之间进行信息交流的重要部件。输入设备是指能够把各种信息输入到计算机中的部件,如键盘、鼠标、扫描仪、麦克风等。输出设备是指能够把计算机内运算的结果输出并显示(打印)出来的设备,如显示器、打印机、音箱等。

1. 键盘 键盘是操作者通过按键将指令或数据输入到计算机中的外部设备,其接口大多数是 USB2.0 接口。键位大都是标准键盘。分为 4 个功能区:主键盘区、功能键区、编辑键区和小数字键盘区。

2. 鼠标 鼠标是一种快速屏幕定位操作的输入设备。常用来替代键盘进行屏幕上图标和菜单方式的快速操作。主要有 5 种操作方式,移动、拖动、单击左键、双击左键,单击右键。其随动性好,操作直观准确。

3. 显示器与显示卡(适配器) 显示器(屏幕)是用来显示字符和图形图像信息的输出设备。主要包括 CRT 荧光屏显示器和 LCD、LED 液晶显示器。显示器的主要指标有分辨率(即屏幕上像素点的多少及像素点之间的距离大小)、对比度、响应时间、屏幕宽度等指标构成。现在大多数计算机采用了 LCD 和 LED 液晶显示器作为输出屏幕。具有很高的性价比。

显示卡(简称显卡)是 CPU 与显示器连接的通道,显示卡的好坏直接影响屏幕输出图像的整体效果。常用带宽、显存大小、图像解码处理器等指标来衡量显示卡的好坏。目前独立显卡多以 PCIE 和 AGP8 总线为主流。芯片组多采用 GeForce 7600GT、GeForce 7600GS、GeForce 7900GT、Radeon9550、RadeonX1600Pro。

4. 软磁盘与软磁盘驱动器 软磁盘大多数已经被 U 盘所取代,所以现在多数计算机已经不再配置软磁盘驱动器。但软磁盘曾经作为主要的移动存储介质被广泛应用,现仍有一些软盘保存的数据信息要使用,还要对其有所了解。

软磁盘是一种被硬塑料封装的软塑料磁盘片,直径为 3.25 英寸,简称 3 寸盘,有正反两个读写窗面,每面格式化成 80 个磁道,每磁道 18 个扇区,每个扇区可保存 512 B。即软磁盘总容量为 1.44 MB。

软磁盘驱动器简称软驱,是驱动软磁盘工作的机电一体的外部设备,一般安装在主机箱面板上。

5. 硬盘与接口类型 硬盘是一种被密封在金属盒里面,由多层同轴旋转的金属磁盘组成的设备。其主要特点是容量大,读写速度快,体积小,早已成为计算机固定外存的主要选择。评价硬盘的主要指标有存储容量、读写速度、硬盘每秒转数、总线形式。当前硬盘的接口类型反映了计算机系统内硬盘数据传输速率。常用的硬盘接口有:增强型驱动(EIDE)接口、小型计算机系统接口(SCSI)和串行(SATA)接口。EIDE 接口适用于台式计算机,SCSI 接口硬盘适用于服务器,SATA 接口硬盘适用于笔记本电脑。

6. 移动硬盘和 U 盘 移动硬盘是指可通过 USB 接口或者 IEEE1394 接口连接的可以随身携带的硬盘,可极大地扩展计算机的数据存储容量及更加方便地交换信息。其性能指标和固定硬盘一样。U 盘是通过 USB 接口连接到计算机上可以携带的存储设备,其体形小巧,容量较大,性价比高,逐渐成为移动存储的主流。

7. 光盘与光盘驱动器　光盘驱动器(简称光驱)是通过激光束聚焦对光盘表面光刻进行读写数据的设备,分为只读型光驱和可读写型光驱(刻录机)。目前光驱的主要指标是读写速度,一般是 32～52 倍速。(即 4.8～7.5 MB/s)。

光盘是一种记录密度高、存储容量大、抗干扰能力强的新型存储介质。光盘有只读光盘(CD-ROM)、追记型光盘(CD-R)和可改写光盘(CD-R/W)三种类型。光盘容量可达到 650 MB 之多,光盘中的数据可保存 100 年之久。DVD 光盘比 CD-ROM 光盘具有更高的密度,容量可达 4.7 GB,也分为只读、追记和改写三种类型。

8. 打印机　打印机是一种在纸上打印输出计算机信息的外部设备。设备构造上可以分为击打式和非击打式两种。击打式打印机的典型方式是靠打印针头通过墨带印刷在纸上。速度慢、噪音大、打印质量低,但耗材便宜。非击打式打印机主要有激光打印机、喷墨打印机、热转印机等。速度快、质量高、噪音低、相对耗材较贵。这类打印机分为黑白和彩色两种类型。功能上还有许多细分,如专业打印机、照片打印机、票据打印机、通用打印机等。

9. 扫描仪　扫描仪是一种能够把纸质或胶片上的信息通过扫描的方式转换并输入到计算机中的外部设备。有些扫描仪还带有图文自动识别处理的能力,完全代替了手工键盘方式输入文字,用户可以方便地对扫描输入后的文字或图形进行编辑。

10. 调制解调器　调制解调器(Modem)是计算机之间利用通讯线路(电话线)进行通信的一种信息收发转换设备。将计算机待发送的二进制数字信息转换成高音频的模拟信号(调制)后,发送出去。接受对方发送过来的音频模拟信号时,将自动从中转换(解调)出二进制的数字信号。该设备具有发送信息时自动调制和接收信号时自动解调的两种功能与一身,因此叫做调制解调器。其主要指标是波特率,即每秒钟收发二进制数据的能力。一般是 56 KB/s,分为内置式和外置式两类。当然现在也有许多使用宽带调制解调器 ADSL,俗称"宽带猫",其速度更快,传输速率可达 1～8 MB/s。

11. 网络适配器　网络适配器又称网卡。网卡是组成计算机网络的重要部件,网卡通过专用的网线(同轴电缆、双绞线等)把多台计算机连接起来组成局域网。其主要的功能是界定网络地址,管理网络通信,共享网络资源。

第四节　计算机软件系统

软件包括所有计算机使用的程序和文档。程序是计算机完成指定任务的多条指令的有序集合,文档则是程序运行时需要的数据和帮助信息等辅助性文件。软件可分为系统软件、支撑软件和应用软件三大类。

一、系统软件

系统软件是用于管理、监控和维护计算机硬件资源的软件集合。主要包括操作系统软件、各类语言处理程序和数据库管理系统等。

(一)操作系统

操作系统软件是面向计算机本身硬件资源的开发、利用、监控和管理的大型系统软件包。操作系统软件是由许多具有自动控制和管理计算机硬件资源的子程序集合而成,负责最大限度的开发利用计算机所有硬件资源,为用户提供一个最佳、安全、稳定和高效的运行平台。典型的操作系统软件有:早期的 DOS、UNIX、Windows、OS/2 和 Netware 等软件。目前微型计算机操作系统软件使用最多的是 Windows。

(二) 语言处理程序

计算机语言按其发展特征可分为机器语言、汇编语言、高级语言和人工智能语言。

1. 机器语言   机器语言是计算机惟一能够识别和执行的二进制数码语言,各种计算机的机器语言都各不相同,但全部都是二进制编码构成这一点是相同的。机器语言的优点是执行速度快、准确、效率高。但机器语言程序难写、难读、易出错、难移植(不容易把此机器语言程序移植到其他机器上运行)。大大影响到计算机的推广应用。

2. 汇编语言   汇编语言又称符号语言,是机器语言向符号化发展的一个成果。每条汇编语言编写的指令都对应了一条机器语言的代码。不同型号的计算机有不同的汇编语言。用汇编语言编写的程序叫做汇编语言源程序,计算机不能识别,因此运行前必须用编译程序将汇编语言源程序翻译成为机器语言程序(又称目标程序),才能够执行。这个翻译的过程称为汇编过程。用汇编语言编写的程序执行速度快,占用内存少,但同样难写,维护较困难。汇编语言也是面向机器的语言。

3. 高级语言   高级语言是迄今发展最成熟、使用最广泛的计算机语言。由于高级语言非常接近人类的自然语言,因而描述问题清晰准确,易于编写,阅读和检验高级语言程序。常被称为算法语言或面向过程的语言。高级语言编写的程序几乎不用修改就能够移植到其他的计算机上运行,提高了软件产品的兼容性,为推广计算机应用铺平道路。用高级语言编写的程序称为高级语言源程序(简称源程序),必须事先将源程序翻译成目标程序才能被计算机执行。翻译方式有两种,一种是一次性把源程序编译成目标程序再交由计算机执行的方式称为编译方式。另外一种是逐条执行高级语言程序,再由解释程序逐条将指令翻译成目标程序,边解释边执行的方式称为解释方式。

常用的高级语言有以下几种。

(1) FORTRAN 语言:1954 年提出,1956 年实现。适用于科学和工程计算,目前应用广泛。后来的版本有 FORTRAN Ⅱ、Ⅳ、77 和 FORTRAN 90。该语言的创始人 Backus 因此获得了 1977 年度计算机最高奖——图灵奖。

(2) BASIC 语言:1964 年提出,1965 年实现。是初学者的语言,简单易学,有较强的人机对话功能,可用于这小型事物处理。从问世自今已经有多个版本,如基本 BASIC 语言、扩展 BASIC 语言、Turbo BASIC 语言、Quick BASIC 语言和 Visual BASIC for Windows 等。

(3) Pascal 语言:1968 年由 N. Wirth 提出,1973 年正式发表,N. Wirth 因此获得 1977 年度计算机最高奖——图灵奖。其语言名称源于纪念法国数学家 Pascal。该语言是结构化程序设计语言,适用于科学计算、数据处理,尤其是大型系统软件的开发设计。

(4) C 语言:1972 年贝尔实验室 D. M. Rritchie 和 K. Thompson 创立 UNIX 和 C 语言,并获得 1983 年图灵奖。C 语言兼收高级语言和汇编语言的特点,简练、灵活、高效、功能强大、运算符合数据结构丰富、表达式更接近人类语言习惯、控制流先进。适用于系统软件开发、科学计算、数据处理等各项应用。著名的 UNIX 系统软件就是由 C 语言编写的。目前成为高级语言应用最多的一种语言。现在较常用的是 C 语言是 Visual C++版本,是一种面向对象的程序设计语言。

(5) Java 语言:1995 年由美国 SUN 公司提出并发表,是一种新型面向对象的分布式程序设计语言。Java 具有简单、安全、可跨平台移植、面向对象、分布式和多线程处理等诸多特性。被广泛用于在面向对象的事件描述、计算机过程可视化、动态画面控制和 Internet 系统管理等。

目前,进行软件开发多使用 Windows 环境下的 Visual C++、Visual BASIC 等面向对象的程序设计语言,还有些使用在 Pascal 基础上发展起来的 Delphi 系统或 PowerBuilder 系统,它们除了具有面向对象的程序设计功能外,还支持数据库编程和网络编程。

4. 人工智能语言   人工智能语言不要求用户给出问题求解的算法,只需要指出求解问题、输入数据和输出格式等条件,就可以得到求解结果。因此,人工智能语言又称面向问题的语言、非过程语言或描述性语言。人工智能语言具有知识处理能力(包括知识表达、符合处理和逻辑推理能力)以及高度并行处理能力,即语言本身具有并行处理能力而不依赖硬件。

(三)数据库管理系统

数据库管理系统是管理数据库的软件。主要解决数据处理过程中的非数值计算问题(逻辑判断和复杂条件控制)常用于各种大中型企、事业信息管理系统的设计,如医院信息系统 HIS 的应用。常用的数据库系统软件有 X base、SQL Server、Oracle 和 Visual FoxPro 等。

二、应用软件

应用软件是针对某种专门的用户需求而开发的一种软件。在计算机广泛应用的今天,各种各样的应用软件几乎遍及所有应用领域。如办公自动化软件、计算机辅助设计软件、图形图像处理软件、杀毒工具软件、影音播放软件、游戏软件等。一般用户比较常用的有美国微软公司的 MS Office 办公软件包(其中的 Word、Excel、Powerpoint、Outlook 等,更是人人皆知的常用办公软件),还有图像处理软件 Photoshop,网页设计软件 Authorware,文件压缩软件 WinRar 或 WinZip 等。

学习计算机更重要的意义就在于熟练的掌握和自由地运用那些适合工作、学习、生活中需要的计算机应用软件,来提高工作效率和质量。计算机操作者也是在学习和使用方方面面的应用软件中体会和获得了计算机的乐趣。因此计算机的推广和普及可以说在很大程度上有赖于应用软件日新月异的发展和完善。

■■ 实 践 与 解 析

选择解析

1. 第一台电子计算机是 1946 年在美国研制成功的,该机的英文缩写名是: ( )

    A．ENIAC   B．EDVAC   C．EDSAC   D．MARK

【答案与解析】 本题正确答案为 A。本题考查有关电子数字计算机的起源与历史沿革方面的知识。一般认为,世界上第一台电子数字计算机于 1946 年在美国宾夕法尼亚大学研制成功。该计算机的名称为 ENIAC。

2. 关于计算机的分类方法有多种,下列选项中不属于按计算机处理数据的方式进行分类的是:

                                                           ( )

    A．电子数字计算机   B．通用计算机

    C．电子模拟计算机   D．数模混合计算机

【答案与解析】 本题正确答案为 B。本题考查有关计算机分类的知识。按计算机处理数据的方式进行分类有电子数字计算机、电子模拟计算机和数模混合计算机。

3. 为了实现自动控制处理,需要计算机具有的基础条件是: ( )

    A．存储程序   B．高速度与高精度

    C．可靠性与可用性   D．连网能力

【答案与解析】 本题正确答案为 A。本题考查有关计算机自动控制能力这一特点的相关知识。计算机具有自动控制处理能力。存储程序是计算机工作的一个重要原则,这是计算机能自动控制处理的基础。

4. 当前计算机已应用于各种行业、各种领域,而计算机最早的设计是应用于: ( )

    A．数据处理   B．科学计算   C．辅助设计   D．过程控制

【答案与解析】 本题正确答案是 B。本题考查有关计算机应用方面的知识。计算机已普及到各行各业、各种领域,已经无所不在。但早期的电子数字计算机的设计目的是用于快速计算,着重用

于军事。而随着计算机技术的发展与应用需求的增加,计算机从主要用于科学和工程计算发展到从事数据处理、辅助设计和过程控制以及人工智能等。

5. 在计算机领域,信息是经过转化而成为计算机能够处理的: （ ）

    A. 数据   B. 符号   C. 图形   D. 数字

【答案与解析】 本题正确答案为 A。本题考查有关信息基本概念的知识。信息是人们由客观事物得到的。在计算机领域,信息是经过转化而成为计算机能够处理的数据,同时也是经过计算机处理后作为问题解答而输出的数据。

6. 计算机系统由硬件系统和软件系统两部分组成,下列选项中不属于硬件系统的是: （ ）

    A. 中央处理器   B. 内存储器

    C. I/O 设备   D. 系统软件

【答案与解析】 本题正确答案为 D。本题考查计算机系统基本组成的相关知识。计算机系统由硬件系统和软件系统两个部分组成。其中硬件系统包含主机(中央处理器、内存储器)和外部设备(输入/输出设备、外存储器等)两个部分,软件系统包含系统软件与应用软件两部分。

7. 计算机的硬件系统由五大部分组成,下列各项中不属于这五大部分的是: （ ）

    A. 运算器   B. 软件   C. I/O 设备   D. 控制器

【答案与解析】 本题正确答案是 B。本题考查计算机系统的基本组成。计算机是能对输入的信息进行加工,并能输出加工结果的电子设备。一个计算机系统由硬件系统和软件系统构成。一般计算机硬件系统的主要组成部件有运算器、控制器、存储器、输入设备和输出设备五大部分以及将这五大部件连接为一体的总线。

8. 计算机内部用于处理数据和指令的编码是: （ ）

    A. 十进制码   B. 二进制码   C. ASCII 码   D. 汉字编码

【答案与解析】 本题正确答案是 B。本题考查对计算机各种编码的理解。计算机在实现其计算和表示功能时,采用了多种编码方式。出于对物理因素的考虑,计算机在内部均采用二进制,它由 0 和 1 两种状态表示,并采用二进制数进行运算,再将二进制数转换成十进制数输出以便于人们的理解。ASCII 码是美国标准信息交换代码的缩写,它用于规定字符的编码。汉字编码则是为适应计算机汉字信息处理的需要而制定,它规定了汉字的机内表示标准。

9. 计算机软件分为系统软件和应用软件两大类,下列各项中不属于系统软件的是: （ ）

    A. 操作系统   B. 办公软件

    C. 数据库管理系统   D. 系统支持和服务程序

【答案与解析】 本题正确答案为 B。本题考查计算机软件分类的相关知识。计算机软件分为系统软件和应用软件两大类,其中系统软件是计算机系统的基本软件,也是计算机系统必备的软件,它包括操作系统、各种语言及其处理程序、系统支持和服务程序、数据库管理系统四个方面的软件。应用软件是为解决计算机各类应用问题而编制的软件系统,具有很强的实用性,主要分为用户程序和应用软件包两种。

10. 二进制数 10110001 相对应的十进制数应是: （ ）

    A. 123   B. 167   C. 179   D. 177

【分析与解答】 本题正确答案是 D。本题考查数制转换知识。按照二进制数到十进制数的转换方法,转换过程如下:

$$(10110001)_2 = 1 \times 2^7 + 0 \times 2^6 + 1 \times 2^5 + 1 \times 2^4 + 0 \times 2^3 + 0 \times 2^2 + 0 \times 2^1 + 1 \times 2^0$$
$$= 128 + 0 + 32 + 16 + 0 + 0 + 0 + 1$$
$$= (177)_{10}。$$

11. 在计算机存储单元中,一个 ASCII 码值占用的字节数为: （　）

    A．1　　　　　　　B．2　　　　　　　C．4　　　　　　　D．8

【答案与解析】　本题正确答案是 A。本题考查计算机存储单元的知识。字符是计算机中使用最多的非数值型数据,大多数计算机采用 ASCII 码作为字符编码。为了使用方便,在计算机存储单元中一个 ASCII 码值占一个字节(8bit),其最高位置 0,ASCII 码占后 7 位。

12. 计算机断电后,会使存储的数据丢失的存储器是: （　）

    A．RAM　　　　　　B．硬盘　　　　　　C．ROM　　　　　　D．软盘

【答案与解析】　本题正确答案是 A。本题考查计算机硬件中存储器的知识。计算机中配置的存储器可以分为半导体存储器(内存储器)和磁盘存储器(外存储器)。内存又分随机存储器(RAM)、只读存储器(ROM)及一些特殊存储器。

    RAM 可以读出,也可以写入。读出时并不改变所存储的内容,只有写入时才修改原来所存储的内容;断电后,存储内容立即消失。ROM 只能读出原有内容,不能由用户再写入新内容,原来存储的内容一般由厂家一次性写入,并永久保存下来;断电后,不会丢失。磁盘是外部存储器,断电后也不会丢失数据。

13. 在微型计算机中,微处理器芯片上集成的是: （　）

    A．控制器和运算器　　　　　　　　　　B．控制器和存储器

    C．CPU 和控制器　　　　　　　　　　D．运算器和 I/O 接口

【答案与解析】　本题正确答案是 A。本题考查有关微处理器的知识。微型计算机由微处理器、内存储器、输入/输出接口及系统总线等组成。微处理器是利用超大规模集成电路技术,把计算机的中央处理器(CPU)部件集成在一小块芯片上制成的处理部件。它一般包括:若干个寄存器、算术逻辑部件(即运算器)、控制部件、时钟发生器、内部总线等。

14. 保持微型计算机正常运行必不可少的输入/输出设备是: （　）

    A．键盘和鼠标　　　　　　　　　　　B．显示器和打印机

    C．键盘和显示器　　　　　　　　　　D．鼠标和扫描仪

【答案与解析】　本题的正确答案是 C。选择本题的答案时,应注意题目要求选定的是既有输入设备,又有输出设备的那个选项。本题考查微型计算机的硬件配置知识。键盘作为一种输入设备是最基本和不可缺少的,显示器作为一种输出设备也是不可缺少的。而鼠标和打印机则是对输入、输出设备的扩充。

15. 下列各项中,不是微型计算机的主要性能指标的是: （　）

    A．字长　　　　　　　B．内存容量　　　　　C．主频　　　　　　D．硬盘容量

【答案与解析】　本题的正确答案是 D。本题考查对微型计算机主要性能的了解。微型计算机的主要性能指标有字长、内存容量、存取周期、运算速度和主频。

复 习 题

【A 型题】

1. 一般认为,世界上第一台电子数字计算机诞生于: （　）

    A．1946 年　　　　　B．1952 年　　　　　C．1959 年　　　　　D．1962 年

2. 自计算机问世至今已经经历了四个时代,划分时代的主要依据是计算机的: （　）

    A．规模　　　　　　　B．功能　　　　　　C．性能　　　　　　D．构成元件

3. 采用超大规模集成电路的计算机是计算机发展中的: （　）

    A．第4代   B．第3代   C．第2代   D．第1代

4. 计算机可分为数字计算机、模拟计算机和混合计算机,这种分类的依据是: （ ）
    A．功能和价格   B．性能和规律
    C．处理数据的方式   D．使用范围

5. 电子计算机按使用范围分类,可以分为: （ ）
    A．电子数字计算机和电子模拟计算机
    B．科学与过程计算计算机、工业控制计算机和数据计算机
    C．通用计算机和专用计算机
    D．巨型计算机、大中型机、小型计算机和微型计算机

6. 某型计算机峰值性能为数千亿次/秒,主要用于大型科学与工程计算和大规模数据处理,它属 （ ）
    于:
    A．巨型计算机   B．小型计算机
    C．微型计算机   D．专用计算机

7. 个人计算机属于: （ ）
    A．微型计算机   B．小型计算机
    C．中型计算机   D．小巨型计算机

8. 既可以接收、处理和输出模拟量,也可以接收、处理和输出数字量的是: （ ）
    A．电子数字计算机   B．电子模拟计算机
    C．数模混合计算机   D．通用计算机

9. 下列关于通用计算机的描述中,不正确的是: （ ）
    A．用于解决不同类型问题而设计   B．用途广泛
    C．是一种用途广泛、结构复杂的计算机   D．只可进行科学计算

10. 电子数字计算机的运算对象是: （ ）
    A．模拟量   B．混合量   C．脉冲   D．不连续量

11. 将计算机分为巨型计算机、微型计算机和工作站的分类标准是: （ ）
    A．计算机处理数据的方式   B．计算机的使用范围
    C．计算机的规模和处理能力   D．计算机出现的时间

12. 以下不属于电子数字计算机特点的是: （ ）
    A．运算快速   B．计算精度高   C．体积庞大   D．通用性强

13. 计算机进行数值计算时的高精确度主要决定于: （ ）
    A．计算速度   B．内存容量   C．外存容量   D．基本字长

14. 计算机具有的逻辑判断能力,主要取决于: （ ）
    A．硬件配置   B．编制的软件   C．体积大小   D．基本字长

15. 计算机的通用性使其可以求解不同的算术和逻辑问题,主要取决于: （ ）
    A．高速运算   B．可编程性   C．指令系统   D．存储功能

16. 计算机具有很强的记忆能力的基础是: （ ）
    A．大容量存储装置   B．自动编程
    C．逻辑判断能力   D．通用性强

17. 计算机的主要特点是具有运算速度快、精度高和: （ ）
    A．用十进制数记数   B．自动编程
    C．无须记忆   D．存储记忆

18. 计算机的"逻辑判断能力"是指: （ ）

A．计算机拥有很大的存储装置

B．计算机是由程序规定其操作过程

C．计算机的运算速度很高,远远高于人的计算速度

D．计算机能够进行逻辑运算,并根据逻辑运算的结果选择相应的处理

19．计算机的通用性表现在：　　　　　　　　　　　　　　　　　　　　　　（　　）

A．由于计算机的可编程性,计算机能够在各行各业得到广泛的应用

B．计算机是由程序规定其操作过程

C．计算机的运算速度很快,精度很高,存储容量很大

D．计算机能够进行逻辑运算,并根据逻辑运算的结果选择相应的处理

20．同一台计算机,只要安装不同的软件或连接到不同的设备上,就可以完成不同的任务,这是指计算机具有：　　　　　　　　　　　　　　　　　　　　　　　　　　（　　）

A．高速运算的能力　　　　　　　　　　B．极强的通用性

C．逻辑判断能力　　　　　　　　　　　D．很强的记忆能力

21．计算机应用中最诱人、也是难度最大且目前研究最为活跃的领域之一是：　（　　）

A．人工智能　　　　　　　　　　　　　B．信息处理

C．过程控制　　　　　　　　　　　　　D．辅助设计

22．利用计算机对指纹进行识别、对图像和声音进行处理的应用领域是属于：　（　　）

A．科学计算　　　　　　　　　　　　　B．自动控制

C．辅助设计　　　　　　　　　　　　　D．信息处理

23．用来表示计算机辅助设计的英文缩写是：　　　　　　　　　　　　　　　（　　）

A．CAI　　　　　　B．CAM　　　　　　C．CAD　　　　　　D．CAT

24．利用计算机来模仿人的高级思维活动称为：　　　　　　　　　　　　　　（　　）

A．数据处理　　　　　　　　　　　　　B．自动控制

C．计算机辅助系统　　　　　　　　　　D．人工智能

25．计算机网络的目标是实现：　　　　　　　　　　　　　　　　　　　　　（　　）

A．数据处理　　　　　　　　　　　　　B．文献检索

C．资源共享和信息传输　　　　　　　　D．信息传输

26．下列四项中,不属于多媒体所包括的媒体类型的是：　　　　　　　　　　（　　）

A．X线　　　　　　B．图像　　　　　　C．音频　　　　　　D．视频

27．信息实际上是指：　　　　　　　　　　　　　　　　　　　　　　　　　（　　）

A．基本素材　　　　　　　　　　　　　B．非数值数据

C．数值数据　　　　　　　　　　　　　D．处理后的数据

28．在计算机领域,数据是：　　　　　　　　　　　　　　　　　　　　　　（　　）

A．客观事物属性的表示

B．未经处理的基本素材

C．一种连续变化的模拟量

D．由客观事物得到的、使人们能够认知客观事物的各种消息、情报、数字、信号等所包括的内容

29．在计算机领域,未经处理的基本素材称为：　　　　　　　　　　　　　　（　　）

A．数据　　　　　　B．数值　　　　　　C．模拟量　　　　　D．信息

30．下列不属于信息的是：　　　　　　　　　　　　　　　　　　　　　　　（　　）

A．报上登载举办商品展销的消息　　　　B．电视中计算机产品广告

C．计算机　　　　　　　　　　　　　　D．各班各科成绩

31. 对于信息,下列说法错误的是: ( )
    A. 信息是可以处理的
    B. 信息是可以传播的
    C. 信息是可以共享的
    D. 信息可以不依附于某种载体而存在

32. 在下面的描述中,正确的是: ( )
    A. 外存中的信息可直接被 CPU 处理
    B. 键盘是输入设备,显示器是输出设备
    C. 操作系统是一种很重要的应用软件
    D. 计算机中使用的汉字编码和 ASCII 码是相同的

33. 一个完备的计算机系统应该包含计算机的: ( )
    A. 主机和外设
    B. 控制器和运算器
    C. CPU 和存储器
    D. 硬件系统和软件系统

34. 构成计算机物理实体的部件被称为: ( )
    A. 计算机系统
    B. 计算机硬件
    C. 计算机软件
    D. 计算机程序

35. 计算机的微处理器芯片上集成了: ( )
    A. CPU 和 RAM
    B. 控制器和运算器
    C. 控制器和 RAM
    D. 运算器和 I/O 接口

36. 以下不属于计算机外部设备的是: ( )
    A. 输入设备
    B. 中央处理器和主存储器
    C. 输出设备
    D. 外存储器

37. 开启计算机时首先运行的程序,是属于: ( )
    A. 主机
    B. 软件系统
    C. 系统软件
    D. 应用软件

38. 下面各组设备中,顺序包括输入设备、输出设备和存储设备的是: ( )
    A. CRT、CPU、ROM
    B. 绘图仪、鼠标器、键盘
    C. 鼠标器、绘图仪、光盘
    D. 磁带、打印机、激光印字机

39. 个人计算机(PC)必备的外部设备是: ( )
    A. 键盘和鼠标
    B. 显示器和键盘
    C. 键盘和打印机
    D. 显示器和扫描仪

40. 在计算机的各种设备中,既属于输入设备又属于输出的设备是: ( )
    A. 磁盘驱动器
    B. 键盘
    C. 鼠标
    D. 触摸屏

41. 冯·诺依曼结构计算机的五大基本构件包括运算器、存储器、输入设备、输出设备和: ( )
    A. 显示器
    B. 控制器
    C. 硬盘存储器
    D. 鼠标器

42. 冯·诺依曼计算机的基本原理是: ( )
    A. 程序外接
    B. 逻辑连接
    C. 数据内置
    D. 程序存储

43. 计算机中运算器的主要功能是完成: ( )
    A. 代数和逻辑运算
    B. 代数和四则运算
    C. 算术和逻辑运算
    D. 算术和代数运算

44. 计算机系统中用通常所说的内存,是指: ( )
    A. RAM
    B. 硬盘
    C. ROM
    D. 高速缓存

45. 计算机系统中用通常所说的外存,是指: ( )
    A. RAM
    B. 硬盘
    C. ROM
    D. 高速缓存

46. 在计算机领域中,通常说的 1kB 是表示:　　　　　　　　　　　　　　　　　　　　（　　）

    A. 1 000 字　　　　　　B. 字长　　　　　　C. 1 024 字节　　　　D. 二进制位

47. 为解决某一特定的问题而设计的指令序列的集合,称为:　　　　　　　　　　　　　　（　　）

    A. 文档　　　　　　　　B. 语言　　　　　　C. 系统　　　　　　　D. 程序

48. 计算机一次能处理数据的最大位数称为该机器的:　　　　　　　　　　　　　　　　　（　　）

    A. 字节　　　　　　　　B. 字长　　　　　　C. 处理速度　　　　　D. 存储容量

49. 计算机中评价计算精度的主要指标是:　　　　　　　　　　　　　　　　　　　　　（　　）

    A. 字节　　　　　　　　B. 字长　　　　　　C. 处理速度　　　　　D. 存储容量

50. 计算机内部用于处理数据和指令的编码是:　　　　　　　　　　　　　　　　　　　（　　）

    A. 十进制码　　　　　　B. 二进制码　　　　C. ASCII 码　　　　　D. 汉字编码

51. 在计算机中,信息的最小单位是:　　　　　　　　　　　　　　　　　　　　　　　（　　）

    A. 字节　　　　　　　　B. 位　　　　　　　C. 字　　　　　　　　D. kB

52. 8 个字节含二进制位:　　　　　　　　　　　　　　　　　　　　　　　　　　　　（　　）

    A. 8 个　　　　　　　　B. 16 个　　　　　　C. 32 个　　　　　　　D. 64 个

53. 通常所说的"裸机"是指计算机仅有:　　　　　　　　　　　　　　　　　　　　　　（　　）

    A. 硬件系统　　　　　　B. 软件　　　　　　C. 指令系统　　　　　D. CPU

54. 能够将高级语言源程序加工为目标程序的系统软件是:　　　　　　　　　　　　　　（　　）

    A. 解释程序　　　　　　B. 汇编程序　　　　C. 编译程序　　　　　D. 编辑程序

55. 计算机操作系统是一种:　　　　　　　　　　　　　　　　　　　　　　　　　　　（　　）

    A. 系统软件　　　　　　B. 应用软件　　　　C. 工具软件　　　　　D. 调试软件

56. 下列四种软件中属于应用软件的是:　　　　　　　　　　　　　　　　　　　　　　（　　）

    A. Office　　　　　　　B. DOS　　　　　　C. UNIX　　　　　　D. Windows

57. 某医院的护理工作管理程序属于:　　　　　　　　　　　　　　　　　　　　　　　（　　）

    A. 系统程序　　　　　　B. 系统软件　　　　C. 应用软件　　　　　D. 工具软件

58. 与二进制数 11111011 等值的十进制数是:　　　　　　　　　　　　　　　　　　　（　　）

    A. 248　　　　　　　　B. 251　　　　　　　C. 252　　　　　　　D. 254

59. 计算机中的所有信息都是以二进制方式表示的,主要理由是:　　　　　　　　　　（　　）

    A. 运算速度快　　　　　　　　　　　　　　B. 节约元件

    C. 电子元件的物理特性限制　　　　　　　　D. 信息处理方便

60. 十进制数向二进制数进行转换时,十进制数 91 相当于二进制数:　　　　　　　　（　　）

    A. 1101011　　　　　　B. 1101111　　　　　C. 1110001　　　　　D. 1011011

61. 下列四组数中依次为二进制、八进制和十六进制,符合这个要求的是:　　　　　　（　　）

    A. 11, 78, 19　　　　　B. 12, 77, 10　　　　C. 12, 80, 10　　　　D. 11, 77, 19

62. 下列二进制数 1110 0111 1010 1001 对应的十六进制数是:　　　　　　　　　　　（　　）

    A. E759　　　　　　　B. C759　　　　　　C. E757　　　　　　D. D749

63. 在下列四个不同进制数中,数值最大的是:　　　　　　　　　　　　　　　　　　（　　）

    A. $(3D)_{16}$　　　　　　B. $(1101101)_2$　　　C. $(108)_{10}$　　　　D. $(37)_8$

64. 下列各类进制的整数中,值最大的是:　　　　　　　　　　　　　　　　　　　　（　　）

    A. 十进制数 11　　　　B. 八进制数 11　　　C. 十六进制数 11　　D. 二进制数 11

65. 在微型计算机中,使用的英文字符的编码是:　　　　　　　　　　　　　　　　　（　　）

    A. BCD 码　　　　　　B. ASCII 码　　　　C. 汉字编码　　　　　D. 补码

66. 下列字符中 ASCII 码值最大的是:　　　　　　　　　　　　　　　　　　　　　（　　）

A. a   B. A   C. f   D. Z

67. 字符 A 对应的 ASCII 码值是：   （   ）
A. 64   B. 65   C. 66   D. 69

68. 计算机内部用于汉字信息的存储、运算的信息代码称为：   （   ）
A. 汉字输入码   B. 汉字内码   C. 汉字字形码   D. 汉字输出码

69. 计算机中，存储一个汉字的内码所需的字节数是：   （   ）
A. 1个   B. 8个   C. 2个   D. 4个

70. 微型计算机与外部设备之间的信息传输方式有：   （   ）
A. 仅串行方式   B. 串行方式或并行方式
C. 网络方式   D. 仅并行方式

71. 计算机主机箱内，起到连接计算机各种部件的纽带和桥梁作用的是：   （   ）
A. CPU   B. 主板   C. 外存   D. 内存

72. 通常所说微型计算机中的"奔3"（PⅢ）或"奔4"（PⅣ）指的是：   （   ）
A. CPU 的型号   B. 显示器的型号
C. 打印机的型号   D. 硬盘的型号

73. 下列计算机存储器中，读写速度最快的是：   （   ）
A. 内存   B. 硬盘   C. 光盘   D. U盘

74. ROM 中的信息是：   （   ）
A. 由计算机制造厂预先写入的   B. 在计算机通电启动时写入的
C. 根据用户需求不同，由用户随时写入的   D. 由程序临时写入的

75. 决定微型计算机性能优劣的重要指标是：   （   ）
A. 内存的大小   B. 微处理器的型号
C. 主频   D. 硬盘的速度

76. 具有多媒体功能的微型计算机系统，通常都配有 CD-ROM，这是一种：   （   ）
A. 只读内存储器   B. 只读大容量软盘
C. 只读硬盘存储器   D. 只读光盘存储器

77. 计算机显示器画面的清晰度决定于显示器的：   （   ）
A. 亮度   B. 色彩   C. 分辨率   D. 图形

78. 打印机是计算机系统的常用输出设备，当前输出速度最快的是：   （   ）
A. 点阵打印机   B. 喷墨打印机   C. 激光打印机   D. 热敏打印机

79. 微型计算机的技术指标有多种，而最主要的应该是：   （   ）
A. 程序、外设和显示器   B. 主频、字长和内存容量
C. 外设、内存容量和体积   D. 软件、速度和重量

80. 通常所说的 64 位 CPU 的位数即指：   （   ）
A. 速度   B. 字长   C. 主频   D. 周期

【问答题】

1. 计算机应用领域有哪些？在医学上的应用有哪些方面？

2. 计算机存储器包括哪些？内存与外存各有哪些特点？

3. 计算机有几种分类方式？每类中都有哪些类型？

4. 计算机软件系统由哪些部分组成？

5. 微型计算机硬件包括哪些部分？

第二章
Windows 操作系统

导　学

内容及要求

在 Windows 操作系统一章的学习中,主要包括五部分的知识内容,Windows 基本知识、Windows 基本操作、Windows 资源管理器、Windows 系统环境设置和 Windows 附件常用工具的使用。

Windows 基本知识主要介绍 Windows 操作系统的运行环境及相关知识。在学习中,应重点掌握文件、文件夹(目录)、路径的概念;熟悉 Windows 桌面的组成和窗口的组成;了解 Windows 运行环境、菜单的形式和特点以及剪切板的概念。

Windows 基本操作主要介绍 Windows 操作系统的基本操作方法及使用。在学习中,应重点掌握窗口的基本操作、菜单的基本操作、对话框的操作、剪贴板的操作和快捷方式的创建、使用及删除;熟悉工具栏、任务栏的操作、开始菜单的定制和 Windows 系统的启动与退出、一种汉字输入方法和鼠标的使用;了解命令行操作方式。

Windows 资源管理器部分主要介绍 Windows 资源管理器窗口的组成及文件夹和文件的管理。在学习中,应重点掌握文件夹与文件的使用及管理。了解资源管理器窗口的组成。

Windows 系统环境设置部分主要介绍 Windows 控制面板的使用。在学习中,应重点掌握时间与日期的设置、程序的添加与删除和显示器属性的设置。了解控制面板的功能。

Windows 附件常用工具部分主要介绍 Windows 附件中常用工具的使用。在学习中,应重点掌握记事本、计算器、画笔等基本工具的简单使用。了解磁盘清理、磁盘碎片整理程序等常用系统工具的使用。

- 操作系统基本知识
- Windows 的基本操作
- Windows 的资源管理
- Windows 的设备与任务管理
- Windows 的附件及应用程序

重点、难点

　　Windows 操作系统一章的重点是 Windows 的基本操作和 Windows 的资源管理等的学习。其难点是 Windows 的设备与任务管理,用户可以根据自己的需要设置计算机的工作环境。

　　操作系统是用户和计算机之间进行信息交流的桥梁,用户通过操作系统来管理计算机的硬件、软件。学好操作系统是使用计算机的前提,也是进一步学好其他软件的基础。

第一节　操作系统基本知识

　　通过上一章的学习,我们知道计算机系统是硬件和软件有机结合的整体。软件一般分为系统软件和应用软件两大类。系统软件是负责管理、监控和维护计算机的各种硬件资源和软件资源的软件,通常为用户提供一个友好的操作界面,主要包括操作系统、各种计算机编程语言的处理程序、数据库管理系统等。应用软件是指计算机专业人员为某一特定应用而开发的软件。例如,文字处理软件、图像处理软件、财务软件、过程控制软件等。

一、操作系统概述

　　操作系统(operation system, OS)是最基本、最重要的系统软件,是一个大型程序,其他所有软件是建立在操作系统之上的,如图 2-1 所示。它负责管理计算机系统的全部软件资源和硬件资源,合理地组织计算机各部分协调工作,为用户提供操作和编程界面。它是计算机所有软、硬件系统的组织者和管理者,它能合理地组织计算机的工作流程,控制用户程序的运行,为用户提供各种服务。

　　用户都是先通过操作系统来使用计算机的,它是沟通用户和计算机之间的"桥梁",是人机交互的界面,是用户与计算机硬件之间的接口。没有操作系统作为中介,一般用户就不能使用计算机。操作系统如同一个行动中心,计算机系统的软、硬件和数据资源利用,都必须通过这个中心向用户提供正确利用这些资源的方法和环境。

　　1. **操作系统的功能与作用**　概括起来说,操作系统有两大功能:一是计算机系统硬件和软件资源的管理、控制与调度;以提高计算机的效率和各种硬件的利用率;二是作为用户与硬件的接口和人机的交互界面,要为用户提供最佳的工作环境和最友好的服务。

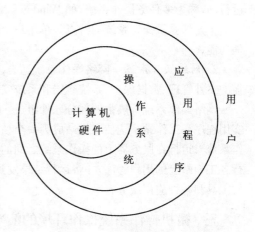

图 2-1　操作系统作用示意图

　　操作系统主要作用有三个:一是提高系统资源的利用。通过对计算机系统的软、硬件资源进行合理的调度与分配,改善资源的共享和利用状况,最大限度地发挥计算机系统工作效率,即提高计算机系统在单位时间内处理任务的能力(称为系统吞吐量)。二是提供方便友好的用户界面。通过友好的工作环境,改善用户与计算机的交互界面。如果没有操作系统这个接口软件,用户将面对一台只能识别 0,1 组成的机器代码的裸机。有了操作系统,用户才可能采用识别的方法同计算机打交道。三是提供软件开发的运行环境。在开发软件时,需要使用操作系统管理下的计算机系统,调用有关的工具软件及其他软件资源。进行一项开发时,应先考虑在哪种操作系统环境下开发,当要使用某种保存在磁盘中的软件时,还要考虑在哪种操作系统支持下才能运行。因为任何一种软件并不是在任何一种系统上都可以进行的,所以操作系统也称为软件平台。因此操作系统的性能也很大程度上决定了计算机系统工作的优劣。

2. 操作系统的形成过程及分类 操作系统从无到有,规模从小到大,功能从弱到强,形成过程大致经历了手工操作(第一代计算机时代,那时未产生操作系统)、管理程序(第二代计算机时代)和操作系统三个阶段。从第三代计算机开始,随着多道批处理、分时、实时操作系统的相继出现,标志着操作系统的正式形成。

操作系统的分类主要有:①按使用环境分为批处理、分时、实时系统;②按用户数目分为单用户(单任务、多任务)、多用户、单机、多机系统;③按硬件结构分为网络、分布式、并行和多媒体操作系统等。

这样的分类仅限于宏观上的。因操作系统具有很强的通用性,具体使用哪一种操作系统,要视硬件环境及用户的需求而定。

3. 常见操作系统 历代微机系统上常见的操作系统有 CP/M、DOS、UNIX、AIX、OS/2(IBM)、Windows、Macintosh OS(苹果公司)、Linux 及 Lindows OS 等。

不同类型的微机可以使用相同的操作系统,同一微机也可以使用不同类型的操作系统。

操作系统是人机交互的界面,有以键盘为工具的字符命令方式,如 DOS 操作系统;也有以文字图形相结合的图形界面方式,如 Windows 操作系统。

二、个人计算机操作系统和网络操作系统

1. 个人计算机操作系统 个人计算机操作系统(PC-OS)是一种联机交互的用户操作系统,其提供的功能比较简单,规模较小。分单任务、多任务两种。只支持一个任务,即内存中只有一个程序运行的,称为单任务操作系统,如 DOS 系统等。可支持多个任务,即内存中同时存在多个程序并发运行的,称为多任务操作系统,如 Windows XP Professional 系统等。

个人计算机操作系统的特点是单用户个人专用,重视方便友好的用户界面和比较完善的文件管理功能。

2. 网络操作系统 网络操作系统适合多用户、多任务环境,支持网间通信和网络计算,又有很强的文件管理、数据保护、系统容错和系统安全保护功能,如 Windows XP Server 系统。

网络操作系统一般由四部分软件组成:工作站操作系统、通信协议软件、服务器操作系统和网络实用程序。工作站系统使工作站成为一个独立的计算机系统;通信协议软件提供运行在工作站的操作系统与运行在服务器上的操作系统之间的通信连接;服务器操作系统用于处理网络请求,并发运行各工作站上的用户程序,并将运行结果发到工作站上;网络实用程序则为工作站和服务器提供开发工具和各种应用服务。

三、微机操作系统操作环境的演变与发展

用户使用计算机是通过操作系统提供的用户接口(或称用户界面)来进行的。微机上配置的操作系统一般是联机交互式的单用户操作系统。

用户接口决定了用户以什么方式与计算机交互,也就是采用什么手段向计算机发出指令,以实现自己的操作要求。用户接口大体上分为两种,一是基于字符的界面交互,一是基于图形的界面交互。

在 20 世纪 80 年代以前,用户接口主要是基于键盘字符界面。那时人们主要致力于改善计算机

的性能，比如提高运行速度、扩充存储容量等，因此对计算机的操作步骤一般都比较繁琐，掌握起来也较费时，是典型的"使人适应计算机的时代"。在这种环境下使用计算机，用户利用键盘输入由字符组成的命令（称键盘命令或终端命令）指挥计算机去完成一个个任务；而计算机则通过在屏幕上显示各种信息（如提示信息、错误信息和结果信息等），告知用户执行的结果。此时使用的 DOS 磁盘操作系统就是典型代表。显然，这种英文式命令的直接输入，既不直观形象，也不灵活，对于非计算机专业的用户来说，使用起来较为困难。

20 世纪 80 年代初，Apple 公司率先将图形用户界面（graphic user interface, GUI）引入个人计算机，以其友好、方便的界面迅速发展成了当今操作系统和应用程序的主流界面，并且成了衡量一个软件优劣的一条不成文的标准。这使得计算机更加易学易用，进一步促使 PC 走进千家万户。

图形界面的引入，彻底改变了计算机的视觉效果和使用方式。使用户能以更直观、更贴近于生活的方式上机操作。面对显示器上的图形界面，你好像就坐在自己的办公桌前，很多被操作的对象，如文件、文件夹等，利用一些形象化的图标来代表，就如同是办公室的常见物品，文件夹、废纸篓、公文包、信箱、打印机等都被搬上了屏幕，通过鼠标的简单操作，就可以完成大部分的上机任务。

如今图形用户界面层出不穷，其设计思想在许多优秀的系统软件和应用软件中得到了充分体现。其主要的特点是：①直观明了、引人入胜；②文本与图形相结合；③一致性的操作环境；④用户自定义的功能。

计算机技术的不断发展推动了用户界面向更为友好的方向改进。未来的用户界面会呈现声音、视频和三维图像——新一代的多媒体用户界面（MMUI）。多媒体用户界面中的操作对象不仅是文字图形，还有声音、静态动态图像，使机器呈现出一个色彩缤纷的声光世界。计算机能听懂人的语言，你可用"开机"或"关机"的口语命令来替代亲自开关计算机电源和显示器按钮开关的动作。MMUI 将给人们带来更多的亲切感。

四、Windows 操作系统

Windows 是美国 Microsoft（微软）公司基于个人计算机的操作系统，它以优异的图形用户界面，强大的网络、多媒体技术支持，可靠的安全措施，所见即所得的显示风格和操作一致的使用方法，深受广大用户的青睐，赢得了市场份额的绝对优势，从而奠定了微软在个人计算机操作系统领域的霸主地位。

Windows 操作系统自 20 世纪 80 年代初问世以来，版本不断更新，从昔日的 Windows1.0、Windows 3. x、Windows 9x、Windows 2000、Windows XP 发展到今天的 Windows Vista，其性能越来越好，功能越来越强，可靠性越来越高，使用越来越方便。

▓ 第二节　Windows 的基本操作

Windows 操作系统的图形用户界面和操作使用方法，使得具有 Windows 窗口风格的应用程序的操作、使用具有很大的共同性，如果掌握了 Windows 程序的一些基本知识和操作方法，就会取得事半功倍的效果。本章主要介绍的是 Windows XP Professional 操作系统的基本功能，以及在文件管理、任务管理和设备管理等方面的基本用法。在以后的叙述中，Windows 或 Windows XP 均指的是 Windows XP Professional 版本。

一、Windows 运行环境简介

Windows 操作系统对处理器、内存容量、硬盘空间、显示器、光盘驱动器以及光标定位设备等的最低配置要求如下。

处理器：233MHZ Pentium 或更高的 CPU(或其他相当的 CPU)。

Windows XP 也能支持双 CPU 工作。

内存容量：至少使用 128MB 以上的内存。

硬盘空间：C 盘空间至少大于 2GB，并保留 850MB 的可用空间，如果从网络安装，还需要更多的可用磁盘空间。

显示器：VGA 或更高分辨率的显示器。

光盘驱动器：CD-ROM 或 DVD-ROM 驱动器。

光标定位设备：鼠标或其他兼容的定位设备。

以上硬件配置是运行 Windows 操作系统的最低要求，硬件设备指标越高系统运行的效果越好，如果要上网或增加多媒体功能，那么还要配置网卡或调制解调器(MODEM)及声卡等附属设备。

二、Windows 的启动和退出

Windows 启动与退出操作比较简单，但对系统来说却是非常重要的。

1. Windows 的启动 一般来说，只要安装了 Windows 操作系统，打开外部设备的电源开关和主机电源开关，计算机就会自动进入 Windows 的桌面。对于双系统共存安装的用户，会自动生成开机启动时的系统选择菜单，用户可选择 Windows XP Professional，并按"Enter"键，系统便开始引导启动。但是，如果用户设置了用户名和密码，需要选择用户名并且输入正确的密码才能登录 Windows 桌面。

2. Windows 的退出并关闭计算机 Windows 是一个多任务、多线程的操作系统，在关闭或重新启动计算机之前，一定要先退出 Windows 正在运行的应用程序，否则可能会破坏一些没有保存的文件和正在运行的程序。单击"开始"按钮，然后单击"关闭计算机"按钮，按对话框提示安全地退出系统。也可选择重新启动计算机或使计算机进入休眠状态(节能)。最后关闭外部设备的电源开关。

图 2-2 活动桌面

三、Windows 桌面及桌面操作

Windows 启动后的整个屏幕称为桌面，Windows 的桌面包括"开始"按钮、任务栏和快捷图标区(图 2-2)。这个屏幕就像人们办公的桌面上整齐地摆放着一些办公用具，这些用具在 Windows 中称为对象，用户可以根据自己的"个性"特点即喜好、习惯来组织和管理桌面。

(一)桌面图标

在桌面的左边有若干个上面是图形、下面是文字说明的组合，这种组合称为图标。由于各种计算机安装的软件不同，用户的设置不同，桌面所显示的图标也有所不同。一般情况下，桌面上都会有"我的电脑"、"回收站"、"网上邻居"及"我的文档"这几个图标。用户可以双击图标，或者右击图标在弹出的快捷菜单中选择"打开"命令来执行相应的程序。对这几个图标的功能简要介绍如下。

1. "我的电脑"图标 可以查看和操作计算机上的所有驱动器及其上面的文件，双击"我的电脑"图标后，屏幕上就显示对应窗口，如图 2-3 所示。在该窗口中包括了计算机系统中的各种资源，如软盘驱动器、硬盘驱动器、光盘驱动器以及控制面板等。还可以添加设置打印机，也可以对计算机的各种参数进行设置。它与"资源管理器"的功能十分接近。

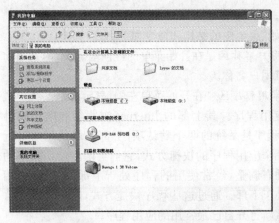

图 2-3 "我的电脑"窗口

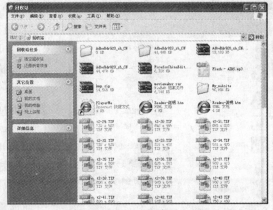

图 2-4 "回收站"窗口

2. "回收站"图标 "回收站"窗口如图 2-4 所示。用于存放从磁盘上删除的文件和文件夹。回收站中的文件是可以恢复到原来位置上的,而把放在回收站中文件和文件夹删除即为彻底删除而不可恢复。

3. "网上邻居"图标 "网上邻居"窗口如图 2-5 所示。可以查看和操作用户所在局域网内其他计算机的软硬件资源。局域网内任何一台计算机与其他联网的计算机都互称为"网上邻居"。

图 2-5 "网上邻居"窗口

图 2-6 "我的文档"窗口

4. "我的文档"图标 "我的文档"窗口如图 2-6 所示。它是系统为每个用户建立的个人文件夹。它含有三个特殊的个人文件夹,即"图片收藏"、"我的视频"和"我的音乐"。用户可将这些个人文件夹设置为专用,也可设置为此计算机上的所用账户都可以访问。

"我的文档"可以管理用户的各类文档。用户所创建的文档,默认的保存位置就是"我的文档"。其位置在操作系统所在逻辑盘的一级目录"documents and settings"文件夹下。

用户可依据个人喜欢的方式对桌面图标进行整理,方法是:右击桌面空白处,在弹出的快捷菜单中选择"排列图标"命令,对图标按名称、按类型、按大小、按日期,自动排列等方式进行排列。

(二)"开始"菜单

使用 Windows XP 通常是从"开始"按钮开始的。单击"开始"按钮,弹出"开始"菜单(图 2-7)。其中包含了许多 Windows XP 的命令,主要完成启动应用程序、打开文档、系统设置、查找文件、关闭系统等任务,单击某项命令后 Windows XP 会打开一个窗口或弹出子菜单(带有"▶"符号的有下级

图 2-7 开始菜单

子菜单)。

"开始"菜单中的结构和命令如下。

1. **用户名称区**　在开始菜单的最顶端,显示的是当前的计算机用户名称。

2. **常用程序区**　在开始菜单左侧,显示的是系统中最常用的应用程序。其上部的 Internet 浏览器和电子邮件 Outlook 程序是系统的两个默认项;下部区域是用户最近使用的几个应用程序的快捷方式,它们会随着使用频率的改变而动态调整,经常使用的程序处于上部,不经常使用的程序处于下部。通过这些程序快捷方式,用户可以非常方便地重新打开自己最常用的应用程序。

3. **所有程序**　它集中了系统已安装的应用程序的快捷方式。鼠标指向"所有程序",打开其级联菜单,列表中包含了 Windows XP 自带的许多应用程序,以及用户在计算机中安装的各种应用程序。

4. **系统菜单区**　在开始菜单右侧,分上、中、下三个部分。上部是为了方便用户对文档的管理而设置的若干文件夹,如"我的文档"、"我最近的文档"(显示最近打开过的 15 个文档清单)、"图片收藏"、"我的音乐"等。中部是用于调整计算机系统设置的"控制面板"及"打印机和传真"。下部是系统提供的帮助、运行(通过键入命令行来运行程序或打开文档,浏览 Internet 资源)和搜索工具。

5. **注销及关闭计算机**　这两个按钮图标在开始菜单的最底部。单击注销按钮后,在提示对话框中选择"注销",则系统将关闭计算机当前用户的程序和文件,然后在不重新启动计算机的情况下更换新用户,并显示新用户的桌面和设置。当多个用户共享一台计算机时,选择"切换用户",可以在计算机当前用户的程序和文件仍然保持打开时让其他用户登录,并且只要不关机,该用户还可以随时切换回当前工作状态。

用户如果不习惯或不满意这种"开始"菜单,可以通过自定义开始菜单来恢复传统 Windows 开始菜单。右击"开始"按钮,从快捷菜单中选择"属性"命令,打开"任务栏和[开始]菜单属性"对话框(图 2-8)。选择"经典[开始]菜单"并确定,即可恢复传统 Windows 开始菜单。单击"开始菜单"选项后的"自定义"按钮,出现"自定义[开始]菜单"对话框,用户可以设置在"开始"菜单上显示的项目情况,如指定或删除 Internet 项目和电子邮件项目,修改常用程序区中可显示的程序数目,选择系统菜单区中要显示的菜单项及其显示方式等。

(三) 任务栏

任务栏是桌面底部的灰色区域。当用户打开一个窗口或启动一个应用程序后,任务栏显示代表该窗口的按钮。在任务栏上便于切换已同时打开的不同窗口或应用程序;只需单击任务栏上对应的按钮。当关闭一个窗口后,任务栏上对应的按钮也消失。

图 2-8　"任务栏和[开始]菜单属性"对话框

（四）提示区

在任务栏的右边显示时钟,时钟的左边区域称为提示区。当运行一些特定的应用程序时,提示区将显示一些小图标,用以表示任务的不同状态,这些小图标称为指示器。例如,提示区一般显示汉字输入的指示器,说明当前汉字输入方法。当打印文档时,提示区显示打印机的指示器,表示正在打印。要改变这些指示器对应的设置,只需双击提示区的指示器即可。

（五）桌面的操作

在桌面以及窗口内会看到许多的图标或快捷方式。图标形象地代表着资源对象,以便于用户识别。常见的图标可以分为四类:驱动器图标、文件夹图标、文档图标、应用程序图标。快捷方式是指向某个文件夹、文档或应用程序的图标,双击它可以快速打开对象。快捷方式图标与普通图标不同的是其图标右下角有一个箭头。它可以包含启动一个程序、编辑一个文档或打开一个文件夹所需的全部信息。当用户双击一个快捷方式图标时,Windows 首先检查该快捷方式文件的内容,找到它所指向的"原身"对象,然后打开该对象。简单地说,快捷方式可称为原对象的"替身"。

1. 图标和快捷方式的操作

（1）选定图标或快捷方式:用鼠标左键单击某一图标,该图标颜色变深,即被选定。

（2）移动图标或快捷方式:将鼠标光标移动到某一图标上,按住左键不放,拖动图标到某一位置后再释放,图标就被移动到新位置。

（3）执行图标或快捷方式:用鼠标左键双击图标或快捷方式就会执行相应的程序或文档。

（4）复制图标或快捷方式:要把窗口中的图标或快捷方式复制到桌面上,可以按住"Ctrl"键不放,然后用鼠标拖动图标或快捷方式到指定的位置上,再释放"Ctrl"键和鼠标,即可完成图标或快捷方式的复制。

（5）删除图标或快捷方式:先选定要删除的图标或快捷方式,按键盘上的"Del"键即可删除。需要注意的是,删除快捷方式图标并不影响它所指的对象,只是缺少一种执行方式而已。

（6）快捷方式的建立:将对象创建为快捷方式的方法很多,最简单的方法是:鼠标右击对象,在弹出的快捷菜单中单击"发送到→桌面快捷方式"命令。

2. 排列图标　可以按照名称、类型、日期和大小的顺序排列图标。用鼠标在桌面空白处单击右键时会显示关于桌面操作的快捷菜单(图 2-9),当"自动排列"选中时图标总是整齐排列着。

3. 改变图标的标题　一个图标由两部分组成:图案和标题。标题是图标的名称,用户可以自己修改。修改图标的标题有两种方法。

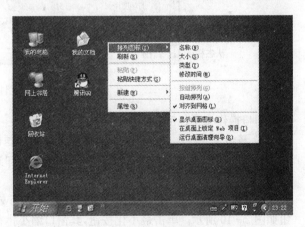

图 2-9　快捷菜单

方法一:单击该图标,使其变暗,标题变成蓝底白字;再单击标题,标题的边框中出现闪烁的文本编辑光标,可以修改标题。

方法二:右击图标,出现快捷菜单,在菜单里选择"重命名",图标标题变成蓝底白字,标题的边框中出现闪烁的文本编辑光标,此时可以修改标题。

4. 个性化桌面　要使桌面具有"个性",可以选择快捷菜单(图 2-9)中的"属性"命令以及"任务栏和[开始]菜单属性设置"命令进行个性化设置。

四、窗口和对话框的操作

Windows 通过三类界面为用户提供了方便、有效地管理计算机所需的一切。除了桌面之外还有窗口和对话框。窗口一般可分面向对象管理的窗口、面向文档操作的窗口和程序与用户的交互窗口。窗口和对话框的操作是 Windows 的最基本操作。这里以任一文件夹窗口（图 2 – 10）为例介绍窗口的共性操作。

（一）窗口基本操作

一个标准的窗口通常由标题栏、菜单栏、工具栏、窗口区和状态栏五部分组成（图 2 – 10）。

标题栏：位于窗口最上面，显示窗口的名称。

菜单栏：位于标题栏的下面，由一组下拉菜单组成，对窗口对象进行各种操作。

工具栏：位于菜单栏的下面，由一组小工具图标组成，是窗口中的常用操作。

窗口区：用于显示在窗口中要操作的对象。

状态栏：用于显示窗口中对象的个数、可用的磁盘空间以及磁盘的总容量等。

图 2 – 10　文件夹窗口

窗口操作主要包括以下几方面。

1. **移动窗口和改变窗口大小**　单击窗口的标题栏并拖动，就可以把窗口移动到桌面的任何地方。而要改变窗口的尺寸，则只要把鼠标移动到窗口边框或角上，当鼠标变成双箭头形状时，单击并拖动鼠标，就可以改变窗口的大小。

2. **窗口的最大化、最小化、还原及关闭**　Windows 窗口右上角的最大化、最小化、还原及关闭按钮如图 2 – 10 所示。单击最小化按钮，其窗口缩小排在任务栏上，成为一个按钮。单击最大化按钮，其窗口占满屏幕，最大化按钮变成还原按钮。单击还原按钮，其窗口恢复原来的大小。单击关闭按钮，可以关闭当前窗口。

3. **窗口的切换**　当用户同时打开多个窗口时，只可能有一个窗口是处在激活状态的，它的标题栏以深蓝色为背景，并且处于最前面，这就是当前窗口。除此之外的窗口都为后台窗口，它们的标题栏的背景都是浅灰色的。

要切换窗口，最简单的操作方法是用鼠标单击任务栏上对应窗口的按钮即可切换到该窗口。二是直接单击想要激活的窗口中任何地方即可切换到该窗口。但前提条件是要激活的窗口在屏幕上可见，只要不被其他窗口完全覆盖就可以。三是用"Alt"＋"Esc"组合键，可以在当前窗口与其他打开的窗口之间进行切换；用"Alt＋Tab"组合键，也可以在当前窗口与其他打开的窗口之间进行切换。这两种组合键在选择窗口时的显示方式上有区别。前者以窗口方式交换，后者以图标方式交换。

4. 窗口的排列　多个窗口在桌面上的排列方式有两种：级联式和并列式排列。

级联式窗口排列就是把窗口按照先后顺序排放在桌面上，其中每个窗口的标题栏和左边沿都露出来，最前面的窗口（即当前窗口）是完全可见的。

并列式窗口排列就是把窗口一个挨一个的排放在桌面上，使它们尽可能充满桌面空间，每一个窗口都是完全可见的。并列式窗口排列又可分为水平方向排列和垂直方向排列两种。要进行窗口的排列，用鼠标右键单击任务栏的空白区域，弹出如图 2－11 所示的菜单。单击"层叠窗口"、"横向平铺窗口"、"纵向平铺窗口"三个选项之一，就会对窗口进行相应排列。

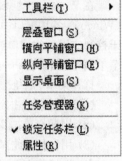

图 2－11 排列窗口菜单

（二）对话框的基本操作

对话框是人机交互既方便、又具体的一种工作方式。通过对话框，用户将信息输入计算机，计算机根据人们输入的信息，确定下一步的运行状态。对话框与窗口有类似的地方，即顶部都有标题栏，但是对话框没有菜单栏，而且它的大小是固定的，不能随意改变。图 2－12 是一些常见的对话框元素。

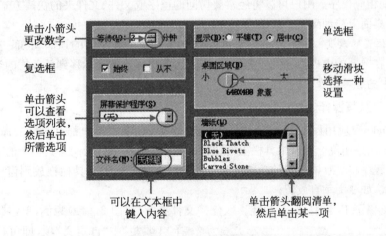

图 2－12　常见对话框元素

对话框中包括的各种项目的名称和作用如下。

选项卡：一个复杂的对话框通常操作类型分为几个选项卡。

选项组：选项卡通常又将选项按类别分为若干组，用虚线框起来。

单选框：在选项组中选择某一项后就不能再选另一项，这就是单选的含义。

复选框：在选项组中选择某一项后还可以继续选择其他选项。

输入框：用于输入文字或数字信息，因此又可分为文字和数字输入框两种。

列表框：用于显示一系列列表内容，包括普通列表框和下拉式列表框两种。

按钮：用于确定、取消对话框的输入信息，或用于打开另一对话框。

消息框：消息框给出提示信息，要求用户对提示信息做出反应。

对话框的各个项目之间,用鼠标移动选择对这些项目进行设置或输入内容。

(三) 菜单及其操作

在 Windows 的桌面和大部分程序窗口都有菜单工作方式。从形式上可以将菜单分为下拉菜单(Windows 各种窗口中标题栏之下的菜单)、快捷菜单(鼠标右击操作对象弹出的菜单)、控制菜单(用于控制应用程序窗口或文件夹窗口大小的菜单)、级联菜单(下拉菜单和快捷菜单中带有"►"标志的菜单项外侧出现的子菜单)及开始菜单(单击开始菜单钮弹出的菜单)。

打开菜单的一般操作方法如下。

(1) 用鼠标单击窗口下拉菜单名,在打开的菜单中用鼠标选择其中某项操作。

(2) 用鼠标单击窗口左上角的控制按钮就可以打开控制菜单。

(3) 用鼠标右击某个对象,可以打开一个对应于该类对象的快捷菜单。

(4) 选择带有"►"符号的菜单就可以打开其级联菜单。

打开菜单后,如果不想选取菜单选项,则可以在菜单以外的任何空白区域单击一下,这样就可以撤消该菜单。此外,按"Esc"键也可以撤消菜单。

(四) 任务栏设置

当用鼠标在任务栏空白处单击右键时,从其快捷菜单(图 2-9)中选择"属性"命令,则显示任务栏属性对话框。通过该对话框的设置与操作,即可完成对任务栏的设置,如自动隐藏任务栏、显示快速启动、显示时钟等。

1. **任务栏中快速启动区** 在快速启动区中放置一些常用程序的快捷方式图标,单击其中的图标可以快速启动相应程序。用户可以将经常要访问的程序或文件、文件夹的快捷方式放入到这个区中(只需将其从桌面上拖动到这个区即可)。

2. **任务栏位置的改变** 任务栏的位置可以改变,它可以停在桌面的顶部、底部、左侧、右侧四个边缘,但不能放在屏幕的中央。移动任务栏的方法是:将鼠标器的光标移到任务栏的空白处,按住左键拖曳到它要去的屏幕边缘,任务栏就会停在要移到的位置。

(五) 工具栏及其操作

大多数 Windows 应用程序都有工具栏,工具栏上的按钮在菜单中都有对应的命令。操作应用程序的最简单方法是用鼠标单击工具栏上的按钮。当移动鼠标指针指向工具栏上的某个按钮时,稍停留片刻,应用程序将显示该按钮的功能名称。用户可以用鼠标把工具栏拖放到窗口的任意位置,或改变排列方式,如变为垂直放置。

Windows 提供了工具栏自定义功能。以任一文件夹窗口(图 2-10)为例,单击"查看"菜单,选择"工具栏"中"自定义"项,即可打开"自定义工具栏"对话框。通过该对话框的设置与操作,即可完成对工具栏的自定义。

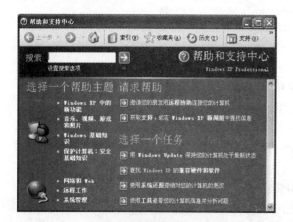

图 2-13 帮助窗口

五、Windows 的帮助系统

Windows 中具有很强的"帮助"功能,并提供了综合的联机帮助系统,它包含以下内容:一致的风格、组织和术语,层次结构,大的规模,全面的索引,集成了完善的疑难解答,更多对常用任务的强调,更多的在帮助内部就可以启动组件的快捷方式,广泛地使用"相关主题"的链接等,其窗口如图 2-13 所示。

Windows 为方便用户的使用,提供了多种帮助信息,用户可以通过如下方法得到帮助信息。

（1）单击"开始"按钮,选择"帮助和支持"命令,可获得 Windows 的一般使用方法。

（2）在应用程序窗口中,使用"帮助"菜单的"帮助和支持中心"命令,可以得到该应用程序的使用方法。

（3）在对话框中,使用标题栏右边的问号"?"按钮,可以得到该对话框中各选项的使用方法。

六、Windows 中文输入法

Windows 为了方便中文信息的处理,提供了多种中文输入方法。如全拼、双拼、智能 ABC、微软拼音、五笔字型输入法等。用户可以根据自己的爱好任选一种使用,还可以根据需要任意安装或卸除输入法。

（一）输入法的安装、卸除和切换

1. 输入法的安装和卸除　双击"控制面板"窗口中的"区域和语言选项"图标,单击其"语言"选项卡中的"详细信息"按钮,屏幕上弹出"文字服务和输入语言"对话框（图 2-14）。然后选择"添加"按钮,在弹出的对话框列表中选定输入法,最后选择"确定"按钮,完成输入法的安装。

删除输入法的方法是:在列表中选定想要删除的输入法,然后选择"删除"按钮,即删除选中的输入法。

2. 输入法切换　通过按组合键"Ctrl"+空格,可实现中、英文输入法的切换。使用组合键"Ctrl"+"Shift",或者通过单击提示栏中的输入法选择按钮,实现中文输入法间的切换。必须注意,所有用键盘的中文输入,都必须是键盘的英文小写状态。若中文输入法状态框按钮上显示"A"图形,表示是英文大写输入状态;可通过单击中文输入状态框中的"A"图形,实现切换。

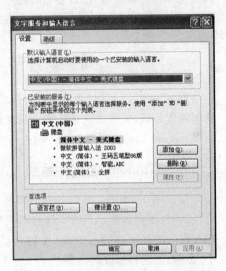

图 2-14　"文字服务和输入语言"对话框

通过按组合键"Shift"+空格,或者单击中文输入状态框中的新月状"🌙"图标（或满月状"🌑"图标）,实现全角、半角状态切换。通过单击中文输入状态框中的标点符号按钮"•┚"图标,实现中、英标点符号切换。通过单击中文输入状态框中的一个呈键盘模样的按钮"▦",实现显示或隐藏 Windows XP 的软键盘;软键盘共有 13 个,分别有希腊字母、标点符号、数字序号和特殊符号等。

（二）智能 ABC 输入法简介

智能 ABC 是一种智能化的混合拼音输入法,它具有自动分词、构词、自动记忆、强制记忆、词汇频度调整等智能特点。因此用户不仅可以输入标准的字和词组,也可以在输入的过程中动态建立用户的新词组。可以一段话似的进行输入,有自动向后猜测和联想的功能;在输入词组时,可以只输入组成词组的汉字拼音的第一个字母即可,如"人民",输入"rm"即可得到,所以输入长词组的速度是很快的。但是由于汉语拼音重码多,只输入汉字拼音的首字母,则会出现较多的重音词组,这样也会降低效率,所以可以输入部分或大部分拼音字母,以降低重码词组。

另外要注意的是,每输入一个字或一个词组的最后一个拼音字母（可以全写或略写）后,必须按一下空格键才会显示选字表,也才能从中选择所要的汉字。在输入拼音后,某字若不在字表的第一页中,则可按"PageDown"或"+"键往后翻一页,而按"PageUp"或"-"键则往前翻一页。

如果输入的词组不在词组库中,可以按退格键自建该词组。如输入"单击"词组,这不是一个标准词组,显示的是"1.淡季 2.蛋鸡",没有"单击";这时按一次退格键,在属于"dan"音下的字表中选择"单",然后出现"ji"音下的字母表,选择"击"字,就输入了"单击"词组,并自动创建了该词组(智能拼音"记住"了该词组),这样再次输入拼音"danji"就会显示"1.单击 2.淡季 3.蛋鸡"。

智能拼音的自动记忆功能允许记忆的标准拼音词最大长度为 9 字,最大词条容量为 17 000 条。刚被记忆的词并不立即存入用户词库中,至少要使用 3 次后,才有资格长期保存。新词栖身于临时记忆栈之中,如果栈"客满",而当它还不具备长期保存资格的时候,就会被后来者挤出。刚被记忆的词具有高于普通词语,但低于最常用词的频度。

(三)非键盘输入法

无论多好的键盘输入法,都需要使用者经过一段时间的练习才可能达到基本要求的速度,至少用户的指法必须很熟练才行。把不通过键盘而通过其他途径,让所有的人都能轻易地输入汉字的输入法统称为非键盘输入法,它们的特点就是使用简单,都需要特殊设备,根据组合不同、品牌不同的产品,可分为下面几类:手写笔、语音识别、手写加语音识别、手写语音识别加 OCR 扫描阅读器。

■ 第三节　Windows 的资源管理

Windows XP 通过"资源管理器"、"我的电脑"、"控制面板"等实现对系统资源的管理。从资源管理角度分析,文件系统是计算机系统最主要而且与用户关系最密切的一种系统资源。下面主要介绍 Windows 如何实现对系统资源进行管理以及有关文件系统的操作。

一、Windows 的文件系统

1. 文件、文件夹(目录)、磁盘、路径的概念与命名　文件是计算机内,有名称的一组相关信息集合;任何程序和数据都是以文件的形式存放在计算机的外存储器(如磁盘)上。磁盘上任何一个文件都有自己的名字,称为文件名,文件名是存取文件的依据。一个文件,它的属性包括文件的名字、大小、类型、创建和修改时间等。

文件夹也叫目录,是文件的集合体。就像在日常工作中把不同类型的文件资料用不同的文件袋来分类整理和保存一样,文件夹里除了可以包含文件外还可以包含文件夹,被包含的文件夹称为"子文件夹"、包含的文件夹称为"父文件夹"。文件夹中可以包含多个文件,也可以包含多个子文件夹。

磁盘是用户存储信息的设备,磁盘又分成几个逻辑盘,用盘符(例如 C、D 等)来标识。

路径是描述文件位置的一条通路,用户要指定文件的完整路径以便操作系统找到此文件。应先输入逻辑盘符(如 C、D 等),后面紧跟一个冒号":"和反斜线"\",然后输入文件夹名,两层文件夹中间用反斜杠分隔,最后输入文件名(例如:在 D 盘上"计算机基础"文件夹里的"word"文件夹里文件名为"护理记录.doc"的文件,路径为 D:\计算机基础\word\护理记录.doc)。

MS-DOS 的文件名(和目录名)只能使用"8.3"格式(即文件名称不能超过 8 个字符,扩展文件名不能超过 3 个字符)。Windows 使用长文件名表示文件名和文件夹名,最长可达 255 个字符,其中可以包含空格,分隔符".",除此之外的其他约定和 DOS 文件名相同。如果在长文件名中有多个分隔符".",则最后一个分隔符的右端字符串为该长文件名的扩展名。

2. 文件的类型　根据文件存放信息的格式和信息性质以及对应的扩展名可以将文件划分为不同的类型。下面介绍部分文件的类型及其图标。

(1)文件夹:文件夹在正常状态下的图标是"▢",打开状态下的图标是"▢"。

(2)程序文件:它是以.COM、.EXE 和.BAT 为扩展名的可执行文件。每一个程序文件都有一个图标,其外观是不一样的,如 Windows 计算器的图标是"▦"。

(3)文本文件:由字母、数字等不包含控制字符的字符组成的文件,其扩展名为.TXT。

（4）图像文件：存放图片信息的文件。图片文件的格式很多，对应扩展名有.BMP、.JPG、.GIF 等。Windows 中主要采用.BMP 格式的文件。

（5）字体文件：包含位图字体文件.FON 和 TrueType 字体文件.TIF。TrueType 字体文件的图标是"🅣"，字体文件一般存放在 Windows 系统文件夹下的"Fonts"文件夹中。

（6）多媒体文件：是数字形式的声音和影像文件。扩展名有.WAV（声音）、.MID（合成音频）、.AVI（视频剪辑）等。.MID 类文件的图标是"🎵"。

（7）其他文件：主要是程序启动的初始化文件、设备驱动程序、动态链接库等不可直接运行的文件。扩展名是.OVL、.SYS、.INI、.VXD、.DLL 等。动态链接库的图标是"🗔"。

通常 Windows 所有的系统文件和系统配置文件是存放在"WIN"或"WINNT"文件夹中。

3. 文件属性　在 Windows 系统中文件属性有四种：归档（archive）、隐含（hidden）、只读（read only）和系统（system）。

归档（A）：表示自上次备份后又修改过的文件属性。

隐含（H）：表示在目录显示时文件名不显示出来。

只读（R）：表示该文件只能读取，不能修改和删除。

系统（S）：表示该文件为计算机系统运行所必须的文件。

许多时候，将文件的创建日期和时间、访问日期和时间，文件长度都作为文件的属性描述。

二、资源管理器

Windows 提供了功能更强、使用更方便的"资源管理器"为系统用户服务。使用资源管理器能方便实施文件操作，能清晰地显示文件夹结构及内容，能够打开、复制、移动、删除或者重新组织文件。

1. "资源管理器"的启动　启动"资源管理器"可以有很多种方法。

（1）单击"开始"按钮，依次选择"所有程序"、"附件"、"Windows 资源管理器"。

（2）在桌面上选中"我的电脑"或"我的文档"或"回收站"图标右击，在弹出的快捷菜单中选择"资源管理器"。

（3）右击"开始"按钮，在弹出的快捷菜单中选择"资源管理器"。

2. 资源管理器窗口组成　资源管理器窗口不仅有一般窗口的元素，如标题栏、菜单栏、地址栏、状态栏等外，还有功能丰富的工具栏，同时也是"浏览器化"窗口（窗口的格式和操作都尽可能的和 IE 浏览器相同），如图 2-15 所示。

资源管理器的工作区分成左、右两个窗口，左、右窗口之间有隔条，鼠标指向分隔条呈现双向箭头时，可拖动鼠标改变左、右两窗口的大小。左边的窗口用来列出整个系统的分层结构，包括每一个逻辑硬盘和软驱，右窗口显示当前位置中内容。在资源管理器窗口的结构中，桌面被设计为最高级单元，在桌面下设置了"我的电脑"、"网上邻居"、"回收站"以及"我的文档"等文件夹。无论是何种类型的硬件，都被视为一个文件夹来进行资源管理。

如果文件夹前是加号"＋"，表示此文件夹还有子文件夹，单击加号"＋"，就可以将该

图 2-15　Windows 资源管理器

文件夹"展开"，显示其包含的子文件夹；如果是减号"－"，表示此文件夹还有子文件夹，单击减号"－"，就可以将该文件夹"折叠"，隐藏显示其包含的子文件夹。如果没有加号"＋"和减号"－"，表示此文件夹没有子文件夹。

三、文件夹和文件管理

文件和文件夹的管理可以通过"资源管理器"、"我的电脑"或"我的文档"具体实现，采用的方法基本相同，只是工作窗口不同，所用的菜单不尽相同。

图 2－16　新建文件或文件夹快捷菜单

（一）新建文件或文件夹

1. 新建文件夹　启动资源管理器，在左窗口的文件夹框中选定一个文件夹或驱动器图标，然后在右窗口空白处右击，出现图 2－16 所示的快捷菜单，将鼠标指向"新建"，展开其下层菜单，选择"文件夹"选项，即可在当前文件夹中建立一个子文件夹，其名称默认为"新建文件夹"，用户可以输入新的名称。新建文件夹也可通过"文件"菜单中依次选择"新建"、"文件夹"项来实现。

利用资源管理器窗口中的"文件和文件夹任务"列表也可以方便地在选定的目标位置上创建一个新文件夹。方法是：单击工具栏上的"文件夹"按钮调出任务列表，选择"创建一个新文件夹"选项。

2. 新建文件　最常用的方法是启动应用程序后创建文件。如先打开 Windows 附件中的"记事本"窗口，然后再编辑和保存文本。也可以按建立文件夹的方法，在资源管理器右窗口右击，从图 2－16 所示的快捷菜单选择一个文件类型，如文本文档、Microsoft Word 文档等，即可建立一个相应类型的空文档。

（二）选定文件或文件夹

Windows 中选定的文件或文件夹将反向显示，选择方法如下。

（1）单选：直接在图标上单击即可。

（2）多选：先单击要选的第一个图标，然后按住"Shift"键，再单击要选的最后一个文件或文件夹的图标即可多选。在空白处单击则取消选择。

（3）全选：用"编辑"菜单中"全部选中"选项或快捷键"Ctrl＋A"可以实现全选。

（4）不连续的多选：按住"Ctrl"键逐个单击要选取的文件或文件夹可以实现不连续的多选。再单击选取的文件，则取消选择。

（5）反向选择：先选中一个或多个文件或文件夹，然后选择"编辑"菜单的"反向选择"命令，则原来没选中的都选中了，而原来选中的都变为没选中。

（三）打开文件或文件夹

打开文件夹则显示文件夹里的对象如文件和子文件夹；打开一个应用程序则启动该应用程序；打开一个文档将启动一个应用程序并显示该文档；打开驱动器将显示该驱动器的所有文件和文件夹。打开任意一个对象可以采用下述任何一种方法。

（1）在文件窗口双击要打开对象的图标。

（2）选定待打开的对象，在"文件"菜单中选择"打开"命令。

（3）在待打开对象上右击，在弹出的快捷菜单中选择"打开"命令。

（4）选中待打开的对象后按回车键。

（四）复制、移动文件或文件夹

当需要制作文件或文件夹的副本时需要用到复制或移动操作。复制是指原来位置的文件或文件夹仍然保留，在新位置建立一个与原来位置的文件或文件夹一样的副本；移动是指文件或文件夹从原来的位置上消失而出现在新位置上。

1. 从硬盘向 U 盘复制　在要复制的文件或文件夹上右击，在快捷菜单中依次选择"发送到"、"可移动磁盘"即可开始复制，如图 2 - 17 所示。还可以采用拖动的方法，即选中要复制的对象后，按下鼠标左键向文件夹列表框中的"可移动磁盘"方向移动，并有一淡色图标随着一块移动，直至目标位置反向显示时松开鼠标即可（计算机要插上 U 盘）。

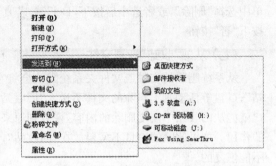

图 2 - 17　选中对象后的快捷菜单

2. 在文件夹之间复制文件

（1）菜单操作方式：选中要操作的对象，在"编辑"菜单中选择"复制到文件夹"或"移动到文件夹"，然后在对话框中指定文件夹位置。

（2）鼠标拖动方式：

1）移动文件：选中要操作的对象，在同一驱动器上移动文件，不用按下"Shift"键，如在不同驱动器上移动文件，按下"Shift"键，然后将选中的对象拖到目的位置，释放鼠标器按钮，完成文件移动操作。

2）若复制文件：首先选中要操作的对象，按下"Ctrl"键，然后用鼠标器将选定的文件拖放到目的位置（如文件夹、桌面）。

3）使用鼠标器右按钮拖放。当按下鼠标器右按钮拖放选定的文件时，通过显示的菜单，用户可以选择文件操作方式：移动、复制、创建快捷方式。

3. 剪贴板的使用　剪贴板是 Windows 在内存中开设的暂时存放信息的一块内存区域。

（1）将文件信息传送到剪贴板：

1）菜单方式：先选定需要的文件，然后选择"编辑"菜单的"剪切"或者"复制"命令。剪切和复制命令的区别是，选择"剪切"命令后，当前选定的文件被删除，但信息传送到剪贴板中。选择"复制"命令后，当前选定的文件不被删除，信息也传送到剪贴板中。

2）右击方式：将鼠标器指针移到需要的文件名上，右单击显示快捷菜单，选择菜单的"剪切"命令或者"复制"命令。

（2）从剪贴板中粘贴信息：当一个文件的信息传送到剪贴板后，可以将此信息粘贴到桌面或可存放文件的任何对象上，实现文件的移动或复制。粘贴信息的方法有以下几种。

1）菜单方式：先打开需要的文件夹，然后选择"编辑"菜单的"粘贴"命令。剪贴板中的文件将加入到此文件夹中。

2）右击方式：先打开需要的文件夹，将鼠标器指针移到此文件夹，右单击显示快捷菜单，选择菜单的"粘贴"命令。

3）粘贴成快捷方式：选择"编辑"菜单的"粘贴快捷方式"命令，可以在文件夹中为剪贴板的信息创建一个快捷方式文件。

4）将剪贴板上的文件粘贴到桌面任何对象上：在桌面对象中选择"编辑"菜单的"粘贴"命令，或者右单击显示快捷菜单，选择"粘贴"命令，可以将此文件粘贴到此对象中。

(五) 修改文件或文件夹名称

选定要修改的对象,从"文件"菜单中或单击右键在快捷菜单中选择"重命名",或者在对象名称上单击,待变成反显加框状态后输入新的名称,然后按回车键或在空白处单击。若刚命名后又要恢复原来的名称可选择"编辑"菜单中的"撤消重命名"。

(六) 删除文件或文件夹

当要删除某一文件或文件夹时,选中要操作的对象,在"文件"菜单或对象上右击,然后在快捷菜单中选择"删除",或者选中后按下"Del"键,若真要删除,在出现的确认对话框中按下"是"按钮,否则按下"否"按钮。

(七) 从"回收站"恢复文件

从系统删除的文件或文件夹系统默认会将它们放入"回收站"中(硬盘上删除的文件送入"回收站";U盘等活动盘上删除的文件不送入"回收站"),如果不清空回收站,或回收站存储空间未满,用户就能从回收站中恢复删除的内容,恢复到原来它们所在位置。因此,"回收站"起到避免误删信息的作用。如果删除的信息不需要放在"回收站",可在选择"删除"命令时按下"Shift"键,这种删除是不能恢复的。

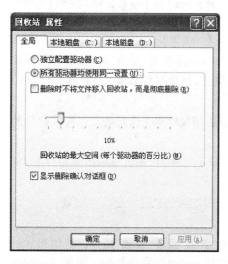

图2-18 回收站"属性"对话框

1. 还原文件 在"回收站"窗口中,选定要还原的文件,单击该窗口的"文件"菜单,选择菜单中的还原命令,系统即将文件从回收站还原到原来的位置。也可以选定要还原的文件,单击鼠标右键,在弹出的快捷菜单中,单击"还原"命令。

2. 清空"回收站" 在"回收站"窗口的菜单栏中选择"文件"菜单,再从中选择"清空回收站"选项,则其中的内容被全部彻底删除,用户也可以对其中内容有选择地删除,不可以恢复。

有时用户在"回收站属性"对话框(图2-18)中设置删除的文件不进入回收站,而是直接永久删除。方法是:右击桌面上"回收站"图标,在快捷菜单上选择"属性"选项,打开"回收站属性"对话框,选中"删除时不将文件移入回收站,而是彻底删除"复选框即可。在此窗口还可以调整回收站在硬盘中存储容量的大小。

(八) 显示和修改文件属性

描述文件或文件夹名称、占用空间大小、创建日期以及是否只读、共享、隐藏和存档等一系列信息,其目的是实现文件或文件夹的读写保护。在选定文件夹上右击,选择快捷菜单中"属性",即可显示这个文件夹属性(图2-19)。若选定的是文件,弹出的就是文件"属性"对话框。

文件夹的属性对话框中的"共享"选项卡,用来设定文件夹的共享属性供网上其他用户访问。如果选中"共享该文件夹",则"共享名"文本框显示了当前文件夹的名称,"用户数限制"可以设定为"最多用户"即为所有用户可以访问,而"允许"是限制用户个数的。"权限"按钮可以设定网上注册用户对该文件夹的权限是完全控制、更改还是读取,其中"添加"和"删除"按钮用来设定对这一文件夹访问的用户名称。

若某一文件夹或文件已经被设置为"隐藏"属性,可以设置这些文件和文件夹不显示出来。选择资源管理器窗口菜单栏中的"工具"菜单,再选择其中的"文件夹"选项,打开此对话框后,选择"查看"

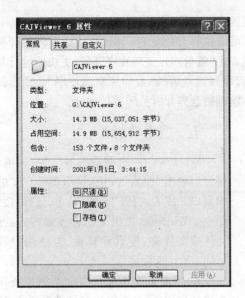

图 2-19　文件夹"属性"对话框

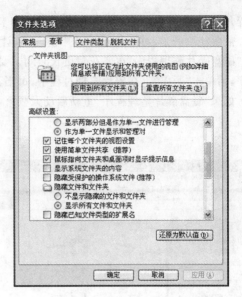

图 2-20　"查看"对话框

标签按钮,得到如图 2-20 所示的对话框,选择"不显示隐藏的文件和文件夹"选项。反之,该选项下面的"显示隐藏的文件和文件夹"选项是将隐藏的文件和文件夹显示出来。

四、磁盘操作

磁盘操作主要是显示磁盘属性、格式化磁盘、复制磁盘、维护磁盘等。

1. **磁盘属性**　在我的电脑窗口或资源管理器中,将鼠标器指针移到要查看的驱动器图标上,右击弹出快捷菜单,选择菜单的"属性"命令,将显示该磁盘属性,如图 2-21 所示。磁盘属性对话框中包含"常规"、"工具"、"硬件"和"共享"选项卡,显示磁盘的容量、可用空间及磁盘卷标(用户可以修改)。通过"工具"选项卡可以完成对磁盘的维护操作,包括磁盘检查、整理和备份。在"共享"选项卡中实现磁盘的读写保护。

2. **格式化磁盘**　当要格式化磁盘时,先将要格式化的软盘插入驱动器,在"我的电脑"窗口选定磁盘图标,然后选择"文件"菜单的"格式化"命令,显示格式化磁盘对话框。或者右单击内容显示窗口中磁盘图标,显示快捷菜单,选择"格式化"命令。在格式化磁盘时,要选择格式化的容量、格式化方式、标识磁盘等。

3. **磁盘维护**　磁盘的维护操作可以通过"磁盘属性"对话框具体实现,主要有以下几项内容。

(1)磁盘清理:运行"磁盘清理程序"可以帮用户释放硬盘上的空间。"磁盘清理程序"搜索驱动器,然后列出临时文件、Internet 缓存文件和可以安全删除的不需要的文件等。

(2)磁盘检查及碎片整理:打开"磁盘属性"对话框(图 2-21)中的"工具"选项卡,执行"磁盘检查"命令,不仅可以检查硬盘的逻辑和物理错误,而且能够修复文件系统错误和扫描恢复坏扇区。在检查磁盘时要自动修复所发现的错误,就必须选定"自动修复错误"复选框。"磁

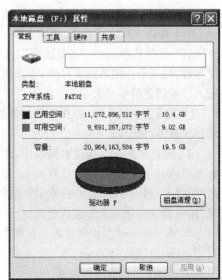

图 2-21　磁盘"属性"对话框

盘碎片整理程序"可以重新整理硬盘上文件和未使用的空间,提高硬盘的访问速度。

需要注意的是,对磁盘进行碎片整理时,计算机可以执行其他任务。但是,计算机将运行得较慢,"磁盘碎片整理程序"也要花费更长时间。要临时停止"磁盘碎片整理程序"以便更快地运行其他程序,请单击"暂停"。在碎片整理过程中,每当其他程序写磁盘后"磁盘碎片整理程序"必须重新启动。如果"磁盘碎片整理程序"重新启动太频繁,可在整理磁盘碎片时关闭其他程序。

五、搜索功能

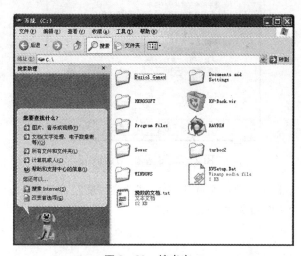

图 2 - 22　搜索窗口

Windows 在"资源管理器"、"我的电脑"等窗口单击"搜索"按钮,显示图 2 - 22 的搜索窗口。或者,打开"开始"菜单,选择"搜索"命令。Windows 提供了四种搜索方式:搜索文件或文件夹、搜索计算机、查找用户和在 Internet 上搜索。

1. **搜索文件或文件夹**　若用户要搜索文件或文件夹,可以输入多种搜索选项,然后单击"立即搜索",搜索结果显示在窗口的右边,有以下多种组合的搜索选项可供选择。

(1) 搜索文件或文件夹名称:在"要搜索的文件或文件夹名称"框中输入要查找的文件名字,其中可以包括通配符("?"、"＊",前者代表任意一个字符,后者代表多个任意字符)。

(2) 搜索文件包含的文字:在"包含文字"框中输入用户已知的要搜索文件中可能包含的文字。

(3) 搜索范围:打开"搜索范围"列表,选择要搜索的位置,如驱动器、路径或网络上计算机的路径。

(4) 根据日期搜索:选定"日期",要搜索的文件或文件夹的可能日期。

(5) 根据文件类型搜索:选定"类型",选择要搜索文件或文件夹的文件类型。

(6) 根据文件大小搜索:选定"大小",选择要搜索文件或文件夹的可能的文件大小。

(7) 高级选项:选定"高级选项",选择"搜索子文件夹",将查找文件夹的所有子文件夹。清除该复选框,则只查找输入的文件夹,不查找文件夹的所有子文件夹。选择"区分大小写",将严格区分已输入搜索信息的字母大小写。

当完成查找操作后,查找到的文件显示在窗口的右部,可以使用窗口的"文件"、"编辑"、"查看"菜单完成各种操作。

2. **搜索计算机**　在搜索窗口中,单击"计算机"项,显示搜索计算机的窗口,用于查找网络上的计算机或共享文件夹。在"计算机名"文本框中输入计算机的名字,按照格式:"\计算机名字\文件夹名字"输入,然后单击"立即搜索"按钮可以开始查找,单击"停止搜索"按钮可以中止查找,单击"新搜索"按钮将删除查找结果重新查找。

3. **在 Internet 上搜索信息**　在搜索窗口中,单击"Internet"项,显示在 Internet 上搜索信息的窗口,其显示内容是 Internet 的一个搜索引擎(Search. msn. com)的界面。用户输入要搜索的信息后,可在 Internet 上查询有关站点。

第四节   Windows 的设备与任务管理

在 Windows 中,用户可以设置计算机的工作环境,从而营造一种方便、舒适的工作平台使用 Windows 操作系统。用户可以改变桌面的颜色、屏幕保护程序、鼠标的操作速度、键盘的重复速度等。Windows 在系统安装、配置、维护和管理方面提供了相当便捷的手段,以帮助用户更方便、更快速地完成这类任务。

一、控制面板

除 CPU 和内存资源外,计算机系统中的其他部件都称为设备。Windows 提供控制面板对设备进行直观的设置。

启动控制面板的方法很多,最常用的有下列两种。

(1) 打开"开始"菜单,选择"控制面板"项。

(2) 从"我的电脑"或"资源管理器"窗口中选择"控制面板"项。

控制面板启动后,出现如图 2 - 23 所示的窗口。"控制面板"窗口列出了 Windows XP 提供的所有用来设置计算机的选项,常用的选项包括:"日期和时间"、"显示器"、"键盘"、"鼠标"和"声音"等等。

图 2 - 23   "控制面板"窗口

二、显示属性设置

在 Windows 中,用户可以根据自己的喜好改变屏幕的外观,如屏幕颜色、分辨率、屏幕保护程序等。要改变屏幕外观,可以在"控制面板"中的"显示属性"对话框(图 2 - 24)中完成。单击"控制面板"中的"外观和主题"选项,选择任一个任务,打开的都是"显示属性"对话框。另外,在桌面空白处右击,然后在出现的快捷菜单中单击"属性"命令,也可以打开"显示属性"对话框。

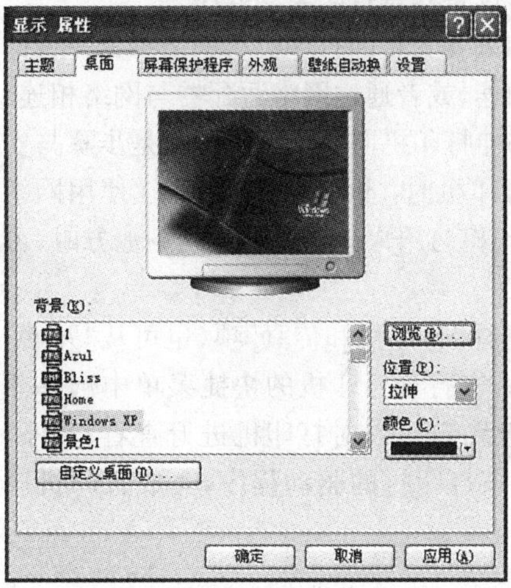

1. 改变桌面背景   在"显示属性"对话框"桌面"选项卡(图 2-24)中,可以选择桌面背景采用的图片及图片显示方式(拉伸、居中或平铺);还可以自定义桌面,指定在桌面上要显示的 Windows 项目,以及更改桌面上图标。

背景列表中给出了用作桌面背景的图片文件,该文件可以是带.BMP、.JPG、.GIF 或.PNG 扩展名的图片或 HTML 页。通过背景效果预览后,即可确定新的桌面背景。

2. 设置屏幕保护程序   如果在一段时间内不触动键盘和鼠标,屏幕保护程序会自动启动,在屏幕上显示活动的图像,以避免静止的图像灼伤屏幕。在"显示属

图 2 - 24   "显示属性"对话框

性"对话框中单击"屏幕保护程序"选项卡,根据出现的对话框,即可完成屏幕保护程序、口令保护、监视器的节能特征等状态的设置。

3. 设置屏幕的外观 屏幕的外观是指 Windows 的屏幕元素(包括标题栏、滚动条、边框、图标等)在屏幕中显示时采用的大小、颜色和字体。Windows 提供了多种外观设置方案供用户选择。用户如果对 Windows 提供的方案不满意,可以改变设置方案,然后把结果保存起来,供以后选用。在"显示属性"对话框中单击"外观"选项卡,根据出现的对话框,即可完成屏幕的外观设置。

4. 设置颜色数和分辨率 在"显示属性"对话框中单击"设置"选项卡,根据出现的对话框,即可完成颜色数与分辨率设置。

(1) 要改变颜色数,从"颜色"下拉列表框中选择颜色数。颜色数选得越多,图像色彩越逼真。监视器和显示适配器决定了显示器可以显示颜色的最大数目。

(2) 要改变分辨率,在"屏幕区域"拖动滑块。像素乘积越大,分辨率越高,图像也越清晰。分辨率的选定范围同样由监视器和显示适配器共同决定。

5. 设置桌面主题 主题的选择将影响桌面的整体外观,包括背景、屏幕保护程序、图标、窗口、鼠标指针和声音等。多人使用同一台计算机时,每个人不但可拥有自己的用户账户,还可以选择不同的桌面主题。通过"主题"选项卡,即可完成桌面的主题设置。

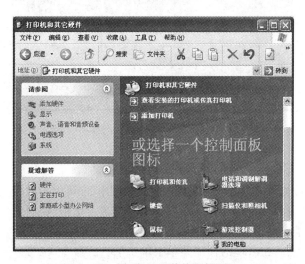

图 2-25 "打印机及其他硬件"窗口

三、打印机及其他硬件设置

在控制面板中选择"打印机及其他硬件"项,打开如图 2-25 所示的对话框窗口,选择常用硬件设备如打印机、键盘、鼠标、扫描仪等的对应项,对这些设备的属性进行相关的设置。

1. 打印机的管理

(1) 添加打印机:要打印文件首先要安装打印机。在"打印机及其他硬件"对话框窗口中选择"添加打印机"项,启动"添加打印机向导",按照安装向导很容易为计算机新连接的打印设备安装打印驱动程序。

如果要安装的打印机与网络中另一台计算机相连,或者通过网络适配器与网络相连,那么该打印机就称为网络打印机。网络打印机同样是使用"添加打印机向导"来安装,只是步骤与安装本地打印机稍有不同。注意,只有在网络打印机设为共享打印机时,才可以安装它。在使用网络打印机时,感觉与使用本地打印机区别不大,只不过当网络打印机与用户计算机不在同一地方时,可能会造成一些不便。

(2) 打印机设置:在"打印机及其他硬件"对话框窗口中选择"打印机和传真"项(也可从"开始"菜单中选择此项),选定已安装的打印机后,从窗口左区域或右击打开打印机的快捷菜单中选择并执行与选定的打印机有关的任务,打开其对话框窗口。通过此窗口可以对打印机进行查看、暂停、取消打印等操作,以及将该打印机设置成共享打印机或删除该打印机的驱动程序,完成打印机属性设置。

2. **添加新硬件设备**　要想添加新的硬件到计算机系统中,一般应先将新硬件设备连接到计算机上,再从"打印机及其他硬件"对话框窗口左区域中选择"添加硬件"项,启动"添加硬件向导",按照安装向导依次操作,很容易为计算机新连接的设备安装驱动程序,如图 2-26 所示。若新硬件带有安装程序(安装光盘),直接运行安装程序就可安装,操作与安装应用软件相同。

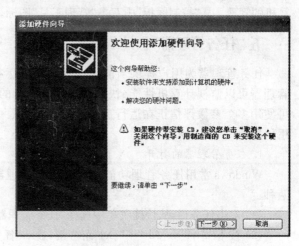

图 2-26　"添加硬件向导"对话框

Windows 具有支持更多新硬件的特点,能最方便承载各种数码产品,包含数以百计的新打印机、调制解调器及其他硬件驱动程序,省去了大多数硬件设备安装过程,使得许多新硬件设备连接到计算机上就能使用。显著提高了计算机的易用性,并使其工作更有效,维护更方便。

四、设备管理器

设备管理器列出所有安装在计算机上的硬件设备,用户可以使用设备管理器查看计算机上的硬件设备列表并为每个设备设置属性。

1. **系统属性**　启动控制面板后,选择"性能和维护"图标,单击"系统"图标。在"常规"选项卡中,用户可以看到当前计算机系统的 Windows 版本,注册信息,CPU 型号以及内存容量等信息。在"计算机名"选项卡中,用户可以设置计算机的标识,也即在网络上访问这台计算机应使用的名称。在"硬件"选项卡中,如果用户想添加新硬件,可以选择"添加硬件向导"帮助用户添加新硬件。

用户也可以设置"高级"、"系统还原"、"自动更新"、"远程"等属性。

2. **设备管理器的打开**

(1) 在"控制面板"中双击"系统"图标,弹出"系统属性"对话框,在其"硬件"选项卡中,单击"设备管理器"按钮,弹出如图 2-27 所示的设备管理器窗口。

(2) 在桌面上右击"我的电脑"图标,从打开的快捷菜单中选择"属性",弹出"系统属性"对话框,在其"硬件"选项卡中,单击"设备管理器"按钮。

打开设备管理器窗口后,单击设备列表中的"＋"标志,可以展开所含设备。

3. **设备属性设置**　单击选中系统的硬件设备后,可以对其进行驱动更新、停用、卸载和查看等设置。设置的方法有以下两种。

(1) 右击设备名称,从打开快捷菜单中选择相应设置选项。

(2) 选中设备后,从操作菜单中选择相应设置选项。

如果需要停用某项设备,首先选中要停用的设备,在弹出快捷菜单或"操作"菜单中选择"停用",即可停用这个设备。

要说明的是,以上所述的各项管理都可通

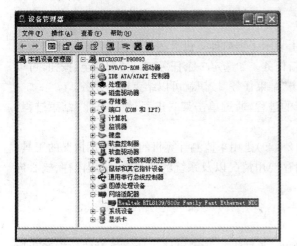

图 2-27　设备管理器

过 Windows 所提供的"管理工具"来实现。"管理工具"提供了安全、服务、事件、数据等几乎所有计算机的管理。从"控制面板"中双击"管理工具"图标，即可打开"管理工具"窗口。

五、任务管理器

任务管理器为用户提供当前正在计算机上运行的应用程序和进程的相关信息。使用任务管理器可以监视计算机性能、快速查看正在运行的程序的状态、或者终止已停止响应的程序、也可使用多个参数评估正在运行进程的活动，以及采用图形和数据的形式查看 CPU 和内存的使用情况。

1. 任务管理器的打开

Windows 常用任务管理功能是通过任务管理器来实现的。打开任务管理器的方法有以下两种。

(1) 右击任务栏，从快捷菜单中选择"任务管理器"。

(2) 按下"Ctrl"+"Alt"+"Del"组合键，显示"任务管理器"对话框，如图 2-28 所示。

对话框中分别显示了五个命令按钮，使用任务管理器可以完成"应用程序"、"进程"、"性能"、"联网"和"用户管理"工作。

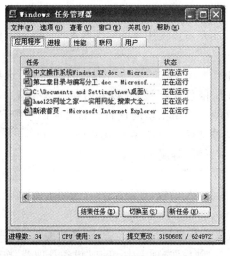

图 2-28　任务管理器对话框

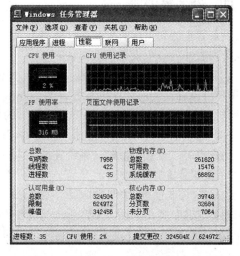

图 2-29　性能窗口

在任务管理器"应用程序"选项卡(图 2-29)上显示了当前计算机上运行的任务(程序)的名称和状态。通过该选项卡可以结束、切换和启动一个新任务。如选定一个任务，单击"切换至"按钮，可以使该任务对应的应用程序窗口成为活动窗口，单击"结束任务"按钮就可以结束这个任务。

在"进程"选项卡中显示了当前计算机上运行的进程，通过单击某一进程，然后按下"结束进程"按钮即可结束进程。

2. 性能监视　任务管理器的"性能"窗口(图 2-29)是用来监测计算机的硬件使用情况的工具。在"性能"选项卡中，动态显示计算机的 CPU 和内存使用情况以及系统的项目数、物理内存、核心内存等情况的数据和图形。

六、用户管理

Windows 系统允许多个用户共享同一台计算机，通过将每个用户使用计算机时的数据和程序相互隔离开来，使得多个用户不必重新启动计算机，就可以在不同账户之间切换。在系统中设立用户账户的目的就是便于对使用计算机的行为进行管理,以便更好地保护计算机中的用户资料。

1. 用户账户概述　　使用计算机账户可以依据用户的个人爱好设置计算机桌面及使用计算机的习惯,保护计算机中用户的重要设置和信息等,系统中的账户分为两类:管理员账户和受限账户。

(1) 管理员账户类型:该账户拥有使用计算机的最大权利,它可以安装程序或增删硬件、访问计算机中的所有文件、管理本计算机中的所有其他用户账户等。在计算机中,管理员账户可以设置多个,它们拥有相同的权利。当计算机中仅有一个管理员账户时,将不允许该账户降级为受限账户。第一个管理员账户是在安装 Windows 的过程中自动创建的,其默认的用户名为"Administrator"。

(2) 受限账户类型:该账户只享行使用计算机的部分权利,不能更改大多数的系统设置,不能删除重要的文件等。受限用户不能将自身升级为管理员账户类型,但可以用计算机中的其他管理员账户来更改其账户类型。

来宾账户是一种特殊的受限账户,是系统专为那些没有账户的人使用计算机而准备的。该账户没有密码,所以只拥有使用计算机的最小权利,即可以使用计算机中安装的所有应用程序以及检查电子邮件、浏览 Internet 等,但不能更改计算机中的任何软硬件配置,也不允许更改其账户类型。

(3) 切换账户:在多个账户之间切换,可以单击"开始"菜单中的"注销"按钮,在"注销 Windows"对话柜中选择"切换用户",即可出现"欢迎使用"的登录界面,单击相应的用户,如果有密码则输入密码,系统便开始装入所选用户的配置信息。

2. 设置用户账户

(1) 创建新账户:根据需要,一台计算机上可以创建多个账户,具体操作如下:用管理员账户登录系统,然后从"开始"菜单中打开控制面板,单击"用户账户"项,出现如图 2-30 所示的"用户账户"窗口,选择"创建一个新账户"。然后在新窗口中输入新账户的名称,单击"下一步"按钮;再选择新账户的类型,最后单击"创建账户",返回用户账户主页,完成新账户创建。

(2) 更改账户:创建完成的账户可以更改其名称、密码和类型等。方法是:在用户账户主页中单击要更改的账户,即可进行更改名称、创建密码、更改图片、更改账户类型以及删除账户等操作。

图 2-30　"用户账户"窗口

七、日期、时间、语言和区域设置

在"控制面板"窗口中单击"日期、时间、语言和区域设置"图标,屏幕上显示"日期、时间、语言和区域设置"对话框(图 2-31)。设置系统时间和日期、调整其格式等。可以选择一个任务或选择窗口下面的一个控制面板图标。

1. 日期和时间设置　　"日期和时间属性"对话框如图 2-32 所示,此对话框中两个标签按钮可以分别设置日期、时间及时区。

(1)"时间和日期"标签:单击此标签按钮后出现的选项卡的左边是日期调整部分,用鼠标按"年份"框的上下箭头确定某一个年,打开"月份"下拉列表框可以从中选择一个月份,再选择某一天,即可完成对年、月、日的设置。

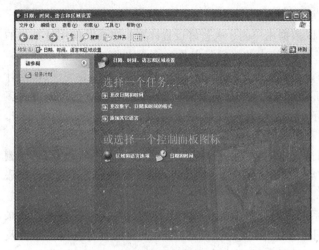

图2-31 "日期、时间、语言和区域设置"对话框

图2-32 "日期和时间属性"对话框

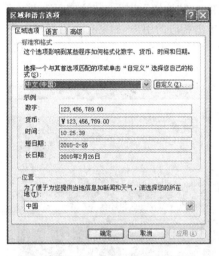

图2-33 "域和语言选项"对话框

如要调整时间,将鼠标指针指向对话框右边时间调整文本框中,输入正确的时间即可完成修改。

(2)"时区"标签:单击此标签按钮打开时区选项卡,可以按箭头按钮从下拉列表框中选择某一地区的时区。

2. 区域和语言选项设置 "区域和语言选项"对话框如图2-33所示,可以在"区域选项"选项卡中设置时间和日期的显示格式;在"语言"选项卡中可以添加和删除输入语言、设置默认输入语言、设置是否在桌面显示语言栏等。

八、程序的添加和删除

在"控制面板"窗口中选择"添加或删除程序"图标,会出现如图2-34所示的对话框。

图2-34 "添加或删除程序"对话框

1. **应用程序的安装**　在"添加或删除程序"对话框中选择"添加新程序"选项,即可在安装向导的帮助下完成安装,如图 2-35 所示。

2. **应用程序的卸载**　卸载就是从系统中删除一个应用程序(及其系统)。删除一个应用程序最好通过卸载的方法进行。在"控制面板"中打开"添加或删除程序"对话框后,选择"更改或删除程序"选项,找到待删除程序,然后选定"删除"按钮,系统提示删除程序操作过程,从而完成应用程序的删除任务。如果某一个程序不能通过这种卸载的方法删除,可在待删除文件或文件夹上右击,从快捷菜单中选择"删除"命令。

要注意的是,由于一个应用程序安装到系统中时,它包含有初始化文件、数据文件、动态链接库等,分别放在不同的目录下,如果采用直接删除的方法,往往只能删除掉指定文件夹的文件,而放在其他文件夹中的文件如动态链接库,数据文件就不一定能删除。

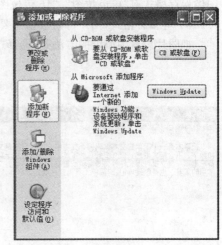

图 2-35　"添加新程序"对话框

■■ 第五节　Windows 的附件及应用程序

Windows 提供了许多附件工具,包括画图、记事本、计算器、媒体播放器、录音机等,这些工具操作简单,灵活实用。应用程序是在操作系统的支持下完成一定任务的软件,它对提高计算机的应用能力至关重要。

一、画图

"画图"是一个简单的图形处理程序,其所创建的文件扩展名默认为".BMP",意为"位图"。用"画图"可绘制图形,也可编辑已存在的图片。其窗口组成如图 2-36 所示。窗口由绘图区、工具箱、线宽框、状态栏等部分组成。

图 2-36　画图程序窗口

绘制好图像后,选择"文件"|"保存"或"另存为"命令,可以将图像保存起来。"画图"程序支持的图像保存格式有"单色位图"、"16 色位图"、"256 色位图"、"24 位位图"、".JPEG"、".GIF"、".TIF"、".PNG"等多种格式,用户可以根据需要更改图像格式。

把图片设置为墙纸的方法是,选择"文件"|"设置为墙纸(平铺)"或"设置为墙纸(居中)"命令。

二、记事本

记事本(图 2-37)是一个简单的文本编辑器,文本中的字符只能是文字和数字,不含格式信息,仅有少数几种字体。记事本多用于写便条、备忘事项、建立批处理文件等,是编辑或查看文本(.TXT)文件最常用的工具,也是创建 Web 页的简单工具,文件最长为 64kB。

三、写字板

"写字板"是一个功能比"记事本"稍强的处理工具,它接近标准的字处理软件,是适用于短篇小文档的文本编辑器,在"写字板"中可用各种不同的字体和段落样式来编排文档。

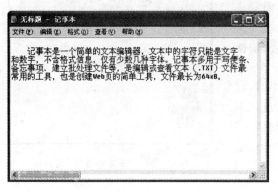

图 2-37 "记事本"窗口

四、计算器

启动附件中的"计算机"软件,显示如图 2-38 所示。"计算器"有两种基本操作模式:标准型(按输入顺序单步计算)和科学型(按运算顺序复合计算),在"查看"菜单中可以进行两种类型的切换。

图 2-38 "计算器"窗口

图 2-39 系统工具菜单

五、Windows 的系统工具

在附件的"系统工具"菜单下,包含多个维护系统的程序,如图 2-39 所示。

1. **磁盘清理程序** 可以对一些临时文件、已下载的文件等进行清理,以释放磁盘空间。
2. **磁盘碎片整理程序** 将进行磁盘碎片整理,增加磁盘可用空间,提高读写磁盘速度。
3. **系统还原** 恢复系统到选择的还原点。
4. **系统信息** 可以查看当前使用系统的版本、资源使用情况等信息。

▪▪实 践 与 解 析

选择解析

1. 操作系统的主要功能是：　　　　　　　　　　　　　　　　　　　　　　（　　）

    A．微处理器管理、文件管理、设备管理、作业管理

    B．运算器管理、控制器管理、打印机管理、存储器管理、磁盘管理

    C．硬盘管理、软盘管理、存储器管理、光盘管理、文件管理

    D．程序管理、文件管理、系统文件管理、编译管理、存储设备管理

  【答案与解析】　本题答案为 A。操作系统是一个大型程序，它负责管理计算机系统的全部软件资源和硬件资源，合理地组织计算机各部分协调工作，为用户提供操作和编程界面。它是计算机所有软、硬件系统的组织者和管理者，它能合理地组织计算机的工作流程，控制用户程序的运行，为用户提供各种服务。从操作系统的主要功能来看其他答案都不够全面。

2. Windows 操作系统是一个：　　　　　　　　　　　　　　　　　　　　　（　　）

    A．单用户单任务系统　　　　　　　　　B．单用户多任务系统

    C．多用户多任务系统　　　　　　　　　D．多用户单任务系统

  【答案与解析】　本题答案为 C。操作系统按用户数目分为单用户、多用户；只支持一个任务，即内存中只有一个程序运行的，称为单任务操作系统，如 DOS 系统等。可支持多个任务，即内存中同时存在多个程序并发运行的，称为多任务操作系统，如 Windows XP Professional 系统等。

3. 启动 Windows 操作系统后，桌面上一定会显示的图标是：　　　　　　　　（　　）

    A．"回收站"和"开始"按钮等

    B．"我的电脑"、"回收站"和"资源管理器"

    C．"我的电脑"、"回收站"和"Word"

    D．"我的电脑"和"IE 浏览器"

  【答案与解析】　本题答案为 A。由于用户对操作系统设置的不同，桌面上会有不同的显示内容，但系统设置的桌面上"回收站"及"开始"按钮用户是不能改变的。

4. 在 Windows 桌面上有某一应用程序的图标，要打开该应用程序的窗口，应：　（　　）

    A．左单击该应用程序的图标　　　　　B．右单击该应用程序的图标

    C．双击该应用程序的图标　　　　　　D．拖动该应用程序的图标

  【答案与解析】　本题答案为 C。在 Windows 桌面上应用程序的图标是快捷方式，启动某应用程序的快捷方式是用鼠标左键双击图标。

5. 下列操作中，能在各种中文输入法切换的是：　　　　　　　　　　　　　（　　）

    A．用"Ctrl"＋"Shift"键　　　　　　　B．用鼠标左键单击输入方式切换按钮

    C．用"Shift"＋"Space"键　　　　　　D．用"Alt"＋"Shift"键

  【答案与解析】　本题答案为 A。用键盘上按键实现各种中文输入法转换的热键是"Ctrl"＋"Shift"键。

6. 下列操作中，能实现中英文输入切换的是：　　　　　　　　　　　　　　（　　）

    A．用"Ctrl"＋"Shift"键　　　　　　　B．用"Ctrl"＋空格键

    C．用"Shift"＋空格键　　　　　　　　D．用"Alt"＋"Shift"键

  【答案与解析】　本题答案为 B。用键盘上按键实现中英文输入切换的热键是"Ctrl"＋"Space"键。

7. 在 Windows 中，若一个程序长时间不响应用户要求，为结束该任务，应使用的键是：　（　　）

A."Shift"+"Esc"+"Tab"　　　　　　　B."Crtl"+"Shift"+"Enter"

C."Alt"+"Shift"+"Enter"　　　　　　　D."Alt"+"Ctrl"+"Del"

【答案与解析】　本题答案为 D。若一个程序长时间不响应用户要求是处于死机状态,用户可以按下"Ctrl"+"Alt"+"Del"组合键,打开"任务管理器"对话框,查看正在运行的程序的状态、终止已停止响应的程序。

8. 如果要对桌面上的图标样式进行更改,应在"控制面板"中双击的图标是:　　　　　　(　　)

A. 字体　　　　　　B. 显示　　　　　　C. 系统　　　　　　D. 多媒体

【答案与解析】　本题答案为 B。在控制面板中打开"显示"窗口,再选择桌面主题选项卡,主题的选择将影响桌面的整体外观,包括背景、屏幕保护程序、图标、窗口、鼠标指针和声音等。多人使用同一台计算机时,每个人不但可拥有自己的用户账户,还可以选择不同的桌面主题。通过"主题"选项卡,即可完成桌面的主题设置。

9. 要把桌面的画面送入剪贴板,应按的键是:　　　　　　　　　　　　　　　　(　　)

A. Ctrl　　　　　　　　　　　　　　B. Shift

C. PrintScreen　　　　　　　　　　　D."Alt"+"PrintScreen"

【答案与解析】　本题答案为 C。用键盘上按键实现桌面硬拷贝的操作是按"PrintScreen"键。

10. 要把桌面上的活动窗口画面送入剪贴板,应按的键是:　　　　　　　　　　(　　)

A. Ctrl　　　　　　　　　　　　　　B. Shift

C. PrintScreen　　　　　　　　　　　D."Alt"+"PrintScreen"

【答案与解析】　本题答案为 D。用键盘上按键实现把桌面上的活动窗口画面送入剪贴板的操作是按"Alt"+"PrintScreen"键。

11. Windows 的"即插即用"功能是指:　　　　　　　　　　　　　　　　　　(　　)

A. 对硬件设备有自动识别和配置的能力　　B. 对音乐有自动播放的功能

C. 对应用软件有自动打开的功能　　　　　D. 具有自动完成任何功能的能力

【答案与解析】　本题答案为 A。Windows 具有支持很多常用新硬件的特点,能最方便承载各种数码产品,包含数以百计的新打印机、调制解调器及其他硬件驱动程序,省去了大多数硬件设备安装过程,使得许多新硬件设备连接到计算机上就能使用。显著提高了计算机的易用性,并使其工作更有效,维护更方便。

12. 下面文件扩展名是文本文件格式的是:　　　　　　　　　　　　　　　　(　　)

A. JPG　　　　　　B. AVI　　　　　　C. WAV　　　　　　D. TXT

【答案与解析】　本题答案为 D。记事本是一个简单的文本编辑器,文本中的字符只能是文字和数字,不含格式信息,仅有少数几种字体。记事本是编辑或查看文本文件(.TXT)最常用的工具。其他选项都是媒体文件的文件格式类型。

13. 启动"资源管理器"可以有很多种方法,下列操作中不能打开"资源管理器"的是:　　(　　)

A. 单击"开始"按钮,依次选择"所有程序"、"附件"、"Windows 资源管理器"

B. 在桌面上选中"我的电脑"或"我的文档"或"回收站"图标右击,在弹出的快捷菜单中选择"资源管理器"

C. 右击"开始"按钮,在弹出的快捷菜单中选择"资源管理器"

D. 单击桌面的"资源管理器"快捷图标

【答案与解析】　本题答案为 D。单击某个应用程序的快捷方式图标不能启动该程序,应该是双击鼠标左键。

14. 在 Windows 窗口的任务栏中有多个应用程序按钮图标时,其中代表应用程序窗口是当前窗口的图标状态呈现:　　　　　　　　　　　　　　　　　　　　　　　　　　　(　　)

A．"高亮"　　　　　　　B．"恢化"　　　　　　　C．"压下"　　　　　　　D．"凸起"

【答案与解析】 本题答案为 C。任务栏中的每个按钮代表一个运行的应用程序,但是只能有一个呈"压下"状态,表示该应用程序窗口是当前窗口。

15. 在"资源管理器"左窗口中,文件夹图标左侧有"＋"标记表示:　　　　　　　　　　（　　）

A．该文件夹中有子文件夹　　　　　　　　B．该文件夹中没有子文件夹

C．该文件夹中有文件　　　　　　　　　　D．该文件夹中没有文件

【答案与解析】 本题答案为 A。在"资源管理器"左部的文件夹树中,有的文件夹图标左侧有"＋"标记,表示该文件夹中还有下属的子文件夹,可以单击该图标打开此文件夹。

16. 在"资源管理器"左窗口中,文件夹图标左侧有"－"标记表示:　　　　　　　　　　（　　）

A．该文件夹中有子文件夹　　　　　　　　B．该文件夹中没有子文件夹

C．该文件夹中有文件　　　　　　　　　　D．该文件夹中没有文件

【答案与解析】 本题答案为 A。在"资源管理器"左部的文件夹树中,有的文件夹图标左侧有"－"标记,表示该文件夹已经展开,如果单击该图标,则系统将显示退回上层文件夹的形态,将该文件夹下的子文件夹隐藏起来,该标记变为"＋"。如果文件夹图标左侧既没有"＋"标记也没有"－"标记,则表示该文件夹下没有子文件夹,不可以进行展开或隐藏操作。

17. 在 Windows 中打开任意一个对象时,不可以采用下述哪种方法:　　　　　　　　　（　　）

A．在文件窗口双击要打开对象的图标

B．选定待打开的对象,在"文件"菜单中选择"打开"命令

C．在待打开对象上右击,在弹出的快捷菜单中选择"打开"命令

D．选中待打开的对象后按回车键

【答案与解析】 本题答案为 D。选中待打开的对象后按空格键不能打开该文件,正确的方法是:选中待打开的对象后按回车键。

18. 在 Windows 系统中,下列哪个属性不是 Windows 文件的属性 :　　　　　　　　　（　　）

A．归档　　　　　　　　B．隐含　　　　　　　　C．只读　　　　　　　　D．备份

【答案与解析】 本题答案为 D。Windows 文件的属性有四种,归档（A）表示自上次备份后又修改过的文件属性;隐含（H）表示在目录显示时文件名不显示出来;只读（R）表示该文件只能读取,不能修改和删除;系统（S）表示该文件为计算机系统运行所必需的文件,而不是用户文件。

19. 在 Windows 中启动控制面板的方法很多,下列操作中不能打开控制面板的是:　　　（　　）

A．打开"开始"菜单,选择"控制面板"项

B．从"我的电脑"窗口中选择"控制面板"项

C．从"资源管理器" 窗口中选择"控制面板"项

D．单击"附件"中"控制面板"项

【答案与解析】 本题答案为 D。"附件"菜单中不含"控制面板"项,所以不能启动"控制面板"。

20. Windows 中有四种菜单,分别是开始菜单、菜单栏菜单、快捷菜单和控制菜单,启动控制菜单的

方法是:　　　　　　　　　　　　　　　　　　　　　　　　　　　　　　　　（　　）

A．单击某个窗口标题栏最左侧的控制菜单按钮

B．从"我的电脑"窗口中选择控制菜单项

C．从"资源管理器" 窗口中选择控制菜单项

D．单击"附件"中控制菜单项

【答案与解析】 本题答案为 A。在 Windows 窗口中的标题最左侧有一个控制菜单按钮,鼠标单击其打开控制菜单,有窗口放大、缩小、移动和关闭等操作。

21. 若改变任务栏上时间的显示形式,应该在控制面板窗口中选择的图标是:　　　　　　（　　）

    A．"添加和删除程序"   B．"系统"

    C．"时间和日期"   D．"区域和语言选项"

【答案与解析】 本题答案为 D。在控制面板窗口中单击"区域和语言选项"图标,在打开窗口中单击"区域选项"标签按钮,就可以在弹出的选项中设置时间显示形式。应该区分"区域和语言选项"与"日期和时间"两个图标的不同功能,在时间的设置上前者是设置时间的形式,后者是设置系统具体时间。

22. 当一个文件的信息传送到剪贴板后,可以将此信息粘贴到桌面或可存放文件的任何对象上,实现文件的移动或复制。下面哪个不是粘贴信息的方法: (   )

    A．菜单方式:先打开需要的文件夹,然后选择"编辑"菜单的"粘贴"命令。剪贴板中的文件将加入到此文件夹中

    B．右击方式:先打开需要的文件夹,将鼠标器指针移到此文件夹,右单击显示快捷菜单,选择菜单的"粘贴"命令

    C．热键方式:先打开需要的文件夹,然后按键盘上两个键 Ctrl＋B

    D．粘贴成快捷方式:选择"编辑"菜单的"粘贴快捷方式"命令,可以在文件夹中为剪贴板的信息创建一个快捷方式文件

【答案与解析】 本题答案为 C。将剪贴板上的文件粘贴到某个文件夹中,热键方式是先打开需要的文件夹,然后按键盘上两个键"Ctrl"＋"V"。

23. 在 Windows 中,若要同时改变窗口的高度和宽度的操作是拖放: (   )

    A．窗口角   B．窗口边框   C．滚动条   D．菜单栏

【答案与解析】 本题答案为 A。只有将鼠标指针放在窗口角上后拖动时,窗口的高度和宽度会同时缩放。

24. 当移动窗口时,可以将鼠标指针移到窗口的: (   )

    A．工具栏位置拖曳   B．标题栏位置拖曳

    C．状态栏位置拖曳   D．编辑栏位置拖曳

【答案与解析】 本题答案为 B。只有将鼠标指针放在标题栏上拖动时,才能移动窗口的位置。

25. 在 Windows 系统任务栏中不能出现的内容为: (   )

    A．已经打开的文档图标   B．语言栏对应图标

    C．对话框窗口图标   D．正在执行的应用程序图标

【答案与解析】 本题答案为 C。只有对话框窗口图标在打开时任务栏上不显示,其他选项在任务栏上都可以见到。

26. 在 Windows 中可以安装及卸载某用户程序的系统文件是: (   )

    A．Word 软件   B．控制面板中的"添加及删除"选项文件

    C．Excel 软件   D．控制面板中的"系统"选项文件

【答案与解析】 本题答案为 B。只有对话框窗口图标在打开时任务栏上不显示,其他选项在任务栏上都可以见到。

27. 在 Windows 资源管理器中选定了文件或文件夹后,若要将它们移动到不同驱动器的文件夹中,操作为: (   )

    A．按下"Shift"键拖动鼠标   B．按下"Alt"键拖动鼠标

    C．直接拖动鼠标   D．按下"Del"键拖动鼠标

【答案与解析】 本题答案为 C。在 WindowsXP 系统环境中,在不同驱动器中复制文件或文件夹时,只要将要复制的对象直接拖动到目标位置即可。同一个驱动器内复制文件或文件夹时,需要按下"Ctrl"键并鼠标拖动将要复制的对象直接送到目标位置。

28. 在 Windows 中下列叙述正确的是： （　　）

A．"画图"是绘画工具,不能输入文字

B．"记事本"能输入文字,但不能插入图形

C．"写字板"是字处理软件,不能插入图形

D．"写字板"在文字格式设置上没有"记事本"强

【答案与解析】　本题答案为 B。"画图"是绘画工具,但能输入文字信息;"记事本"能输入文字,但不能插入图形,也不能对文本进行格式处理;"写字板"是字处理软件,不仅能插入图形还能对文本进行格式处理。

29. 在 Windows 中,剪贴板是用来在程序和文件间传递信息的临时存储区,此存储区是： （　　）

A．回收站的一部分　　　　　　　　B．硬盘的一部分

C．内存的一部分　　　　　　　　　D．闪存的一部分

【答案与解析】　本题答案为 C。剪贴板是计算机内存中的部分区域,用来临时保存剪切的内容,直到新剪切的内容将其覆盖或关机后内容消失。

30. 在资源管理器中,选定多个非连续文件的操作为： （　　）

A．按住"Shift"键,单击每一个要选定的文件标题

B．选中第一个文件后,按住"Shift"键,单击要选定的最后一个文件

C．选中第一个文件后,按住"Ctrl"键,单击要选定的最后一个文件

D．按住"Ctrl"键,再单击每一个要选定的文件

【答案与解析】　本题答案为 D。选定多个非连续文件的操作为按住"Shift"键,单击每一个要选定的文件标题;选择连续的多个文件的方法为选中第一个文件后,按住"Shift"键,单击要选定的最后一个文件。

31. 在 Windows 中,"剪切"和"复制"命令的热键分别是： （　　）

A．"Ctrl"＋"X","Ctrl"＋"C"　　　　B．"Ctrl"＋"V","Ctrl"＋"C"

C．"Ctrl"＋"X","Ctrl"＋"V"　　　　D．"Ctrl"＋"A","Ctrl"＋"D"

【答案与解析】　本题答案为 A。"剪切"是选择"剪切"命令后,当前选定的文件被删除,但信息传送到剪贴板中,其热键为"Ctrl"＋"X";"复制"是选择"复制"命令后,当前选定的文件不被删除,信息也传送到剪贴板中,其热键为"Ctrl"＋"C"。它们都有鼠标拖曳、菜单命令、工具按钮和热键等多种操作方法。

32. 下面是关于 Windows 系统文件名的叙述,错误的是： （　　）

A．文件名中可以使用汉字　　　　　B．文件名中可以使用多个圆点分隔符

C．文件名中可以使用空格　　　　　D．文件名中可以使用竖线(|)

【答案与解析】　本题答案为 D。Windows 使用长文件名表示文件名和文件夹名,最长可达 255 个字符,其中可以包含空格,分隔符".",除此之外的其他约定和 DOS 文件名相同。如果在长文件名中有多个分隔符".",则最后一个分隔符的右端字符串为该长文件名的扩展名。

33. 使用 Windows 附件中的画图软件时,保存文件名中的系统默认文件扩展名是： （　　）

A．.TXT　　　　　B．.DOC　　　　　C．.BMP　　　　　D．.JPG

【答案与解析】　本题答案为 C。"画图"是一个简单的图形处理程序,其所创建的文件扩展名默认为".BMP",意为"位图"。用"画图"可绘制图形,也可编辑已存在的图片。"画图"程序支持的图像保存格式有"单色位图"、"16 色位图"、"256 色位图"、"24 位位图"、"JPEG"、"GIF"、"TIFF"、"PNG"等多种格式,用户可以根据需要更改图像保存格式。

34. 在 Windows 中若要设置屏幕保护程序,应使用控制面板的命令是： （　　）

A．系统　　　　　　　　　　　　　B．外观和主题

C．密码 　　　　　　　　　　　D．用户账户

【答案与解析】 本题答案为 B。在 Windows 系统的控制面板中,单击外观和主题选项可设置屏幕保护程序。

35. 在 Windows 中,同时按"Alt"+"Tab"键的功能是: 　　　　　　　　　（　　）

　　A．关闭应用程序 　　　　　　　　　　B．打开应用程序

　　C．复制应用程序 　　　　　　　　　　D．在已经打开的应用程序之间相互切换

【答案与解析】 本题答案为 D。Windows 系统可以同时支持多个应用程序运行,在任务栏上可以看到对应的图标按钮,但同一时刻只能有一个程序是当前文件,可以同时按"Alt"+"Tab"键实现当前文件的更改。

36. 在查找文件时,可以使用通配符"＊"及"?",它们的含义是: 　　　　　　（　　）

　　A．"?"代表任意一个字符,"＊"代表多个任意字符

　　B．"?"代表任意多个字符,"＊"代表一个任意字符

　　C．"?"代表任意一个字符,"＊"代表一个任意字符

　　D．"?"代表任意多个字符,"＊"代表多个任意字符

【答案与解析】 本题答案为 A。Windows 系统可以使用搜索功能找到需要的文件或文件夹,在"要搜索的文件或文件夹名称"框中输入要查找的文件名字,其中可以包括通配符("?"代表任意一个字符,"＊"代表多个任意字符)。

37. 在 Windows 的"控制面板"中,"添加/删除程序"程序的功能是: 　　　　　（　　）

　　A．重新升级 Windows 系统

　　B．删除 Windows 系统文件

　　C．添加 Windows 系统文件

　　D．安装用户程序或卸载已经安装的用户程序

【答案与解析】 本题答案为 D。Windows 系统在安装或删除用户程序时,不能只是用简单的复制或删除文件命令,而是要运行完整的安装或卸载程序方法才能实现。

38. Windows 中的对话框与窗口两者的区别是: 　　　　　　　　　　（　　）

　　A．对话框没有菜单栏,而且它的大小是固定的,不能随意改变,而窗口正好相反

　　B．对话框没有菜单栏,而且它的大小是固定的,不能随意改变,窗口也是这样

　　C．窗口没有菜单栏,而且它的大小是固定的,不能随意改变

　　D．对话框有菜单栏,而且它的大小是固定的,不能随意改变

【答案与解析】 本题答案为 A。Windows 中的对话框与窗口有类似的地方,即顶部都有标题栏。两者的区别是对话框没有菜单栏,而且它的大小是固定的,不能随意改变,而窗口正好相反。

39. Windows 中对图标的排列方式有多种,下列叙述中错误的是: 　　　　　　（　　）

　　A．可以按照名称顺序排列图标 　　　　B．可以按照类型顺序排列图标

　　C．可以按照日期和大小顺序排列图标 　　D．可以按照文件名长度顺序排列图标

【答案与解析】 本题答案为 D。Windows 中对图标的排列方式有按名称、类型、日期和大小的顺序排列图标。

40. Windows 中对窗口的排列方式有几种,可以用鼠标右键单击任务栏的空白区域在弹出的菜单中选择来完成,弹出的菜单中下列哪种排列方法不存在? 　　　　　（　　）

　　A．"层叠窗口"排列 　　　　　　　　B．"横向平铺窗口"排列

　　C．"纵向平铺窗口"排列 　　　　　　D．"即横向又纵向平铺窗口"排列

【答案与解析】 本题答案为 D。Windows 中对窗口的排列有"层叠窗口"、"横向平铺窗口"、"纵向平铺窗口"三个选项。

操作实例

例1 启动计算机进入 Windows XP 操作系统。

【答案与解析】

(1) Windows XP 的启动:检查计算机连接设备,先检查显示器的指示灯亮否,如果亮,说明显示器已开,否则按下"POWER"按钮,启动显示器。再按主机面板上的"POWER"按钮,当主机面板上的"POWER"灯亮时,说明主机已开启。

(2) 登录 Windows XP:启动 Windows XP,在登录界面选择用户名,输入密码,按回车键或单击密码框右侧箭头按钮进入 Windows XP 桌面(如果没有密码,直接按回车键进入 Windows XP 桌面),如图 2-40 所示。

(3) 进入 Windows XP 安全模式:启动 Windows XP 时,按"F8"键,在 Windows 高级选项菜中使用键盘上的"↑"或"↓"键将白色光带移动到"安全模式"选项上,按回车键进入安全模式。

图 2-40 登录 Windows XP 界面

(4) Windows XP 重新启动:启动 Windows XP 后,连续按两次"Ctrl"+"Alt"+"Del"快捷键;或按主机箱上的"Reset"按钮。

例2 退出 Windows XP 关闭计算机。

【答案与解析】

(1) 保存所有需要保存的数据,关闭所有正在运行的应用程序。

(2) 关闭计算机:单击"开始"菜单的"关机"命令,出现图 2-41 的"关闭 Windows"对话框,选择"关机"按钮,计算机将自动关机;若选择"重新启动"按钮,计算机将重新启动。

(3) 注销当前用户,重新登录:单击"开始"菜单的"注销"命令,出现图 2-42 的"注销 Windows"对话框,选择单击"注销"或"切换用户"按钮。

图 2-41 "关闭计算机"对话框

图 2-42 "注销 Windows"对话框

例3 桌面的基本操作。

(1) 桌面上对象的打开与排列。

(2) "开始"按钮操作。

(3) 任务栏操作。

【答案与解析】

(1) 可以双击图标,或者右击图标在弹出的快捷菜单中选择"打开"命令来执行相应的程序。右击桌面空白处,在弹出的快捷菜单中选择"排列图标"命令,对图标按名称、按类型、按大小、按日期或

图 2-43 "任务栏和[开始]菜单
属性"对话框

自动排列等方式进行排列。

（2）位于桌面左下角带有 Windows 图标的"开始"菜单就是"开始"按钮。单击"开始"按钮后，就会显示"开始"菜单。使用"开始"菜单可以运行程序、打开文档或执行其他常规操作。想要做的工作几乎都可以通过它来完成。

（3）任务栏通常放置在桌面的最下端，任务栏包括"开始"菜单、快速启动栏、任务切换栏和指示器栏四部分。

通过右击任务栏空白处，在打开的快捷菜单中选择"属性"命令，弹出"任务栏和'开始'菜单属性"对话框，如图 2-43 所示。可以对开始菜单的风格、锁定任务栏、自动隐藏任务栏、将任务栏保持在其他窗口的前端、分组相似任务栏按钮、显示快速启动、显示时钟和隐藏不活动的图标等选项进行任务栏属性的设置。

将鼠标指向任务栏的上边缘处，待光标变成双向箭头形状时，上下拖动即可完成任务栏的高度的调整。以及用鼠标指向任务栏的空白处，按下左键向桌面的顶部或者两侧拖动，然后释放，完成任务栏位置的调整。

在快速启动栏中，可把桌面图标直接拖动到任务栏的快速启动栏区域内，使其加入到快速启动栏内；同样也可以将快速启动栏内的图标拖到桌面上，或者右击快速启动栏内的某一图标，从弹出的快捷菜单中选择"删除"命令，即可将该图标从快速启动栏内删除。

例 4 窗口操作。

（1）移动窗口。

（2）适当调整窗口的大小。

（3）窗口最大化、最小化。

（4）窗口排列、显示和切换。

（5）关闭窗口。

【答案与解析】

（1）用鼠标拖动窗口的标题栏到指定的位置；或按下"Alt"＋空格键，打开系统控制菜单，使用箭头键选择"移动"命令，使用箭头键将窗口移动到指定的位置上，按回车键即可。

（2）移动鼠标指针到窗口边框并拖动，改变窗口尺寸为任意大小。当窗口的右边或下边出现滚动条时，拖动滚动条，查看窗口中的内容。

（3）单击窗口标题栏右上角的"最大化"或"最小化"按钮；或单击窗口标题栏左上角的系统控制菜单图标，选择"最大化"或"最小化"命令选项。通过双击窗口标题栏，可以在窗口最大化和恢复原状之间切换；单击任务栏上的应用程序图标，窗口可以在最小化和恢复原状之间切换。

（4）右击任务栏空白处，在打开的快捷菜单中可选择"层叠窗口"、"横向平铺窗口"、"纵向平铺窗口"命令，以不同方式排列已打开的窗口，如图 2-44 所示。单击"查看"菜单下的"详细资料"命令项，观察窗口中的各项由原来的大图标改变为详细资料列表。通过任务栏和快捷键切换当前窗口。

（5）单击窗口标题栏上的"关闭"按钮；单击窗口标题栏左上角的系统控制菜单图标，选择"关闭"命令；或按下"Alt"＋"F4"快捷键。

例 5 创建快捷方式。

（1）快捷方式的建立。

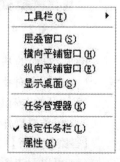

图 2-44 排列窗口
菜单

（2）删除图标或快捷方式。

（3）复制图标或快捷方式。

（4）执行图标或快捷方式。

【答案与解析】

（1）右击对象，在弹出的快捷菜单中选择"发送到"|"桌面快捷方式"命令。

（2）先选定要删除的图标或快捷方式，按下键盘上的"Del"键即可删除。

（3）要将窗口中的图标或快捷方式复制到桌面上，可以按住"Ctrl"键不放，然后用鼠标拖动图标或快捷方式到指定的位置上，再释放"Ctrl"键和鼠标，即可完成图标或快捷方式的复制。

（4）双击图标或快捷方式就会执行相应的程序或文档。

例6　程序的启动与关闭。

通过启动和退出"记事本"程序（程序文件为"C:\Windows\Notepad. exe"），完成如下操作：①启动运行程序；②关闭程序。

【答案与解析】

（1）启动运行程序有三种方法：①执行"开始"菜单的"程序"的下级级联菜单来启动"记事本"程序。单击"开始"|"程序/附件/记事本"命令项。②双击"记事本"图标启动"记事本"程序。在"我的电脑"或"资源管理器"窗口中，找出"记事本"程序，然后双击"Notepad. exe"文件图标。或直接双击已在桌面建立的"记事本"快捷方式的图标。③执行"开始"菜单的"运行"命令来启动"记事本"程序。单击"开始"|"运行"命令项，输入或浏览到"C:\Windows\Notepad. exe"并"确定"。

（2）关闭程序有三种方法：①单击程序工作窗口标题栏右侧的关闭按钮"🗙"。②按"Alt"＋"F4"组合键。③单击程序工作窗口标题栏左侧的控制菜单图标中的"关闭"项。

例7　开始菜单的管理。

（1）在"开始"菜单中添加"记事本"程序项。

（2）删除开始菜单中的"记事本"程序项。

【答案与解析】

（1）单击"开始"|"设置/任务栏和开始菜单"项，在"任务栏和开始菜单"|"属性"对话框中选择"高级"选卡，单击"添加"|"浏览"，在浏览窗口选定 C 盘中的"Notepad. exe"文件，单击"确定"|"下一步"|"开始菜单"程序组，然后单击"下一步"|在名称栏内输入"记事本"|"完成"|"确定"。

（2）右击开始菜单上的"记事本"程序项|"删除"命令项。

例8　打开资源管理器。

【答案与解析】

打开资源管理器有如下一些方法。单击"开始"按钮，依次选择"程序"、"附件"、"Windows 资源管理器"命令；或在桌面上右击"我的电脑"、"我的文档"或"回收站"图标，在弹出的快捷菜单中选择"资源管理器"命令，打开"资源管理器"窗口。

例9　创建文件夹。

在本机 D 盘（或其他盘）上建立如图 2 - 45 所示的文件夹的树状结构。

【答案与解析】

（1）在资源管理器的左窗口，单击 D 盘盘符，使"D:"成为当前盘。

（2）单击菜单命令："文件"|"新建"|"文件夹"；此时在资源管理器右窗口上出现一个新的文件夹图标，图标下是一个反相色的"新建文件夹"方框，用户可以在此输入"医学计算机"，则创建了"医学计算机"文件夹。

（3）在资源管理右窗口双击"医学计算机"文件夹，打开此文件夹为当前文件夹；然后重复（2）步的操作，可以分别建立"医生工作站"、"护士工作站"、

图 2 - 45　文件夹的树状结构

"患者信息"和"病房管理"文件夹。

例 10 新建文件。

在"医学计算机"文件夹下创建一个名为 sub 的子文件夹,并在其中建立一个名字为"mytext"的文本文件(. TXT)和名字为"myword"的 Microsoft Word 文档(. DOC)。

【答案与解析】

(1) 在左窗口单击"sub"文件夹图标,使它成为当前文件夹;单击"文件"|"新建"|"文本文档",出现"新建文本文档"图标。

(2) 通过"开始"菜单或在桌面右击打开快捷菜单中的"新建"|"文本文档"等打开"记事本"窗口的方法,即可在"记事本"窗口中输入文件内容;最后请选择工具栏"保存"按钮或其他文件保存方法,输入文件名"mytext";这个以". TXT"为扩展名的文本文件的创建即告完成。

(3) 用相类似的方法可以创建"myword"的 Microsoft Word 文档。

例 11 文件和文件夹操作。

(1) 选定文件或文件夹。

(2) 复制文件:将"sub"文件夹下的 2 个文件复制到"D:\医学计算机"文件夹下。

(3) 移动文件:将"D:\医学计算机\sub"文件夹中的"mytext"文本文件移动到"D:\医学计算机\护士工作站"文件夹中。

(4) 删除文件:删除"D:\医学计算机"文件夹下的"mytext"文本文件。

(5) 文件夹重命名:将用户自己建立的"sub"文件夹更名为"子文件夹"。

【答案与解析】

(1) 单击文件或文件夹,选定单个文件或文件夹;若同时配合"Shift"和"Ctrl"键的使用,可进行选定连续的多个文件或文件夹和选定不连续的多个文件或文件夹的操作;通过单击"编辑"|"全选"命令,完成文件或文件夹的全选操作。

(2) 打开"D:\医学计算机\sub"文件夹,选中 2 个文件,右击弹出快捷菜单,执行"复制"命令;打开"D:\医学计算机"文件夹,然后右击快捷菜单,执行"粘贴"命令,则两个文件就被复制到"D:\医学计算机"文件夹下。

(3) 首先在 sub 子文件夹中选中"mytext"文件,然后用鼠标将其拖动到"D:\医学计算机\护士工作站"文件夹中。(注意:在"资源管理器"中,同盘符进行其他目录之间文件的移动,操作方法与此相同。不同盘符之间文件的拖动完成的是复制操作。)也可用菜单、快捷菜单或工具按钮方法进行文件移动。

(4) 选中"D:\医学计算机"文件夹下的"mytext"文件,然后按"Delete"键。也可用菜单、快捷菜单、工具按钮或鼠标拖动的方法删除文件。

(5) 指向"sub"文件夹右击,在出现的快捷菜单中选择"重命名"选项,此时该文件夹下的名称部分"sub"呈现反白色,光标变为闪烁的一条竖线,表示可以输入文件夹名称。输入"子文件夹"字样,单击图标,则该文件夹被更名为"子文件夹"。

例 12 显示和修改文件或文件夹的属性。

【答案与解析】

在文件或文件夹上单击右键,在弹出的快捷菜单中选择"属性"命令,打开属性对话框,如图 2-46 所示。图

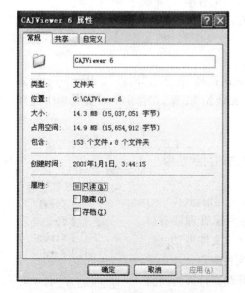

图 2-46 "文件夹属性"对话框

中的"常规"选项卡显示文件大小、位置、类型等。另外还可设置文件或文件夹为只读、隐藏、存档等属性,以实现文件或文件夹的读写保护。

文件夹属性对话框中的"共享"选项卡,用来设置文件夹的共享属性以供网上其他用户访问。如果选中"共享此文件夹"单选按钮,则"共享名"文本框中显示了当前文件夹的名称。"用户数限制"可以设置为"最多用户",即所有用户可以访问,而"允许"是限制用户个数的。"权限"按钮可以设置网上注册用户对该文件夹的权限。

例 13   文件或文件夹搜索。

(1) 在 C:盘中搜索文件名为"Winword.exe"的文件,并为它在桌面上创建快捷方式。

(2) 查找 C:盘中所有以"Cal"开头的文件,并将它们复制到 D:盘根目录下。

(3) 查找 C:盘文件夹中所有扩展名为".TXT"、修改时间介于 1999 年 1 月 1 日至 2000 年 12 月 31 日之间、大小至多为 10kB 的文件。

(4) 在 C 盘"Program Files"文件中,查找文件内容中含有"computer"单词的所有文件。

【答案与解析】

搜索窗口是完成查找操作的主要工具。查找文件时,注意通配符"﹡"和"?"的运用。

(1) 单击"开始",选择"搜索"命令;或在任何文件夹窗口单击工具栏上的"搜索"按钮;右击某一文件夹或盘符,从快捷菜单中选择"搜索"命令,显示如图 2-47 所示的"搜索"窗口。输入要查询的文件名"Winword.exe",搜索范围选择 C 盘,单击"立即搜索"按钮。搜索到要查找的文件后,则在搜索窗口中将显示该文件及其所存在的盘符和路径。双击查出文件的名称,即可打开该文件。查找其他内容与此类似。

找到后鼠标右击此文件名,弹出快捷菜单中选择"发送到"命令,然后在下一级菜单中选择"桌面快捷方式"。

(2) 在搜索窗口的"全部或部分文件名"文本框中输入"Cal﹡.﹡",搜索范围选择 C 盘,单击"立即搜索"按钮。将查找到的文件全部选定复制到剪贴板,再打开 D 盘,按工具栏上粘贴按钮即可。

(3) 在搜索窗口的"全部或部分文件名"文本框中输入"﹡.TXT",搜索范围选择 C 盘,在"什么时间修改的"指定日期范围内设定 1999 年 1 月 1 日至 2000 年 12 月 31 日之间,在"大小是"单选按钮组中选择"小",单击"立即搜索"按钮即可。

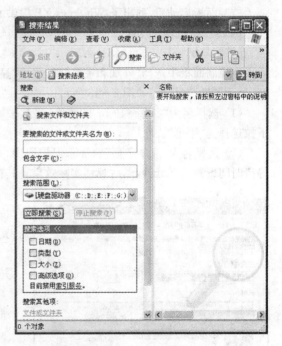

图 2-47   "搜索"窗口

(4) 在搜索窗口的"文件中的一个字或词组"文本框中输入"computer",搜索范围选择 C 盘,单击"立即搜索"按钮即可。

例 14   格式化软盘或 U 盘。

【答案与解析】

(1) 将软盘插入软盘驱动器或 U 盘插入 USB 接口。

(2) 在"我的电脑"窗口或"资源管理器"窗口中选定盘符"A:"或 U 盘符,再选择"文件"|"格式化"命令,或者右击盘符图标,在弹出的快捷菜单中选择"格式化"命令。

(3) 设置格式化的容量、格式化方式、标识磁盘等内容后,单击"开始"按钮,系统开始对 A 盘或

U盘进行格式化。

（4）格式化完毕后，屏幕弹出格式化后的结果报告。

例15 回收站操作。

（1）清空"回收站"。

（2）还原文件或文件夹。

【答案与解析】

（1）右击桌面上的"回收站"图标，在弹出的快捷菜单中选择"清空回收站"命令；或双击桌面上的"回收站"图标，打开"回收站"窗口，选择"文件"|"清空回收站"命令。清空"回收站"的目的是将放到"回收站"里的文件或文件夹彻底从磁盘上删除。

（2）双击桌面上的"回收站"图标，打开"回收站"窗口，选中要还原的文件或文件夹，选择"文件"|"还原"命令；或双击桌面上的"回收站"图标，打开"回收站"窗口，右击要还原的文件或文件夹，在弹出的快捷菜单中选择"还原"命令。

例16 控制面板启动。

【答案与解析】

（1）打开"开始"菜单，选择"控制面板"命令。

（2）从"资源管理器"窗口左窗格中，单击"控制面板"图标。

（3）在"我的电脑"窗口中，双击"控制面板"图标。

控制面板启动后，列出了 Windows XP 提供的所有用来设置计算机的选项。

例17 显示属性设置。

【答案与解析】

在控制面板中选择"外观和主题"项，单击"显示"图标，或者右键单击桌面再选择"属性"命令，打开"显示属性"对话框，如图 2-48 所示。

（1）选择名为"Coffee Bean"的墙纸，将其平铺在桌面上，然后观察实际效果。即显示图片方式下拉选择为"平铺"。

（2）选择名为"滚动字幕"的屏幕保护程序，并将滚动的文字改为"你好！"，背景颜色改为蓝色，等待时间设置为2分钟，然后观察实际效果。其在屏幕保护程序选卡上设置。

图 2-48 "显示属性"对话框

（3）选择名为"枫树"的方案作为桌面的外观，并按自己的喜好更改桌面的颜色，然后观察实际效果。其在外观选卡上设置完成。

（4）将桌面的外观恢复为"Windows 标准"方案，并取消图案及屏幕保护程序。

（5）按自己的喜好更改"我的电脑"图标，然后观察实际效果。其在效果选卡上设置完成。

例18 系统性能显示与设置。

【答案与解析】

在控制面板中，选择"性能和维护"项，单击"系统"图标，或在桌面上右击"我的电脑"图标，从快捷菜单中选择"属性"，打开如图 2-48 所示的"系统属性"对话框。

（1）系统性能显示：在"常规"选项卡中，可以看到当前计算机系统的 Windows 版本、注册信息、CPU 型号以及内存容量等信息。在"计算机名"选项卡中，可以显示或更改计算机的标识,即在网络上访问这台计算机时使用的名称。

(2) 设备属性设置:在"硬件"选项卡中,单击"设备管理器"按钮,打开设备管理器窗口。单击选中系统的硬件设备后,可以对其进行驱动更新、停用、卸载和查看等设置。如果需要停用某项设备,首先选中要停用的设备,在弹出快捷菜单或"操作"菜单中选择"停用",即可停用这个设备。其设置的方法可右击设备名称,从打开快捷菜单中选择相应设置选项;或选中设备后,从操作菜单中选择相应设置选项。

也可以设置"高级"、"系统还原"、"自动更新"、"远程"等属性。

上述的各项管理都可通过 Windows XP 所提供的"管理工具"来实现。"管理工具"提供了安全、服务、事件、数据等几乎所有计算机的管理。

例19　Windows 的系统工具。

在附件中打开"系统工具"菜单,选择磁盘碎片整理程序,如图 2 - 49 所示。选择要分析的磁盘,点击分析按钮,可以得到磁盘空间使用情况,再单击磁盘碎片整理按钮,可以将进行磁盘碎片整理,增加磁盘可用空间,提高读写磁盘速度。

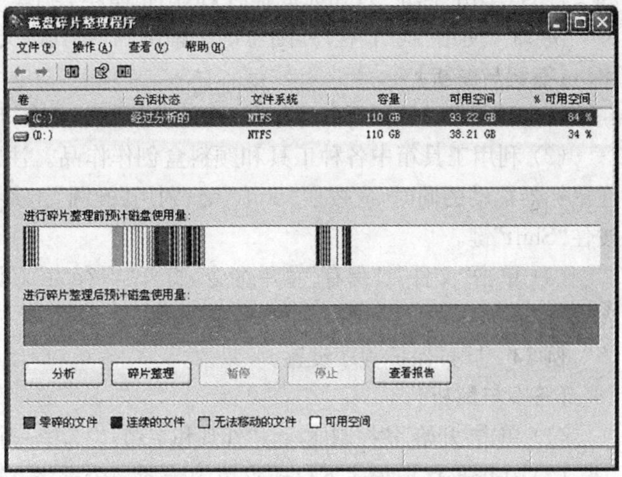

图 2 - 49　"磁盘碎片整理程序"对话框

例20　添加或删除程序。

【答案与解析】

在控制面板中打开"添加/删除程序"窗口,查看列表框中列出安装在系统中的 Windows 的应用程序,并可卸载其中没有用的应用程序。

(1) 选择添加 Windows 的组件:单击"添加/删除 Windows 组件"按钮,在"Windows 组件向导"窗口中选择要添加(划钩)或删除(去掉划钩)组件,单击"下一步"完成。

(2) 添加新程序:单击"添加新程序"按钮,在"添加或删除程序"窗口中选择通过光驱、软盘或系统更新来完成添加新程序。

(3) 卸载程序:选定要卸载的应用程序,单击"更改/删除"按钮,在系统向导下完成卸载程序。

(4) 从网络中查找并下载最新的 WinZip 或 WinRar 软件,将下载的软件替换安装到计算机的 D 或 C 盘。直接双击 WinZip 或 WinRar 软件安装包图标,即可在系统向导下完成应用程序的安装。

例21　汉字输入法的选择。

【答案与解析】

Windows XP 中安装了多种中文输入法,在操作过程中可以利用键盘或鼠标随时调用任意一种中文输入法进行中文输入,并可以在不同的输入法之间切换。

(1) 利用键盘:使用组合键"Ctrl"+"Space",可以启动或关闭中文输入法;使用组合键"Ctrl"+"Shift"可以在英文及各种中文输入法之间切换。

(2) 利用鼠标:单击任务栏中的输入法指示器,屏幕上会弹出选择输入法的菜单。在选择输入法菜单中列出了当前系统已安装的所有中文输入法。单击某种需要使用的中文输入法,即可切换到该中文输入法状态。任务栏中输入法指示器的图标将随输入法的不同而发生相应的变化。

例22　记事本的使用。

【答案与解析】

(1) 启动:单击"开始"|"所有程序"|"附件"|"记事本"菜单命令,启动记事本程序。

(2) 输入文本:启动"智能 ABC 输入法"后,在窗口中输入一段中文文字;输入英文文字时,要关闭中文输入法。

（3）编辑文本：通过"格式"菜单、"编辑"菜单进行必要的复制、粘贴和修饰。对于程序类的文本不需要字体、字形和大小的设置，只进行校对和修改操作，对于文字类的文本可根据需要进行设置。

（4）保存文本：单击"文件"|"保存"菜单命令，在打开的"另存为"对话框中输入保存文件的路径和文件名，单击"确定"按钮完成保存，退出记事本程序。

例23 使用"画图"程序，随意画一幅图画，将其以文件名"画图.BMP"保存至"画图"文件夹内。

【答案与解析】

（1）单击"开始"|"所有程序"|"附件"|"画图"命令，启动画图程序。

（2）利用工具箱中各种工具和颜料盒创作作品。注意：利用"矩形"工具画一个正方形时，在按住鼠标器拖动的同时，应按住"Shift"键；利用"椭圆"工具画一圆时，在按住鼠标器拖动的同时，也应按住"Shift"键。

（3）单击"文件"|"保存"菜单命令，打开"保存为"对话框，在"保存在"框内选择 D 盘"画图"文件夹，文件名为"画图.BMP"，单击"确定"按钮。

例24 屏幕保护程序设置。

【答案与解析】

（1）单击"开始"|"控制面板"|"外观和主题"|"选择一个屏幕保护程序"命令，打开显示属性对话框。

（2）在屏幕保护程序下拉式菜单中选择一个程序。

（3）在等待时间增减框中设置启动屏幕保护程序的时间。

（4）单击"确定"按钮。

例25 资源管理器操作。

【答案与解析】

（1）右击"开始"按钮，打开开始菜单，选择"资源管理器"命令。

（2）在窗口左树格中选择 D 盘，在窗口右树格中新建一个文件夹，命名为"护理记录1"。

（3）选中"护理记录1"文件夹，用鼠标将其拖放到窗口左树格中的 E 盘根目录下。

（4）鼠标单击左树格中的 E 盘，再用鼠标右击窗口右树格中的"护理记录1"文件夹，在弹出的快捷菜单中选择"重命名"命令，将其改名为"护理记录2"。

例26 将 D 盘上"护理记录1"文件夹复制到一个移动 U 盘上。

【答案与解析】

（1）右击"护理记录1"文件夹，在弹出的快捷菜单中选择"发送到"命令，在其下一级菜单中单击移动 U 盘的盘符，则完成复制。

（2）右击"护理记录1"文件夹，在弹出的快捷菜单中选择"复制"命令，在打开我的电脑，双击移动 U 盘盘符打开该磁盘，鼠标右击窗口空白区域，在弹出的快捷菜单中选择粘贴。

（3）选中"护理记录1"文件夹，按键盘上"Ctrl"和"C"两个键，再打开 U 盘，按键盘上"Ctrl"和"V"两个键，则完成复制。

（4）选中"护理记录1"文件夹，鼠标单击"编辑"菜单上的复制命令，再打开 U 盘，鼠标单击"编辑"菜单上的粘贴命令，则完成复制。

例27 打开"我的电脑"和"回收站"，并在桌面上横向、纵向、层叠排列显示。

【答案与解析】

（1）在桌面上双击"我的电脑"图标，则打开对应窗口。

（2）在桌面上双击"回收站"图标，则打开对应窗口。

（3）用鼠标右击任务栏弹出快捷菜单，并单击左键选择"横向平铺窗口"，则实现两个窗口在桌面上横向排列显示。

（4）用鼠标右击任务栏弹出快捷菜单，并单击左键选择"纵向平铺窗口"，则实现两个窗口在桌面上纵向排列显示。

（5）用鼠标右击任务栏弹出快捷菜单，并单击左键选择"层叠窗口"，则实现两个窗口在桌面上层叠排列显示。

例 28　设置屏幕分辨率。

【答案与解析】

（1）在桌面上空白区域右击鼠标，再在弹出的快捷菜单中选择"属性"命令，则打开窗口显示属性对话框。

（2）在显示属性对话框中选择"设置"标签。

（3）用鼠标调整"屏幕分辨率"滑块到需要的分辨率位置。

（4）鼠标单击"确定"按钮，完成设置。

例 29　隐藏文件或文件夹操作。

【答案与解析】

（1）将鼠标移动到文件或文件夹上，单击鼠标右键，弹出快捷菜单，选择"属性"命令。

（2）在属性对话框中选择"常规"标签。

（3）鼠标单击"隐藏"复选框，再按"确定"按钮。

例 30　删除 E 盘上"护理记录 2"文件夹。

【答案与解析】

（1）在桌面上鼠标双击我的电脑图标，则打开对应窗口。

（2）双击 E 盘驱动器，打开 E 盘窗口，再用鼠标右击"护理记录 2"文件夹，弹出快捷菜单。

（3）在弹出快捷菜单中选择"删除"命令，则完成删除任务。

例 31　将回收站中"护理记录 2"文件夹恢复到原来磁盘位置。

【答案与解析】

（1）在桌面上双击我的"回收站"图标，则打开对应窗口。

（2）在打开的对话框中鼠标右击"护理记录 2"文件夹，弹出快捷菜单。

（3）在弹出快捷菜单中选择"还原"命令，则完成恢复任务。

例 32　搜索文件内容中含有"空腹血糖大于 10"字样的文件。

【答案与解析】

（1）在桌面上单击"开始"按钮，打开开始菜单。

（2）选择"搜索"弹出下级菜单，再单击"文件或文件夹"，打开搜索对话框。

（3）在"包含文字"下面文本框中输入"空腹血糖大于 10"。

（4）单击"立即搜索"按钮后，在对话框右侧显示出搜索结果。

例 33　调整系统日期与时间。

【答案与解析】

（1）在桌面上双击任务栏右侧"时钟"图标，则打开日期与时间对话框。

（2）单击"日期与时间"标签，可以进行日期与时间的调整。

例 34　打开计算器。

【答案与解析】

（1）在桌面上单击"开始"按钮，打开开始菜单。

（2）鼠标指向"程序"命令，再指向"附件"命令。

（3）鼠标单击"计算器"命令，则打开计算器对话框。

例35 鼠标设置。

【答案与解析】

（1）在桌面上单击"开始"按钮，打开开始菜单。

（2）鼠标指向"设置"命令，再单击"控制面板"命令，则打开控制面板对话框。

（3）单击"打印机和其他控件"选项，再单击"鼠标"选项，则打开鼠标属性对话框，在这里可以进行鼠标设置。

例36 设置回收站存储空间大小。

【答案与解析】

（1）在桌面上鼠标右击"回收站"图标，则在弹出的快捷菜单中选择"属性"命令。打开属性对话框。

（2）选择"所有驱动器均使用同一设置"单选按钮。

（3）鼠标调整滑块完成回收站存储空间大小设置。

例37 卸载已经安装软件的操作。

【答案与解析】

（1）在桌面上单击"开始"按钮，打开开始菜单。

（2）鼠标指向"设置"命令，再单击"控制面板"命令，则打开控制面板对话框。

（3）单击"添加/删除程序"选项，在新打开的对话框中选择要删除的程序，再单击删除按钮。

例38 若在我的文档中有一个"患者护理信息"的文档，将其复制到 D 盘上"护理记录 1"文件夹中。

【答案与解析】

（1）在桌面上双击我的文档图标，则打开对应窗口。

（2）鼠标右击"患者护理信息"文档弹出快捷菜单，选择"复制"命令。

（3）打开 D 盘上"护理记录 1"文件夹中，鼠标右击空白区域弹出快捷菜单，单击"粘贴"命令。

例39 将 D 盘上"护理记录 1"文件夹中"患者护理信息"的文档属性设为"只读"。

【答案与解析】

（1）将鼠标移动到"患者护理信息"文档上，单击鼠标右键弹出快捷菜单，选择"属性"命令。

（2）在属性对话框中选择"常规"标签。

（3）鼠标单击"只读"复选框，再按"确定"按钮。

例40 搜索文件名为"输液记录.DOC"的文件。

【答案与解析】

（1）在桌面上单击"开始"按钮，打开开始菜单。

（2）选择"搜索"弹出下级菜单，再单击"文件或文件夹"，打开搜索对话框。

（3）在"要搜索的文件或文件夹名为"下面文本框中输入"输液记录.DOC"。

（4）单击"立即搜索"按钮后，在对话框右侧显示出搜索结果。

复 习 题

【问答题】

1. 什么是操作系统？操作系统的功能与作用是什么？

2. Windows 中的菜单有几种？如何打开每种菜单？

3. 什么是文件与文件夹？如何创建文件或文件夹的快捷方式？

4. 在资源管理器中如何复制、移动或删除一个文件或文件夹？

5. 在 Windows 中如何搜索文件或文件夹？

第三章
医学办公信息应用技术

本章主要介绍 Microsoft Office 2003 的基本组件、常用功能，包括文字编辑排版、电子表格制作、演示文稿制作等功能，并结合医药院校特点，介绍中文 Microsoft Office 2003 软件在医药领域中相关的使用技巧与操作。

■■ 第一节　Word 2003 文字处理软件

导　学

内容及要求

Microsoft Word 2003 是目前常用的文字处理软件，这一部分主要包括八部分内容：Word 2003 文档基本知识、Word 2003 文件操作、文本的输入与编辑、Word 2003 文档的排版操作、表格制作、图文混排、文档模板与样式、文档的页面设置和打印输出。

Word 2003 文档基本知识部分主要介绍三部分内容：Word 2003 的启动与退出、Word 2003 的操作界面、Word 2003 帮助命令的使用。

Word 2003 文件操作部分主要介绍四部分内容：新建文档、打开已有文档、保存文档、关闭文档。

文本的输入与编辑部分主要介绍两部分内容：文本的输入和文本的编辑。

Word 2003 文档的排版操作部分主要介绍八部分内容：字符格式的设置、段落格式的设置、首字下沉设置、分栏排版、项目符号和自动编号的设置、边框和底纹的设置、页眉和页脚的设置、插入页码。

表格制作部分主要介绍三部分内容：表格的建立、表格格式和内容的编辑、表格的设置。

图文混排部分主要介绍五部分内容：插入图片、艺术字、插入自选图形、文本框、水印。

文档模板与样式部分主要介绍两部分内容：模板、样式。

- Word 2003 文档基本知识
- Word 2003 文件操作
- 文本的输入与编辑
- Word 2003 文档的排版操作
- 表格制作
- 图文混排
- 文档模板与样式
- 文档页面设置和打印输出

　　文档的页面设置和打印输出部分主要介绍三部分内容：页面设置、打印预览、打印。

　　这八部分介绍如何通过 Word 2003 对文档进行文字录入、格式设置、插入图片、图文混排、表格绘制及打印输出。在学习中应重点掌握各种操作的具体实现方法；熟悉各种操作的具体实现结果；了解各种操作的其他实现技巧。

重点、难点

　　Word 2003 文字处理软件的重点是文字录入、格式设置、插入图片、图文混排、表格绘制的具体实现方法，其中的难点是图文混排的具体实现。

　　Word 2003 是 Microsoft Office 2003 的组件之一，采用基于图形界面的窗口式操作，方便易学、操作简单，是目前个人计算机上使用相当普遍的文字处理软件。Word 2003 的主要功能有：文字编辑、文字校对、格式编排、图文处理、表格绘制处理及帮助功能，可以用于编辑论文、信函、报告等，能够满足各种文档排版和打印需求。本节主要介绍 Word 2003 的工作环境、文件的创建与编辑、文档的排版、表格制作、图文混排、页面的设置与打印、模板的使用等操作。

一、Word 2003 文档基本知识

（一）Word 2003 的启动和退出

1. Word 2003 的启动　　在启动 Windows 后，可以通过下面几种方法启动 Word 2003，启动后，屏幕出现 Word 2003 的工作窗口如图 3-1 所示。

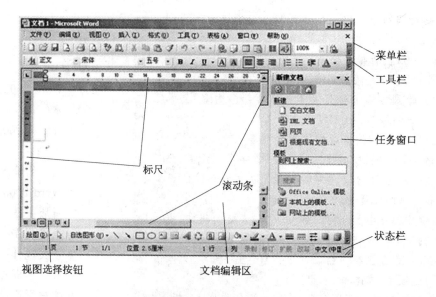

图 3-1　Word 2003 工作窗口

（1）单击屏幕左下角的 Windows 任务栏上的"开始"|"所有程序"|"Microsoft Office"|

"Microsoft Word 2003"命令,出现如图3-1所示的窗口,即启动了 Microsoft Word 2003 应用程序。

(2) 如果在 Windows 桌面上创建了 Word 2003 快捷方式,直接双击此快捷方式图标即可启动 Word 2003 应用程序。

2. Word 2003 的退出   可以通过选择"文件"|"退出"命令的方法退出 Word 2003。如果只打开一个或没打开 Word 文档,可以双击 Word 2003 窗口标题栏最左侧的应用程序窗口标识,如图3-2所示,或单击窗口标题栏最右侧的"关闭"按钮退出 Word 2003。

(二) Word 2003 操作界面

Word 2003 启动后,屏幕上出现的即为 Word 2003 的操作界面,它包括标题栏、菜单栏、工具栏、标尺、文档编辑区、状态栏、视图切换按钮、任务窗口等,如图3-1所示。下面分别介绍它们的作用。

1. 标题栏   标题栏位于 Word 2003 窗口的最上面,用于显示当前正在编辑的文档的文件名和 Microsoft Word 2003 应用程序名,按住鼠标左键拖动标题栏可以在屏幕上移动窗口。标题栏的最左边的是 Word 图标,单击该图标会弹出菜单,如图3-2所示,选择其中命令可以对文档窗口进行最大化、最小化、移动、关闭等操作。图标的右边是正在编辑的文档名称,如果是新建文档,默认文件名是"文档1"。标题栏最右边是三个按钮,依次为最大化、最小化、还原和关闭按钮。

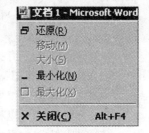

图3-2   单击标题栏 Word 图标弹出的菜单

2. 菜单栏   菜单栏位于标题栏下方,默认状态下包括"文件"、"编辑"、"视图"、"插入"、"格式"、"工具"、"表格"、"窗口"和"帮助"菜单,涵盖了 Word 2003 的所有操作命令。每个菜单是按照操作的类型进行分类的,例如"文件"菜单中包含了有关文件的操作命令,如新建、打开、保存、关闭等操作。菜单名后面括号里面包含的带下划线的字母,表示当前菜单的快捷键,按住"Alt"键的同时再按相应的字母键,就可以打开相应菜单。

Word 2003 采用折叠式菜单管理方式,可以自动记录用户的操作习惯,在下拉菜单中只显示最近常用的几个菜单项,其他的菜单项暂时隐藏起来。如果要使用的菜单项没有出现在菜单中,可以单击菜单下方的折叠按钮图标,就可显示全部菜单项。当菜单项是灰色时,表示该菜单项在当前的状态下不能执行;菜单项后面有"…"符号,表示该菜单项将打开一个对话框;菜单项后面有"▶"符号,表示将打开下一级菜单;菜单项前面带"√"的,表示该菜单项是复选项。

3. 工具栏   Word 2003 将一些常用的操作命令的快捷按钮组合成"常用"、"格式"、"绘图"等多种工具栏,用鼠标单击按钮,就可以执行相应的功能,等同于执行菜单中的相应菜单项的操作。选择"视图"|"工具栏"命令可以对工具栏进行显示和隐藏。也可以在任意一个显示的工具栏上右击,调出"工具栏"菜单,实现快速切换工具栏。

由于 Word 2003 为增大文档的显示区域而使常用的工具栏显示在同一行上,因此工具栏上直接显示出的工具图标是有限的,通常只显示最常用的或最近使用过的工具图标,如果要选用工具栏上的其他工具,可以单击工具栏上的下拉按钮,然后在列出的工具图标上选定需要的工具,也可以将这两个工具条分别放到菜单下面占据两行显示。

4. 标尺   标尺分水平标尺和垂直标尺。利用标尺可以快速进行文本定位、设置段落缩进、调整页边距及制表位等。通过"工具"|"选项"|"常规"选项卡可以设置标尺的度量单位,也可以通过选择"视图"|"标尺"命令来对标尺显示和隐藏。

5. 文档编辑区   窗口中最大的空白区域称为编辑区,在此区域可以对文字、图形等进行输入、插入、删除、修改等操作。无论是在其中写文章、书信、报告还是绘图,保存的文件都统称为文档。编辑区中闪烁的竖直线"|"为插入点,表示当前要输入的内容的起始位置。当在编辑区中操作时,鼠标指针会变成"I"型,作用是重新定位插入点。将"I"型鼠标指针移到相应的位置,单击鼠标将设置该

位置为插入点。每个段落结束(输入回车键)有一个段落标记,可选择"视图"|"显示段落标记"命令来显示和隐藏段落标记。

编辑区的左边区域称为"选定栏",移动鼠标指针到该区域内时,鼠标指针变成指向右上方的空心箭头,利用"选定栏"可以方便地选择文本内容。

6. 滚动条　在文档窗口右侧和底端各有一个滚动条,分别称为垂直滚动条和水平滚动条,使用鼠标拖动滚动条中的滑块或单击滚动条两端的滚动箭头按钮可以横向、纵向移动文档窗口内容,用来浏览文档窗口之外的内容,选择"工具"|"选项"|"视图"命令可以设置滚动条的显示或隐藏。

7. 状态栏　状态栏位于窗口最下端,用来显示当前文档的页码、节号、当前(实际)页数/总页数、光标插入点位置、输入状态等信息。当执行某项操作时,在状态栏会显示该项操作的提示信息。

8. 视图选择按钮　视图是文档窗口的显示方式,Word 2003 提供了五种不同视图窗口,这些视图如下。

(1) 普通视图:所有排版信息都会显示出来,但图形对象不可见。

(2) Web 版式视图:正文显示更大,并自动换行以适应窗口。

(3) 页面视图:不仅可以显示正文格式和图形对象,并能显示文档的页面布局。

(4) 大纲视图:可以将所有标题分级显示出来,但图形对象不可见。

(5) 阅读版式:如果打开文档是为了进行阅读,阅读版式可以优化阅读体验。

在文档窗口的左下角有这些视图的快速切换按钮,单击这些按钮可以在不同的视图显示方式间切换。

9. Office 任务窗格　任务窗格是 Office 组件应用程序中提供常用命令的窗口,位于工作窗口的最右侧,其中包括对文档内容的操作命令、对文档文件的操作命令、帮助和信息检索命令以及邮件和 Internet 相关操作命令等,利用它可以更方便地进行文档管理。选择"视图"|"任务窗格"命令,可以在编辑区右侧打开任务窗格。单击任务窗格右上方的"其他任务窗格"按钮,在弹出的下拉菜单中选择其他任务窗口。

(三) Word 2003 帮助命令的使用

选择"帮助"|"Microsoft Office Word 帮助"命令或单击"F1"键,在任务窗格中会出现"Word 帮助"任务窗格,其中列出了可以获得帮助的内容和方法,单击"目录"就可以很快找到相应的帮助说明。

二、Word 2003 文件操作

(一) 新建文档

新建文档的常用方法有以下几种。

(1) 启动 Word 2003 后,自动建立了一个文档名为"文档1"的空白文档。

(2) 选择"文件"|"新建"命令,将打开"新建文档"任务窗格,选择"空白文档"命令,新建空白文档。

(3) 单击"常用"工具栏上的"新建"按钮。

(二) 打开已有文档

打开已有文档的常用方法有以下几种。

(1) 双击已有 Word 文档的图标,打开已有的文档。

(2) 选择"文件"|"打开"命令,在弹出的对话框中的"查找范围"中找到需要打开的文档,单击"打开"按钮打开已有的文档或直接双击要打开的文档。

（3）单击"常用"工具栏上的"打开"按钮。

（4）为了方便用户的使用，系统在"文件"菜单下列出了最近使用过的文件名称，想打开列表中的某个文件，选择文件菜单后，单击文件名就可以打开。系统能显示最近使用过的文件个数可以由"工具"|"选项"|"常规"选项卡来设置，最多可以显示九个最近使用过的文件名称。

（三）保存文档

1. **保存新建文档**　单击"常用"工具栏上的"保存"按钮或选择"文件"|"保存"命令，弹出如图3-3所示的"另存为"对话框，在"保存位置"下拉菜单中选择将新文档保存的位置，在"文件名"文本框中输入新文档的名字，默认的格式是".DOC"，然后单击"保存"按钮即可。

2. **以原文件名保存编辑后的文档**　单击"常用"工具栏上的"保存"按钮或选择"文件"|"保存"命令即可将正在编辑的文档以原文件名进行保存。

3. **以新文件名保存编辑后的文档**　选择"文件"|"另存为"命令后，操作与"保存新建文档"操作类似。保存后原文档自动关闭，并且内容保持不变，当前编辑的文档是更名后的新文档。

4. **设置定时自动保存**　每隔一段时间对编辑的文档进行保存是一个良好的习惯，可以避免意外情况发生而丢失编辑的文档内容。Word文档提供了定时自动保存功能，可以对用户编辑的文档做临时备份，以便发生意外时恢复用户的文档。

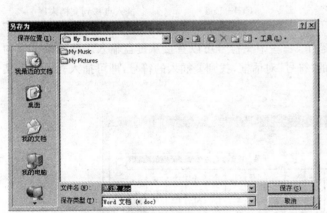

图3-3　保存新文档

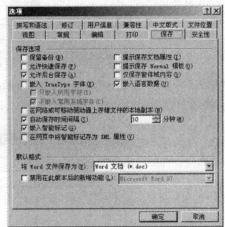

图3-4　"选项"对话框

选择"工具"|"选项"命令，在弹出的对话框中单击"保存"选项卡，如图3-4所示，选中"自动保存时间间隔"前面的复选框，并设置时间，例如输入2分钟，单击"确定"按钮完成设置。这样，系统将每隔2分钟对正在编辑的文档自动保存。

（四）关闭文档

关闭文档的常用方法有下面几种。

（1）单击Word窗口右上方的关闭按钮。

（2）按键盘上的"Alt"+"F4"组合键。

（3）单击标题栏左侧的窗口控制菜单图标，并在下拉菜单中选取"关闭"命令。

（4）选择"文件"|"关闭"命令。

如果用户在关闭文档时没有对修改过的文档进行保存，系统会弹出如图3-5所示的对话框提示用

图3-5　是否保存提示对话框

户对文档进行相应的操作。

三、文本的输入与编辑

(一)文本的输入

1. 文本输入方法的选择 Windows 系统默认的输入方式是英文方式,要输入中文,必须切换到中文输入方式,可以用鼠标单击任务栏右边的输入法图标,选择需要使用的输入法。也可以使用输入方式切换的快捷键:"Ctrl"+"Space"键进行中英文之间的切换;"Ctrl"+"Shift"键进行各种输入法之间的切换。

2. 文本输入 Word 2003 中输入的文字都是从插入点开始的,不断输入文字,插入点位置就不断后移,当文字多于一行时,系统自动换行,用户在一个段落没有结束时,不需要按回车键换行。

3. 插入点的移动和定位 插入点可以通过鼠标快速定位,即把鼠标移到要插入的位置,然后单击鼠标。也可以通过键盘进行插入点的移动和定位,常用的组合键见表 3-1。

表 3-1 Word 插入点移动和定位的常见组合键

按　键	功　能	按　键	功　能
Home	插入点移到当前行首	End	插入点移到当前行尾
Ctrl+Home	插入点移到文档开始	Ctrl+End	插入点移到文档末尾

4. 特殊符号的输入 在中文输入状态下,一些中文符号可以直接从键盘输入。选择菜单下的"插入"|"符号"命令,弹出如图 3-6 所示的"符号"对话框,找到要插入的符号,即可插入。可以为某一个符号创建"快捷键"方便今后使用。

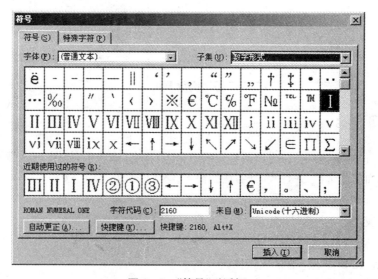

图 3-6 "符号"对话框

5. 即点即输 即点即输功能可以方便地在任意位置输入文本、图像、表格等。在"工具"|"选项"|"编辑"选项卡中,启动该功能,将鼠标移到想输入文本的空白位置,双击鼠标,就可以在该处输入文本了。

6. 插入内容

(1)插入内容:文本输入有两种状态,即插入状态和改写状态。在插入状态下,文本在插入点输入后,其后的文本顺序后移;在改写状态下,输入的文本将替换后面的文本。用"Insert"键或用鼠标双击状态栏上的"插入/改写"按钮,即可在两种状态之间切换。

(2)插入磁盘文件:选择"插入"|"文件"命令,通过弹出的"插入文件"对话框选择要插入的文件,然后单击"插入"按钮。

(二)文本的编辑

在编辑过程中,要对文档的内容进行选定、删除、移动、复制、查找与替换等操作,无论进行什么样的操作,都必须要"先选定、后操作",被选定的内容将处于反相显示状态(黑底白字)。

1. 文本的选定

(1)用鼠标拖动选定:将鼠标的指针移动到要选定文本的起始位置,按住鼠标左键并拖动到要选定文本的结束位置,释放鼠标,则将鼠标经过的文本区域选定。

(2)用键盘选定:通过键盘组合键的操作实现文本的选定,常见的组合键见表3-2。

表3-2 Word中常见的组合键

按 键	功 能	按 键	功 能
"Shift"+"→"	右选取一个字符	"Shift"+"←"	左选取一个字符
"Shift"+"↑"	选取上一个行	"Shift"+"↓"	选取下一个行
"Shift"+"Home"	选取到当前行首	"Shift"+"End"	选取到当前行尾
"Shift"+"PageUp"	选取上一屏	"Shift"+"PageDown"	选取下一屏
"Shift"+"Ctrl"+"→"	右选取一个字或单词	"Shift"+"Ctrl"+"←"	左选取一个字或单词
"Shift"+"Ctrl"+"Home"	选取到文档开始	"Shift"+"Ctrl"+"End"	选取到文档末尾

(3)键盘鼠标组合选定:用鼠标将插入点移到选定文本的起始位置,按住"Shift"键,将鼠标指针移动到要选定文本的结束位置,单击鼠标,反相显示的文本就是选定的内容。

(4)使用选定栏选定:将鼠标指针移动到选定栏中,单击选定一行;拖动选定多行;双击选定所在段落;三击选定整个文档。另外,在一个段落中,双击鼠标选定插入点附近的一个词组,三击鼠标选定当前段落。

(5)矩形区域的选定:将插入点移到要选定文本前,按住"Alt"键,拖动鼠标到选定文本的结束位置,可将鼠标经过的矩形区域选定。

(6)整个文档的选定:选择菜单下的"编辑"|"全选"命令或使用快捷键"Ctrl"+"A",可以选择整个文档。

如果想取消选定的区域,单击选定区域外的任何区域。

2. 文本的复制 Windows 系统中有一个专门在各个应用程序之间交换信息的区域,称为"剪贴板"。使用剪贴板可以方便地在各应用程序之间进行复制、移动文件及传递信息。

剪贴板的主要操作有:①复制:将文档中的内容复制到剪贴板上,快捷键是"Ctrl"+"C"。②剪切:将文档中的内容移到剪贴板上,快捷键是"Ctrl"+"X"。③粘贴:将剪贴板上的内容复制到文档中当前插入点的位置,快捷键是"Ctrl"+"V"。

复制文本的常用方法有以下几种。

(1)使用菜单复制文本:选择"编辑"|"复制"命令,将选中的文本复制到剪贴板上,然后将鼠标指针移动到要插入的位置,再选择"编辑"|"粘贴"命令。

(2)使用鼠标复制文本:使用鼠标选定要复制的文本,将鼠标移到要移动的文本上,按住"Ctrl"键,拖动鼠标到目标位置,松开鼠标完成复制。

（3）使用快捷键复制文本：选定要复制的文本，按"Ctrl"＋"C"键复制，将插入点移到目标位置，按"Ctrl"＋"V"键粘贴。

3. **文本的移动**　移动是将选定的文本内容，移动到指定的位置，移动后，原位置的文本将不再存在。移动文本的常用方法有以下几种。

（1）使用菜单移动文本：选择"编辑"|"剪切"命令，将选中的文本复制到剪贴板上，然后将鼠标指针移动到要插入的位置，再选择"编辑"|"粘贴"命令。

（2）使用鼠标移动文本：使用鼠标选定要移动的文本，用鼠标拖动要移动的文本到目标位置，松开鼠标完成移动文本。

（3）使用快捷键移动文本：选定要复制的文本，按"Ctrl"＋"X"键剪切，将插入点移到目标位置，按"Ctrl"＋"V"键粘贴。

4. **删除文本**

（1）删除单个字符：删除插入点前面的单个字符可以使用"BackSpace"键，删除插入点后面的单个字符可以使用"Delete"键。

（2）删除选定内容：先选定要被删除的文本，使用"Delete"键或"Ctrl"＋"X"键删除选定的内容，也可以选择"编辑"|"清除"命令或"剪切"命令删除选定的内容。

（3）用新文本替换选定的文本：先选定要被替换掉的文本，然后输入新的文本，则新文本自动替换选定的文本内容。

5. **文本的查找与替换**　如果想在文档中查找某些文字或将某些文字用另外的文字替换，可使用 Word 2003 提供的"查找"和"替换"功能。

（1）文本的查找：将插入点移到欲查找的起始位置，选择"编辑"|"查找"命令，弹出如图 3-7 所示的对话框。在查找内容中输入要查找的内容，单击"查找下一处"，被找到的文本反相显示，查找完毕，显示查找结束对话框。

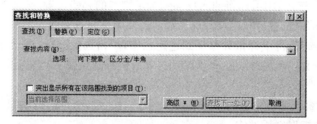

图 3-7　"查找"对话框

（2）文本的替换：替换是将文本中的内容替换成新的内容。将插入点移到查找替换的起始位置，选择菜单下的"编辑"|"替换"命令，弹出如图 3-8 所示的对话框。

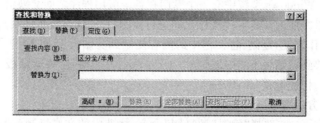

图 3-8　"替换"对话框

在查找内容中输入要查找的文本，在替换为中输入要替换的新的文本，注意在"高级"选项卡中设置是否"区别全/半角"。找到要替换的文本后，系统反相显示，等待用户选择是否"替换"或"全部替换"。在"高级"中,可以进一步设置要替换的格式、字体等。

（3）定位：定位操作即确定光标的位置,选择"编辑"|"定位"命令来进行操作。

6. 撤消与恢复操作　在工具栏中有两个工具按钮,一个是"撤消键入" ,另一个是"恢复键入" 。"撤消键入"可以撤消上一次的操作,连续单击可逐步撤消前面的操作。"撤消键入"将前面"撤消键入"的命令重新执行。有了这两个按钮,就可以尽量减少许多错误操作所带来的损失。也可以选择"编辑"|"撤消"命令实现撤消操作。

四、Word 2003 文档的排版操作

1. 字符格式的设置　选定文字的格式可以通过"格式"工具栏来设置文字的字体、字形、字号、颜色、边框、底纹等。也可以选择"格式"|"字体"命令,在弹出的如图 3-9 所示的"字体"对话框中进行文字格式的设置。

（1）在"字体"选项卡中,可以设置字体、字形、大小、颜色、下划线类型和颜色、着重号类型及各种效果。

（2）在"字符间距"选项卡中可以设置字符间距。

（3）在"文字效果"选项卡中,可以设置文字的动态效果。

如果文档中的许多位置要求统一的字符格式,可使用"常用"工具栏中的"格式刷"复制格式。先选定要被复制格式的文本,然后单击"格式刷"按钮,这时鼠标将变成刷子的形状,拖动刷子形状的鼠标,选定要复制格式的目标文本即可。如果想将格式应用到多个位置,选定好要被复制的文本后,双击"格式刷",这样就可以用格式刷将源文本的格式复制到多个目标文本上。注意,复制完成后,需要单击"格式刷"退出复制状态。

图 3-9　"字体"对话框　　　　　　　　图 3-10　"段落"对话框

2. 段落格式的设置　段落是文档的基本组成单位。段落可以由任意数量的文字、图形、对象及其他内容所构成。每次按下回车键,就产生一个段落标记,表示一个段落的结束。段落标记的作用是存放整个段落的格式。如果删除一个段落的标记,这个段落就会与下一个段落合并,下一个段落格式也会消失,而采用上一个段落的格式。

段落格式包括：段缩进、对齐、行间距和段间距等。对段落进行操作前,同样需要选定段落,但段落的选定只需要将插入点置于段落中的任意位置就可以了。选择"格式"|"段落"命令,弹出如图 3-10 所示"段落"对话框,就可以对段落进行设置。

(1) 设置段落的对齐：Word 提供了五种对齐方式，包括：左对齐、居中、右对齐，两端对齐，分散对齐。可以通过"段落"对话框中"缩进和间距"选项卡中的"对齐方式"列表中进行选择，也可以使用工具栏上的对齐按钮，设置段落的对齐方式。

(2) 设置段落的缩进：段落的缩进是指段落中的文本相对于纸张的边界距离，文章开始时，每段的第一行通常都要右缩进两个汉字，称为首行缩进。段落的左边向右缩进称为左缩进；段落的右端向左缩进称为右缩进。如果不是缩进去，而是伸出来，称为悬挂缩进。可以通过"段落"对话框来设置这些缩进尺寸，也可以使用标尺来设置。

(3) 设置行间距和段落间距：行间距是指段落中相邻两行文本之间的距离，而段落间距是指相邻两个段落之间的距离，可以通过"段落"对话框来设置这些间距。也可以通过工具栏上的按钮进行设置。

3. 首字下沉设置　段落中的第一个字符可以设置成与本段的其他字符相对下沉的效果，选中一个段落后，可以选择"格式"|"首字下沉"命令，在弹出的如图 3-11 所示的对话框中进行设置。

图 3-11　"首字下沉"对话框

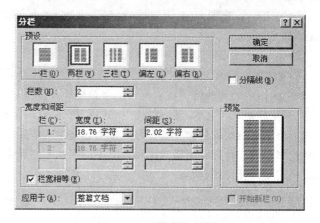

图 3-12　"分栏"对话框

4. 分栏排版

(1) 设置分栏：选择要分栏排版的段落或全文，选择菜单中的"格式"|"分栏"命令，弹出"分栏"对话框，如图 3-12 所示，可以设置"栏数"、"栏宽"、"间距"及"分隔线"等，设置好后，单击"确定"按钮完成。

(2) 取消分栏：选择"格式"|"分栏"命令，将"栏数"从多栏改为一栏，单击"确定"按钮完成。

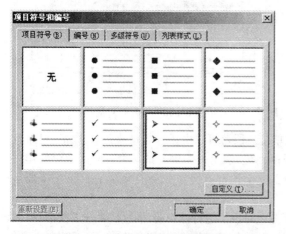

图 3-13　"项目符号和编号"对话框

5. 项目符号和自动编号的设置　在段落前添加符号或编号可以使内容醒目，可以通过选择"格式"|"项目符号和编号"命令，在出现的对话框中选择需要的项目符号和编号，如图 3-13 所示，单击"确定"按钮来添加，也可以通过单击"格式"工具栏中的"项目符号"或"编号"按钮来直接添加。

6. 边框和底纹的设置　选择"格式"|"边框和底纹"命令，在弹出的对话框中的"边框"选项卡可以为选定的段落或文字添加边框，如图 3-14 所示；"底纹"选项卡可以为选定的段落或文字添加底纹；"页面边框"选项卡可以为选定的节或整个文档添加页面边框。

7. 页眉与页脚的设置　页面顶部空白区域称为页眉,底部空白区域称为页脚。在页眉和页脚中,一般都写有一些与页面内容有关的说明性信息,如题目、日期、页码等。

选择"视图"|"页眉和页脚"命令,出现"页眉和页脚"工具栏和分别位于页面顶部和底部的"页眉和页脚"编辑区,如图3-15所示。顶部出现的由虚线框起来的区域称为页眉区,底部的区域称为页脚区,在编辑区内用户可以输入、编辑页眉和页脚。如果需要删除页眉和页脚,在编辑窗口内选定相应内容,单击"Del"键即可。在完成各种编辑操作后,

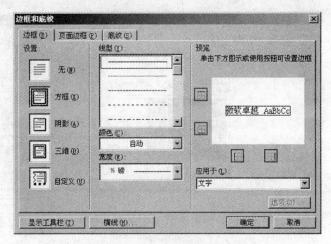

图3-14　"边框和底纹"对话框

单击"页眉和页脚"工具栏上的"关闭"按钮,完成页眉和页脚的设置。要想重新编辑或删除页眉和页脚,必须进入"页眉和页脚"的编辑窗口。可以选择"视图"菜单下的"页眉和页脚"命令,或在页面视图下双击页眉区或页脚区,进入"页眉和页脚"的编辑窗口。

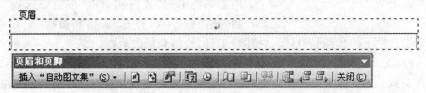

图3-15　页眉区和"页眉和页脚"工具栏

8. 插入页码　选择"插入"|"页码"命令,在弹出的图3-16的"页码"对话框中可以设置页码。

图3-16　"插入页码"对话框

五、表格制作

实际工作中常常需要处理大量的数据,Word 2003提供了强大的制表功能,可以快速制作出精美复杂的专业水准的表格。

(一) 表格的建立

创建表格的方法有以下几种。

1. 使用"常用"工具栏按钮建立表格　将插入点移到要建立表格的位置上,单击"常用"工具栏的"插入表格"按钮,出现如图3-17所示的网格,拖动鼠标,选择合适的行、列数后,放开鼠标完成插入表格。

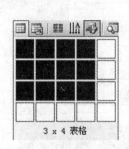

图3-17 利用"常用"工具栏插入表格

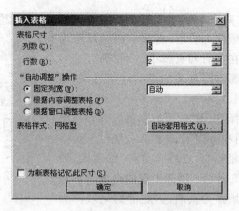

图3-18 "插入表格"对话框

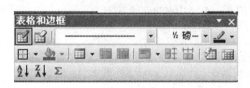

图3-19 "表格和边框"工具栏

2. 使用"表格"菜单下的"插入表格"命令建立表格 选择"表格"|"插入"|"表格"命令,弹出的"插入表格"对话框,如图3-18所示,设置表格的行和列数,完成后单击"确定"按钮。

3. 使用"表格和边框"工具栏建立表格 单击常用工具栏中的"表格和边框"按钮或选择"表格"|"绘制表格"命令后,打开"表格和边框"工具栏,如图3-19所示,利用工具栏上的"绘制表格"和"擦除"工具,绘制和修改表格。

4. 文本转换成表格 首先需要对进行转换的文本在适当位置插入分隔符以在转换时指明文本在何处分行和分列。然后选定要转换的文本后,选择"表格"|"转换"|"将文字转换成表格"命令进行转换,也可以单击工具栏中的"插入表格"按钮进行转换。

(二)表格格式和内容的编辑

1. 选取表格对象

(1) 选取一个单元格:将鼠标移动到单元格的左侧,当鼠标变成向右倾斜的实心箭头时,单击鼠标,选定该单元格。

(2) 选取一行:将鼠标移到工作区左侧的"选定栏"单击鼠标,选定一行,拖动鼠标,选定多行。也可以将光标置于要选定行的任一单元格,选择"表格"|"选择"|"行"命令。

(3) 选取一列:将鼠标移到表格外上部,鼠标变成向下的实心箭头时,单击选定一列,拖动选定多列。也可以将光标置于要选定列的任一单元格,选择"表格"|"选择"|"列"命令。

(4) 选取整个表格:将鼠标移到表格的左上角,当鼠标变成"十"字形时,单击鼠标选定这个表格。也可以将光标置于要选定表格的任一单元格,选择"表格"|"选择"|"表格"命令。

2. 表格中单元格、行和列插入操作 将插入点移到要插入行或列的表格中,选择"表格"|"插入"命令。如图3-20所示,根据需要,选择相应的插入单元格、行或列命令。

3. 表格、单元格、行和列删除操作 删除表格、单元格、行和列操作在选定要删除的表格、单元格、行或列后,可以通过以下几种方法。

(1) 选择菜单中的"表格"|"删除"命令。

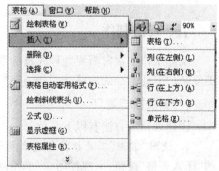

图3-20 插入表格命令

（2）利用"常用"工具栏上的"剪切"按钮删除。

（3）单击右键，弹出快捷菜单，利用"剪切"命令删除。

如果只要删除行或列中的内容，则选定后，用"Del"键删除内容。

（三）表格的设置

1. 合并单元格　合并单元格是将若干个单元格合并为一个单元格。选定要合并的单元格，选择"表格"|"合并单元格"命令，完成合并；或单击鼠标右键，在弹出的快捷菜单中选择"合并单元格"命令。

2. 拆分单元格　拆分单元格是将一个或多个单元格拆分成多个单元格，如果选定多个单元格进行操作，也具有将多个单元格合并的功能。选定要拆分的单元格，选择菜单下的"表格"|"拆分单元格"命令，弹出对话框，如图 3 - 21 所示，输入要拆分的行和列数，单击"确定"按钮完成。

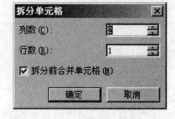

图 3 - 21　"拆分单元格"对话框

3. 改变行高和列宽　改变行高和列宽可以通过以下几种方法。

（1）用鼠标拖动改变：将鼠标停留在要改变的单元格边界上，当鼠标指针变成双箭头时，拖动鼠标到合适宽度。

（2）拖动标尺改变：拖动标尺可以改变单元格的行高和列宽。

（3）利用菜单改变：选择"表格"|"表格属性"命令，弹出如图 3 - 22 所示的"表格属性"对话框，设置行高和列宽。

4. 设置边框和底纹　选中要添加边框的表格，选择"格式"|"边框和底纹"命令，弹出如图 3 - 14 的对话框，设置表格的边框和底纹。

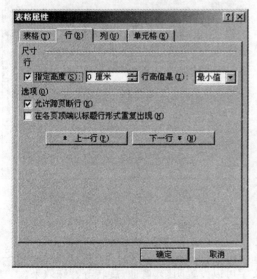

图 3 - 22　"表格属性"对话框

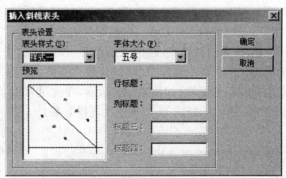

图 3 - 23　"插入斜线表头"对话框

5. 绘制斜线表头　将光标置于要绘制斜线表头的单元格中，然后选择"表格"|"绘制斜线表头"命令，弹出"插入斜线表头"对话框，如图 3 - 23 所示，选择表头式样、字号大小、行标题和列标题，完成后，单击"确定"按钮完成。

6. 设置单元格文字对齐　默认的情况下，Word 单元格中的文字是左上方对齐，要改变文字对齐方式，先选中要对齐的单元格，单击右键，弹出快捷菜单，如图 3 - 24 所示，选择"单元格对齐方式"的子菜单项设置对齐方式。也可以在"表格属性"对话框里设置单元格的对齐方式。

图 3-24 单元格的对齐方式

7. 单元格中插入公式 如果单元格的内容为表格中其他单元格计算后得到的结果,可在该单元格中插入公式,选择"表格"|"公式"命令实现。

8. 自动套用格式 选择"表格"|"表格自动套用格式"命令,可以实现使用 Word 2003 中提供的现有表格格式。

六、图文混排

(一) 插入图片

1. 插入剪贴画或外部图片

(1) 插入剪贴画:Microsoft Office 2003 中提供了许多剪贴画,它们都放在剪辑管理器中。剪辑管理器中包含图画、照片、声音、视频和其他媒体文件,统称为剪辑,可将它们插入到文档并用于演示、发布到其他 Office 文档中。

选择"插入"|"图片"|"剪贴画"命令,弹出"插入剪贴画"任务窗格,第一次使用时,需要先建立收藏集。建立好收藏集以后,可以在"搜索文字"文本框中输入关键字搜索,单击任务窗格中的相应剪贴画插入文档中。也可以单击"管理剪辑…",显示出"收藏集列表",里面提供了"我的收藏集"、"Office 收藏集"、"Web 收藏集"三类剪贴画。根据需要,选择某一类中的剪贴画,单击所需图片右侧的下拉按钮,单击"复制"命令,复制所需图片,然后粘贴到文档中适当的位置。

(2) 从文件中插入图片:如果要插入的图片是以文件的形式存放在磁盘上,将插入点移到要插入图片的位置,然后选择"插入"|"图片"|"来自文件"命令,出现"插入图片"对话框,在"查找范围"中选择要插入的图片,单击"插入"按钮,插入图片。

2. 图片的编辑处理

(1) 调整图片大小:插入一个图片后,单击图片,图片周围就会出现控制点,将鼠标指针移动到控制点上,拖拽鼠标指针就可以调整图片的大小。

(2) 设置图片格式:在插入的图片上双击或右击,在弹出的菜单中选择"设置图片格式",弹出"设置图片格式"对话框,如图 3-25 所示,在这里可以设置图片的大小、版式等,实现图文混排效果。

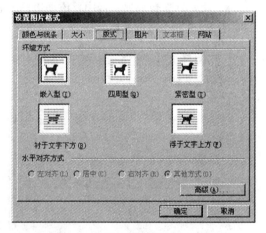

图 3-25 "设置图片格式"对话框

(二) 艺术字

艺术字是一种用于增加文本效果的文字,这种文字可以设置阴影、弯曲、旋转等特殊效果。

1. 添加艺术字

将插入点移到要插入艺术字的位置,选择"插入"|"图片"|"艺术字"命令或单击"绘图"工具栏中的"艺术字"按钮,弹出"艺术字库"对话框,单击选择一种艺术字式样,单击"确定"按钮,弹出"编辑艺术字文字"对话框,如图 3-26 所示。输入要插入的艺术字内容,单击"确定"按钮完成。

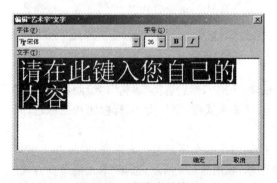

图 3-26 艺术字的输入

2. 编辑艺术字　插入艺术字后,单击艺术字,就可以弹出"艺术字"工具栏,同时在艺术字周围出现控制点,可用鼠标拖动控制点,调整艺术字大小、方向,或利用"艺术字"工具栏和"绘图"工具栏上的按钮调整艺术字格式或设置艺术字立体效果、阴影效果等。

(三) 插入自选图形

1. 绘制自选图形　在 Word 中,如果想绘制简单的图形,可以使用"绘图"工具栏。"绘图"工具栏位于 Word 窗口的底部,使用"视图"|"工具栏"|"绘图"命令打开,也可使用"常用"工具栏中的"绘图"按钮快速打开或关闭"绘图"工具栏。

在"绘图"工具栏上(图 3-27),用鼠标单击"自选图形"按钮,从打开的菜单中提供的各种样式中选择一种,然后在级联菜单中单击一种图形,这时鼠标指针变成"＋"形状,在需要添加图形的位置单击并拖动即可。也可以通过选择"插入"|"图片"|"自选图形"命令来实现自选图形的添加。

图 3-27　"绘图"工具栏

2. 在自选图形中添加文字　先选中要添加文字的自选图形,然后单击右键,在弹出的快捷菜单中选择"添加文字"即可,并可以设置所添加文字的格式。

3. 图形元素的基本操作

(1) 设置图形内部填充色和边框线颜色等:选中图形,单击右键,在弹出的快捷菜单中选择"设置自选图形格式"命令,出现如图 3-28 所示的对话框,通过对话框中的各选项卡可以分别设置自选图形的填充色、线条、大小和版式等。

(2) 设置阴影和三维效果:在"绘图"工具栏中选择"阴影"或"三维效果"按钮。

(3) 旋转和翻转图形:单击"绘图"工具栏中的"绘图",然后选择"旋转或翻转",选择相应命令,也可以直接拖动对象上的旋转控制点任意旋转图形。

(4) 叠放图形:插入的图形对象可以叠放在一起,上面的图形会挡住下面的。选中图形对象,单击鼠标右键,在弹出的快捷菜单中选择"叠放次序"命令,可以设置图形对象的叠放次序。

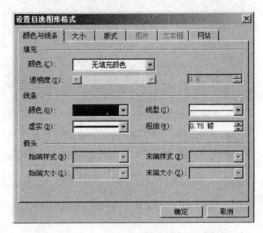

图 3-28　"设置自选图形格式"对话框

(5) 图形对象的组合和取消组合:如果想把多个图形对象组合成一个整体,可先选中要组合的对象,单击鼠标右键,弹出快捷菜单,选择"组合"|"组合"命令进行组合。组合后,如果要取消这种组合,可以选择"组合"|"取消组合"命令进行取消。

(6) 对齐和排列图形对象:先选中要设置的对象,单击"绘图"工具栏中的"对齐或分布"命令,再在下级菜单中选择一种对齐或分布命令。

(四) 文本框

文本框是一种可移动、可调整大小的容器,可以看作是特殊的图形对象。使用文本框,可以在一页上放置多个文本块,或将文字按与文档中其他文字不同的方向排列。文本框分为横排和竖排两种方式,选择"插入"|"文本框"|"横排"命令,然后单击鼠标,出现插入的文本框,在文本框中输入文字时,将以水平方式逐行从左向右输入;选择"插入"|"文本框"|"竖排"命令,在文本框中输入文字时,将以垂直方式逐列由右向左输入文字。

在使用文本框或绘图工具时,若不想显示画布,可以选择菜单下的"工具"|"选项"命令,在弹出的对话框中单击"常规"标签,取消"插入自选图形时自动创建画布"选项,这样在插入文本框或绘图时,就不会显示出画布。

1. 插入文本框 选择"插入"|"文本框"命令,或在窗口的底部"绘图"工具栏上单击"文本框"按钮,鼠标指针为"十"字形,在要插入文本框的位置拖动鼠标或单击鼠标,出现文本框。单击文本框,在文本框中出现闪烁的光标,即可输入文本。

2. 设置文本框格式

(1) 颜色和线条的设置:选中文本框,单击右键,在弹出的快捷菜单中选择"设置文本框格式"命令,弹出"设置文本框格式"对话框,如图3-29所示。设置文本框的填充颜色和文本框的边框颜色及线型等。

(2) 设置文本框大小:单击"设置文本框格式"对话框的"大小"选项卡,设置文本框的尺寸和缩放比例,如果想保证文本框的高度和宽度比例不发生变化,选定"锁定纵横比"。也可以通过鼠标拖动文本框边框的控制点来调整。

(3) 设置文本框版式:单击"设置文本框格式"对话框的"版式"选项卡,可以设置文本框的版式。文本框的版式有四种:四周型、紧密型、浮于文字上方和衬于文字下方,可根据需要设定版式。注意,文本框的大小不会随着键入文本的增加自动扩展,需要手工调整。

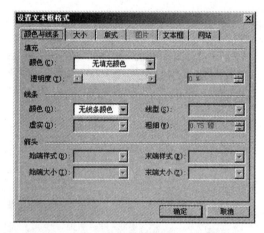

图3-29 "设置文本框格式"对话框

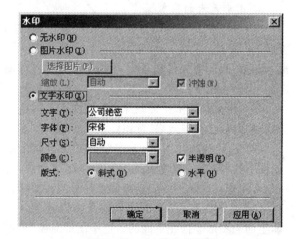

图3-30 "水印"对话框

(五) 水印

要给文档的每页都添加一个水印,可选择"格式"|"背景"|"水印",弹出"水印"对话框,如图3-30所示,设置文字或图片水印。

七、文档模板与样式

(一) 模板

模板是一些预先制作好的具有某些相对固定格式的文档。模板文件的扩展名为".DOT"。使用模板可以方便地进行排版、录入工作,特别是专门制作的模板更是如此。启动 Word 2003,将出现一个空白文档,同时已调用了一个常用模板,即 Normal 模板。如果不满意已有模板,可以利用文档创建新的模板,甚至将一个文档保存为一个模板。

1. 利用模板新建文档 Word 2003 中预先设置了若干个模板,在新建文档时就可以直接使用它们,然后就像使用普通文档一样来编辑、修改和排版,这样便能在较短的时间内编排出一个令人满意的文档来。

单击菜单下的"文件"|"新建…"命令，出现"新建文档"任务窗格，选择"本机上的模板…"，弹出图 3-31 所示对话框，选择相应的模板名称，单击"确定"按钮，即可利用模板创建需要的文档。

2. 创建自己的模板　虽然 Word 2003 中预先设置了若干个模板，但是这些模板未必能满足我们的需要，因此我们希望能创建自己的模板，以便今后能快速编排出具有某种格式的文档。

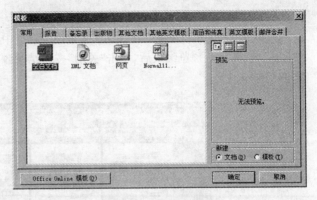

图 3-31　"模板"对话框

在"模板"对话框中，选定一个具体的模板后，选定"新建"|"模板"选项。在新建的模板中进行编辑处理，然后单击"常用"工具栏上的"保存"按钮或选择"文件"|"保存"或"另存为…"命令，即可将模板保存下来，供以后新建文档之用。注意模板的扩展名是".DOT"。

（二）样式

所谓样式，就是系统或用户定义并保存的一系列排版格式，包括字体、段落的对齐方式、边距等。样式能够轻松快捷地编排具有统一格式的段落，而且能够使文档格式严格保持一致。Word 2003 预定义了标准样式，而且用户也可以根据自己的需要修改标准样式或重新定制样式。

1. 样式的创建　选择"格式"|"样式和格式"命令，在出现的"新建样式"对话框中输入新建样式名称等相关参数，单击"格式"按钮，对文本或段落进行格式设置，单击"确定"按钮，即实现了样式的创建。

2. 样式的使用　将光标定位在需要应用样式的段落中，在"格式"工具栏的"样式"列表框中选择相应的样式。

八、文档页面设置和打印输出

1. 页面的设置　对于一个完成输入的文档，需要进行排版，使文档更美观漂亮。排版首先应考虑的是页面的整体布局，选择"文件"|"页面设置"命令，弹出"页面设置"对话框，如图 3-32 所示，在这个对话框中可完成页面的全部设置。

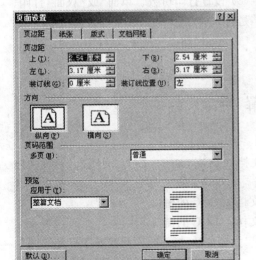

图 3-32　"页面设置"对话框

（1）页边距的设置："页边距"选项卡中可以设置文本距离纸张边界上、下、左、右的距离，页眉页脚距纸张边界的距离，装订线的位置等。

（2）纸张的设置："纸张"选项卡中可以设置包括纸张的大小和纸张的打印方向。默认的纸张大小是 A4，用户可以选择其他的纸型或自定义。如果"方向"选定"横向"，纸张将横向打印输出。

（3）版式的设置："版式"选项卡中可以设置页面的边框及页眉、页脚的属性等。

（4）文档网格的设置："文档网格"选项卡中可以设置每页的行数和每行的字数、跨度、分栏数及文字的方向等。

2. 打印预览　预览是在打印之前，预先看一下打印的效果，以便用户能对不满意的地方进行修改。打印预览的效果和实际打印出来的效果是完全一致的。

选择"文件"|"打印预览"命令或单击常用工具栏中的"打印预览"按钮，可以进入打印预览模式，如图 3-33 所示。预览结束后，单击"关闭"按钮结束预览。如果你的计算机没有安装打印机，则不能进行打印预览。

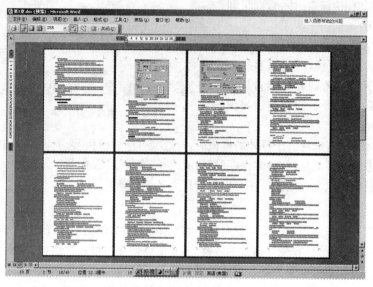

图 3-33　打印预览

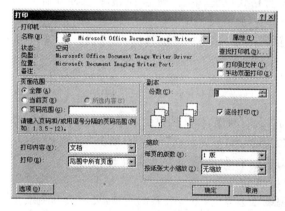

图 3-34　"打印"对话框

3. 打印　当文档排版好后，可以进行打印。选择"文件"|"打印"命令，弹出如图 3-34 所示对话框，进行打印设置并确认打印。通常可以采用下面的步骤进行打印。

（1）选择打印机，并进行属性设置。

（2）设置打印范围，默认是打印全部文档。

（3）设置打印份数、"单面"或"双面"打印、文档是否缩放等。

（4）单击"确定"按钮开始打印。

■■实 践 与 解 析

选择解析

1. 在 Word 2003 的编辑状态下，按先后顺序依次打开文档 1. DOC、文档 2. DOC、文档 3. DOC、文档 4. DOC 四个文档后，当前活动窗口是：　　　　　　　　　　　　　　　（　　）

　　A．文档 1. DOC 的窗口　　　　　　　　　B．文档 2. DOC 的窗口

　　C．文档 3. DOC 的窗口　　　　　　　　　D．文档 4. DOC 的窗口

　　【答案与解析】　答案为 D。当前正在使用的活动窗口为当前活动窗口，因此按顺序打开的四个文档中的最后一个：文档 4. DOC 为当前活动窗口。

2. 在 Word 2003 的编辑状态下，仅打开一个文档，然后单击 Word 主窗口标题栏右侧的"关闭"按

钮,则： （ ）

A. 仅文档窗口被关闭 　　　　　B. 文档和 Word 主窗口全被关闭

C. 仅 Word 主窗口被关闭 　　　　D. 文档和 Word 主窗口全未被关闭

【答案与解析】 答案为 B。在仅打开一个文档的情况下单击主窗口标题栏右侧的"关闭"按钮相当于退出 Word 程序,因此文档和 Word 主窗口全被关闭。

3. 调整段落左右边界以及首行缩进的最直观和快捷的操作方法是 ： （ ）

A. 选择菜单命令　　　B. 单击工具栏按钮　　C. 键盘操作　　　　D. 标尺操作

【答案与解析】 答案为 D。通过菜单命令、工具栏和标尺操作都能够实现调整段落左右边界以及首行缩进的操作,但标尺操作是最直观和快捷的方法。

4. 在进入打印预览状态下,如果要打印文件： （ ）

A. 必须退出预览状态后才可以打印　　　B. 在打印预览状态下可以直接打印

C. 在打印预览状态下不能打印　　　　　D. 只能在打印预览状态下打印

【答案与解析】 答案为 B。在打印预览状态下通过单击工具栏中的按钮和选择"文件"菜单中的"打印"命令都可以对文档直接打印。

5. 当前插入点在表格中某行的最后一个单元格内,按"Enter"键后的作用是： （ ）

A. 插入点所在的行加宽　　　　　　B. 插入点所在的列加宽

C. 在插入点下一行增加一行　　　　D. 对表格不起作用

【答案与解析】 答案为 A。当前插入点在表格中某行的最后一个单元格内按"Enter"键会使插入点所在的行加宽;当前插入点在表格中某行的最后一个单元格外按"Enter"键会在插入点下一行增加一行。

6. 打印页码 3 - 10、13、15 表示要打印的页是： （ ）

A. 第 3 页,第 10 页,第 13 页,第 15 页

B. 第 3 至 10 页,第 13 至 15 页

C. 第 3 至 10 页,第 13 页,第 15 页

D. 第 3 页,第 10 页,第 13 至 15 页

【答案与解析】 答案为 C。表示打印页码的范围时,键入页码,并以逗号相隔。对于某个范围的连续页码,可以键入该范围的起始页码和终止页码,并以连字符相连。例如:若要打印第 2、第 4、第 5、第 6 和第 8 页,可以键入"2,4 - 6,8"。

7. 在 Word2003 中只删除文本的格式应使用的操作是： （ ）

A. 按"DEL"键　　　　　　　　　　B. "编辑"|"清除"|"内容"命令

C. "编辑"|"清除"|"格式"命令　　　D. "格式"|"清除"|"格式"命令

【答案与解析】 答案为 C。"编辑"|"清除"菜单下包含"格式"和"内容"命令,分别可以删除文本的格式和内容,按"Del"键相当于删除文本内容。

8. 删除一个段落标记后,前后两段文字将合并成一个段落,被合并的段落内容所采用的排版格式是 ： （ ）

A. 原后一段落格式　　　　　　B. 原前一段落格式

C. 两段格式没有变化　　　　　D. 与原前、后段落格式无关

【答案与解析】 答案为 A。删除一个段落标记后,前后两段文字将合并成一个段落后,原前一段落格式不变,原后一段落格式采用原前一段落格式。

9. 双击"格式刷"可将一种格式从一个区域一次复制到的区域个数为: （ ）

A. 1　　　　　　　B. 2　　　　　　　C. 3　　　　　　　D. 多

【答案与解析】 答案为 D。单击"格式刷"可将一种格式从一个区域一次复制到 1 个区域;双击

"格式刷"可将一种格式从一个区域一次复制到多个区域。

10. 对于一段两端对齐的文字,只选其中的几个字符,然后单击"居中"按钮,则: （　　）

A. 整个文档变为居中格式

B. 只有被选中的文字变为居中格式

C. 整个段落变为居中格式

D. 格式不变,操作无效

【答案与解析】 答案为 C。选中的字符位于段落中,因此整个段落都变为居中。

11. 在 Word 2003 中实现"X²"字符的输入,则选择的命令为: （　　）

A. "插入"|"符号" B. "插入"|"特殊符号"

C. "格式"|"字体" D. "格式"|"项目符号和编号"

【答案与解析】 答案为 C。"X²"中的 2 在输入后需要选中"2",然后选择"格式"|"字体"命令,在出现的对话框中设置为"上标"。

12. 在 Word 的编辑状态下,选中整个表格,然后选择"表格"|"删除"|"行"命令,则: （　　）

A. 整个表格被删除 B. 表格中的一列被删除

C. 表格中的一行被删除 D. 表格中没有被删除的内容

【答案与解析】 答案为 A。选中整个表格相当于选中表格中的所有行,所以然后选择"表格"|"删除"命令相当于删除表格中的所有行即整个表格被删除。

13. 在 Word 2003 的编辑状态下,由多个行和列组成的表格中如果选中一个单元格,再单击"Del"键,则: （　　）

A. 删除该单元格所在的行 B. 删除该单元格的内容

C. 删除该单元格,右方单元格左移 D. 删除该单元格,下方单元格上移

【答案与解析】 答案为 B。选中单元格后单击"Del"键只删除单元格内的内容。

14. 在 Word 中具有"所见即所得"效果的视图是: （　　）

A. 普通视图 B. 页面视图 C. 大纲视图 D. Web 版式视图

【答案与解析】 答案为 B。普通视图、大纲视图下图形对象不可见;Web 版式视图下正文显示更大,并自动换行。

15. Word 编辑窗口显示水平标尺,拖动标尺上沿的"首行缩进"滑块,则: （　　）

A. 文档中各段落首行起始位置都重新确定

B. 文档中被选择的各段落首行起始位置都重新确定

C. 文档中各行起始位置都重新确定

D. 插入点所在行起始位置重新确定

【答案与解析】 答案为 B。首行缩进的含义是选中的段落的第一行相对于该段的其他行向右缩进一定的距离。

16. Word 2003 中,模板文件的后缀是: （　　）

A. DOC B. DOD C. DOT D. DDT

【答案与解析】 答案为 C。注意区分 Word 文档的文件名后缀为.DOC,Word 模板文件的文件名后缀为.DOT。

17. Word 中系统或用户定义并保存的一系列排版格式,包括字体、段落的对齐方式、边距等,称为: （　　）

A. 模板 B. 样式 C. 文档 D. 标签

【答案与解析】 答案为 B。模板是一些预先制作好的具有某些相对固定格式的文档。样式,就是系统或用户定义并保存的一系列排版格式,包括字体、段落的对齐方式、边距等。

18. Word 中实现多个文档之间的切换,可以选择: （　　）

A．工具　　　　　　B．窗口　　　　　　C．文件　　　　　　D．格式

【答案与解析】　答案为 B。"窗口"菜单底部显示的文件名是当前已经打开的所有文档的文件名。"文件"菜单底部显示的文件名最近被 Word 操作过的文档的文件名。

19. 在 Word 2003 中给整个文档设置艺术型边框需要选择: （　　）

A．"插入"|"图片"　　　　　　　　　　B．"格式"|"段落"

C．"插入"|"文本框"　　　　　　　　　D．"格式"|"边框和底纹"

【答案与解析】　答案为 D。选择"格式"|"边框和底纹"菜单,在出现的对话框中的"页面边框"选项卡中可以设置整篇文章的艺术型边框。

20. 要给 Word 文档的每页都添加水印,可选择: （　　）

A．插入|图片　　　　　　　　　　　　B．格式|背景

C．插入|文本框　　　　　　　　　　　D．格式|边框和底纹

【答案与解析】　答案为 B。"格式"|"背景"菜单下的"水印"选项中可以给文档中的每页都添加文字或图片水印。

21. 在 Word 文档连续进行了两次"插入"操作后,单击两次"撤消"按钮,此时: （　　）

A．将两次插入的内容全部取消

B．将第一次插入的内容全部取消

C．将第二次插入的内容全部取消

D．两次插入的内容都不被取消

【答案与解析】　答案为 A。单击一次"撤消"按钮会使刚做完的操作恢复,再单击一次会使倒数第 2 次做完的操作恢复。

22. 在 Word 2003 中,编辑文档时,发生了误操作,用户可以恢复内容的最快捷方式是: （　　）

A．无法挽回

B．重新人工编辑

C．单击"撤消"工具按钮可以恢复原内容

D．单击"工具"菜单中的"修订"命令恢复原内容

【答案与解析】　答案为 C。通过单击"撤消"工具按钮或使用快捷键"Ctrl"＋"Z"可以恢复原内容。

23. Word 2003: （　　）

A．只能处理文字　　　　　　　　　　B．只能处理表格

C．可以处理文字、图形、表格等　　　D．只能处理图片

【答案与解析】　答案为 C。Word 作为文字处理软件既可以处理文字,也可以处理图形、表格等。

24. 在 Word 2003 中,如果要在插入图片的两端添加文字,就可以在图片两端添加: （　　）

A．边框　　　　　　B．底纹　　　　　　C．文本框　　　　　　D．说明

【答案与解析】　答案为 C。要在图片两端添加文字,需要在图片两端添加文本框,通过文本框来添加文字。

25. 在 Word 编辑状态下,若要进行选定文本各行间距的设置,应选择的操作是单击: （　　）

A．"编辑"|"格式"　　　　　　　　　　B．"格式"|"段落"

C．"编辑"|"段落"　　　　　　　　　　D．"格式"|"字体"

【答案与解析】　答案为 B。选择"格式"|"段落"命令,在出现的对话框中的"间距"选项中设置。选择"格式"|"字体"命令,可设置字符间距。

26. 在 Word 2003 的编辑状态下,当前编辑的文档是 C 盘中的 d1.DOC 文档,要将该文档复制到 E 盘,应当使用: (   )

A．"文件"菜单中的"另存为"命令   B．"文件"菜单中的"保存"命令

C．"文件"菜单中的"新建"命令   D．"插入"菜单中的命令

【答案与解析】 答案为 A。选择"文件"│"保存"命令是把当前文档保存,而选择"文件"│"另存为"命令可以把当前文档保存到其他位置。

27. 当前活动窗口是文档 1.DOC 的窗口,单击该窗口的"最小化"按钮后: (   )

A．不显示文档 1.DOC 文档内容,但文档 1.DOC 文档并未关闭

B．Word 窗口和文档 1.DOC 文档都被关闭

C．文档 1.DOC 文档未关闭,且继续显示其内容

D．关闭文档 1.DOC 文档但 Word 窗口并未关闭

【答案与解析】 答案为 A。单击窗口的"最小化"按钮相当于不显示当前窗口,但该窗口没有被关闭。

28. 在 Word 2003 的编辑状态,打开文档"ABC.DOC",修改后另存为"ABD.DOC",则文档 ABC.DOC: (   )

A．未修改并未被关闭   B．被修改未关闭

C．被修改并关闭   D．未修改但被关闭

【答案与解析】 答案为 D。打开文档"ABC",修改后另存为"ABD"后,文档"ABC"的内容没有任何变化,并在保存为文档"ABD"后自动关闭。

29. 在 Word 的编辑状态中,如果要输入希腊字母"Π",则需要使用: (   )

A．编辑   B．插入   C．格式   D．工具

【答案与解析】 答案为 B。需要选择"插入"│"符号"命令,找到"基本希腊语"子集,在其中查找。

30. 可以使图形按比例缩放的操作为: (   )

A．拖动图形边框线中间的控点

B．拖动图形四角的控点

C．拖动图形边框线

D．拖动图形边框线的控点

【答案与解析】 答案为 B。拖动图形边框线的控点会使图形按相应方向缩放,其他方向不变。

操作实例

例1 对以下素材按要求排版。

(1) 将正文(标题除外)中的文字"计算机"替换为文字"COMPUTER"。

(2) 将正文文字加 5％的红色底纹。

(3) 将标题文字设置为楷体、三号、加粗、居中。

[素材]

生 物 计 算 机

从外表上看这是一个像袖珍计算机的普通小盒子。它有一个非常薄的玻璃外壳,里面装着肉眼看不见的多层蛋白质,蛋白质间由复杂的晶格联结,很像电影《超人》中的北极圈避难所。这种精巧的蛋白质晶格里是一些生物分子,这就是生物计算机的集成电路。

【答案与解析】

(1) 选择"编辑"|"替换"命令,在出现的对话框中的"查找内容"中输入"计算机","替换为"中输入"COMPUTER",然后单击"全部替换"按钮。

(2) 选中正文文字,选择"格式"|"边框和底纹"命令,在出现的对话框中选择"底纹"选项卡,在该选项卡中设置底纹颜色为"红色"、图案为"5%"。

(3) 选中标题文字,通过格式工具栏中的按钮实现题目中要求的效果。

例 2　对以下素材按要求排版。

(1) 将正文中各段首行缩近 2 个字符。

(2) 将第二段文字内容分两栏排版,栏宽相等,加分割线。

(3) 在正文底部添加任意一种字体的艺术字,内容为"生物芯片技术"

[素材]

生物芯片技术

生物芯片技术是通过缩微技术,根据分子间特异性地相互作用的原理,将生命科学领域中不连续的分析过程集成于硅芯片或玻璃芯片表面的微型生物化学分析系统,以实现对细胞、蛋白质、基因及其他生物组分的准确、快速、大信息量的检测。按照芯片上固化的生物材料的不同,可以将生物芯片划分为基因芯片、蛋白质芯片、细胞芯片和组织芯片。

生物芯片技术与传统的仪器检测方法相比具有高通量、微型化、自动化、成本低、防污染等特点。按照生物芯片的制作技术,可以将生物芯片划分为微矩阵和原位合成芯片。鉴于生物芯片技术领域的飞速发展,美国科学促进会将生物芯片评为 1998 年的十大科技突破之一,认为生物芯片技术将是继大规模集成电路之后的又一次具有深远意义的科学技术革命。

【答案与解析】

(1) 选中正文文字,通过移动标尺的"首行缩进"按钮设置为题目中要求的效果。

(2) 选中第二段文字,选择"格式"|"分栏"命令,在出现的对话框中按题目要求的效果设置。

(3) 光标定位到相应位置,选择"插入"|"图片"|"艺术字"命令,然后选择艺术字样式,单击"确定"按钮后在新出现的对话框中输入内容并设置字体格式。

例 3　对以下素材按要求排版。

(1) 将正文中的文字"电子邮件"替换成文字"E-mail"。

(2) 将第二段文字设置"首字下沉",要求"下沉行数"为三行。

(3) 将文中"somebody@domain_name＋后缀"文字设置颜色改为蓝色、加粗,并加着重号。

[素材]

电 子 邮 件

电子邮件翻译自英文的 E-mail(即 Electronic mail),是指通过电子通讯系统进行书写、发送和接收的信件。今天使用得最多的通讯系统是互联网,同时电子邮件也是互联网上最受欢迎且最常用到的功能之一。

在互联网中,邮件地址如同自己的身份,一般而言邮件地址的格式如下:somebody@domain_name＋后缀。此处的 domain_name 为域名的标识符,也就是邮件必须要交付到的邮件目的地的域名。而 somebody 则是在该域名上的邮箱地址。后缀一般则代表了该域名的性质,与地区的代码。如 com、edu、cn、gov、org 等。

【答案与解析】

(1) 选择"编辑"|"替换"命令,在出现的对话框中的"查找内容"中输入"电子邮件","替换为"中输入"E-mail",然后单击"全部替换"按钮。

(2) 选中第二段的第一个字,然后选择"格式"|"首字下沉"命令,在出现的对话框中设置相应效果。

(3) 选中相应文字,通过格式工具栏中的按钮实现题目中要求的效果。

例4 对以下素材按要求排版。

(1) 插入页脚,内容为"循证医学不同于传统医学",插入页眉,内容为"循证医学"。

(2) 在文章的最后插入三行、二列的表格,表格线的样式不限,内容如下:

类　型	特点
传统医学	以经验医学为主
循证医学	遵循科学证据

(3) 将文中"循证医学(Evidence Based Medicine, EBM)"文字加粗,并设置黄色底纹。

[素材]

　　循证医学(Evidence Based Medicine, EBM)是遵循科学证据的临床医学。它提倡将临床医师个人的临床实践和经验与客观的科学研究证据结合起来,将最正确的诊断、最安全有效的治疗和最精确的预后估计服务于每位具体患者。

　　循证医学不同于传统医学。传统医学是以经验医学为主,即根据非实验性的临床经验、临床资料和对疾病基础知识的理解来诊治患者。循证医学并非要取代临床技能、临床经验、临床资料和医学专业知识,它只是强调任何医疗决策应建立在最佳科学研究证据基础上。

【答案与解析】

(1) 选择"视图"|"页眉和页脚"命令,然后分别在页眉和页脚区域设置相关内容。

(2) 选择"表格"|"插入"|"表格"命令,选择相应的行数和列数,在对应单元格内输入内容。

(3) 选中相关文字,单击"加粗"工具栏按钮,选择"格式"|"边框和底纹"命令设置底纹。

例5 对以下素材按要求排版。

(1) 设置页面左边距 2 cm,页面右边距 3 cm,设置纸张大小为 16 开。

(2) 将这段文字字体颜色设为蓝色,添加 10% 的底纹。

(3) 在文章最前面插入艺术字体"医院信息系统",选择第一种样式,字体为宋体,字号为 20 号。

[素材]

　　医院信息系统(Hospital Information System),亦称"医院管理信息系统",是指利用计算机软硬件技术、网络通信技术等现代化手段,对医院及其所属各部门的人流、物流、财流进行综合管理,对在医疗活动各阶段产生的数据进行采集、储存、处理、提取、传输、汇总、加工生成各种信息,从而为医院的整体运行提供全面的、自动化的管理及各种服务的信息系统。

【答案与解析】

(1) 选择"文件"|"页面设置"命令,在出现的对话框中的"页边距"选项卡中设置左右边距,在"纸张"选项卡中设置纸张大小。

(2) 选中文字,单击"字体颜色"工具栏按钮设置颜色,选择"格式"|"边框和底纹"命令设置底纹。

(3) 确定插入艺术字位置,然后选择"插入"|"图片"|"艺术字"命令进行艺术字的设置。

例6 对以下素材按要求排版。

（1）将文中的文字"医院信息系统"替换为文字"HIS"。

（2）在文章最后插入艺术字体"医院信息系统"，选择任意样式。

（3）将第2～6段前添加任意项目符号。

［素材］

医院信息系统的总体结构如下：

临床诊疗部分：医生工作站、护士工作站、临床检验系统、医学影像系统、输血及血库管理系统、手术麻醉管理系统。

药品管理部分：数据准备及药品字典、药品库房管理功能、门急诊药房管理功能、住院药房管理功能、药品核算功能、药品价格管理、制剂管理子系统、合理用药咨询功能。

经济管理部分：门急诊挂号系统，门急诊划价收费系统，住院患者入、出、转管理系统，患者住院收费系统，物资管理系统，设备管理子系统，财务管理与经济核算管理系统。

综合管理与统计分析部分：病案管理系统、医疗统计系统、院长查询与分析系统、患者咨询服务系统。

外部接口部分：医疗保险接口、社区卫生服务接口、远程医疗咨询系统接口。

【答案与解析】

（1）选择"编辑"|"替换"命令，在出现的对话框中的"查找内容"中输入"医院信息系统"，"替换为"中输入"HIS"，然后单击"全部替换"按钮。

（2）确定插入艺术字位置，然后选择"插入"|"图片"|"艺术字"命令进行艺术字的设置。

（3）选中第2～6段，选择"格式"|"项目符号和编号"命令进行相应的设置。

例7 对以下素材按要求排版。

（1）在文字"静脉药物配置中心（Pharmacy Intravenous Admixture Services，简称PIVA）"加上"礼花绽放"效果，设置为宋体，四号，加粗。

（2）设置文中两段的行距为1.5倍行距。

（3）在文章中插入任意剪贴画，适当调整剪贴画的大小。

［素材］

静脉药物配置中心（Pharmacy Intravenous Admixture Services，简称PIVA）是进行静脉输注药物集中配置的场所，承担医院静脉用药、肠外营养液特别是抗肿瘤药物的配置工作，有时也覆盖周边地区其他医疗机构静脉用药的配置。

静脉药物配置中心的主要职能是指医药机构药学部门根据临床医师处方，经药师审核其配方的合理性后，在超净台装置内无菌操作，于静脉输液内添加其他注射药物，使之成为可供临床直接静脉输入或锁骨下穿刺滴入的药液。

【答案与解析】

（1）选中文字，选择"格式"|"字体"命令，在出现的对话框中的"字体"和"文字效果"选项卡中设置对应效果。

（2）选中全文，选择"格式"|"段落"命令，在出现的对话框中的"缩进和间距"选项卡中设置。

（3）确定插入剪贴画位置，然后选择"插入"|"图片"|"剪贴画"命令，在出现的任务窗口中选择要插入的剪贴画，并进行设置。

例8 对以下素材按要求排版。

（1）设置悬挂缩进2个字符。

（2）将全文中的文字设为隶书,四号。

（3）在段落中插入星型自选图形,设置任意边框和任意颜色背景,设置三维效果。

［素材］

Windows是由美国微软公司开发研制的一种图形人机界面的窗口式多任务操作系统。窗口是指用户在屏幕上可以察看应用程序或文件的一块矩形区。用户可以打开窗口,还可以同时在一个屏幕上打开几个窗口。

【答案与解析】

（1）放置光标在文章开头处,然后通过标尺中的悬挂缩进按钮进行设置。

（2）选中全文,通过格式工具栏中的按钮进行相应设置。

（3）确定插入自选图形位置,然后选择"插入"|"图片"|"自选图形"命令,在出现的工具栏中选择"星型"插入,并通过窗口下方的绘图工具栏进行相关效果设置。

例9 对以下素材按要求排版。

（1）设置首行缩进2个字符。

（2）将文中的文字加上20％的底纹,填充色为"天蓝"。

（3）在文件的最前面插入横排文本框,文字内容为"'护士'一词的由来",适当设置效果。

［素材］

护士,是指经执业注册取得护士执业证书,依照本条例规定从事护理活动,履行保护生命、减轻痛苦、增进健康职责的卫生技术人员。护士一词来自1914年钟茂芳在第一次中华护士会议中提出将英文"nurse"译为"护士",大会通过,沿用至今。

【答案与解析】

（1）放置光标在文章开头处,然后通过标尺中的首行缩进按钮进行设置。

（2）选中全文,选择"格式"|"边框和底纹"命令,在出现的对话框中的"底纹"选项卡中设置。

（3）确定插入文本框的位置,然后选择"插入"|"文本框"|"横排"命令,然后添加文字,设置效果。

例10 对以下素材按要求排版。

（1）添加艺术字标题"我国的网民数量"。

（2）将第一段文字,设成左缩进为0.5 cm,右缩进为0.5 cm,首行缩进为1 cm。

（3）在文章的最后插入四行、二列的表格,要求表格外边框用"2磅"的粗线,里面用"1磅"的细线,具体内容如下:

年份	网络用户数量
2007	1.62亿
2008	2.98亿
2009	3.84亿

［素材］

以各种网络的综合应用技术为背景的,全球范围的信息高速公路热正在包括我国在内的许多国家内迅速升温。作为计算机用户,把自己的计算机联到网络之中,已不再是一个遥远的梦想。

从1997年开始每半年发布一次的CNNIC(中国互联网信息中心)互联网调查报告,数据显示,我国2009年网民数量已增长至3.84亿,成为世界第二大互联网市场。与互联网有关的各种应用如网游、网上炒股等也都成为半年来的焦点。

【答案与解析】

(1) 确定插入艺术字位置,然后选择"插入"|"图片"|"艺术字"命令进行艺术字的设置。

(2) 选中文字,选择"格式"|"段落"命令,在出现的对话框中的"缩进和间距"选项卡中设置。

(3) 选择"表格"|"插入"|"表格"命令,选择相应的行数和列数,在对应单元格内输入内容。然后选中表格,通过工具栏中的"表格和边框"按钮设置边框和其他线条样式。

例 11　对以下素材按要求排版。

(1) 将全文中的文字"护士"替换成文字"nurse"。

(2) 给全文添加任意页面艺术边框。

(3) 在文章中插入剪贴画,剪贴画内容为"医生"中的第一幅,并位于文字下方。

[素材]

护　士

　　5.12 国际护士节即将来临,护士这两个字成为媒体和大众关注的焦点,在有些人眼里,护士是白衣天使,纯洁美丽;在有些人眼里,护士只是从事打针发药等简单工作的初级劳动者。在中国目前医疗改革的关键时刻,作为医疗从业者中最大的一个职业群体,似乎略显沉默。

【答案与解析】

(1) 选择"编辑"|"替换"命令,在出现的对话框中的"查找内容"中输入"护士","替换为"中输入"nurse",然后单击"全部替换"按钮。

(2) 选择"格式"|"边框和底纹"命令,在出现的对话框中的"页面边框"中设置。

(3) 确定插入剪贴画位置,然后选择"插入"|"图片"|"剪贴画"命令,在出现的任务窗口中的搜索内容中输入"医生",单击"搜索"按钮,在出现的结果中选择要插入的剪贴画,并设置效果。

例 12　对以下素材按要求排版。

(1) 将最后一段文字设置50%底纹,颜色为红色。

(2) 将第一段落的文字,设成左缩进为 0.5 cm,右缩进为 0.5 cm。

(3) 在文章中插入艺术字体"商场管理信息系统",选择第一种样式,字体为黑体。设置艺术字体格式中的"环绕"为"四周型"。

[素材]

　　当前的商场自动化特别是商场管理信息系统(MIS)已经成为我国计算机应用的一大热点。围绕这一热点,无论是用户,还是产业界,都在密切地注视着和积极地投入这一蓬勃兴起的、新的计算机应用中。

　　与一般计算机应用一样,我国商场 MIS 的发展经历了启蒙期、试点期,开始进入了初步发展期。这一应用起源于 20 世纪 70 年代末、80 年代初,大约经过了 5 年的启蒙期,80 年代中期进入了试点期。以大连商场为代表的微机 MIS 模式和北京友谊商场为代表的小型机 MIS 模式几乎同时开始探索,其间曾一度出现过试点及微机应用热。由于受限于外部环境、应用技术、管理体制的变化等方面的原因,这些试点都没有取得圆满的答案。1994 年以来这一应用再次成为热点。

【答案与解析】

(1) 选中文字,选择"格式"|"边框和底纹"命令,在出现对话框中的"底纹"选项卡中设置。

(2) 选中全文,选择"格式"|"段落"命令,在出现的对话框中的"缩进和间距"选项卡中设置。

(3) 确定插入艺术字位置,然后选择"插入"|"图片"|"艺术字"命令进行艺术字的设置。

例 13　对以下素材按要求排版。

（1）将正文设置为黑体、五号、粗体、居中，并设置字间距为加宽"1磅"。

（2）设置段落行间距为"0.8"，段前间距为"6磅"。

（3）在文章的最后插入图片，内容为剪贴画中"办公室"最后一幅图片，要求图片的高为3 cm，宽为4 cm。

[素材]

四川自贡一名护士赴京捐骨髓救香港患者

自贡市三医院消化疾病防治中心副护士长詹敏今天将启程前往北京，肩负着拯救一个香港同胞生命的重任：在1 000多名进入中国造血干细胞资料库的自贡志愿者中，詹敏的骨髓与香港一名白血病患者配型成功。2003年，詹敏通过自贡市红十字会采集血样，成为中国造血干细胞资料库一名志愿者。

【答案与解析】

（1）选中文字，选择"格式"|"字体"命令，在出现的对话框中的"字体"和"字符间距"选项卡中设置对应效果。

（2）选中全文，选择"格式"|"段落"命令，在出现的对话框中的"缩进和间距"选项卡中设置。

（3）确定插入剪贴画位置，然后选择"插入"|"图片"|"剪贴画"命令，在出现的任务窗口中的搜索内容中输入"办公室"，单击"搜索"按钮，在出现的结果中选择要插入的剪贴画，并设置效果。

例14 对以下素材按要求排版。

（1）将标题"超光速与时间不会倒流"定义成任意艺术字。

（2）将段落文字内容分三栏排版。

（3）将段落设置首字下沉两行，字体为黑体，颜色为红色。

[素材]

超光速与时间不会倒流

科学家们研究存在超越光速的可能性，幻想着有一天能够造出超光速运动的火箭来。这样，人们只要乘上这种火箭，就可以追上地球上发出的光信号，从而看到地球上过去发生的事情。这意味着在超光速的条件下时间将会倒流，人们将先过明天，再过今天，然后再过昨天。或者说，一个人先为老翁，再当青年、少年，再变成婴儿。这种现象对于生活在我们这个物理世界中的人是难以想象的。

【答案与解析】

（1）确定插入艺术字位置，然后选择"插入"|"图片"|"艺术字"命令进行艺术字的设置。

（2）选中段落文字，选择"格式"|"分栏"命令进行设置。

（3）选中段落文字，选择"格式"|"首字下沉"命令进行设置。

例15 对以下素材按要求排版。

（1）将第一段的左缩进设置为0.5 cm，右缩进设置为0.5 cm。

（2）插入页眉，内容为"护士应具备的素质"。

（3）将第2～7段前添加任意项目符号。

[素材]

现代健康的概念是不仅没有疾病和虚弱，而且要身体、精神和社会的完满状态。俗语说"三分治疗，七分护理"。现代护理工作除了用药物去解除患者躯体痛苦外，还要做好心理护理，通过为患者提供更完整、全面、系统和更富人情味的护理服务，使患者心理、生理和社会需要同时得到满足。

心理素质

专业技术方面的素质

职业道德方面的素质

身体素质

文化仪表方面的素质

健康教育的义务宣传员

【答案与解析】

(1) 选中第一段,选择"格式"|"段落"命令,在出现的对话框中的"缩进和间距"选项卡中设置。

(2) 选择"视图"|"页眉和页脚"命令,在页眉编辑区内设置。

(3) 选中第 2~7 段,选择"格式"|"项目符号和编号"命令进行相应的设置。

例 16 对以下素材按要求排版。

(1) 将"随着人们……重要内容。"移到全文最后,另起一段。

(2) 在文章最后插入任意样式艺术字"新型护士",字体为黑体,字号为 20 号。

(3) 在文章最前面加标题"健康生活呼唤新型护士",居中,加粗。

[素材]

当今世界,医学科技迅猛发展,社会的老龄化以及人们日益增长的健康需求,促使护理工作在医院、社区、家庭的疾病防治、康复等方面起着越来越重要的作用。而护士也正逐渐成为国内的热门职业之一。随着人们对护理工作要求的不断提高,护理人员的工作已经不仅仅局限于照顾患者、提供病患护理服务,而要贯穿于每个人生命的全过程,给患者提供精神和心理支持。而护理工作也正由医院拓展到各个社区、家庭,老人、小孩、妇女的疾病预防、健康指导都是新型护理的重要内容。

【答案与解析】

(1) 光标放置到"随着人们"前,然后回车。

(2) 确定插入艺术字位置,然后选择"插入"|"图片"|"艺术字"命令进行艺术字的设置。

(3) 确定输入位置,输入标题文字,然后选中,通过格式工具栏按钮设置。

例 17 对以下素材按要求排版。

(1) 将文字设置为黑体、四号、居中,字间距设为加宽 0.3 磅。

(2) 设置页面左边距为 3 cm,右边距为 3 cm。

(3) 在文档最后绘制一个"六边形",设置边框为"红色",填充色为"蓝色"。

[素材]

养 老 护 士

养老业竞争靠服务,服务质量的提升又靠什么呢?据行家分析,护士的比例和水准将成为养老业服务竞争的决定力量。广州市民政局福利处的负责人认为,在广州的 52 家老人院中,护士的比例都不高,都有提升服务水准的压力。如广州老人院总共有 190 多位护理人员,其中护士有 60 多人;东山区福利院有 22 个护理人员,其中有护士 11 人;金色晚年养老院有 30 个护理人员,其中护士 4 人;其他养老院的护士占总护理人员的比例也都不高。

【答案与解析】

(1) 选中文字,选择"格式"|"字体"命令,在出现的对话框中的"字体"和"字符间距"选项卡中设

置对应效果。

(2) 选择"文件"|"页面设置"命令，在出现的对话框中的"页边距"选项卡中设置。

(3) 确定插入自选图形位置，然后选择"插入"|"图片"|"自选图形"命令，在出现的工具栏中选择"六边形"插入，并通过窗口下方的绘图工具栏进行相关效果设置。

例18 对以下素材按要求排版。

(1) 标题"男性护士"加波浪线式下划线，加粗、居中。

(2) 在文章的最后插入剪贴画，内容为剪贴画中"办公室"第一幅图片，要求图片的高为 5 cm，宽为 5 cm。

(3) 在文章的最右面添加任意样式的艺术字"男性护士"，竖排。

[素材]

男 性 护 士

　　虽然被称为白衣天使，但实际上护士并没有得到应有的社会理解和认同。长期以来，看似亲密的"小护士"称谓，也在一定程度上反映了人们对护士地位的偏见。而大多数人还是把护士与打针换药的工作联系在一起，这也影响了护士人才特别是男护士的培养。在实际工作中，特别是仪器操作、手术协助时男护士更有优势，而且男女搭配工作更有利于提高效率。但受到传统观念的影响，学护理的男生少之又少，现在一个护理班五六十名学生中，甚至只有两三名男同学，医院对男护士的需求始终得不到满足。

【答案与解析】

(1) 选中文字，选择"格式"|"字体"命令，在出现的对话框中的"字体"选项卡中设置对应效果。

(2) 确定插入剪贴画位置，然后选择"插入"|"图片"|"剪贴画"命令，在出现的任务窗口中的搜索内容中输入"办公室"，单击"搜索"按钮，在出现的结果中选择要插入的剪贴画，并设置效果。

(3) 确定插入艺术字位置，然后选择"插入"|"图片"|"艺术字"命令进行艺术字的设置。

例19 对以下素材按要求排版。

(1) 全文字体设置为黑体，加粗字体。

(2) 设置该段首字下沉，字体为宋体，下沉行数为两行，距正文 0 cm。

(3) 在文章中插入竖排文本框，内容是"专科护士"，适当设置效果。

[素材]

　　所谓专科护理就是对某一种疾病进行专门的、针对性的护理，这是一种更精细的护理模式，更有助于患者的恢复，已经吸引了更多人的关注。上海的医院就出现了糖尿病"专科护理师"——从"铺床打针"中解放出来的专业型护士。举例来说，糖尿病专科护士对工作的解释是，"告诉患者你可以吃西瓜，并帮助他分阶段完成这个愿望，依此类推教给不同的患者不同的生活方式"。据了解，护士专才将成为医疗机构以及整个卫生系统力推的护理人才的培养方向。

【答案与解析】

(1) 选中文字，选择"格式"|"字体"命令，在出现的对话框中的"字体"选项卡中设置对应效果。

(2) 选中段落，选择"格式"|"首字下沉"命令，在出现的对话框中进行设置。

(3) 确定插入文本框的位置，然后选择"插入"|"文本框"|"竖排"命令，然后添加文字，设置效果。

例20 对以下素材按要求排版。

(1) 全文行间距为 1.5 倍行间距。

　　(2) 将标题"社区护士"设置成空心字、居中、三号字、加粗。

　　(3) 在文章中插入剪贴画,内容为"计算机"中的第一幅,位于文字之上。

[素材]

社　区　护　士

　　社区护理更加复杂。社区护理是面对社区内每一个人、每一个家庭、每一个团体的健康服务工作,如健康教育、健康指导、家庭护理、康复指导、病人及健康人的营养指导、妇幼及老年人保健及心理咨询等。它不仅注意到个人的健康安宁,而且也注意到社区整个人群的健康,包括疾病和受伤的预防、健康的恢复以及增进健康。可以说社区护理是有组织的社会力量,提供个人、家庭、社区的一种服务,这就要求社区护士以同情、和蔼、亲切的态度以及吃苦耐劳的精神,加上应用临床医学、公共卫生学、社会科学方面的知识,矫正每一个人生理或心理上的不适,预防疾病的发生,以保持健康,必要时并从事健康人和居家病人的访视与护理。

【答案与解析】

　　(1) 选中文字,选择"格式"|"段落"命令,在出现对话框中"缩进和间距"选项卡中设置对应效果。

　　(2) 选中文字,选择"格式"|"字体"命令,在出现的对话框中的"字体"选项卡中设置对应效果。

　　(3) 确定插入剪贴画位置,然后选择"插入"|"图片"|"剪贴画"命令,在出现的任务窗口中搜索内容中输入"计算机",单击"搜索"按钮,在出现的结果中选择要插入的剪贴画,并设置效果。

　　例21　对以下素材按要求排版。

　　(1) 将标题设置成黑体,加粗,斜体,加单下划线,居中。

　　(2) 插入页脚,内容为"电脑医生"。

　　(3) 在文章最后插入旗帜自选图形,设置任意边框和背景样式,添加竖排文字"电脑医生"。

[素材]

电　脑　医　生

　　"电脑医生"曾与当代名医进行"较量"。人们让肝病专家潘澄濂教授和"电脑医生"公开在两个房间看病。170 位患者,先让潘老先生诊断,再让"电脑医生"看病。结果,不仅诊断结果完全一样,连开的药方也基本相符,准确率在99% 以上。

【答案与解析】

　　(1) 选中文字,选择"格式"|"字体"命令,在出现的对话框中的"字体"选项卡中设置对应效果。

　　(2) 选择"视图"|"页眉和页脚"命令,在页脚编辑区内设置。

　　(3) 确定插入自选图形位置,然后选择"插入"|"图片"|"自选图形"命令,在出现的工具栏中选择"六边形"插入,并通过窗口下方的绘图工具栏进行相关效果设置。选中自选图形,右键快捷菜单中选择"添加文字"进行文字添加。

　　例22　对以下素材按要求排版。

　　(1) 添加任意样式艺术字标题,内容为"电脑医生"。

　　(2) 将第一段分双栏,添加分隔线。

　　(3) 将全文的行间距设置为 1.5 倍。

[素材]

　　"电脑医生"实际上是一套专用的微型计算机。它由计算机带键盘的形状大小与电视机相似的显示器和一台灵巧的打印机组成,与一般电脑不同的是,主装有各种名医的治病绝招——诊疗软件。

请"电脑大夫"看病时,只要有一位年青的医生,向病人问诊、切脉、看舌苔,把人的症状,连同各种化验数据通过键盘"告诉"计算机,它就会根据名医的经验,在几分钟内通过它的"嘴巴"——电传打字机,"报告"诊断结果,开出处方,并且还可按照规定开给病假条。

【答案与解析】

(1) 确定插入艺术字位置,然后选择"插入"|"图片"|"艺术字"命令进行艺术字的设置。

(2) 选中"格式"|"分栏"命令,在出现的对话框中设置。

(3) 选中全文,选择"格式"|"段落"命令,在出现对话框中"缩进和间距"选项卡中设置对应效果。

例 23 对以下素材按要求排版。

(1) 将标题居中放置,置为二号,空心字体。

(2) 将正文(除标题外)置成字间距为加宽 0.5 磅,行间距为 1.3 倍行距。

(3) 在文章末尾插入剪贴画,内容为"电话"中的第一幅,居中。

[素材]

气 象 询 答 机

全国各地都有一个专用的电话号码:121。只要拨通号码,就会有一个声音告诉你近两天天气情况,这就是气象询答机。

询答机实际上是一台特制磁带预先录下每天的天气情况,这种磁带经过处理成了循环磁带。当拨询答机的电话号码后,询答机中的录音机就自动打开放音,便听到天气预报了。

【答案与解析】

(1) 选中文字,选择"格式"|"字体"命令,在出现的对话框中的"字体"选项卡中设置对应效果。

(2) 选中文字,选择"格式"|"字体"命令,在出现对话框中的"字符间距"选项卡中设置对应效果。

(3) 确定插入剪贴画位置,然后选择"插入"|"图片"|"剪贴画"命令,在出现的任务窗口中搜索内容中输入"电话",单击"搜索"按钮,在出现的结果中选择要插入的剪贴画,并设置效果。

例 24 对以下素材按要求排版。

(1) 在文章最前面插入艺术字"美国护士教育",选择第一种样式,字体为黑体,字号为 20 号。

(2) 将"二年制的学院学位(ASN);"设置为第 2 段;"四年制大学的学士学位(BSN);"设置为第 3 段;"二至三年医院附属护士学校的文凭(ADN)。"设置为第 4 段;其余部分设置为第 5 段。

(3) 给新形成的第 2~4 段添加任意样式的项目符号。

[素材]

美国护士教育

美国护士有三种学位:二年制的学院学位(ASN);四年制大学的学士学位(BSN);二至三年医院附属护士学校的文凭(ADN)。这三种学位虽然都可以通过考试成为注册护士。由于美国医院附属的护士学校的学生实习的机会要比其他护理院校的学生多,学生在校学习期间就已经有较多的实践经验,毕业后就更受欢迎。念两年制的社区学院,是一种最快捷和省钱的方法,两年后考取护士执照以后可以工作。美国社区学院的学费便宜,是学习护理的很好选择。

【答案与解析】

(1) 确定插入艺术字位置,然后选择"插入"|"图片"|"艺术字"命令进行艺术字的设置。

(2) 将光标设置到相应位置,然后回车。

(3) 选中新形成的第 2～4 段,选择"格式"|"项目符号和编号"命令进行相应的设置。

例 25　对以下素材按要求排版。

(1) 在文章中插入页眉,内容是"家庭电脑教师"。

(2) 设置页面左边距为 4 cm,右边距为 3 cm。

(3) 在文章中插入剪贴画,内容为"计算机"中的第一幅,位于文字下方。

[素材]

家庭电脑教师

　　有一种叫"黑匣"的电子装置,只要将家用电脑的显示器插在黑匣上,就可以在家里看到彩色教学图像,听到老师的教课,人们称之是"电脑教师"。

　　在黑匣的电子装置里,有一个存储器,记载着专家和特别教师赋予它的丰富知识和教学经验。由于电子计算机具有分析和推理判断能力,所以它的教学内容广泛,富有趣味,能回答各种问题,并能因材施教,使学生容易理解和接受。

【答案与解析】

(1) 选择"视图"|"页眉和页脚"命令,在页眉编辑区内设置。

(2) 选择"文件"|"页面设置"命令,在出现的对话框中的"页边距"选项卡中设置。

(3) 确定插入剪贴画位置,然后选择"插入"|"图片"|"剪贴画"命令,在出现的任务窗口中搜索内容中输入"计算机",单击"搜索"按钮,在出现的结果中选择要插入的剪贴画,并设置效果。

例 26　对以下素材按要求排版。

(1) 将文章中的"学生"替换成"student"。

(2) 在文章中添加文字水印,内容为"电脑教师"。

(3) 将第 2 段分为双栏,有分隔线。

[素材]

　　电脑教师和学生之间,还可以面对面地开展问答活动。了解回答的是不是正确,可以立即在显示屏上看到。电脑教师还十分体贴爱护学生,当学生遇到难题,百思不解,十分焦急时候,它就会放出轻快的音乐,安慰学生,让他们静下心来,慢慢思索;如果学生不愿回答问题,它就会生气地发出"哼"、"哼"的声响,提醒学生不该这样。

　　电脑教师不仅给学生以丰富的知识,还能培养他们运用知识的能力。有个叫"罗格斯"的电脑,能把学生解题时每一步思考方法用图画显示出来。如果思考方法错了,显示屏上就会出现错误的图像,接着,它会一步一步地分析错在哪里,怎样合理地思考问题。这样,学生不必死记硬背,而是通过实例,学会正确的思考和解决问题的方法。

【答案与解析】

(1) 选择"编辑"|"替换"命令,在出现的对话框中的"查找内容"中输入"学生","替换为"中输入"student",然后单击"全部替换"按钮。

(2) 选择"格式"|"背景"|"水印"命令,在出现的对话框中进行设置。

(3) 选中第 2 段,选择"格式"|"分栏"命令,在出现的对话框中进行设置。

例 27　对以下素材按要求排版。

(1) 将最后一段落,左缩进设置为 0.5 cm,右缩进设置为 0.5 cm。

(2) 将标题居中、加粗、加着重号。

(3) 将"成为高级职业护士（APN）、门诊专门护士（CNS）、助产士（NM）、照麻醉护士（CNA），"文字中的四种护士的前面分别加"①"、"②"、"③"、"④"。

[素材]

美 国 护 士

如果注册护士（RN）希望有更多的发展，成为高级职业护士（APN）、门诊专门护士（CNS）、助产士（NM）、照麻醉护士（CNA），需要有研究生学位。研究生学位需要1～2年。美国特别缺少及需要有研究生学位的高级职业护士。

根据统计，1992年毕业的研究生护士18.5万，但是实际需要的却是39万多人。美国高级护士特别受到保健组织的青睐，这是因为高级护士可以从事医生和麻醉师的一部份工作，但是其工资却比医生低很多。

【答案与解析】

(1) 选中全文，选择"格式"|"段落"命令，在出现对话框中"缩进和间距"选项卡中设置对应效果。

(2) 选中标题，选择"格式"|"字体"命令，在出现的对话框中的"字体"选项卡中设置对应效果。

(3) 将光标放置在"高级职业护士（APN）"前，选择"插入"|"特殊符号"命令，在出现的对话框中选择"数字序号"选项卡，找到"①"，单击确定。其他操作类似。

例28 对以下素材按要求排版。

(1) 在文章右侧插入旗帜自选图形，设置任意边框和背景样式，添加竖排文字"医护顾问"。

(2) 设置首字下沉，字体为宋体，下沉行数为两行，距正文0 cm。

(3) 添加文字水印，内容为"护士的职业发展"。

[素材]

医学科学的发展对护士职业提出了更高的要求。从早期的照顾患者，发药打针等基本看护，转变到今天操作各种先进的医疗设备和计算机系统等高科技护理技术。在从治疗为主逐步转变到预防为主的医疗体系中，护士的角色更加越来越接近于医护顾问。

【答案与解析】

(1) 确定插入自选图形位置，然后选择"插入"|"图片"|"自选图形"命令，在出现的工具栏中选择"医护顾问"插入，并通过窗口下方的绘图工具栏进行相关效果设置。选中自选图形，右键快捷菜单中选择"添加文字"进行文字添加。

(2) 选中段落，选择"格式"|"首字下沉"命令，在出现的对话框中设置。

(3) 选择"格式"|"背景"|"水印"命令，在出现的对话框中设置。

例29 对以下素材按要求排版。

(1) 将第一句文字的字体设置为黑体、三号字，其他的字体为宋体、四号字。

(2) 将第一段内容分双栏排版，栏宽相等，都为7 cm。

(3) 在文章的最后插入五行、二列的表格，表格套用"简明型1"格式，内容如下。

计算机发展	部件
第一代计算机	电子管
第二代计算机	晶体管
第三代计算机	中小规模集成电路
第四代计算机	大规模集成电路

［素材］

计算机的诞生酝酿了很长一段时间。1946 年 2 月,第一台电子计算机 ENIAC 在美国加州问世,计算机的发展到目前为止共经历了四个时代。

从 1946 年到 1959 年这段时期我们称之为"电子管计算机时代"。第一代计算机的内部元件使用的是电子管。

从 1960 年到 1964 年,由于在计算机中采用了比电子管更先进的晶体管,所以我们将这段时期称为"晶体管计算机时代"。

从 1965 年到 1970 年,集成电路被应用到计算机中来,因此这段时期被称为"中小规模集成电路计算机时代"。

从 1971 年到现在,被称之为"大规模集成电路计算机时代"。

【答案与解析】

(1) 选中文字,通过格式工具栏的按钮设置。

(2) 选中第一段,选择"格式"|"分栏"命令,在出现的对话框中设置。

(3) 选择"表格"|"表格自动套用格式"命令,选择相应的格式及行数和列数,在对应单元格内输入内容。

例 30　对以下素材按要求排版。

(1) 将文中的文字"数据"替换成文字"data"。

(2) 在文章中插入剪贴画,剪贴画内容为"信息"中的第一幅,位于文字上方。

(3) 添加文字水印,内容为"信息和数据"。

［素材］

信息和数据是两个不可分离又有区别的概念。数据是信息的载体,而信息是对数据的解释,是消化了的数据。所以信息不随载荷它的物理设备的改变而改变,而数据往往和所用的计算机系统有关。

数据的表示形式是多种多样的,可以是数值的、字符的、图形的、声音的等等。总之,它是用来记录情况的某种物理符号序列。

信息是事物状态及其运动方式的表现形式。也就是说,它是经过加工并对人类社会实践、生产及经营活动产生决策影响的数据。只有通过对数据的去粗取精、去伪存真的加工整理,数据才能发生质的变化,成为信息,给人以新的知识和智慧,从而影响了人类的精神文明活动。而未经加工处理的数据只是一堆死材料,对人类活动产生不了决策作用。

【答案与解析】

(1) 选择"编辑"|"替换"命令,在出现的对话框中的"查找内容"中输入"数据","替换为"中输入"datat",然后单击"全部替换"按钮。

(2) 确定插入剪贴画位置,然后选择"插入"|"图片"|"剪贴画"命令,在出现的任务窗口中搜索内容中输入"信息",单击"搜索"按钮,在出现的结果中选择要插入的剪贴画,并设置效果。

(3) 选择"格式"|"背景"|"水印"命令,在出现的对话框中设置。

复 习 题

【A 型题】

1. 如果想要设置定时自动保存,应选择的命令是: （ ）
   A．"工具"|"选项"|"保存"　　　　B．"文件"|"另存为"
   C．"文件"|"发送"　　　　　　　　D．"工具"|"自定义"

2. 在 Word 2003 中,在当前文档窗口中进行了 3 次剪切操作,在关闭该文档窗口后,剪贴板中的内容为: （ ）
   A．第一次剪切的内容　　　　　　B．所有剪切的内容
   C．最后一次剪切的内容　　　　　D．空

3. 进入艺术字编辑环境需选择的菜单是: （ ）
   A．"文件"|"打开"　　　　　　　　B．"编辑"|"查找"
   C．"插入"|"对象"　　　　　　　　D．"插入"|"图片"

4. 要改变插入在文本中的图形的大小,可以通过: （ ）
   A．鼠标的拖动　　　　　　　　　B．单击鼠标右键
   C．双击鼠标左键　　　　　　　　D．"Ctrl"+"Shift"组合键

5. 在 Word 2003 中某一段落的行距如果不特别设置,可以由 Word 根据该字符的大小自动调整,这种情况下的行距为: （ ）
   A．1.5 倍　　　　B．单倍　　　　C．固定值　　　　D．最小值

6. 进入页眉页脚编辑区可以选择的"页眉和页脚"命令位于的菜单为: （ ）
   A．文件　　　　B．编辑　　　　C．视图　　　　D．格式

7. Word 2003 定时自动保存功能的作用是: （ ）
   A．定时自动地为用户保存文档,使用户可免存盘之累
   B．为用户保存备份文档,以供用户恢复备份时使用
   C．为防意外保存的文档备份,以供 Word 恢复系统时用
   D．为防意外保存的文档备份,以供用户恢复文档时用

8. 在插入页眉、页脚时,最好使用: （ ）
   A．普通视图　　　B．页面视图　　　C．大纲视图　　　D．全屏视图

9. 移动光标到文件末尾的快捷键组合是: （ ）
   A．"Ctrl"+"PgDn"　　　　　　　B．"Ctrl"+"PgUp"
   C．"Ctrl"+"Home"　　　　　　　D．"Ctrl"+"End"

10. 用鼠标拖动的方式进行文本复制时,可以对所选文本按何键同时拖动鼠标到新的光标位置? （ ）
    A．按"Ctrl"键同时　　B．按"Shift"键同时　　C．按"Alt"键同时　　D．不按任何键

11. Word 2003 中的剪贴板最多存放多少项内容? （ ）
    A．8　　　　　　B．1　　　　　　C．12　　　　　　D．24

12. 打开 Word 的"窗口"菜单后,在菜单底部显示的文件名是: （ ）
    A．当前正在操作的文档　　　　　B．当前已经打开的所有文档
    C．最近被 Word 操作过的文档　　D．扩展名是.DOC 的所有文档

13. 要将当前 Word 文档中的所有文字"电子邮件"替换成文字"E-mail",应选择: （ ）
    A．"编辑"|"替换"　　　　　　　　B．"视图"|"任务窗格"

　　　C．"插入"|"分隔线"　　　　　　　　　　　D．"格式"|"段落"

14. 如果需要使用 Word 提供的帮助命令,可单击:　　　　　　　　　　　（　　）
　　　A．"F1"　　　　　　　B．"F2"　　　　　　C．"F3"　　　　　　D．"F4"

15. Word 2003 中,每单击一次"Backspace"键都会:　　　　　　　　　　（　　）
　　　A．删除光标插入点前的一个汉字或字符　　B．删除光标插入点前的一个词
　　　C．删除光标插入点后的一个汉字或字符　　D．当前选择文字前的一个汉字或字符

16. 对所选定文字添加动态效果,可选择:　　　　　　　　　　　　　　　（　　）
　　　A．"插入"|"图片"　　　　　　　　　　　　B．"格式"|"字体"
　　　C．"插入"|"文本框"　　　　　　　　　　　D．"格式"|"边框和底纹"

17. 选择全文可以按:　　　　　　　　　　　　　　　　　　　　　　　（　　）
　　　A．"Ctrl"＋"A"　　　B．"Shift"＋"A"　　C．"Alt"＋"A"　　　D．"Ctrl"＋"Shift"＋"A"

18. 在 Word 2003 中,在"页面设置"对话框中可以做的设置是:　　　　　（　　）
　　　A．保存文档　　　　　B．删除文档　　　　C．纸张类型　　　　D．文件颜色

19. 在 Word 2003 中,"替换"对话框设定了搜索范围为向下搜索并按"全部替换"按钮,则:（　　）
　　　A．对整篇文档查找并替换匹配的内容
　　　B．从插入点开始向下查找当前找的内容
　　　C．从插入点开始向下查找并全部替换匹配的内容
　　　D．从插入点开始向上查找并替换匹配的内容

20. 在 Word 2003 中,重新设定的字符格式应用于:　　　　　　　　　　（　　）
　　　A．插入点所在的段落　　　　　　　　　　　B．所选定的文本
　　　C．文档中的所有节　　　　　　　　　　　　D．插入点的所在节

21. 在选定文本时,通过"Shift"＋"Ctrl"＋"→"组合键,可以:　　　　　（　　）
　　　A．选取上一个行　　　　　　　　　　　　　B．选取下一个行
　　　C．选取下一屏　　　　　　　　　　　　　　D．右选取一个字或单词

22. 在 Word 2003 中,当需要画图时,要先打开的工具栏是:　　　　　　（　　）
　　　A．常用　　　　　　　B．边框　　　　　　C．格式　　　　　　D．绘图

23. 在 Word 2003 中给选定的段落、表格、单元格、文本框等添加的背景称为:　（　　）
　　　A．图文框　　　　　　B．底纹　　　　　　C．表格　　　　　　D．边框

24. 在 Word 2003 的编辑状态下,执行"编辑"菜单中的"复制"命令后:　（　　）
　　　A．插入点所在的段落内容被复制到剪贴板
　　　B．被选择的内容被复制到剪贴板
　　　C．光标所在的段落内容被复制到剪贴板
　　　D．被选择的内容被复制到插入点处

25. 进入 Word 2003 的编辑状态后,进行中文与英文标点符号之间切换的快捷键是:（　　）
　　　A．"Shift"＋"Space"　B．"Shift"＋"Ctrl"　C．"Shift"＋"．"　D．"Ctrl"＋"．"

26. 在 Word 2003 文档编辑窗口中,将选定的一段文字拖动到另一位置,则完成:（　　）
　　　A．移动操作　　　　　B．复制操作　　　　C．删除操作　　　　D．非法操作

27. Word 2003 工具栏上的按钮:　　　　　　　　　　　　　　　　　　（　　）
　　　A．固定不变　　　　　　　　　　　　　　　B．可以通过视图菜单的工具栏进行增减
　　　C．可以通过拖动方式删除　　　　　　　　　D．不可以移动位置

28. Word 2003 常用工具栏上的按钮凹下、呈暗灰色,代表该按钮:　　　（　　）
　　　A．不可以使用　　　　B．正在使用　　　　C．未被使用　　　　D．可以使用

29. 在 Word 2003 的编辑状态下,当前输入的文字显示在: （　）

A．鼠标光标处　　　　B．插入点前　　　　C．文件尾部　　　　D．当前行尾部

30. 在 Word 2003 中选中相应文字后,连续单击两次工具栏中的斜体按钮,则: （　）

A．被选中的文字呈左斜体格式　　　　　　B．被选中的文字呈右斜体格式

C．被选中的文字格式不变　　　　　　　　D．产生错误报告

【问答题】

1. 简述在 Word 中分栏、首字下沉、脚注和尾注的操作方法?

2. 简述在 Word 中插入医学图片并四周型环绕的操作方法?

■■ 第二节　Excel 电子表格处理软件

导　学

内容及要求

Excel 电子表格处理软件包括六部分的内容,即 Excel 的基本操作、Excel 工作表的编辑、公式和函数、图表的操作、数据管理和工作表的打印输出。

Excel 的基本操作主要介绍 Excel 的启动和退出、Excel 窗口组成、Excel 工作表的操作、Excel 工作簿的建立和打开、Excel 工作簿的保存和 Excel 中的数据类型。在学习中,应重点掌握 Excel 的启动和退出、Excel 工作簿的建立、打开和保存、Excel 工作表的操作;熟悉 Excel 中的数据类型;了解 Excel 的基本功能、运行环境和窗口组成。

Excel 工作表的编辑主要介绍单元格的选定、单元格内容的选定、单元格的操作、数据的输入、数据的编辑和设置单元格格式。在学习中,应重点掌握数据的输入和编辑以及设置单元格格式;熟悉单元格及内容的选定和单元格的操作;了解工作表的结构。

公式和函数主要介绍单元格引用、公式的使用和函数的使用。在学习中,应重点掌握单元格的引用、公式的使用和函数的使用;熟悉工作表之间的编辑操作。

图表的操作主要介绍图表的建立、图表的编辑和图表的打印。在学习中,应重点掌握图表的建立和图表的编辑;熟悉图表的打印;了解图表的类型。

数据管理主要介绍数据的排序、数据的筛选和数据的分类汇总。在学习中,应重点掌握数据的排序、数据的筛选和数据的分类汇总;熟悉数据列表的组成。

工作表的打印输出主要介绍工作表的页面设置、打印预览和打印输出。在学习中,应重点掌握工作表的打印输出;熟悉工作表的页面设置;了解工作表的打印预览操作。

重点、难点

Excel 电子表格处理软件的重点是 Excel 工作表的编辑、公式和函数、图表的操作和数据管理。其难点是公式和函数以及数据管理等。

- Excel 的基本操作
- Excel 工作表的编辑
- 公式和函数
- 图表的操作
- 数据管理
- 工作表的打印输出

Excel 2003 是微软公司开发的 Office 2003 系列办公自动化软件的重要组成成员之一,是电子表格处理软件。Excel 2003 需要在 Windows XP 等操作系统的支持下运行。Excel 2003 可以应用于数据处理,如财务管理、统计分析、数据分析等,还可以用于科研教学,如制作统计数据表、数据统计与查询,以及制作各种统计图表等。Excel 2003 还可以完成简单的数据库操作,是日常工作和学习中非常实用的工具软件,给人们的数据处理工作带来了极大的方便。

一、Excel 的基本操作

(一) Excel 的启动

Excel 电子表格软件的启动有多种方法。

方法一:如果在桌面上存在 Excel 的快捷方式图标,则双击桌面上的 Excel 快捷方式图标可以完成启动操作。

方法二:单击任务栏左侧的"开始"菜单按钮,选择"所有程序"|"Microsoft Office 2003"|"Microsoft Office Excel 2003"选项,可以完成启动操作。

方法三:在一个文件夹中如果存在 Excel 文档,则双击该 Excel 文档,可以启动 Excel,同时该文档被打开,并可以供用户使用。

(二) Excel 的退出

Excel 电子表格软件的退出也有多种方法。

方法一:在打开的 Excel 窗口中,单击 Excel 窗口"标题栏"右上角的"关闭"按钮,即可退出 Excel 应用程序。

方法二:在打开的 Excel 窗口中,选择"文件"菜单中的"退出"选项,即可退出 Excel 应用程序。

方法三:在打开的 Excel 窗口中,单击 Excel 窗口"标题栏"左上角的控制按钮,在打开的下拉菜单中单击"关闭"命令,即可退出 Excel 应用程序。

方法四:使用键盘组合键也可以完成退出 Excel 应用程序的操作,方法是按住键盘上 Alt 键的同时再按下"F4"键。

(三) Excel 窗口组成

启动 Excel 后,在屏幕上显示如图 3-35 所示的 Excel 主界面窗口,该窗口与 Word 窗口结构大致相同。在窗口的上部有标题栏、菜单栏和常用工具栏,在窗口的下部是状态栏,在中间的操作区左侧是工作表区,右侧是"任务窗格"窗口。单击"任务窗格"窗口右上角的"关闭"按钮,可以关闭该窗口。如果用户想再次打开"任务窗格"窗口,可以选择菜单栏中的"视图"|"任务窗格"选项。

1. 标题栏　标题栏位于窗口的最上边,用于显示应用程序名"Microsoft Excel"和打开的工作簿

图 3-35　Excel 操作窗口

文件名"Book1"，Excel 应用程序默认的文件扩展名是". XLS"。标题栏最左边显示的图标是 Excel 应用程序窗口的控制菜单按钮，单击此按钮可以打开一个控制菜单，通过选择相应的菜单选项可以完成移动、最大化、最小化、关闭窗口等操作。标题栏右边是窗口控制图标按钮，分别是"最小化"、"最大化"或"向下还原"和"关闭"按钮，单击相应按钮可以完成最小化、最大化或向下还原和关闭 Excel 窗口的操作。

2. 菜单栏　标题栏下面是菜单栏，包括"文件"、"编辑"、"视图"、"插入"、"格式"、"工具"、"数据"、"窗口"和"帮助"九个菜单项。单击每个菜单项可以打开相应的下拉式菜单，在下拉式菜单中单击相应的子菜单项可以执行相应的功能。如单击文件菜单中的"保存"子菜单项即弹出"另存为"对话框，在该对话框中指定要保存的文件位置、文件名称和文件类型，然后单击"保存"按钮就可以将该文件以指定的文件名和文件类型保存到指定的位置。

菜单栏的最左侧和最右侧也有控制菜单按钮和窗口控制图标按钮，用来控制当前工作簿文件窗口的最小化、最大化或向下还原和关闭等操作。将鼠标移动到菜单栏最左侧控制菜单按钮的左侧变成移动状态时移动鼠标可以将菜单栏拖动到其他位置。

可以通过选择菜单栏中的"文件"|"打开"选项在一个 Excel 应用程序窗口中打开多个工作簿文件，但只有一个工作簿文件是活动文件，即显示在最前面的当前可以操作的文件。当前打开的所有工作簿文件的文件名在菜单栏中的"窗口"下拉菜单中列出，其中当前活动文件名的前面用"√"标记，通过单击其他文件名可以改变当前活动文件。

3. 工具栏　工具栏一般位于菜单栏的下面，经常用到的命令以图标的形式在工具栏中显示，可以方便用户的使用。利用"视图"|"工具栏"菜单项的下一级级联子菜单可以打开和关闭任何工具栏，当单击前面不带"√"标记的工具栏选项时，则打开该工具栏，反之当单击前面带有"√"标记的工具栏选项时，则关闭在 Excel 应用程序窗口中显示的相应工具栏。将鼠标移动到 Excel 应用程序窗口中显示的某个工具栏最左侧变成移动状态时移动鼠标可以将该工具栏拖动到其他位置，这时该工具栏的最右侧出现关闭按钮，单击该按钮同样可以关闭该工具栏。

Excel 工具栏主要包括"常用"和"格式"两个工具栏。在"常用"工具栏中包含"新建"、"打开"、"保存"、"打印"、"打印预览"、"剪切"、"复制"、"粘贴"、"自动求和"、"升序排序"、"图表向导"等按钮。在"格式"工具栏中包含"字体"、"字号"、"加粗"、"斜体"、"居中"、"合并及居中"、"货币样式"、"百分比样式"、"填充颜色"、"字体颜色"等按钮。

4. 编辑栏　编辑栏位于工具栏的下面，包括"名称框"、输入函数图标按钮"f_x"和"编辑栏"。"名称框"里显示当前活动单元格的名称。输入函数图标按钮"f_x"用于向活动单元格中输入函数，单击该按钮即弹出"输入函数"对话框，在"输入函数"对话框中选择相应的函数进行计算。"编辑栏"用于向活动单元格输入内容，也可以修改活动单元格的内容，活动单元格里的内容也同时显示在"编辑栏"里。当在"编辑栏"里输入数据时，输入函数图标按钮"f_x"的左侧出现"×"(取消)和"√"(输入)两个按钮，数据输入完成后，单击"√"(输入)按钮或按回车键，则将数据输入到活动单元格中，如果单击"×"(取消)按钮，则取消前面的输入。

5. 状态栏　状态栏位于 Excel 窗口的底部，用于显示 Excel 应用程序软件当前的工作状态信息和提示信息。当等待用户操作或确认操作完成时,在状态栏左侧显示为"就绪";当正在向活动单元格输入内容时,在状态栏左侧显示为"输入";当光标定位在"编辑栏"时,在状态栏左侧显示为"编辑"。

单击"视图"菜单,在下拉列表中的"状态栏"子菜单项前面带"√"标记时表示状态栏已经开启,这时单击该子菜单项,使前面的"√"标记取消,则状态栏被关闭。

6. 任务窗格　使用任务窗格可以方便地对 Excel 进行操作和管理。选择菜单栏中的"视图"|"任务窗格"选项,在工作表区的右侧打开任务窗格窗口。任务窗格窗口的顶端是"其他任务窗格"按钮,单击该按钮打开一个下拉式菜单,其中包括"开始工作"、"帮助"、"搜索结果"、"剪贴画"、"剪贴板"、"新建工作簿"等选项。用鼠标单击其中的一个选项将打开相应的窗口。如"剪贴板"任务窗格窗口用于管理以前复制过的内容,可以从中选择所需的内容进行多次的粘贴。"剪贴板"任务窗格中最多可以存放 24 个剪贴项目,当存满时可以单击"全部清空"按钮清空剪贴板。

单击任务窗格顶端右侧的"关闭"按钮,可以关闭"任务窗格"窗口。

7. 工作簿窗口　一个 Excel 文件称为一个"工作簿"或称为"工作簿文件"、"电子工作簿"。在启动 Excel 应用程序后,系统自动建立和打开一个空白的工作簿文件,文件名默认为"Book1",扩展名为".XLS"。工作簿文件又被称为"工作簿文件"窗口,显示在"编辑栏"下边的空白区域内,其标题栏的左侧和右侧分别显示文件名和窗口控制按钮,当单击"最大化"按钮后,工作簿窗口充满整个空白区域,其标题栏与 Excel 应用程序窗口的标题栏合并,其文件名出现在 Excel 应用程序窗口标题栏左侧的"Microsoft Excel"之后。

系统自动建立一个工作簿的同时建立三个空白的工作表,工作表的名称默认为 Sheet1、Sheet2 和 Sheet3,位于工作簿窗口底部左侧,也称为工作表标签。在新建的工作簿中,工作表 Sheet1 为活动工作表,即当前工作表,用鼠标单击其他工作表标签则该工作表转为活动工作表,原来活动的工作表转为非活动工作表。活动工作表标签的底色为白色。

一个工作簿中默认有三个工作表,当需要更多的工作表时可以通过插入工作表来增加。通过单击菜单栏中的"工具"|"选项"命令,打开"选项"对话框,在对话框中的"常规"选项卡中设置"新工作簿内的工作表数",可以改变默认工作表的数目。一个工作簿中最多可以包括 255 个工作表。一个工作表又称为一张电子表格,是一个由 65 536 行和 256 列构成的二维表,用 1、2、3、…、65 536 来表示每一行,称为行号;用 A、B、C、…、X、Y、Z、AA、AB、AC、…、AX、AY、AZ、BA、BB、BC、…、Ⅳ 来表示每一列,称为列标。行和列交叉的每一个小格称为"单元格",单元格用列标和行号表示,称为单元格地址或单元格名称,如第 A 列和第 5 行交叉的单元格称为 A5 单元格,也称该单元格的地址为 A5。Excel 单元格的地址是从 A1～Ⅳ 65 536。

单元格是组成工作表的最小单位,每个工作表中只有一个单元格为当前单元格,也称为活动单元格,活动单元格的边框自动加黑加粗显示,其对应的行号和列标是以不同颜色的底色显示,单元格地址在名称框中显示。用鼠标单击可以使某个单元格成为活动单元格,可以向活动单元格输入内容或编辑原有的内容。

输入单元格的内容可以是数字、字符、公式、日期等,若是字符还可以是分段落的。

8. Excel 窗口拆分　可以通过拆分窗口将 Excel 应用程序窗口分成两个或四个部分,以方便用户的操作。

方法一:通过选择菜单栏中的"窗口"|"拆分"选项,可以使 Excel 应用程序窗口分成四个部分。

方法二:单击并向下拖动垂直滚动条顶端的"水平拆分条",可以将 Excel 应用程序窗口拆分成上下两部分;单击并向左拖动水平滚动条右端的"垂直拆分条",可以将 Excel 应用程序窗口拆分成左右两部分。

选择菜单栏中的"窗口"|"取消拆分"选项,可以恢复 Excel 应用程序窗口。

(四) Excel 工作表的操作

在实际的应用中,根据不同的需要,要对工作表进行选择、增加、删减、移动、复制和重命名等操作。

1. **选择工作表** 活动工作表可以有一个,也可以有多个,称为工作组。如果有多个工作表处于活动状态,则操作对所有处于活动状态的工作表都有效,如在 A1 单元格中输入数据,则所有处于活动状态的工作表的 A1 单元格中都将输入相同的数据,此时在 Excel 应用程序窗口标题栏的文件名后边出现"工作组"字样。使多个工作表处于活动状态的方法如下。

(1) 在某一个工作表标签上单击鼠标右键,在打开的快捷菜单中单击"选定全部工作表"命令,则整个工作簿文件中的所有工作表都处于活动状态。这时右键单击任一工作表标签,在打开的快捷菜单中单击"取消成组工作表"命令,可以取消工作组状态,并使该工作表成为活动工作表。

(2) 单击工作簿中第一个工作表标签,然后按住 Shift 键的同时单击工作簿中最后一个工作表标签,则可以使处于两个工作表之间的所有的工作表处于活动状态。这时单击任一工作表标签,可以取消工作组状态,并使该工作表成为活动工作表。

(3) 单击工作簿中某一个工作表标签,然后按住"Ctrl"键的同时单击工作簿中其他工作表标签,则可以使选中的工作表处于活动状态。这时单击任一未被选中的工作表标签,可以取消工作组状态,并使该工作表成为活动工作表。

2. **插入工作表**

(1) 在某工作表标签上右击鼠标,在打开的快捷菜单中选择"插入"选项,弹出"插入"对话框,在该对话框中选择"工作表"图标,单击"确定"按钮,完成在该工作表前插入新工作表的操作。

(2) 单击某工作表标签,选择菜单栏中的"插入"菜单,在下拉菜单中单击"工作表"命令,则在该工作表标签前插入一个新的工作表。

3. **删除工作表** 如果要删除的工作表为空则可以直接删除,否则将显示一个删除确认对话框,待用户单击"删除"按钮后开始删除。

(1) 在要删除的工作表标签上右击鼠标,在打开的快捷菜单中选择"删除"选项,完成删除该工作表的操作。

(2) 单击要删除的工作表标签,选择菜单栏中的"编辑"菜单,在下拉菜单中单击"删除工作表"命令,删除该工作表。

4. **工作表的重命名** 由系统自动插入的工作表名称默认为 Sheet1、Sheet2、Sheet3、Sheet4、Sheet5 等。在实际工作中,用户更希望用工作表中实际存储的内容来命名工作表标签,以方便查找使用。

(1) 右键单击要重命名的工作表标签,在打开的快捷菜单中选择"重命名"选项,工作表标签文字反相显示,输入新工作表名称,按"Enter"键完成工作表的重命名。

(2) 双击要重命名的工作表标签,工作表名反相显示,输入新工作表名称,按"Enter"键完成工作表的重命名。

(3) 单击要重命名的工作表标签,选择菜单栏中的"格式"菜单,在下拉菜单中单击"工作表"命令,在级联菜单中选择"重命名"选项,工作表名反相显示,输入新的名称,按"Enter"键完成工作表的重命名。

5. **移动或复制工作表** 移动或复制工作表可以在一个打开的工作簿文件内进行,也可以在同时打开的多个工作簿之间进行。

(1) 单击要移动或复制的工作表标签,选择菜单栏中的"编辑"菜单,在下拉菜单中单击"移动或复制工作表"命令,打开"移动或复制工作表"对话框,如图 3-36 所示。在对话框中的"工作簿"下拉列表框中选择一个进行移动或复制的目的工作簿文件,从"下列选定工作表之前"的列表框中选择被移动或复制工作表的目的位置,如果选择"建立副本"复选框则为复制工作表操作,否则为移动工作表操作,按"确定"按钮执行操作。

(2) 在要移动或复制的工作表标签上右击鼠标,在弹出的快捷菜单中选择"移动或复制工作表"选项,在弹出的"移动或复制工作表"对话框中进行设置,完成工作表的移动或复制操作。

(3) 用鼠标直接拖动工作表标签可以完成在一个工作簿内移动工作表位置的操作。

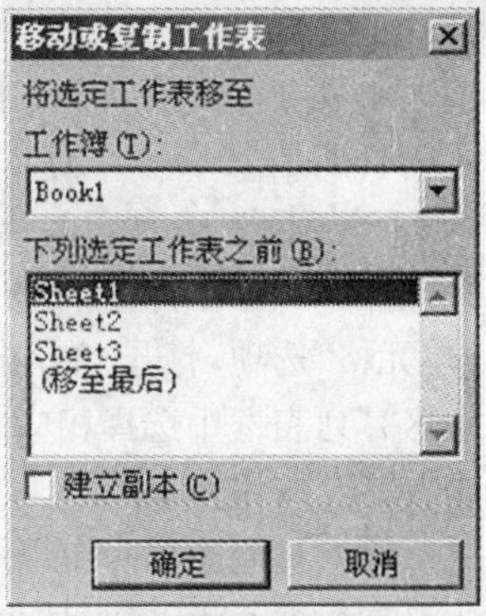

6. 修改工作表标签颜色   工作表标签默认为灰白色,可以通过设置改变工作表标签的颜色,以便于区别。

图 3-36 "移动或复制
工作表"对话框

(1) 单击要改变颜色的工作表标签,选择菜单栏中的"格式"菜单,在下拉菜单中单击"工作表"命令,在级联菜单中选择"工作表标签颜色"选项,打开"设置工作表标签颜色"对话框,在对话框中选择一种颜色后单击"确定"按钮执行操作。

(2) 在要改变颜色的工作表标签上右击鼠标,在弹出的快捷菜单中选择"工作表标签颜色"选项,打开"设置工作表标签颜色"对话框,在对话框中选择一种颜色后单击"确定"按钮完成修改工作表标签颜色的操作。

(五) Excel 工作簿的建立和打开

(1) 启动 Excel 应用程序软件后,自动建立一个名为"Book1"的空白工作簿。

(2) 选择菜单栏中的"文件"|"新建"选项,在"新建工作簿"任务窗格窗口选择"空白工作簿"选项,建立空白工作簿。

(3) 双击某文件夹中已有的 Excel 文档图标,打开已有的 Excel 文档。

(4) 选择菜单栏中的"文件"|"打开"选项,在弹出的"打开"对话框中"查找范围"下拉列表中选择要打开文档的位置,在列出文档中单击需要打开的文档,单击"打开"按钮打开该文档。

(六) 保存 Excel 工作簿

1. 保存未命名的 Excel 工作簿

(1) 选择菜单栏中的"文件"|"保存"选项,打开"另存为"对话框,在"保存位置"下拉列表框中选择要保存的目的位置,在"文件名"下拉列表框中输入新文档的名字,在"保存类型"下拉列表框中选择文档的保存类型,默认为 Microsoft Office Excel 工作簿,单击"保存"按钮完成操作。

(2) 单击"常用"工具栏中的"保存"按钮,在弹出的"另存为"对话框中进行设置。

(3) 使用键盘组合键也可以完成保存 Excel 工作簿的操作,方法是按住键盘上"Ctrl"键的同时再按下"S"键。

2. 保存已经打开的 Excel 工作簿   单击"常用"工具栏中的"保存"按钮,或选择菜单栏中的"文件"|"保存"选项或使用组合键"Ctrl"+"S"即可将正在编辑的文档进行保存,此时不打开"另存为"对话框。

3. 将当前文档更名保存   选择菜单栏中的"文件"|"另存为"选项,打开"另存为"对话框,更改文件名后保存文档,这时原文档自动关闭,并且内容保持不变,更名后的新文档成为正在编辑的文档。

(七) Excel 中的数据类型

在 Excel 中数据分为数字(数值)、文字(文本)、逻辑(布尔)和错误值四种。

1. 数字数据   数字数据包括数字、日期和时间数据。数字数据由十进制数字(0～9)、小数点

(，)、正负号(＋、－)、百分号(％)、千位分隔符(，)、指数符号(E 或 e)、货币符号(￥、$ 等)等组成。输入小数点要切换到英文标点状态下。日期的表示格式通常为"yyyy-mm-dd"，如"2010－1－20"表示的日期是 2010 年 1 月 20 日。时间的表示格式通常为"hh：mm：ss"或"hh：mm"，如"11：21：15"表示 11 点 21 分 15 秒，12：15 表示 12 点 15 分。

Excel 中日期和时间的显示方式有多种，可以根据需要进行设置，方法是选择菜单栏中的"格式"｜"单元格"选项，打开"单元格格式"对话框，在"分类"列表框中选择日期或时间，在"区域设置(国家/地区)"列表框中选择相应的国家或地区，在"类型"列表框中选择适合的日期或时间的显示方式，单击"确定"按钮完成操作。

输入日期数据时可以用"/"或"－"作为年月日的分隔符，如"2010－1－25"、"2010/1/25"都是输入日期数据 2010 年 1 月 25 日，1/2 表示输入日期数据 1 月 2 日。输入时间数据时可以用"："做为分隔符，如"9：23"输入的是 9 点 23 分。使用组合键"Ctrl"＋"；"(分号)可以输入当前的系统日期，使用组合键"Ctrl"＋"Shift"＋"；"(分号)可以输入当前的系统时间。

在输入分数时，为避免系统把分数当作日期数据处理，要在数字前加一个数字和空格，如输入"0 1/2"则表示输入的是数字数据 0.5，输入"3 1/8"则表示输入的是数字数据 3.125。

数字数据在单元格中输入时默认为右对齐，如果数据的宽度超过单元格的宽度，则以科学记数法表示，如"9E＋16"，如果宽度还不够显示，则显示为＃，需调整单元格宽度才能正常显示。

2. 文字数据 文字数据由字母、汉字、数字、标点、符号等组成。如"计算机"、"Excel"、"A1"等都是文字数据。在单元格中输入数据后按回车键确认输入结束，并使下一个单元格作为活动单元格，如果在一个单元格中想输入多行数据时，需要按"Alt"＋"Enter"组合键。

文本数据在单元格中输入时默认是左对齐，如果宽度超过单元格，当后面的单元格中有数据时，超过的部分则不可见。

要想使数字数据作为文字型数据输入，则需要在数字数据前加半角单引号(′)做先导，如在单元格中输入"′89"，则表示输入的是文字数据 89，并左对齐，在单元格左上角同时显示一个绿色三角，以区别数字数据。

3. 逻辑数据 逻辑数据包括逻辑"真"值和逻辑"假"值，也可以用"TRUE"和"FALSE"分别表示逻辑"真"值和逻辑"假"值。逻辑值也可以进行算术运算，这时"TRUE"和"FALSE"分别表示数值 1 和 0，如在单元格中输入公式"＝9＋TRUE"，按回车键后，在单元格中显示的内容为 10。

逻辑数据在单元格中输入时默认是居中对齐。若想作为文本数据输入，也必须使用单引号字符做先导，如在单元格中输入"′TRUE"，则表示输入的是文字数据"TRUE"，并左对齐。

4. 错误值 错误值数据是输入或编辑数据错误时由系统自动显示的结果。如当向单元格中输入公式"＝9/0"时，就会出现错误值"＃DIV/0！"，这表示在输入公式或函数时存在着除数为 0 或空单元格的错误；当向单元格中输入公式"＝a＋7"时，就会出现错误值"＃NAME？"，这表示在输入公式或函数时存在着不可识别的文本；当错误值为"＃VALUE！"时，表示输入公式中存在数据类型错误。

二、Excel 工作表的编辑

(一) 单元格的选定

(1) 用鼠标单击一个单元格，可以将该单元格选定。

(2) 用鼠标单击一个单元格并拖动鼠标，鼠标滑过的区域即黑框中间的区域同时被选定。

(3) 单击一个单元格，按住"Ctrl"键，再单击其他要选定的单元格，可以将不连续的多个单元格同时选定。

(4) 用鼠标单击某行的行号或某列的列标，可以将该行或该列选定。若在行号或列标上单击并拖动鼠标,则可以选择连续若干行或若干列。

(5) 单击工作表列标 A 左侧的方块,或使用"Ctrl"+"A"组合键可以选定整个工作表。

(6) 按"Home"键可使当前行的 A 列成为活动单元格。

(7) 按"Ctrl"+"Home"组合键可使单元格 A1 成为活动单元格。

(8) 按 PgUp 键或 PgDn 键可以使活动单元格向上或向下移动一屏。

(9) 按"F5"键或选择菜单栏中的"编辑"|"定位"选项,可以打开如图 3-37 所示的"定位"对话框,在"引用位置"文本框中输入想要定位的活动单元格的地址,按"确定"按钮即可将输入的单元格激活为活动单元格。

图 3-37 "定位"对话框

(二) 单元格内容的选定

将光标定位在单元格内,可以在光标所在位置添加数据,也可以用鼠标拖动或按住"Shift"键的同时按"←"或"→"键对单元格的部分内容进行选择,然后进行复制、剪切或删除等操作。在单元格内定位光标的方法有多种。

(1) 鼠标双击任一单元格,可以将光标定位在单元格内任一位置。

(2) 鼠标单击任一单元格后,按"F2"键,可以将光标定位在单元格内容的后边。

(3) 选中单元格,在编辑栏中单击鼠标,可以将光标定位在该单元格内相应位置。

(三) 单元格的操作

单元格的操作包括单元格的删除、插入、合并等操作。

1. 插入单元格 选中一个单元格或一个区域,选择菜单栏中的"插入"|"单元格"选项,打开如图 3-38 所示的"插入"对话框,在该对话框中选择插入方式,单击"确定"按钮完成插入操作。

图 3-38 "插入"对话框

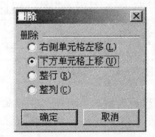

图 3-39 "删除"对话框

2. 插入行或列 选中一个单元格或一个区域,选择菜单栏中的"插入"|"行"或"列"选项,即可在当前单元格所在行(或列)的上面(或左面)或当前区域的上面(或左面)插入一行(或一列)或若干行(或若干列)。

3. 删除单元格 删除单元格是将单元格和单元格中的数据都删除,并用其他单元格进行填补。选定要删除的单元格或区域,选择菜单栏中的"编辑"|"删除"选项,打开如图 3-39 所示的"删除"对话框,在该对话框中选择删除后填补单元格的方式,单击"确定"按钮完成删除操作。

4. 合并单元格 可以将被选中的多个连续的单元格合并成一个较大的单元格。

(1) 选择要合并的单元格区域,单击"格式"工具栏上的"合并及居中"按钮,则被选中的单元格被合并成一个较大的单元格。

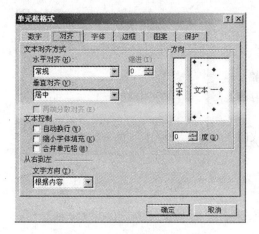

图 3-40 "单元格格式"对话框

（2）选择要合并的单元格区域，选择菜单栏中的"格式"|"单元格"选项，打开如图 3-40 所示的"单元格格式"对话框，在"对齐"选项卡中单击"文本控制"中的"合并单元格"复选按钮，按"确定"按钮完成操作。

（四）数据的输入

向单元格中输入数据有键盘直接输入、从下拉列表输入、利用系统记忆输入、使用填充功能输入等多种方法。

1. 键盘直接输入　单击待输入数据的单元格，直接从键盘输入数字、文字或逻辑数据，然后按"Enter"或"↓"键结束输入并使相邻的下边的单元格成为活动单元格，或按"Tab"或"→"键结束输入并使相邻的右边的单元格成为活动单元格。

当需要键入键盘上不存在的字符时，选择菜单栏中的"插入"|"符号"选项，打开如图 3-41 所示的"符号"对话框，单击所需的字符，再单击"插入"按钮即可。

图 3-41 "符号"对话框

图 3-42 从下拉列表输入

2. 从下拉列表输入　鼠标右击待输入文字数据的单元格，打开快捷菜单，选择"从下拉列表中选择"选项，则在被选单元格下边弹出一个列表，该列表中列出了该单元格上边同列连续单元格中的所有取值（相同值不重复出现），单击其中的一个值即可完成该单元格的数据输入。

例如，在 A1 到 A6 单元格中的内容分别是"教授"、"副教授"、"讲师"、"助教"、"副教授"和"助教"，现在想在 A7 单元格中输入"讲师"，则可以使用从下拉列表输入的方法进行输入。方法是：选中 A7 单元格，并单击鼠标右键，在打开的快捷菜单中选择"从下拉列表中选择"选项，则在 A7 单元格的下方弹出一个列表，在列表中列出了"教授"、"副教授"、"讲师"、"助教"四个选项，单击其中的"讲师"选项，即可完成该单元格的数据输入，如图 3-42 所示。

3. 利用系统记忆输入　在向一个单元格输入文字数据时，如果输入的内容与同列中相邻单元格中的某个单元格开始内容完全相同时，系统会自动将那个单元格的后续内容反向显示，这时可以按"Enter"或"↓"或"Tab"或"→"键完成相同内容的输入。

例如，利用系统记忆输入方法输入上例中 A7 单元格的内容。方法是：选中 A7 单元格，从键盘输入"讲"后，则在 A7 单元格内显示"讲师"，其中"师"字反向显示，单击"Shift"键即可完成该单元格的数据输入,如图3-43所示。

4. **使用填充功能输入**　若单元格中的数字或文字数据的变化有规律,则可以使用自动填充功能进行连续多个单元格的数据输入。

（1）选定包含源数据的单元格,将鼠标放到该单元格的右下角,当鼠标变成黑色"十"字形时,拖动鼠标到目的单元格,可以实现复制或填充有规律数据的操作。

例如,在A1单元格中输入"一月",然后将鼠标放到该单元格的右下角,当鼠标变成黑色"十"字形时,拖动鼠标到A3单元格,则A2和A3单元格被分别自动填充为"二月"和"三月"。

图3-43　利用系统记忆输入

（2）选定包含源数据的单元格区域,选择菜单栏中的"编辑"|"填充"选项,选择填充方式,完成填充。

例如,在A1单元格中输入"一月",并拖动鼠标同时选中A1、A2和A3单元格,然后选择菜单栏中的"编辑"|"填充"选项,在级联菜单中选择"向下填充"选项,则A2和A3单元格被自动填充为"一月"。

（3）在一个单元格中输入起始数据,然后将这个单元格选定,选择菜单栏中的"编辑"|"填充"选项,在级联菜单中选择"序列"选项,在打开的对话框中进行相应的设置,单击"确定"按钮完成填充。

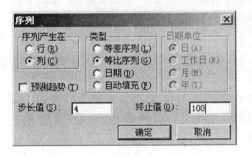

图3-44　"序列"对话框

例如,在A1单元格中输入数字数据2,并选中该单元格,然后选择菜单栏中的"编辑"|"填充"选项,在级联菜单中选择"序列"选项,打开如图3-44所示的"序列"对话框,"序列产生在"单选按钮选择"列","类型"单选按钮选择"等比序列","步长值"文本框输入4,"终止值"文本框输入100,即以2为初始值,100为终止值,以4为倍数进行等比运算,并将运算结果以列的方式填充,则A2和A3单元格被自动填充为8和32。

（五）数据的编辑

对数据进行编辑首先需要对所要编辑的数据进行选择操作。

1. **重写或修改数据**　单击任一单元格,若从键盘中输入数据,则是重写该单元格的数据,使刚刚输入数据成为当前值,原有内容被删除。若将光标定位在单元格内,用"BackSpace"键删除光标前面的字符,或用"Delete"键删除光标后面的字符,然后从键盘输入数据,则完成修改数据的操作。

2. **清除数据**　选择待清除数据的单元格或区域,选择菜单栏中的"编辑"|"清除"选项,打开级联菜单,若选择"全部"选项,则清除所选单元格或区域内的所有格式、内容和批注;若选择"格式"选项,则清除所选单元格或区域内的所有格式,使之恢复默认状态,内容和批注保持不变;若选择"内容"选项,则清除所选单元格或区域内的所有内容,格式和批注保持不变,同键盘上的"Delete"键的功能相同;若选择"批注"选项,则清除所选单元格或区域内的所有批注,格式和内容保持不变。

3. **查找和替换**

（1）查找操作:选择菜单栏中的"编辑"|"查找"选项,打开"查找和替换"对话框。在"查找内容"中输入要查找的内容,单击"查找下一处"按钮,若存在被查找的内容,则该内容所在单元格成为活动单元格,再次单击"查找下一处"按钮,可以继续查找,若不存在被查找的内容,则弹出对话框,提示找不到正在搜索的内容。

在"查找和替换"对话框中,单击"选项"按钮,将对话框扩展,如图3-45所示,在扩展的对话框

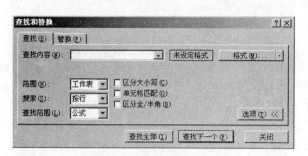

中可以设置查找的范围、搜索的方式等,还可以设置查找时是否区分大小写、单元格是否匹配、是否区分全/半角等。

(2)替换操作:替换是将找到的内容替换成新的内容。选择菜单栏中的"编辑"|"替换"选项,打开"查找和替换"对话框。在"查找内容"中输入要查找的内容,在"替换为"中输入要替换的新内容,单击"替换"按钮,将被查找到的内容替换。

图3-45 "查找和替换"对话框

(六)设置单元格格式

单元格一般包括单元格格式和单元格内容两部分。单元格的格式默认为常规格式,即字体为宋体,字形为常规,字号为12,字符颜色为自动,数字数据右对齐,文字数据左对齐,逻辑数据居中对齐,无边框,底纹无颜色。单元格的内容是其保存的数据。用户可以对单元格的内容进行输入和编辑,也可以对单元格的格式进行重新设置。

1. 在单元格格式对话框中设置 选中待设置的单元格或区域,选择菜单栏中的"格式"|"单元格"选项,或者右键单击待设置的单元格或区域,打开"单元格格式"对话框,"单元格格式"对话框包括数字、对齐、字体、边框、图案和保护六个选项卡,单击选项卡标签就可以打开相应的选项卡。

(1)"数字"选项卡:用于设置单元格中数字数据的显示类型和方式,包括常规、数值、货币、会计专用、日期、时间、百分比、分数、科学记数、文本和特殊格式等,用户还可以在现有格式的基础上自己定义数字格式。

当选择一种类型时,在右边会给出"示例"和一些需要设置的选项等,在下边给出解释信息。如在单元格中输入数字数据"12354",打开"单元格格式"对话框,如图3-46所示,在"数字"选项卡中的"分类"列表框中选择"数值",将右侧的小数位数数字选择按钮调为"2",并将"使用千位分隔符"复选框选中,则该单元格中的数据显示为"12,354.00"。

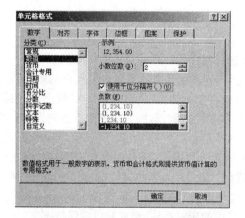

图3-46 "单元格格式"对话框

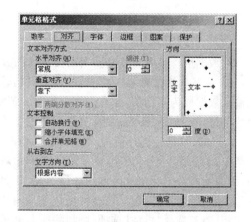

图3-47 "对齐"选项卡

(2)"对齐"选项卡:用于设置数据在单元格中的对齐方式,包括文本对齐方式、文本控制、方向等,如图3-47所示。文本对齐方式又分为水平对齐和垂直对齐两种。文本控制包含"自动换行"、"缩小字体填充"和"合并单元格"三个复选项。若选中"自动换行"复选项,则超过单元格宽度的较长文本将自动换到下一行继续显示;若选中"缩小字体填充"复选项,则将超过单元格宽度的较长文本

压缩使其能够显示在单元格内;若选中"合并单元格"复选项,则将被选中的单元格区域合并成一个较大的单元格,若再次单击该复选框,则取消单元格合并。

(3)"字体"选项卡:用于设置数据的字体、字形、字号、下划线、颜色、特殊效果等,如图 3-48 所示。设置效果在"预览"栏中显示,若单击"确定"按钮,则确认设置,否则取消设置。

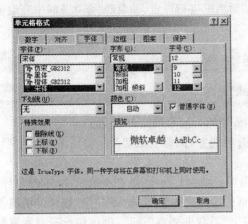

图 3-48 "字体"选项卡

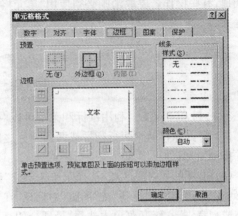

图 3-49 "边框"选项卡

(4)"边框"选项卡:用于对所选择区域内的表格边框、边框样式和边框颜色进行设置,如图 3-49 所示。单元格默认为无边框,若给所选区域添加颜色为红色、线条样式为双实线的外边框和颜色为青色、线条样式为细单实线的内部表格线,则先在线条样式和颜色下拉列表框中分别选择相应的样式和颜色,单击"外边框"按钮完成外边框的设置,然后再从线条样式和颜色下拉列表框中分别选择相应的表格线样式和颜色,单击"内部"按钮完成内部表格线的设置,在选项卡的中心能预览设置效果。要取消所选择区域内的所有表格线,则单击"无"按钮即可。

在选项卡预览栏的左侧和下边有八个单一边框线按钮,单击可加入相应的边框线,再次单击则取消相应的边框线设置。

(5)"图案"选项卡:用于设置所选择区域的底纹和图案,如图 3-50 所示。默认为无底纹和无图案,若给所选区域添加红色水平条纹图案,则单击"图案"右侧的下拉列表框,在弹出的列表中分别单击红色色块按钮和水平条纹按钮,在选项卡右侧"示例"中可以预览设置的效果,单击"确定"按钮完成设置。要取消设置,则单击"颜色"下边的"无颜色"按钮,再单击"确定"按钮即可。

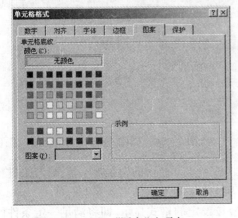

图 3-50 "图案"选项卡

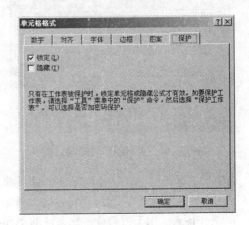

图 3-51 "保护"选项卡

(6)"保护"选项卡:用于保护数据,如图 3-51 所示。包括"锁定"和"隐藏"两个复选框,只有在工作表被保护时,锁定单元格或隐藏公式才有效。一般较少使用该功能。

2. 利用"格式"工具栏设置　利用"格式"工具栏中的按钮也可以设置单元格格式,如图3-52所示。当鼠标指向某个按钮时,在鼠标箭头的下方将显示该按钮的名称。使用"格式"工具栏最右侧的"工具栏选项"按钮可以向工具栏添加按钮或从工具栏中删除按钮。使用工具栏进行格式设置更方便快捷,有些操作若要取消则必须使用"单元格格式"对话框进行设置,如取消"合并及居中"、取消货币样式恢复常规格式等。

图 3-52　"格式"工具栏

3. 行列尺寸设置　利用鼠标和菜单可以对工作表中的行高和列宽进行设置。

(1)将鼠标移动到两行行号或两列列标之间的分界线上,鼠标变成两端带箭头的"十"字形,单击并拖动鼠标,即可增加或减少行距或列宽。

(2)选择单元格或区域,选择菜单栏中的"格式"|"行"或"列"选项,若在级联菜单中选择"行高"或"列宽"选项,打开"行高"或"列宽"对话框,在文本框中输入具体数据,按"确定"按钮即可精确设置行高或列宽;若在级联菜单中选择"最适合的行高"或"最适合的列宽"选项,则将使行高或列宽调整到最适合所选单元格或区域内保存内容的高度或宽度;若在级联菜单中选择"隐藏"选项,则所选择的行或列被隐藏;若想取消隐藏,则在级联菜单中选择"取消隐藏"选项即可。

4. 数据有效性　用于预设所选单元格或区域允许输入数据的类型、范围及数据输入提示消息和输入错误提示消息。在实际工作中,用户往往希望在某些单元格中输入特定的数据,如在 D2 到 D10 单元格区域中输入学生的年龄,年龄在 15 岁到 25 岁之间,当输入其他数据时认为无效并给出错误提示。具体操作如下。

(1)选定要进行数据有效性设置的单元格区域,即 D2:D10。

(2)选择菜单栏中的"数据"|"有效性"选项,打开"数据有效性"对话框,在"设置"选项卡中进行如图3-53所示的设置。

(3)在"出错警告"选项卡中进行如图3-54所示的设置,单击"确定"按钮完成操作。

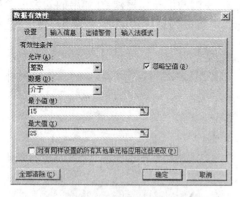

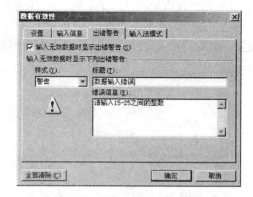

图 3-53　"数据有效性"对话框　　　　图 3-54　"出错警告"选项卡

当输入了不在规定范围内的数据时,系统将弹出如图3-55a所示的错误提示信息,若未进行如图3-54所示的出错警告设置,则将弹出如图3-55b所示的系统默认的出错警告信息。

5. 条件格式　用于将符合一定条件的单元格内容按设定的格式显示,即将满足一定条件的数据明显地标记出来。假定在 A1:B10 区域中存放着 20 个数字型数据,若想将数据中大于等于 90 的数据用绿色加粗显示,小于 60 的数据用红色斜体显示,则应该做如下设置。

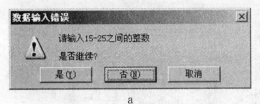
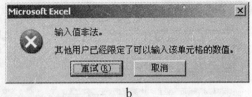

a   b

图 3-55   错误提示信息

(1) 将 A1：B10 区域选中,选择菜单栏中的"格式"|"条件格式"选项,打开"条件格式"对话框。

(2) 在"介于"下拉列表中选择"大于或等于"选项,在后面的文本框中输入数值 90,再单击"格式"按钮,打开"单元格格式"对话框,在该对话框中进行相应的设置(字形设为"加粗",颜色设为"绿色"),按"确定"按钮完成设置并关闭"单元格格式"对话框,这时在"条件格式"对话框的中间文本框中显示设置效果。

(3) 单击"添加"按钮,在"条件格式"对话框的"条件 1"下方打开"条件 2",在"介于"下拉列表中选择"小于"选项,在后面的文本框中输入数值 60,再单击"格式"按钮,打开"单元格格式"对话框,在该对话框中进行相应的设置(字形设为"斜体",颜色设为"红色"),按"确定"按钮完成设置并关闭"单元格格式"对话框,这时在"条件格式"对话框"条件 2"的中间文本框中显示设置效果,如图 3-56所示。

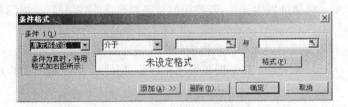
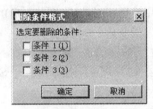

图 3-56   "条件格式"对话框   图 3-57   "删除条件格式"
                                              对话框

(4) 单击"确定"按钮,完成设置。

若想删除某个设置,则单击"条件格式"对话框中的"删除"按钮,打开"删除条件格式"对话框,如图 3-57 所示,在对话框中选择要删除的条件,按"确定"按钮完成删除操作,则单元格中的数据恢复原来的显示效果。

在一个条件格式的设置中,最多同时只能设置三个条件。

6. 自动套用格式   在 Excel 2003 中,系统预先设置了 16 种表格形式,其中包括对字体、边框、对齐、图案等的设置,可以直接应用到所选的区域。具体操作如下。

(1) 选择要应用格式的单元格区域。

(2) 选择菜单栏中的"格式"|"自动套用格式"选项,打开"自动套用格式"对话框,如图3-58a所示。

③ 在要选择的格式上单击,然后单击"确定"按钮即完成操作。

若在"自动套用格式"对话框中单击"选项"按钮,则在对话框下方打开"要应用的格式"选项,如图 3-58b 所示,默认每一个复选框都是选中状态,当单击某个复选框取消该项选择,则可以取消所选格式中对该项的设置。

若想取消已经设置的自动套用格式,按上面的操作选择"自动套用格式"对话框中的"无"格式,再按"确定"按钮即可取消已有的设置。

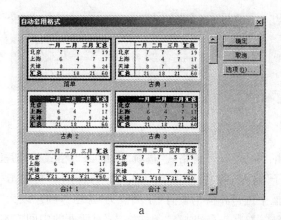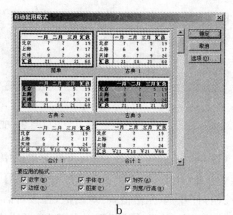

a   b

图 3-58 "自动套用格式"对话框

三、公式和函数

(一) 单元格引用

单元格引用就是单元格地址的表示。单元格引用分为相对地址引用、绝对地址引用和混合地址引用三种。这三种单元格引用除了在书写格式上不同外,其含义也有所不同,如在进行公式复制时,若使用的是相对地址,则复制后的单元格地址发生变化,若使用的是绝对地址,则复制后的单元格地址不发生变化。

1. 相对地址　如 A1、D5、N23 等直接用列标和行号构成的单元格地址就是相对地址。

2. 绝对地址　如 ＄A＄1、＄D＄5、＄N＄23 等分别在列标和行号前面加上"＄"符号而构成的单元格地址就是绝对地址。

3. 混合地址　如 ＄A1、A＄1、＄D5、D＄5、＄N23、N＄23 等在列标或行号前面加上"＄"符号(即只有一部分使用绝对地址,另一部分则使用相对地址)而构成的单元格地址就是混合地址。

若要引用不同工作表中的单元格,则必须在单元格地址前面加上工作表名和后缀字符"!",如"Sheet1! A1"是工作表 Sheet1 中的 A1 单元格的相对地址。若要表示工作表中的一个区域,则用区域左上角单元格地址和右下角单元格地址,中间用"："符号来表示,如 A1：C8 表示的是左上角单元格为 A1,右下角单元格为 C8 的区域,其中包括 8 行 3 列共 24 个单元格。

(二) 公式的使用

在 Excel 中,可以利用公式进行各种运算,公式就是一个运算表达式,由运算符和运算对象按照一定规则连接而成。运算对象可以是常量(即数字数据、文字数据和逻辑数据),也可以是引用(即单元格地址或区域),还可以是函数。公式必须以等号(＝)开始,否则系统将把输入的内容按文本方式处理。

1. 公式中的运算符　公式中的运算符包括算术运算符、比较运算符和文本运算符三种。

(1) 算术运算符:包括＋(加)、－(减)、*(乘)、/(除)、^(乘幂)、％(百分号)。如"＝A1^3"就是一个乘幂公式,是求 A1 单元格中值的 3 次幂,若 A1 单元格中的值是 5,则公式的运算结果是 125。

(2) 比较运算符:包括＝(等于)、＞(大于)、＜(小于)、＞＝(大于等于)、＜＝(小于等于)、≠(不等于)。比较运算的结果是逻辑值。如 A1 单元格中存放的值是 34,A2 单元格中存放的值是 83,则公式"＝A1＞A2"的运算结果是"FALSE"。当两个文字数据进行比较运算时,西文字符比较对应的 ASCII 码的大小,汉字比较对应的拼音字母的大小。逻辑值中,"TRUE"大于"FALSE"。

(3) 文本运算符:&(连接符)用于将两个文本连接成一个文本。如 A1 单元格中存放的值是"护理"，A2 单元格中存放的值是"专业"，则公式"＝A1&A2"的运算结果是"护理专业"。

如果在公式中出现多个运算符，则必须按照运算符的运算优先级进行运算，运算符的优先级从高到低是：百分号（％）、乘幂（^）、乘和除（＊和/）、加和减（＋和－）、连接符（&）、比较运算符（＝、＜、＞、＜＝、＞＝、＜＞）。同一级别的运算符遵守"从左到右"的规则，如果有括号，括号的优先级是最高的。

2. 公式的输入　若要向一个单元格输入公式"＝24＋63"，则输入公式的同时在单元格和编辑栏中显示，当按"Tab"或"Enter"键或编辑栏中的"√"按钮后，在单元格中显示公式的计算结果，当再次单击该单元格时，在编辑栏中显示公式，若用鼠标单击编辑栏或双击该单元格则可以对公式进行编辑。

[**例**]　计算药品的总价，药品的单价及数量如图 3-59a 所示。药品的总价等于单价与数量的乘积。请计算第一种药品的总价，其他药品的总价使用复制公式的方式填充。

（1）单击要存放计算结果的单元格 D2。

（2）从键盘输入公式"=b2＊c2"，如图 3-59a 所示。

（3）按"Enter"键完成输入。

（4）鼠标单击 D2 单元格，在该单元格右下角出现一个填充柄，鼠标移动到填充柄变成黑色"十"字形时，拖动鼠标到 D6 单元格后松开，则 D3 到 D6 的每一个单元格中显示相应药品的总价，如图 3-59b 所示。

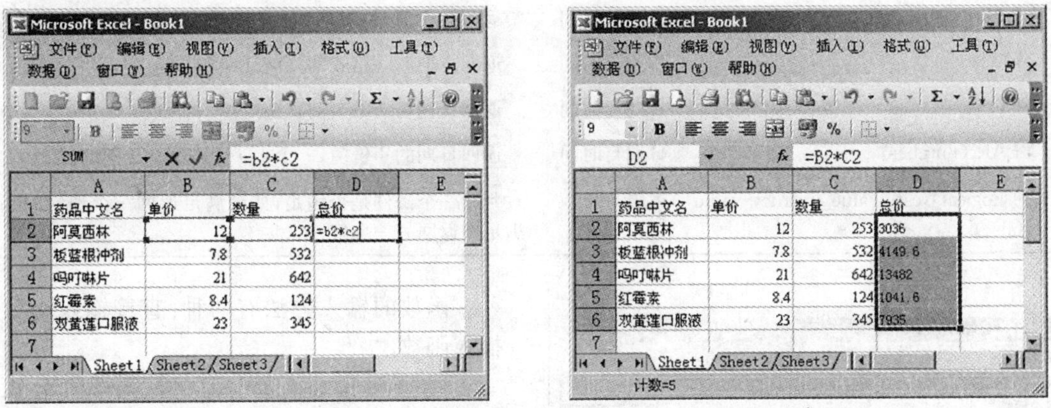

图 3-59　药品清单

上面的鼠标拖动过程实际上就是公式的复制过程，即对公式"d2＝b2＊c2"的复制过程，由于是在同一列复制，所以单价、数量和总价单元格的列标不变，而行号 2 依次变为 3、4、5、6，如在 D3 单元格中的公式为"d3＝b3＊c3"。

在对公式或函数进行复制时，若使用的是相对地址，则在复制过程中列标和行号将随着单元格的变化而同步变化；若使用的是绝对地址，则在复制过程中列标和行号保持不变。如上例中，若 D2 单元格中的公式为"＝b2＊c2"，则在复制过程中，该公式将保持不变，即复制后每个单元格中的公式都为"＝b2＊c2"，其显示结果都为 3 036。

在对公式或函数进行剪切和粘贴操作时，相对地址将不会发生变化。如单击 D2 单元格，按"Ctrl"＋"X"将该单元格中的公式"＝b2＊c2"剪切，然后单击 E8 单元格，按"Ctrl"＋"V"将公式粘贴到该单元格，则该单元格中的公式为"＝b2＊c2"。

在公式的编辑过程中，按键盘上的"F4"键可以改变单元格地址的引用方式，多次按"F4"键，公式中的单元格地址就在相对地址、绝对地址、混合地址之间变化。

（三）函数的使用

函数是 Excel 中已经定义好的用于数据计算和数据处理的公式，可以作为公式的一个运算对象，也可以作为整个公式来使用。Excel 中提供给用户直接使用的函数有很多种类，如财务函数、日期与时间函数、统计函数、文本函数、逻辑函数等。函数由函数名和参数构成，参数是函数要处理的数据，参数可以是常量、单元格地址、单元格区域等。表 3 - 3 是 Excel 中常用的函数。

表 3 - 3　Excel 中的常用函数

函数名	类别	功　能
SUM（number 1，number 2，…）	数值计算	计算参数的和
RAND（　）	数值计算	返回大于或等于 0 且小于 1 的平均分布随机数
AVERAGE（number 1，number 2，…）	统计	计算参数的算术平均值
COUNT（value 1，value 2，…）	统计	计算包含数字的单元格以及参数列表中的数字的个数
COUNTA（value 1，value 2，…）	统计	计算参数列表所包含的数值个数以及非空单元格的数目
MAX（number 1，number 2，…）	统计	返回一组数值中的最大值，忽略逻辑值及文本
MIN（number 1，number 2，…）	统计	返回一组数值中的最小值，忽略逻辑值及文本
DAY（number）	日期与时间	返回一个月中的第几天的数值，介于 1 到 31 之间
MONTH（number）	日期与时间	返回月份值，是一个 1（一月）到 12（十二月）之间的数字
NOW（　）	日期与时间	返回日期时间格式的当前日期和时间
TODAY（　）	日期与时间	返回日期格式的当前日期
YEAR（number）	日期与时间	返回日期的年份值，一个 1 900～9 999 之间的数字
IF（logical_test，value_if_true，value_if_false）	逻辑	判断一个条件是否满足，如果满足返回一个值，如果不满足则返回另一个值

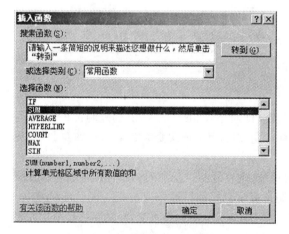

图 3 - 60　“插入函数”对话框

函数的输入方法有两种：直接输入函数和插入函数。

1. 直接输入函数　此方法与输入公式相同，也要先输入一个等号，再输入函数，当按“Tab”或“Enter”键或编辑栏中的“√”按钮后，在单元格中显示函数的计算结果。

2. 插入函数　单击要插入函数的单元格，单击编辑栏中的“插入函数”按钮“f_x”或选择菜单栏中的“插入”|“函数”选项，打开“插入函数”对话框，如图 3 - 60 所示。

［例］　用插入函数的方法计算上例中药品的总价。

（1）单击要存放计算结果的单元格 D2。

（2）选择菜单栏中的“插入”|“函数”选项或编辑栏中的插入函数按钮“f_x”，打开“插入函数”对话框，如图 3 - 60 所示。

（3）在“选择函数”列表框中单击 SUM 函数，再单击“确定”按钮，打开“函数参数”对话框，如图 3 - 61 所示。在 Number 1 文本框中显示求和区域是 B2：C2，若该文本框显示的求和区域不正确，

可单击此文本框右边的按钮,将该对话框最
小化,然后用鼠标在工作表中拖曳选择正确
的求和区域,再单击缩小后文本框右边的按
钮,返回到图 3-61 所示的对话框。

（4）单击"确定"按钮完成操作。

（5）鼠标单击 D2 单元格,在该单元格右
下角出现一个填充柄,鼠标移动到填充柄变
成黑色"十"字形时,拖动鼠标到 D6 单元格后
松开,则 D3 到 D6 的每一个单元格中显示相
应药品的总价。

图 3-61　SUM"函数参数"对话框

［例］　对如图 3-62a 所示成绩数据进行函数运算,如果总分大于等于 180 分,则评语为"及
格",总分小于 180 分,则评语为"不及格"。

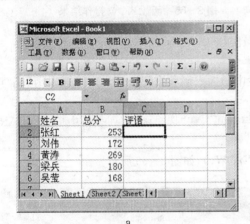

a

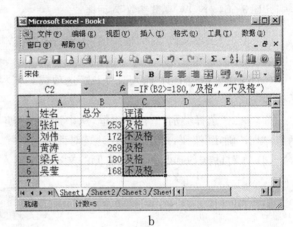

b

图 3-62　成 绩 表

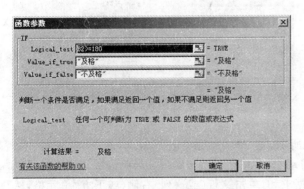

图 3-63　IF"函数参数"对话框

（1）单击要存放计算结果的单元格 C2。

（2）选择菜单栏中的"插入"|"函数"选项
或编辑栏中的插入函数按钮"f_χ",打开"插入
函数"对话框。

（3）在"选择函数"列表框中单击 IF 函
数,单击"确定"按钮,打开"函数参数"对话
框。在 Logical_test 右侧的文本框中输入
B2>=180,在 Value_if_true 右侧的文本框中
输入"及格",在 Value_if_false 右侧的文本框
中输入"不及格",如图 3-63 所示。

（4）单击"确定"按钮完成操作。

（5）用鼠标拖曳填充柄完成函数的复制,如图 3-62b 所示。

［例］　利用函数在 A1 单元格中输入系统当前的日期和时间,在 A2 单元格中输入系统当前的
日期的年份。

（1）单击 A1 单元格。

（2）选择菜单栏中的"插入"|"函数"选项或编辑栏中的插入函数按钮"f_χ",打开"插入函数"对
话框。

（3）单击"选择类别"下拉列表框，从中选择"日期与时间"，在"选择函数"列表框中选择 NOW 函数，单击"确定"按钮，打开"函数参数"对话框，如图 3-64 所示。

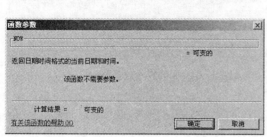

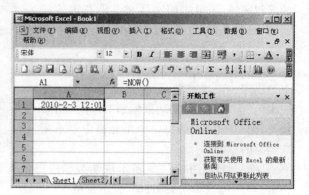

图 3-64 NOW"函数参数"对话框

图 3-65 函数 NOW 操作结果

（4）单击"函数参数"对话框中的"确定"按钮完成操作，如图 3-65 所示。

（5）单击 A2 单元格。

（6）选择菜单栏中的"插入"|"函数"选项或编辑栏中的插入函数按钮"f_x"，打开"插入函数"对话框。

（7）单击"选择类别"下拉列表框，从中选择"日期与时间"，在"选择函数"列表框中单击 YEAR 函数，单击"确定"按钮，打开"函数参数"对话框。

（8）在对话框 Serial_number 右侧的文本框中输入 NOW()，如图 3-66 所示。

图 3-66 YEAR"函数参数"对话框

图 3-67 函数 YEAR 操作结果

（9）单击"确定"按钮完成操作，如图 3-67 所示。

函数的输入还可以用"常用"工具栏中的"自动求和"按钮"Σ"来实现。当单击"Σ"按钮时可以快捷地输入 SUM 函数。若对一行（或一列）数据求和，单击这行（或这列）右侧（或下方）单元格，然后单击"Σ"按钮，即完成 SUM 函数的输入。单击"Σ"按钮右侧的按钮可以打开如图 3-68 所示的下拉菜单，单击相应的菜单项可以完成函数的输入。

对单元格的格式、单元格中的数据、公式、批注等进行复制操作后，在目标单元格进行粘贴操作时可以通过选择菜单栏中的"编辑"|"选择性粘贴"选项，打开"选择性粘贴"对话框，如图 3-69 所示，在该对话框中选择粘贴的内容，单击"确定"按钮完成操作。

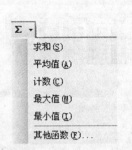

图 3-68 Σ按钮下拉菜单

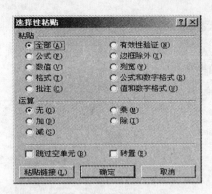

图 3-69 "选择性粘贴"对话框

四、图表的操作

在 Excel 中,图表能够更直观更形象地反映数据间的关系。图表是对已经存在的数据表的图形化表示,当数据表中的数据被修改时,与之相联系的图表也随之改变。Excel 中提供了两大类图表类型,即标准类型和自定义类型。在标准类型中又包含 14 种图表类型,分别是柱形图、条形图、折线图、饼图、XY 散点图、面积图、圆环图、雷达图、曲面图、气泡图、股价图、圆柱图、圆锥图、棱锥图等。在自定义类型中又包含 20 种图表类型,它比标准类型复杂,一般是以标准类型为基础复合而成的。

在每种标准类型中都包含若干个子图表类型,如柱形图中包含簇状柱形图、堆积柱形图、百分比堆积柱形图、三维簇状柱形图、三维堆积柱形图、三维百分比堆积柱形图、三维柱形图等七个子图表类型。

(一) 图表的建立

1. 柱形图　用于反映数据表中每个对象同一属性的数值大小的直观比较,每个对象对应图表中的一簇不同颜色的矩形块,或上下颜色不同的一个矩形块,所有簇当中的同一颜色的矩形块或矩形段属于数据表中的同一属性。如在下例的工作表中有学号、姓名、性别、数学、语文和英语六个属性,则可以用柱形图表示每一名同学的数学、语文和英语成绩的比较,在簇状柱形图中用蓝色块表示数学,粉色块表示语文,黄色块表示英语。

在柱形图的七个子图表类型中,簇状柱形图、堆积柱形图和百分比堆积柱形图为二维平面图,三维簇状柱形图、三维堆积柱形图、三维百分比堆积柱形图和三维柱形图为三维立体图,可以根据具体的需要或个人兴趣进行选择。

[例]　根据图 3-70 所示的学生成绩表建立以"姓名"为 X 轴,以"数学"、"语文"和"英语"成绩为 Y 轴的簇状柱形图表。具体操作如下。

(1) 鼠标拖动选中 B2：B7 数据区域,按住"Ctrl"键用鼠标拖动再选中 D2：F7 数据区域,如图 3-68 所示。

(2) 选择菜单栏中的"插入"|"图表"选项或单击"常用"工具栏中的"图表向导"按钮,打开如图 3-71 所示的"图表类型"对话框。在"图表类型"列表框中单击"柱形图",在"子图表类型"中单

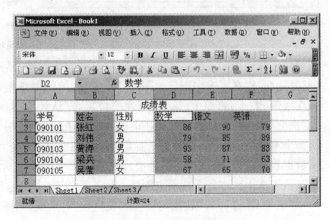

图 3-70 选定的图表数据区域

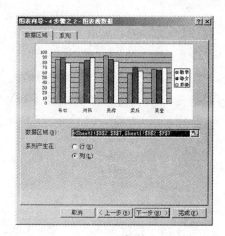

图 3-71 "图表类型"对话框   图 3-72 "图表源数据"对话框

击第一个子类型,在对话框下面的矩形框中显示所选子类型的名称和作用说明。

(3) 单击"下一步"按钮,打开"图表源数据"对话框如图 3-72 所示。在"数据区域"选项卡中,"数据区域"右侧的文本框中显示的是图表要表示的工作表中数据的区域,若要修改文本框中显示的区域,可以单击文本框右侧的按钮缩小当前对话框,然后用鼠标在数据表中拖动重新选择,再单击缩小后的对话框中文本框右侧的按钮恢复原来的对话框,在"系列产生在"单选按钮中选择"列",在选项卡的上部可以看到图表的显示效果;在"系列"选项卡中,如果"数据区域"选项卡中的内容设置正确,一般在该选项卡中不需要修改,同样在该选项卡的上部也可以看到图表的显示效果。

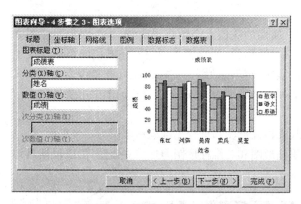

图 3-73 "图表选项"对话框

(4) 单击"下一步"按钮,打开"图表选项"对话框,如图 3-73 所示。在"图表选项"对话框中包含标题、坐标轴、网格线、图例、数据标志、数据表六个选项卡。在"标题"选项卡中可以设置图表标题为"成绩表"、分类(X)轴标题为"姓名"、数值(Y)轴标题为"成绩"。在"坐标轴"选项卡中可以设置分类(X)轴和数值(Y)轴在图表中是否显示,默认为显示,一般不需要修改。"网格线"选项卡中可以设置是否添加分类(X)轴和数值(Y)轴的主次网格线,默认为只有数值(Y)轴的主网格线,一般不需要修改。"图例"是每个系列的颜色标记说明,在"图例"选项卡中包含"显示图例"复选框和"位置"单选按钮组,若不选"显示图例"复选框,则在图表中不显示图例,"位置"区域的单选按钮规定了图例在图表区域的显示位置,可以在底部、右上角、靠上、靠右、靠左的位置,默认为靠右,本例中使用默认靠右显示图例。"数据标志"选项卡中包括系列名称、类别名称和值三个复选框,用于对每一个分类的图形添加说明信息,默认为全不选中,也可以根据实际需要选择一项或多项,本例中不用选择。"数据表"选项卡中包括显示数据表复选框,若选中此复选框,则在图表下方同时显示对应的数据表,默认为不选中,本例中使用默认不选中。在每个选项卡中的右侧都可以看到图表显示效果。

(5) 单击"下一步"按钮,打开"图表位置"对话框,如图 3-74 所示。在"图表位置"对话框中包括两个单选按钮,用于选择图表完成后插入的位置,若选择"作为新工作表插入"选项,系统会在当前工作簿中新建一个名为"Chart1"的工作表用于显示该图表;若选择"作为其中的对象插入"选项,则将图表作为一个对象插入到数据表所在的工作表,即当前工作表。默认为"作为其中的对象插入",本例中选择默认值。

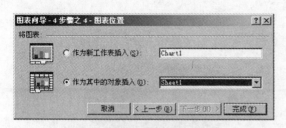

图 3-74　"图表位置"对话框

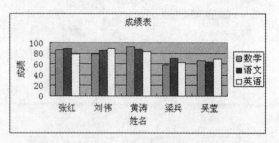

图 3-75　"学生成绩"图表

(6) 单击"完成"按钮,完成图表的创建,如图 3-75 所示。

2. 折线图　折线图包括折线图、堆积折线图、百分比堆积折线图、数据点折线图、堆积数据点折线图、百分比堆积数据点折线图、三维折线图等七个子图表类型,如图 3-76 所示。

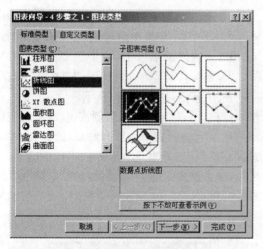

图 3-76　折线图子图表类型

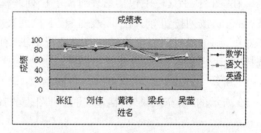

图 3-77　"学生成绩"数据点折线图图表

折线图通常用来反映数据随时间或类别变化的趋势。如可以用折线图反映高血压患者一周内血压的变化趋势等。折线图中每个数据点或每截线段的高低表示对应数值的大小。图 3-77 为用"数据点折线图"创建的学生成绩图表。

3. 饼图　饼图包括饼图、三维饼图、复合饼图、分离型饼图、分离型三维饼图、复合条饼图等六个子图表类型,如图 3-78 所示。

饼图通常用来反映同一属性中的每个值占总值的比例。饼图用一个平面或立体的圆形饼状图表示,由若干个不同颜色的扇形块组成,每种颜色的扇形块代表同一属性中的一个相应对象的值,扇形块面积的大小反映对应数值的大小和在整个饼图中的比例。图 3-79 为用"三维饼图"创建的学生数学成绩图表。

在数据表中只选择了"姓名"和"数学"两列,其中每一种颜色的扇形块代表一名学生,扇形块面积的大小反映学生数学成绩的高低。

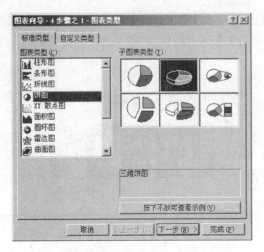

图 3-78　饼图子图表类型

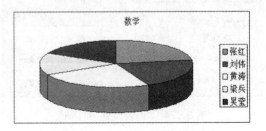

图 3-79　"学生数学成绩"三维饼图图表

（二）图表的编辑和打印

图表建立以后，可以对图表进行编辑，包括编辑图表对象、图表区格式、图表类型、源数据、图表选项、图表插入位置等。

图 3-80　"图表"工具栏

1. 用"图表"工具栏编辑图表　当单击图表使图表被选中后，"图表"工具栏自动打开，或选择菜单栏中的"视图"|"工具栏"选项，在级联菜单中选择"图表"选项打开"图表"工具栏，如图 3-80 所示。

在"图表"工具栏中包括图表对象下拉列表框、格式按钮、图表类型按钮、图例按钮、数据表按钮、按行按钮、按列按钮等。在"图表对象"下拉列表框中列出了当前图表中的所有对象，选择其中的一个对象，则可以对图表中的相应对象进行编辑，右侧的"格式"按钮随着选择对象的不同而改变。如选择"图表区"时，右侧的"格式"按钮变为"图表区"按钮，单击该按钮打开"图表区格式"对话框，如图 3-81 所示。在该对话框中可以进行图案、字体和属性的设置。单击"填充效果"按钮后，打开如图 3-82 所示的"填充效果"对话框，可以对图表的背景进行设置。

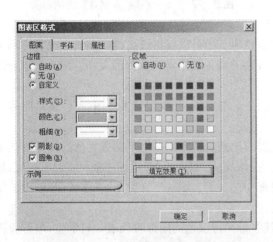

图 3-81　"图表区格式"对话框

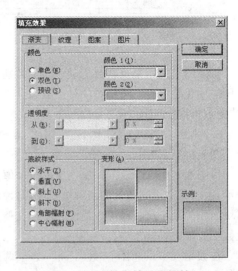

图 3-82　"填充效果"对话框

单击"图表类型"按钮右侧的按钮可以打开"图表类型"下拉列表,其中包含面积图等18种图表类型按钮,单击其中任一个按钮可以改变图表的类型。若原图表中没有图例,则单击"图例"按钮可以在图表靠右的位置添加图例,再次单击该按钮则删除图例;单击"数据表"按钮,则在图表下方添加数据表,再次单击则删除数据表;单击"按行"按钮,则数据系列用数据表中的一个行来反映(即分类轴为各科成绩);单击"按列"按钮,则数据系列用数据表中

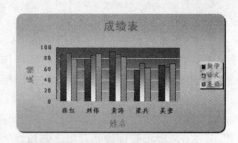

图3-83　编辑后的学生成绩图表

的一个属性(列)来反映(即分类轴为每个学生)。图3-83为编辑后的学生成绩图表。

2. 用菜单编辑图表　可以通过快捷菜单、菜单栏中的格式菜单和图表菜单来编辑图表。

(1)快捷菜单:用鼠标右键单击图表,打开快捷菜单,如图3-84所示。在快捷菜单中包含图表区格式、图表类型、源数据、图表选项、位置等选项。选择其中的选项时,将打开相应的对话框,在对话框中可以进行相应的修改。如选择"源数据"选项,打开"源数据"对话框,如图3-85所示,单击"数据区域"文本框右侧的按钮,缩小该对话框,然后用鼠标在数据表中拖动选择数据区域,单击"确定"按钮即可以增加新的数据系列或删除原有的数据系列。

图3-84　图表快捷菜单

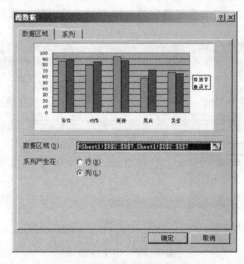

图3-85　"源数据"对话框

(2)"格式"菜单:当单击图表中的某个对象时,菜单栏中的"格式"菜单的下拉菜单将随之改变。如单击图表中的图例,使其处于被选中状态,这时选择菜单栏中的"格式"菜单,其下拉菜单中的第一项变为"图例"选项,当选择该选项时,将打开"图例格式"对话框,在该对话框中可以对图例的图案、字体和位置进行设置。

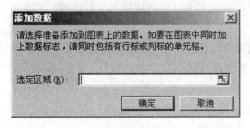

图3-86　"添加数据"对话框

(3)"图表"菜单:单击图表使其处于选中状态,这时菜单栏中的"数据"菜单项变为"图表"菜单项,在该菜单的下拉菜单中包括图表类型、源数据、图表选项、位置、添加数据等选项。其中图表类型、源数据、图表选项、位置选项与快捷菜单中的相应选项功能相同。当选择"添加数据"选项时,打开"添加数据"对话框,如图3-86所示。在"选定区域"右侧的文本框中输入要添加数据列的单元格区域,单击"确定"按钮即可在图

表中增加新的数据系列。

3. 图表的打印　图表被选中后可以单独进行页面设计、打印预览和打印,其操作步骤及方法同工作表的页面设计、打印预览和打印操作类似,将在后面详细介绍。图表通常作为工作表的一个对象,若图表未被选中,则页面设计、打印预览和打印操作都是针对整个工作表进行的。

五、数据管理

Excel 数据管理就是利用已经建立的数据表,根据用户的要求进行数据的排序、数据的筛选和数据的分类汇总的过程。

Excel 中相互关联的数据构成工作表数据库,也称为数据清单或数据列表。Excel 数据列表由记录、字段和字段名三部分组成。在 Excel 数据列表中每一列就是一个字段(或称属性),每一列的标题就是字段名(或称属性名),每一行就是一条记录。

(一) 数据排序

对所选单元格区域的数据可以通过菜单栏中的"数据"菜单或"常用"工具栏中的"升序排序"或"降序排序"按钮进行升序或降序排序。

1. 使用"数据"菜单进行排序

［例］　对学生成绩表按性别对数学成绩进行降序排序,如图 3-87 所示。

图 3-87　学生成绩表　　　　　　　　　图 3-88　"排序"对话框

(1)用鼠标拖动选择 A2 到 F7 数据列表区域或单击数据列表中的任何一个单元格,选择菜单栏中的"数据"|"排序"选项,打开如图 3-88 所示的"排序"对话框。

(2)在"排序"对话框中有三个排序关键字下拉列表框,可以根据需要设置一个到三个排序关键字,即先按主要关键字排序,当主要关键字相同时按次要关键字排序,当主要关键字和次要关键字都相同时按第三关键字排序。对每个关键字还可以设置按升序或降序排序。若选择的排序区域带有标题行,则应选中"我的数据区域"中的"有标题行"单选按钮,否则应选择"无标题行"单选按钮。

本例中在主要关键字下拉列表框中选择"性别",排序方式选择"升序",在次要关键字下拉列表框中选择"数学",排序方式选择"降序","我的数据区域"中选择"有标题行"单选按钮,单击"确定"按钮进行排序,结果如图 3-89 所示。

2. 使用工具栏进行排序　当只需要按单个属性对记录进行排序时,可以使用"常用"工具栏中"升序排序"、" "按钮和"降序排序"、" "按钮,对数据进行排序。

若对图 3-87 学生成绩表中的数据按数学成绩进行降序排序,方法如下。

（1）若鼠标选中"数学"属性列所在的单元格区域，即 D2：D7，然后单击"常用"工具栏中的"降序排序"按钮，这时打开"排序警告"对话框，如图 3-90 所示。在该对话框中选择"扩展选定区域"单选按钮，单击"排序"按钮进行排序，则数据列表中的所有记录按照"数学"成绩的降序排序，排序结果如图 3-91 所示。若在该对话框中选择"以当前选定区域排序"单选按钮，单击"排序"按钮后，则只对所选的属性列进行排序，而其他属性列保持不变，一般不选择该选项。

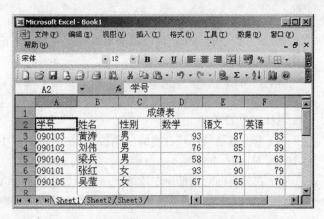

图 3-89　按性别升序和数学成绩降序排序结果

图 3-90　"排序警告"对话框

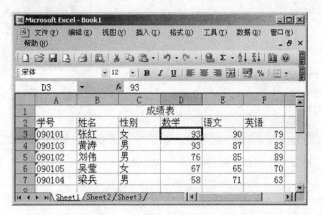

图 3-91　按数学成绩降序排序结果

（2）若鼠标在"数学"属性列中的任一单元格中单击，然后单击"常用"具栏中的"降序排序"按钮，进行降序排序，则数据列表中的所有记录按照"数学"成绩的序排序，如图 3-91 所示。

（二）数据筛选

数据筛选就是从数据列表中筛选出符合一定条件的记录。在 Excel 中有自动筛选和高级筛选两种筛选方法。

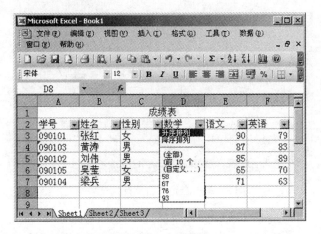

图 3-92　自动筛选

1. 自动筛选　自动筛选只能筛选出筛选条件比较简单的记录。

首先选择要筛选的数据列表或单击数据列表中的任何一个单元格，选择菜单栏中的"数据"|"筛选"选项，在级联菜单中选择"自动筛选"选项，则数据列表中的每一列的标题（属性名）右侧都出现一个三角按钮，单击该按钮可以打开一个下拉菜单，如图 3-92 所示。

每个标题所对应的下拉菜单的结构都是相同的，单击下拉菜单上部的"升序排列"或"降序排列"选项，可以使整个数据列表中记录按此关键字进行升序或降序排列。在下拉菜单下部显示的是该列中不重复的数值,用于单值筛选,单击其中的一个值可以筛选出具有此值的所有记录。选择下拉菜单中的"(全部)"选项,可以使全部记录显示。

[例] 对图3-87学生成绩表中的数据进行筛选,要筛选出"数学"成绩最低的2名学生的记录。

具体操作如下。

(1) 单击标题"数学"右侧的三角按钮,在下拉菜单中选择"(前10个…)"选项,打开"自动筛选前10个"对话框,如图3-93所示。

(2) 在打开的对话框中左边的下拉列表框中选择"最小",将中间的计数器调整到2,单击"确定"按钮,则数学成绩最低的两条记录被筛选出来,如图3-94所示。

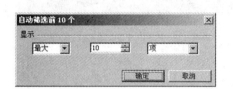

图3-93 "自动筛选前10个"对话框

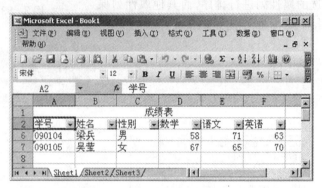

图3-94 自动筛选结果

[例] 对图3-85学生成绩表中的数据进行筛选,要筛选出"数学"成绩小于90同时大于等于60的记录。

(1) 单击标题"数学"右侧的三角按钮,在下拉菜单中选择"(自定义)"选项,打开"自定义自动筛选方式"对话框。

(2) 在对话框中左上角的下拉列表框中选择"小于",右上角的下拉列表框中输入数值90,单击"与"单选按钮,在左下角的下拉列表框中选择"大于或等于",在右下角的下拉列表框中输入数值60,如图3-95所示,单击"确定"按钮,则满足筛选条件的记录被筛选出来,如图3-96所示。

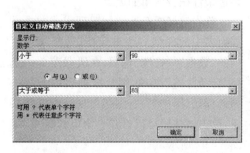

图3-95 "自定义自动筛选方式"对话框

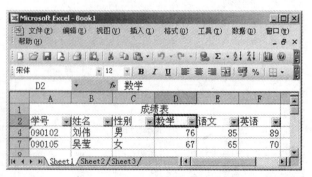

图3-96 自定义自动筛选结果

当对一个属性进行筛选后,还可以在此基础上继续对其他属性进行筛选。筛选结束后,选择菜单栏中的"数据"|"筛选"选项,在级联菜单中选择"自动筛选"选项,可以取消自动筛选状态,并显示所有的记录。

2. **高级筛选** 高级筛选可以按照用户自己定义的筛选条件进行数据筛选,能够筛选出条件比较复杂的记录。在进行高级筛选之前首先需要在数据列表之外的空白区域输入筛选条件,建立条件区域。

[**例**] 对图 3-87 学生成绩表中的数据进行高级筛选,要筛选出"数学"成绩大于等于 70 的男生的记录。

(1) 在数据列表之外的空白处 C9∶D10 区域输入筛选条件,如图 3-97 所示。

(2) 选择要筛选的数据列表或单击数据列表中的任何一个单元格,选择菜单栏中的"数据"|"筛选"选项,在级联菜单中选择"高级筛选"选项,打开"高级筛选"对话框,如图 3-98 所示。

图 3-97 "与"关系高级筛选条件及结果   图 3-98 "与"关系"高级筛选"对话框

(3) 在对话框中选择"将筛选结果复制到其他位置"单选按钮;"列表区域"右侧文本框中是要筛选的数据列表区域,即 A2∶F7,单击右边的按钮可以重新选择该区域;单击"条件区域"文本框右侧的按钮,用鼠标拖曳条件区域,再单击缩小后的对话框右侧的按钮返回"高级筛选"对话框,筛选条件区域为 C9∶D10;单击"复制到"文本框右侧的按钮,用鼠标单击工作表中被复制到区域的左上角单元格,即 A13,再单击缩小后的对话框右侧的按钮返回"高级筛选"对话框,单击"确定"按钮,筛选结果如图 3-97 所示。

在上面的操作中,条件区域的筛选条件在同一行中出现,表示条件之间是逻辑"与"关系,用逻辑运算公式可以表示为"AND(性别="男",数学>=70)",若条件区域的筛选条件不在同一行中出现,则表示条件之间是逻辑"或"关系,用逻辑运算公式可以表示为"OR(性别="男",数学>=70)"。

若要对图 3-87 学生成绩表中的数据进行"或"关系高级筛选,要筛选出男生或"数学"成绩大于等于 70 的记录。则其"高级筛选"对话框和筛选条件及结果如图 3-99 和 3-100 所示,这里的筛选条件区域为 C9∶D11。

图 3-99　"或"关系"高级筛选"对话框　　　图 3-100　"或"关系高级筛选条件及结果

可以对数据列表中的数据进行更复杂条件的高级筛选。

〔例〕　对图 3-87 学生成绩表中的数据进行筛选,要筛选出"数学"成绩在 70 和 89 之间的男生,以及"数学"成绩小于 90 的女生的记录,并将筛选结果在原数据列表区显示。

(1) 在数据列表之外的空白处 C9:E11 区域输入筛选条件,如图 3-101 所示。

(2) 选择要筛选的数据列表或单击数据列表中的任何一个单元格,选择菜单栏中的"数据"|"筛选"选项,在级联菜单中选择"高级筛选"选项,打开"高级筛选"对话框,如图 3-102 所示。

(3) 在对话框中选择"在原有区域显示筛选结果"单选按钮;"列表区域"右侧文本框中是要筛选的数据列表区域,即 A2:F7,单击右边的按钮可以重新选择该区域;单击"条件区域"文本框右侧的按钮,用鼠标拖曳条件区域,再单击缩小后的对话框右侧的按钮返回"高级筛选"对话框,筛选条件区域为 C9:E11;因为选择了"在原有区域显示筛选结果"单选按钮,所以"复制到"文本框为灰色,即不使能状态,不用进行设置,单击"确定"按钮,筛选结果如图 3-101 所示。

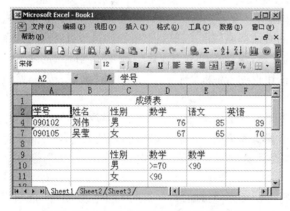

图 3-101　复杂关系高级筛选条件及结果　　　图 3-102　复杂关系"高级筛选"对话框

用逻辑运算公式可以将该条件表示为"OR(AND(性别="男",数学>=70,数学<90),AND(性别="女",数学<90))"。

在进行自动筛选和高级筛选后,单击菜单栏中的"数据"|"筛选"选项,在级联菜单中单击"全部

显示"选项,可以将记录全部显示出来,但无法取消自动筛选状态。

(三) 分类汇总

分类汇总是对数据列表中的记录按照不同的属性进行统计。分类汇总需要先对数据列表按要汇总的属性进行排序。

[例] 对图3-87学生成绩表中的数据按性别统计各科平均分。

(1)将数据列表中的数据按"性别"进行排序。

(2)选择数据列表或单击数据列表中的任何一个单元格,选择菜单栏中的"数据"|"分类汇总"选项,打开"分类汇总"对话框,如图3-103所示。

图3-103 "分类汇总"对话框

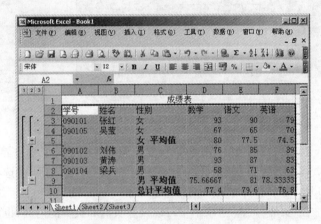

图3-104 分类汇总结果

(3) 在"分类字段"下拉列表框中选择用于数据分类的字段,即"性别"字段;"汇总方式"下拉列表框中包括求和、计数、平均值、最大值、最小值、乘积等11种数据汇总方式,本例中选择"平均值";"选定汇总项"复选列表框中包括数据列表中的各个字段,可以选择用于汇总的字段,本例中选择数学、语文、英语;选中"替换当前分类汇总"复选框,则如果以前存在分类汇总信息,则可以将其替换;选中"汇总结果显示在数据下方"复选框,否则汇总结果信息将显示在对应数据的上方;"每组数据分页"复选框默认为不选中,则可以连续显示分组数据信息,本例中使用默认值,单击"确定"按钮完成分类汇总,如图3-104所示。

分类汇总共分为三个层次,从里到外依次为记录层、小计层和总计层。当单击中间层中每条小计左边的减号(一)按钮或上方的数字2按钮时,最里层的记录被隐藏,只显示汇总行,减号按钮变为加号(十)按钮,当单击最外层总计行左边的减号(一)按钮或上方的数字1按钮时,中间的小计行也被隐藏,只显示总计汇总行一条信息,减号(一)按钮变为加号(十)按钮。当单击最外层的加号(十)按钮或上方的数字2按钮时,可以恢复小计行的显示,单击内层的加号(十)按钮或上方的数字3按钮时,可以恢复记录行的显示。

若要在原数据列表中删除汇总信息,则首先要选择数据列表或单击数据列表中的任何一个单元格,然后在"分类汇总"对话框中单击"全部删除"按钮,再单击"确定"按钮,则汇总信息被删除。

六、工作表的打印输出

工作表的打印输出包括页面设置、打印预览和打印。

(一)页面设置

选择菜单栏中的"文件"|"页面设置"选项,打开"页面设置"对话框。"页面设置"对话框包括页面、页边距、页眉/页脚和工作表四个选项卡。在"页面"选项卡中包括打印方向、缩放比例、纸张大

小、打印质量和起始页码等选项,如图 3-105 所示。打印方向包括"纵向"和"横向"两种,可以根据具体情况选择打印的方向;纸张大小包括 A4、B5 等,根据所打印的工作表在下拉列表中选择相应的纸张。

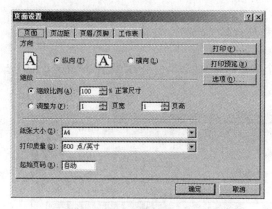
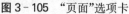

图 3-105 "页面"选项卡

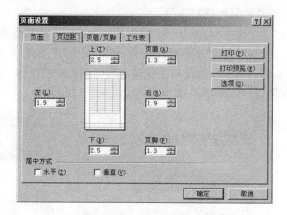

图 3-106 "页边距"选项卡

在"页边距"选项卡中可以设置打印内容边界与纸张边界之间的左、右、上、下的距离、打印页眉和页脚与纸张上边界和下边界的距离以及居中方式等,在选项卡的中心能预览设置效果,如图 3-106 所示。

在"页眉/页脚"选项卡中可以设置页眉和页脚的内容,也可以通过单击"自定义页眉"或"自定义页脚"按钮来自定义页眉或页脚的内容,所设定的页眉和页脚的内容会出现在所打印工作表中的每一页的顶部和底部,如图 3-107 所示。

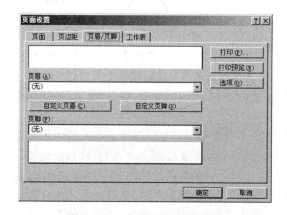

图 3-107 "页眉/页脚"选项卡

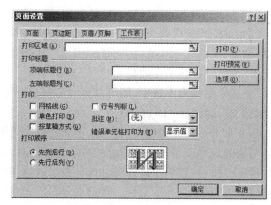

图 3-108 "工作表"选项卡

在"工作表"选项卡中包括打印区域、打印标题、是否打印网格线、是否打印批注以及打印顺序等选项,如图 3-108 所示。单击"打印区域"文本框右侧的按钮缩小当前对话框,用鼠标在工作表中拖动,可以选择要打印的区域。

在打印之前可以不进行页面设置,在页面设置对话框中的所有选项都含有默认值,可以进行简单的打印输出。

(二)打印预览

页面设置完成后,可以进行打印预览。

选择菜单栏中的"文件"|"打印预览"选项,或单击"常用"工具栏中的"打印预览"按钮,进入打印

预览状态。在打印预览中将按照页面设置的状态按页显示出当前工作表中的内容,同时打开"打印预览"工具栏。当有多页时,用户可以通过单击滚动条依次浏览每个打印页。单击"常用"工具栏中的"关闭"按钮,可以退出浏览状态,返回到当前工作表窗口。

在打印预览状态中能够看到页面设置的效果,如果有不满意的地方,可以再次打开"页面设置"对话框进行修改。

(三)打印工作表

通过打印预览,观察打印效果满意后,就可以进行打印操作了。选择菜单栏中的"文件"|"打印"选项,或单击"常用"工具栏中的"打印"按钮,打开"打印内容"对话框,如图3-109所示。

在"打印内容"对话框中包括打印机、打印范围、打印内容和份数等。在"名称"下拉列表框中选择所使用的打印机,一般使用默认值,不需要修改;"打印范围"包括全部打印或打印两个页码之间的内容;打印内容包括打印选定的区域、打印整个工作簿或打印选定的工作表;单击"确定"按钮执行打印操作。

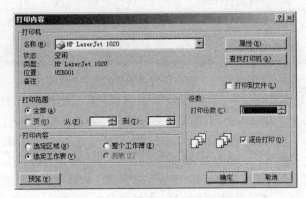

图3-109　"打印内容"对话框

■■实 践 与 解 析

选择解析

1. Excel 工作簿文件的默认扩展名是: （　）

A. BMP　　　　B. DOC　　　　C. XLS　　　　D. PPT

【答案与解析】　本题答案为 C。本题考查的知识点是文件扩展名及类型。BMP表示位图文件;.DOC表示 Word 文件;.XLS表示 Excel 文件;.PPT表示 PowerPoint 演示文稿文件。

2. Excel 中,输入分数 5/8 的方法是: （　）

A. 先输入一个"=",再输入 5/8

B. 直接输入 5/8

C. 先输入数值 0,再输入一个空格,最后输入 5/8

D. 先输入一个"'",再输入 5/8

【答案与解析】　本题答案为 C。本题考查的知识点是分数的输入。在 Excel 中输入分数时,为避免系统把分数当作日期数据处理,要在数字前加一个数字和空格。选项 A 是输入公式,选项 B 是输入日期5月8日,选项 D 是将数据以文字型数据输入,选项 C 是输入分数。

3. Excel 中,将 090101 以文字型数据输入,正确的是: （　）

A.（090101）　　　　　　　　B. 直接输入 090101

C.'090101　　　　　　　　　D. ='090101

【答案与解析】　本题答案为 C。本题考查的知识点是将数字数据作为文字型数据输入。要想使数字数据、逻辑数据作为文字型数据输入,需要在数字数据和逻辑数据前加半角单引号(')做先导。选项 A 是输入负数(即输入的结果为-90101),选项 B 是输入数字数据 90101,选项 D 输入方式错误,会弹出提示对话框,选项 C 是将数字 090101 作为文字型数据输入。

4. Excel 中,工作表中的列标编号可用: ( )

    A. 字母   B. 数字

    C. 字母和数字混合   D. 数字和字母的混合

    【答案与解析】 本题答案为 A。本题考查的知识点是 Excel 中的列标。在 Excel 的工作表中,行号用数字表示,列标用字母表示,单元格地址用列标和行号表示,即字母和数字混合表示。

5. 不包含在 Excel"常用"工具栏中的按钮是: ( )

    A. 保存   B. 打印预览

    C. 自动求和   D. 合并及居中

    【答案与解析】 本题答案为 D。本题考查的知识点是"常用"工具栏。选项 A、B、C 都包含在"常用"工具栏中,选项 D 包含在"格式"工具栏中。

6. Excel 中,若将 Sheet1 中的 A6 单元格内容与 Sheet2 中的 C8 单元格内容相加,其结果放在 Sheet1 的 B5 单元格中,则应在 B5 单元格中输入: ( )

    A. ＝A6＋Sheet2！C8   B. A6＋Sheet2！C8

    C. ＝Sheet1！A6＋C8   D. Sheet1！A6＋C8

    【答案与解析】 本题答案为 A。本题考查的知识点是不同工作表中单元格的引用和公式的输入。若要引用不同工作表中的单元格,必须在单元格地址前面加上工作表名和后缀字符"！"。在输入公式时,必须以等号(＝)开始。

7. Excel 中,单元格区域 B3:E7 含有单元格数为: ( )

    A. 16   B. 20   C. 4   D. 5

    【答案与解析】 本题答案为 B。本题考查的知识点是单元格区域。若要表示工作表中的一个区域,则用区域左上角单元格地址和右下角单元格地址,中间用":"符号来表示。本题中单元格区域 B3:E7 中包括 5 行 4 列,即 5×4 共 20 个单元格。

8. 下列单元格地址中为绝对地址的是: ( )

    A. A1   B. ＄A＄1   C. ＄A1   D. A＄1

    【答案与解析】 本题答案为 B。本题考查的知识点是单元格绝对地址的引用。选项 A 是相对地址,选项 C 和选项 D 是混合地址,选项 B 是绝对地址。

9. Excel 中,若把含有单元格地址的公式复制到其他位置时,公式中单元格地址的行号和列标都会随着公式位置的改变而改变,则这种单元格地址称为: ( )

    A. 绝对地址   B. 相对地址   C. 三维地址   D. 混合地址

    【答案与解析】 本题答案为 B。本题考查的知识点是单元格相对地址的引用。在 Excel 中,对公式或函数进行复制时,若使用的是相对地址,则在复制过程中列标和行号将随着单元格的变化而同步变化。

10. 公式"＝SUM(C2:C6)"表示: ( )

    A. 计算 C2 到 C6 单元格区域中所有数值的和

    B. 返回 C2 到 C6 单元格区域中所有数值的最大值

    C. 计算 C2 到 C6 单元格区域中所有数值的平均值

    D. 以上说法都不对

    【答案与解析】 本题答案为 A。本题考查的知识点是函数的使用。在 Excel 中,SUM 函数的作用是计算单元格区域中所有数值的和。选项 B 中返回 C2 到 C6 单元格区域中所有数值的最大值的函数是"＝MAX(C2:C6)",选项 C 中计算 C2 到 C6 单元格区域中所有数值的平均值的函数是"＝AVERAGE(C2:C6)",选项 A 中计算 C2 到 C6 单元格区域中所有数值的和的函数是"＝SUM(C2:C6)"。

11. 若某个单元格显示为"♯VALUE!",则表示： （　　）

A．存在着除数为 0 或空单元格的错误　　　B．存在着不可识别的文本

C．数据类型错误　　　D．列宽不够

【答案与解析】 本题答案为 C。本题考查的知识点是错误值数据。在 Excel 中,错误值数据是输入或编辑数据错误时由系统自动显示的结果。选项 A 中用错误值数据"♯DIV/0!"表示在输入公式或函数时存在着除数为 0 或空单元格的错误,选项 B 中用错误值数据"♯NAME?"表示在输入公式或函数时存在着不可识别的文本,选项 D 中列宽不够时显示为"♯",选项 C 中用错误值数据"♯VALUE!"表示输入公式中存在数据类型错误。

12. Excel 中,输入公式或函数时,其前导字符必须是： （　　）

A．%　　　B．$　　　C．&　　　D．=

【答案与解析】 本题答案为 D。本题考查的知识点是公式或函数的输入。在 Excel 中,输入公式或函数时必须以等号(=)为前导字符。

13. Excel 中,要删除单元格的格式,但不删除单元格中的内容,应该执行： （　　）

A．选择"编辑"|"清除"|"格式"选项

B．选择"编辑"|"清除"|"全部"选项

C．选择"编辑"|"删除"|"格式"选项

D．选择"编辑"|"删除"|"全部"选项

【答案与解析】 本题答案为 A。本题考查的知识点是利用菜单删除单元格格式的操作。在 Excel 中,当选择"编辑"下拉菜单中的"清除"选项时会打开级联菜单,在级联菜单中包含"全部"、"格式"、"内容"、"批注"四个选项,选择其中的"格式"选项可以删除单元格的格式,但不删除单元格中的内容;当选择"编辑"下拉菜单中的"删除"选项时会打开"删除"对话框,在对话框中进行选择后可以完成删除单元格的操作。

14. 在 Excel 中,若删除图表中的某个数据系列,则产生此图表系列的原始数据如何? 若改变产生此图表系列的原始数据,则图表中相应的数据系列： （　　）

A．改变/不变　　　B．改变/改变　　　C．不变/改变　　　D．不变/不变

【答案与解析】 本题答案为 C。本题考查的知识点是图表数据系列与原始数据的关系。当删除图表中的某个数据系列时,产生此图表数据系列的原始数据不改变,只是该数据列不再被选中。当改变产生此图表数据系列的原始数据时,图表中相应的数据系列也随之改变。

15. Excel 中,默认情况下单元格中文本的对齐方式是： （　　）

A．右对齐　　　B．左对齐　　　C．居中对齐　　　D．随机

【答案与解析】 本题答案为 B。本题考查的知识点是数据的默认对齐方式。在 Excel 中,数字数据输入时默认为右对齐,文本数据输入时默认是左对齐,逻辑数据输入时默认是居中对齐。

16. Excel 中,若 A1 单元格的内容是"外科",A2 单元格的内容是"医生",若要在 A3 单元格中显示"外科医生",则在 A3 单元格中应输入公式： （　　）

A．=A1+A2　　　B．=A1$A2

C．=A1&A2　　　D．=A1%A2

【答案与解析】 本题答案为 C。本题考查的知识点是文本运算。在 Excel 中,文本运算符"&"(连接符)用于将两个文本连接成一个文本。

17. Excel 中,输入当前系统日期的快捷键是： （　　）

A．"Ctrl"+";"　　　B．"Ctrl"+":"

C．"Alt"+";"　　　D．"Alt"+":"

【答案与解析】 本题答案为 A。本题考查的知识点是快捷键的使用。在 Excel 中,使用组合键

"Ctrl"+";"(分号)可以输入当前的系统日期,使用组合键"Ctrl"+"Shift"+";"(分号)可以输入当前的系统时间。

18. 进行分类汇总时要先按分类字段对数据列表进行:　　　　　　　　　　　　　　（　　）

　　A. 排序　　　　　　B. 筛选　　　　　　C. 求和　　　　　　D. 查找

　　【答案与解析】　本题答案为 A。本题考查的知识点是分类汇总。分类汇总是对数据列表中的记录按照不同的属性进行统计,分类汇总需要先对数据列表按要汇总的属性进行排序。

19. Excel 中,默认情况下一个工作簿包含的工作表数为:　　　　　　　　　　　　（　　）

　　A. 1　　　　　　　B. 2　　　　　　　C. 3　　　　　　　D. 4

　　【答案与解析】　本题答案为 C。本题考查的知识点是工作簿和工作表。在 Excel 中,一个工作簿中默认有三个工作表。

20. Excel 中,当在一个单元格中输入的内容需要分行显示时,应使用:　　　　　　（　　）

　　A. "Enter"　　　　　　　　　　　　　　B. "Ctrl"+"Enter"

　　C. "Shift"+"Enter"　　　　　　　　　　D. "Alt"+"Enter"

　　【答案与解析】　本题答案为 D。本题考查的知识点是单元格内容的分行输入或显示。在单元格中输入数据,按回车键,则结束输入,并使下一个单元格作为活动单元格,所输入的内容在一行显示。如果在一个单元格中想输入多行数据,或将单元格中的数据分行显示,则需要将光标定位在要分行的位置,然后按"Alt"+"Enter"组合键。

操作实例

例1　完成以下操作。

（1）在 D 盘 stud 文件夹下建立一个"exer1. XLS"工作簿文件,并命名其中的一个工作表标签为 drug1。

（2）在此工作表上建立和编辑如表 3－4 所示的数据表。

（3）保存工作簿文件。

表 3－4　药品采购表

药品中文名	剂型	单价	第一季度	第二季度	第三季度	第四季度
阿莫西林	针剂	12	240	565	362	435
红霉素	针剂	8.4	564	145	254	423
抗病毒口服液	口服液	23	2 132	768	463	1 423
板蓝根冲剂	冲剂	7.8	3 124	567	145	3 152
双黄连口服液	口服液	23	468	123	456	765
吗叮啉片	片剂	21	143	432	243	357

【答案与解析】

（1）打开"资源管理器"窗口。

（2）在"文件夹"窗口单击"本地磁盘 D"。

（3）在右侧窗口单击鼠标右键,在打开的快捷菜单中选择"新建"|"文件夹"选项,新建一个文件夹,并重命名为 stud。

（4）在右侧窗口用鼠标双击 stud 文件夹图标,打开该文件夹。

（5）在右侧窗口单击鼠标右键,在打开的快捷菜单中选择"新建"|"Microsoft Excel 工作表"选

项,新建一个 Excel 工作簿文件。

(6) 将新建的 Excel 工作簿文件重命名为 exer1。

(7) 双击打开 exer1. XLS 工作簿文件,将工作表 Sheet1 重命名为 drug1。

(8) 按默认的常规格式输入表 3-4 所示的数据。

(9) 保存工作簿文件。

例2 打开 D 盘 stud 文件夹中的 exer1. XLS 工作簿文件,对工作表 drug1 中的数据表进行如下操作。

(1) 对文字"药品采购表"进行格式设置:字体为楷体,居中,加粗,字号为 18,颜色为红色。

(2) 对数据表的标题进行格式设置:字体为宋体,居中,加粗,字号为 12。

(3) 保存工作簿文件。

【答案与解析】

(1) 选择每个要格式化的对象后打开"单元格格式"对话框或单击"格式"工具栏中的相应按钮进行设置。

(2) 保存工作簿文件。

例3 打开 D 盘 stud 文件夹中的 exer1. XLS 工作簿文件,对工作表 drug1 中的数据表进行如下操作。

(1) 设置"第一季度"、"第二季度"、"第三季度"和"第四季度"属性列中的数值数据按千位分隔样式显示。

(2) 设置"单价"中的数据为货币格式,货币符号为¥,小数点位数为 2。

(3) 保存工作簿文件。

【答案与解析】

(1) 选择每个要格式化的对象后打开"单元格格式"对话框或单击"格式"工具栏中的相应按钮进行设置。

(2) 保存工作簿文件。

例4 打开 D 盘 stud 文件夹中的 exer1. XLS 工作簿文件,对工作表 drug1 中的数据表进行如下操作。

(1) 给表格加外边框,外边框线条使用粗线,颜色为蓝色。

(2) 给表格加内边框,表名与标题行之间使用双细线,颜色为粉红色。

(3) 其余内部网格线使用单细线,颜色为绿色。

(4) 保存工作簿文件。

【答案与解析】

(1) 选择要格式化的表格后打开"单元格格式"对话框,选择"边框"选项卡,在该选项卡中进行相应的设置。

(2) 保存工作簿文件。

例5 完成以下操作。

(1) 在 D 盘 stud 文件夹下建立一个 exer2. XLS 工作簿文件。

(2) 在 Sheet1 工作表的后边插入工作表 Sheet4。

(3) 在 Sheet3 工作表的前边插入工作表 Sheet5。

(4) 保存工作簿文件。

【答案与解析】

(1) 右键单击 Sheet1 工作表标签,打开快捷菜单,选择"插入"选项,插入新工作表 Sheet4,鼠标单击 Sheet4 工作表标签并拖动鼠标将该工作表移动到 Sheet1 后边。

（2）右键单击 Sheet3 工作表标签，打开快捷菜单，选择"插入"选项，插入新工作表 Sheet5。

（3）保存工作簿文件。

例6 打开 D 盘 stud 文件夹中的 exer2.XLS 工作簿文件，对工作簿文件 exer2.XLS 进行如下操作。

（1）将工作表 Sheet1 和 Sheet2 删除。

（2）将工作表 Sheet3 移动到工作表 Shee4 之前。

【答案与解析】

（1）鼠标右键单击 Sheet1 工作表标签，打开快捷菜单，选择"删除"选项，完成删除工作表的操作。

（2）鼠标右键单击 Sheet2 工作表标签，打开快捷菜单，选择"删除"选项，完成删除工作表的操作。

（3）鼠标单击 Sheet3 工作表标签并拖动鼠标将该工作表移动到 Sheet4 工作表前边。

例7 打开 D 盘 stud 文件夹中的 exer2.XLS 工作簿文件，对工作簿文件 exer2.XLS 进行如下操作。

（1）将工作表 Sheet3 的标签设置为红色。

（2）将工作表 Sheet4 的标签设置为黄色。

（3）将工作表 Sheet5 的标签设置为绿色。

（4）保存工作簿文件。

【答案与解析】

（1）右键单击 Sheet3 工作表标签，打开快捷菜单，选择"工作表标签颜色"选项，单击"红色"色块，完成工作表标签颜色的设置。

（2）右键单击 Sheet4 工作表标签，打开快捷菜单，选择"工作表标签颜色"选项，单击"黄色"色块，完成工作表标签颜色的设置。

（3）右键单击 Sheet5 工作表标签，打开快捷菜单，选择"工作表标签颜色"选项，单击"绿色"色块，完成工作表标签颜色的设置。

例8 打开 D 盘 stud 文件夹中的 exer2.XLS 工作簿文件，对工作簿文件 exer2.XLS 进行如下操作。

（1）复制工作表 Sheet3，并置于工作表 Sheet3 之前。

（2）将复制生成的新工作表重命名为 drug2。

（3）将工作表 drug2 移动到所有工作表的最前面。

（4）保存工作簿文件。

【答案与解析】

（1）右键单击 Sheet3 标签，选择"移动和复制工作表"选项，打开对话框，在"下列选定工作表之前"选择 Sheet3，选中"建立副本"复选框，完成复制操作。

（2）右键单击新工作表标签，选择"重命名"选项，输入 drug2，完成重命名操作。

（3）鼠标单击 drug2 工作表标签并拖动鼠标将该工作表移动到所有工作表的前边。

例9 完成以下操作。

（1）打开 D 盘 stud 文件夹中的 exer2.XLS 工作簿文件。

（2）在工作表 drug2 中的 A1 和 B1 单元格中分别输入数值数据 1 和 5。

（3）利用数据填充功能填充 C1：F1 单元格区域，使其内容分别为数值 9、13、17 和 21。

【答案与解析】

（1）在 A1 和 B1 单元格中分别输入 1 和 5。

（2）选中 A1 和 B1 两个单元格，单击选中框右下角的填充柄向右拖动鼠标至 F1 单元格后松开鼠标,完成数据填充操作。

例10 完成以下操作。

(1) 打开 D 盘 stud 文件夹中的 exer2. XLS 工作簿文件。

(2) 在工作表 drug2 中的 A2 单元格中输入文字数据"星期一"。

(3) 利用数据填充功能填充 A3：A8 单元格区域,使其内容分别为"星期二"、"星期三"、"星期四"、"星期五"、"星期六"和"星期日"。

【答案与解析】

(1) 在 A2 单元格中输入文字数据"星期一"。

(2) 选中 A2 单元格,单击选中框右下角的填充柄向下拖动鼠标至 A8 单元格后松开鼠标,完成数据填充操作。

例11 完成以下操作。

(1) 打开 D 盘 stud 文件夹中的 exer2. XLS 工作簿文件。

(2) 在工作表 drug2 中的 B2 单元格中输入日期 2010 - 1 - 12。

(3) 利用数据填充功能填充 B3：B5 单元格区域,使其内容分别为日期 2010 - 1 - 13、2010 - 1 - 14 和 2010 - 1 - 15。

【答案与解析】

(1) 在 B2 单元格中输入日期 2010 - 1 - 12。

(2) 选中 B2 单元格,单击选中框右下角的填充柄向下拖动鼠标至 B5 单元格后松开鼠标,完成数据填充操作。

例12 完成以下操作。

打开 D 盘 stud 文件夹中的 exer1. XLS 工作簿文件,工作表 drug1 中的数据表所对应的单元格区域为 A1：G8,数据如表 3 - 4 所示。

(1) 在 H2 单元格中输入"全年总量"字样。

(2) 对文字"全年总量"进行格式设置:字体为宋体,居中,加粗,字号为 12。

(3) 计算每种药品四个季度的全年总量。

(4) 保存工作簿文件。

【答案与解析】

(1) 选中 H3 单元格,单击"常用"工具栏中的"自动求和"按钮,选择 D3：G3 单元格区域,按"Enter"键,完成第一种药品全年总量的计算。

(2) 选中 H3 单元格,单击并拖动填充柄到 H8 单元格为止。

例13 打开 D 盘 stud 文件夹中的 exer1. XLS 工作簿文件,对工作表 drug1 中的数据表进行如下操作。

(1) 在 I2 单元格中输入"总价"字样。

(2) 对文字"总价"进行格式设置:字体为宋体,居中,加粗,字号为 12。

(3) 计算每种药品的总价,总价等于单价和全年总量的乘积。

(4) 保存工作簿文件。

【答案与解析】

(1) 选中 I3 单元格,输入公式"=C3 * H3",按"Enter"键,完成第一种药品总价的计算。

(2) 选中 I3 单元格,单击并拖动填充柄到 I8 单元格为止。

例14 打开 D 盘 stud 文件夹中的 exer1. XLS 工作簿文件,对工作表 drug1 中的数据表进行如下操作。

(1) 以"全年总量"为主要关键字,按降序排列整个数据表。

(2) 保存工作簿文件。

【答案与解析】

(1) 选中数据表。

(2) 选择"数据"|"排序"选项,打开"排序"对话框,设置主要关键字为"全年总量",选中"降序"单选按钮,单击"确定"按钮完成操作。

例 15　打开 D 盘 stud 文件夹中的 exer1. XLS 工作簿文件,对工作表 drug1 中的数据表进行如下操作。

(1) 使用自动套用格式中的"彩色 1"格式格式化数据表。

(2) 保存工作簿文件。

【答案与解析】

(1) 选中数据表。

(2) 选择"格式"|"自动套用格式"选项,在打开的对话框中选择"彩色 1"格式,单击"确定"按钮完成操作。

例 16　对例 1 中工作表 drug1 中的数据表进行如下操作。

(1) 使用条件格式对数据表进行格式化,将文字"针剂"用红色加组显示。

(2) 使用条件格式对数据表进行格式化,将文字"口服液"用黄色倾斜显示。

(3) 保存工作簿文件。

【答案与解析】

(1) 选中数据表。

(2) 选择"格式"|"条件格式"选项,打开对话框,设置条件 1 中间的下拉列表框为"等于",右侧的文本框为"针剂",单击"格式"按钮进入"单元格各式"对话框进行设置,单击"确定"按钮完成操作。

(3) 单击"添加"按钮,进行条件 2 的设置,方法同条件 1 的设置。

例 17　完成以下操作。

(1) 打开 D 盘 stud 文件夹中的 exer2. XLS 工作簿文件。

(2) 删除工作表 drug2 中的内容和格式。

(3) 在工作表 drug2 的 B1:J1 区域内依次输入 1~9,A2:A10 区域内依次输入 1~9。

(4) 在 B2 单元格内输入一个公式,通过拖曳填充产生一个乘法九九表,如图 3-110 所示。

(5) 保存工作簿文件。

	A	B	C	D	E	F	G	H	I	J
1		1	2	3	4	5	6	7	8	9
2	1	1								
3	2	2	4							
4	3	3	6	9						
5	4	4	8	12	16					
6	5	5	10	15	20	25				
7	6	6	12	18	24	30	36			
8	7	7	14	21	28	35	42	49		
9	8	8	16	24	32	40	48	56	64	
10	9	9	18	27	36	45	54	63	72	81

图 3-110　九九乘法表

【答案与解析】

(1) 方法一:①在 B2 单元格内输入公式"=B$1*$A2";②选中 B2 单元格,单击填充柄向下拖曳至 B10 单元格;③从 B3 起向右拖曳填充,B3 向右填充 1 个单元格,B4 向右填充 2 个单元格,以此类推,B10 向右填充 8 个单元格。

(2)方法二：①在 B2 单元格内输入函数"＝IF(B$1＜＝$A2,B$1＊$A2,"")"；②选中 B2 单元格，单击填充柄向下拖曳至 B10 单元格；③选中 B2：B10 单元格区域，单击填充柄向右拖曳至 J 列。

例 18 打开 D 盘 stud 文件夹中的 exer1. XLS 工作簿文件，对工作表 drug1 中的数据表进行如下操作。

(1) 以"剂型"为主要关键字，"单价"为次要关键字，"总价"为第三关键字，按"剂型"降序，"单价"升序，"总价"升序排列整个数据表。

(2) 保存工作簿文件。

【答案与解析】

(1) 选中数据表。

(2) 选择"数据"|"排序"选项，打开"排序"对话框，设置主要关键字为"剂型"，选中"降序"单选按钮；次要关键字为"单价"，选中"升序"单选按钮；第三关键字为"总价"，选中"升序"单选按钮，单击"确定"按钮完成操作。

例 19 打开 D 盘 stud 文件夹中的 exer1. XLS 工作簿文件，工作表 drug1 中的数据表所对应的单元格区域为 A1：I8，完成以下操作。

(1) 用自动筛选功能从中筛选出单价大于 10，同时总价小于 100 000 的所有记录。

(2) 取消自动筛选状态，显示所有记录。

【答案与解析】

(1) 选择"数据"|"筛选"|"自动筛选"选项。

(2) 单击"单价"数据列右侧的按钮，选择"自定义"选项，打开对话框。

(3) 设置"显示行"左侧下拉列表内容为"大于"，右侧下拉列表内容为 10，单击"确定"按钮完成操作。

(4) 单击"总价"数据列右侧的按钮，选择"自定义"选项，打开对话框。

(5) 设置"显示行"左侧下拉列表内容为"小于"，右侧下拉列表内容为 100 000，单击"确定"按钮完成操作。

(6) 选择"数据"|"筛选"|"自动筛选"选项，取消自动筛选状态，显示所有记录。

例 20 打开 D 盘 stud 文件夹中的 exer1. XLS 工作簿文件，工作表 drug1 中的数据表所对应的单元格区域为 A1：I8，完成以下操作。

(1) 用自动筛选功能从中筛选出单价大于 10 并且小于 20 的所有记录。

(2) 取消自动筛选状态，显示所有记录。

【答案与解析】

(1) 选择"数据"|"筛选"|"自动筛选"选项。

(2) 单击"单价"数据列右侧的按钮，选择"自定义"选项，打开对话框。

(3) 设置"显示行"左上侧下拉列表内容为"大于"，右上侧下拉列表内容为 10。

(4) 选中"与"单选按钮。

(5) 设置"显示行"左下侧下拉列表内容为"小于"，右下侧下拉列表内容为 20。

(6) 单击"确定"按钮完成操作。

(7) 选择"数据"|"筛选"|"自动筛选"选项，取消自动筛选状态，显示所有记录。

例 21 打开 D 盘 stud 文件夹中的 exer1. XLS 工作簿文件，工作表 drug1 中的数据表所对应的单元格区域为 A1：I8，完成以下操作。

(1) 用自动筛选功能从中筛选出单价小于 10 或大于 20 的所有记录。

(2) 取消自动筛选状态，显示所有记录。

【答案与解析】

(1) 选择"数据"|"筛选"|"自动筛选"选项。

(2) 单击"单价"数据列右侧的按钮,选择"自定义"选项,打开对话框。

(3) 设置"显示行"左上侧下拉列表内容为"小于",右上侧下拉列表内容为 10。

(4) 选中"或"单选按钮。

(5) 设置"显示行"左下侧下拉列表内容为"大于",右下侧下拉列表内容为 20。

(6) 单击"确定"按钮完成操作。

(7) 选择"数据"|"筛选"|"自动筛选"选项,取消自动筛选状态,显示所有记录。

例 22 打开 D 盘 stud 文件夹中的 exer1. XLS 工作簿文件,工作表 drug1 中的数据表所对应的单元格区域为 A1:I8,完成以下操作。

(1) 用自动筛选功能从中筛选出剂型为"针剂"和"口服液"的所有记录。

(2) 取消自动筛选状态,显示所有记录。

【答案与解析】

(1) 选择"数据"|"筛选"|"自动筛选"选项。

(2) 单击"剂型"数据列右侧的按钮,选择"自定义"选项,打开对话框。

(3) 设置"显示行"左上侧下拉列表内容为"等于",右上侧下拉列表内容为"针剂"。

(4) 选中"或"单选按钮。

(5) 设置"显示行"左下侧下拉列表内容为"等于",右下侧下拉列表内容为"口服液"。

(6) 单击"确定"按钮完成操作。

(7) 选择"数据"|"筛选"|"自动筛选"选项,取消自动筛选状态,显示所有记录。

例 23 打开 D 盘 stud 文件夹中的 exer1. XLS 工作簿文件,工作表 drug1 中的数据表所对应的单元格区域为 A1:I8,完成以下操作。

(1) 用高级筛选功能从中筛选出单价小于 10 的针剂。

(2) 在原有区域显示筛选结果。

(3) 取消筛选状态,显示所有记录。

【答案与解析】

(1) 在工作表的空白处输入筛选条件,如右图所示。

(2) 选中数据表。

剂型	单价
针剂	<10

(3) 选择"数据"|"筛选"|"高级筛选"选项。

(4) 在对话框中,设置"条件区域"为筛选条件所在的区域,单击"确定"按钮完成操作。

(5) 选择"数据"|"筛选"|"全部显示"选项,取消筛选状态,显示所有记录。

例 24 打开 D 盘 stud 文件夹中的 exer1. XLS 工作簿文件,工作表 drug1 中的数据表所对应的单元格区域为 A1:I8,完成以下操作。

(1) 用高级筛选功能从中筛选出单价小于 10 或剂型为"口服液"的所有记录。

(2) 在原有区域显示筛选结果。

(3) 取消筛选状态,显示所有记录。

【答案与解析】

(1) 在工作表的空白处输入筛选条件,如右图所示。

(2) 选中数据表。

剂型	单价
口服液	
	<10

(3) 选择"数据"|"筛选"|"高级筛选"选项。

(4) 在对话框中,设置"条件区域"为筛选条件所在的区域,单击"确定"按钮完成操作。

（5）选择"数据"|"筛选"|"全部显示"选项,取消筛选状态,显示所有记录。

例25 打开 D 盘 stud 文件夹中的 exer1. XLS 工作簿文件,工作表 drug1 中的数据表所对应的单元格区域为 A1：I8,完成以下操作。

（1）用高级筛选功能从中筛选出单价小于 10 的针剂,或单价大于 20 的片剂。

（2）将筛选结果复制到以 A15 单元格开始的区域。

【答案与解析】

（1）在工作表的空白处输入筛选条件,如右图所示。

（2）选中数据表。

剂型	单价
针剂	<10
片剂	>20

（3）选择"数据"|"筛选"|"高级筛选"选项。

（4）在对话框中,选择"方式"中的"将筛选结果复制到其他位置"单选按钮,设置"条件区域"为筛选条件所在的区域,"复制到"为 A15,单击"确定"按钮完成操作。

例26 打开 D 盘 stud 文件夹中的 exer1. XLS 工作簿文件,工作表 drug1 中的数据表所对应的单元格区域为 A1：I8,完成以下操作。

（1）用高级筛选功能从中筛选出单价在 10 到 20 之间的针剂。

（2）将筛选结果复制到以 A20 单元格开始的区域。

【答案与解析】

（1）在工作表的空白处输入筛选条件,如右图所示。

（2）选中数据表。

剂型	单价	单价
针剂	>=10	<=20

（3）选择"数据"|"筛选"|"高级筛选"选项。

（4）在对话框中,选择"方式"中的"将筛选结果复制到其他位置"单选按钮,设置"条件区域"为筛选条件所在的区域,"复制到"为 A20,单击"确定"按钮完成操作。

例27 打开 D 盘 stud 文件夹中的 exer1. XLS 工作簿文件,工作表 drug1 中的数据表所对应的单元格区域为 A1：I8,完成以下操作。

（1）按照剂型分类对全年总量和总价进行求和汇总。

（2）删除分类汇总结果,恢复原数据表。

【答案与解析】

（1）以"剂型"为主要关键字对整个数据表进行排序。

（2）选择"数据"|"分类汇总"选项。

（3）在对话框中,设置"分类字段"为"剂型","汇总方式"为"求和","选定汇总项"为"全年总量"和"总价",单击"确定"按钮完成分类汇总的操作。

（4）选择"数据"|"分类汇总"选项,在对话框中,单击"全部删除"按钮完成删除分类汇总结果的操作。

例28 打开 D 盘 stud 文件夹中的 exer1. XLS 工作簿文件,工作表 drug1 中的数据表所对应的单元格区域为 A1：I8,完成以下操作。

（1）对数据表创建分离型三维饼图图表,其中包括"药品中文名"和"总价"数据列。

（2）将图表作为其中的对象插入到工作表 drug1 中,并移动到适当位置。

（3）对图表进行如图 3-111 所示的格式化。

（4）保存工作簿文件。

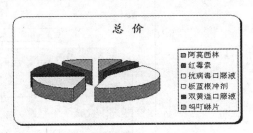

图 3-111 药品总价饼图图表

【答案与解析】

（1）在数据表中选中"药品中文名"数据列。

（2）按住"Ctrl"键,再选中"总价"数据列,则将"药品中文名"和"总价"数据列同时选中。

（3）选择"插入"|"图表"选项，或单击"常用"工具栏中的"图表向导"按钮，打开"图表向导"对话框，按题目要求完成相应的设置。

例29 打开 D 盘 stud 文件夹中的 exer1. XLS 工作簿文件，工作表 drug1 中的数据表所对应的单元格区域为 A1：I8，完成以下操作。

（1）按"总价"的降序对数据表进行排序。

（2）对数据表中"总价"排在前 3 位的数据创建数据点折线图图表，其中包括"药品中文名"、"第一季度"、"第二季度"、"第三季度"和"第四季度"数据列。

（3）将图表作为新工作表插入到工作簿中。

（4）对图表进行如图 3-112 所示的格式化。

（5）保存工作簿文件。

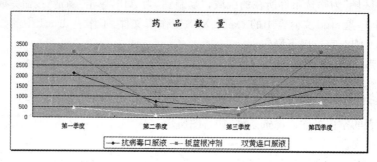

图3-112 药品数量折线图图表

【答案与解析】

（1）以"总价"为主要关键字，按降序对整个数据表进行排序。

（2）在数据表中选中 A2：A5 单元格区域，按住"Ctrl"键，再选中 D2：G5 单元格区域。

（3）选择"插入"|"图表"选项，或单击"常用"工具栏中的"图表向导"按钮，打开"图表向导"对话框，按题目要求完成相应的设置。

例30 打开 D 盘 stud 文件夹中的 exer1. XLS 工作簿文件，工作表 drug1 中的数据表所对应的单元格区域为 A1：I8，完成以下操作。

（1）对数据表中"总价"排在后三位的数据创建三维簇状柱形图图表，其中包括"药品中文名"、"第一季度"、"第二季度"、"第三季度"和"第四季度"数据列。

（2）将图表作为新工作表插入到工作簿中。

（3）对图表进行如图 3-113 所示的格式化。

（4）保存工作簿文件。

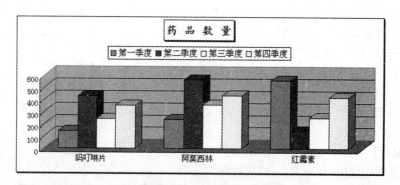

图3-113 药品数量柱形图图表

【答案与解析】

（1）以"总价"为主要关键字，按降序对整个数据表进行排序。

（2）在数据表中选中 A2 单元格，按住"Ctrl"键，再选中 A6：A8、D2：G2 和 D6：G8 单元格区域。

（3）选择"插入"|"图表"选项，或单击"常用"工具栏中的"图表向导"按钮，打开"图表向导"对话框，按题目要求完成相应的设置。

复　习　题

【A 型题】

1. 若某个单元格显示为"＃DIV/0！"，则表示： 　　　　　（　　）

　　A．输入公式或函数时存在着不可识别的文本

　　B．输入公式或函数时存在着除数为 0 或空单元格的错误

　　C．输入公式中存在数据类型错误

　　D．列宽不够

2. 如果将 D1 单元格中的公式"＝ $A1/B3"复制到同一工作表的 D3 单元格中，该单元格的公式为：

　　　　　　　　　　　　　　　　　　　　　　　　　　　（　　）

　　A．＝ $A3/B5　　　　B．＝A3/B5　　　　C．＝ $A1/B5　　　　D．＝ $A1/B3

3. Excel 中关于行号的叙述不正确的是： 　　　　　（　　）

　　A．单击行号可以选中一行

　　B．右击行号可显示快捷菜单

　　C．双击行号可以修改一行的内容

　　D．拖动行号下边的边界线可调整行的宽度

4. 在某单元格中输入函数"＝SUM(55,8,2)"，则当该单元格处于编辑状态时显示的内容是：

　　　　　　　　　　　　　　　　　　　　　　　　　　　（　　）

　　A．65　　　　　　　B．＝65　　　　　　C．SUM(55,8,2)　　　D．＝SUM(55,8,2)

5. Excel 中，A1 单元格中有公式"＝ $C2＋F3"，若删除第 E 列后，A1 单元格中的公式为：（　　）

　　A．＝ $C2＋F3　　　　B．＝ $C2＋E3　　　　C．＝ $C2＋D3　　　　D．显示错误信息

6. Excel 中，一个工作簿最多允许的工作表张数为： 　　　　　（　　）

　　A．3　　　　　　　　B．4　　　　　　　C．255　　　　　　D．256

7. Excel 中，输入当前系统时间的快捷键是： 　　　　　（　　）

　　A．"Ctrl"＋"；"　　　B．"Ctrl"＋"："　　　C．"Alt"＋"；"　　　D．"Alt"＋"："

8. 若单元格中的数据如右图所示，则在 C2 单元格中输入公式"＝SUM(A $1，B1：B2，$C1)"，按 Enter 后，C2 单元格的内容为： 　　　　　（　　）

	A	B	C
1	3	6	2
2	5	4	

　　A．9　　　　　　　　　　　　　　　　　B．11

　　C．15　　　　　　　　　　　　　　　　　D．20

9. 在 Excel 中，下列输入日期的格式不正确的是： 　　　　　（　　）

　　A．09/06/03　　　　　B．6/3　　　　　　C．09.06.03　　　　D．09－06－03

10. 下列操作中，不能在 Excel 工作表的选定单元格中输入函数的是： 　　　　　（　　）

　　A．选择菜单栏中的"插入"|"函数"选项

B．单击"编辑栏"上的插入函数"f_x"按钮

C．单击"常用"工具栏上的"自动求和"按钮

D．选择菜单栏中的"数据"|"函数"选项

11. 下列公式中不能对右图中所有数据求平均值计算的是： （ ）

A．＝AVERAGE(A1：A2,B2,C1)

B．＝AVERAGE(A1,A2,B2,C1)

C．＝AVERAGE(A1：B2)

D．＝AVERAGE(A1,A2：B2,C1)

	A	B	C
1	23		6
2	3	31	

12. 下列关于 Excel 中合并单元格的说法正确的是： （ ）

A．只能水平合并单元格

B．只能垂直合并单元格

C．能将一个连续区域合并成一个单元格

D．能将一个不连续区域合并成一个单元格

13. Excel 中，对 H2 单元格进行等级评定，下面函数写法正确的是： （ ）

A．＝IF(H2>=60),"及格","不及格"　　B．＝IF(H2>=60,及格,不及格)

C．＝IF(H2>=60,"及格","不及格")　　D．＝IF(H2>=60 "及格","不及格")

14. 为 Excel 工作表标签重命名的方法，不正确是： （ ）

A．单击工作表标签，输入新名字

B．双击工作表标签，输入新名字

C．右键单击工作表标签，在快捷菜单中选择"重命名"选项，输入新名字

D．选择菜单栏中的"格式"|"工作表"|"重命名"选项，输入新名字

15. 在 Excel 的工作表中，如果 A1、A2、B1、B2 单元格的内容分别为 3、2、＝A1＊A2、＝A2＊B1－A1，则 A1、A2、B1、B2 单元格实际显示的内容分别是： （ ）

A．3、2、6、9　　　　B．3、2、6、0　　　　C．3、2、6、3　　　　D．3、2、6、出错信息

16. Excel 中，选定单元格区域后按"Del"键，相当于选择菜单栏中"编辑"|"清除"中的： （ ）

A．全部　　　　　B．格式　　　　　C．内容　　　　　D．批注

17. Excel 中，选择多个不连续区域的正确方法是： （ ）

A．鼠标拖动选择第一个区域后，按住"Ctrl"键继续拖动选择其他的区域

B．鼠标拖动选择第一个区域后，按住"Shift"键继续拖动选择其他的区域

C．鼠标拖动选择第一个区域后，按住"Alt"键继续拖动选择其他的区域

D．可以用鼠标逐个区域的拖动选择

18. 如果在单元格中输入数据 2010－01－15,则 Excel 将把它识别为： （ ）

A．日期　　　　　B．公式　　　　　C．文本　　　　　D．数字

19. Excel 中，在 A1 单元格中输入 3/5,按"Enter"键后，在 A1 单元格中显示的是： （ ）

A．3 月 5 日　　　　B．3/5　　　　　C．0.6　　　　　D．5 月 3 日

20. 如图所示，在 A3 单元格中输入公式"＝A $1＊$B $1－$A2＋B2",通过填充柄复制 A3 中公式到 B3,则 B3 中结果为： （ ）

A．17

C．24

B．21

D．7

	A	B	C
1	3	5	2
2	4	6	3

21. Excel 中，下列哪个操作不能向图表中添加数据系列： （ ）

A．在图表中选定需要的数据系列，按"Del"键

B．在工作表中选择要添加的数据系列所在的单元格区域，直接拖入图表中

C．在工作表中选择要添加的数据系列所在的单元格区域，按"Ctrl"＋"C"，单击图表，按"Ctrl"＋"V"

D．在图表上右击，在打开的快捷菜单中选择"源数据"选项，在其中进行设置

22. 在下列 Excel 运算符中，优先级最低的是： （　　）

A．％ 　　　　　B．＞ 　　　　　C．＆ 　　　　　D．^

23. 在 Excel 中创建了图表之后，对已建立图表的数据值进行修改，则： （　　）

A．图表被隐藏 　　　B．图表保持不变 　　　C．图表同步修改 　　　D．图表被删除

24. 右图中所表示的高级筛选条件的意义是： （　　）

A．筛选出数据列表中数学和英语成绩都大于等于 60 分的记录

B．筛选出数据列表中数学或英语成绩大于等于 60 分的记录

C．筛选出数据列表中数学成绩大于等于 60 分的记录

D．筛选出数据列表中英语成绩大于等于 60 分的记录

数学	英语
>=60	>=60

25. 右图中所表示的高级筛选条件的意义是： （　　）

A．筛选出数据列表中数学和英语成绩都大于等于 70 分的记录

B．筛选出数据列表中数学或英语成绩大于等于 70 分的记录

C．筛选出数据列表中数学成绩大于等于 70 分的记录

D．筛选出数据列表中英语成绩大于等于 70 分的记录

数学	英语
>=70	
	>=70

26. 右图中所表示的高级筛选条件的意义是： （　　）

A．筛选出数据列表中数学成绩大于 70 分的女生或英语成绩小于 90 分的记录

B．筛选出数据列表中数学成绩大于 70 分的女生且英语成绩小于 90 分的记录

C．筛选出数据列表中数学成绩大于 70 分的女生

D．筛选出数据列表中英语成绩小于 90 分的女生

性别	数学	语文
女	>70	
		<90

27. 在 Excel 工作簿中，同时选择多个不相邻的工作表，可以在按住哪个键的同时依次单击各个工作表的标签？ （　　）

A．"Alt" 　　　B．"Ctrl" 　　　C．"Shift" 　　　D．"Tab"

28. Excel 中，要在某单元格中计算 B5 到 B10 单元格中数值数据的平均值，则应该在该单元格中输入公式： （　　）

A．＝SUM（B5：B10） 　　　　　B．＝AVERAGE（B5：B10）

C．＝SUM（B5，B10） 　　　　　D．＝AVERAGE（B5，B10）

29. Excel 中，ED5：GH7 单元格区域对应的绝对地址是： （　　）

A．ED$5：$GH7 　　　　　B．$ED5：$GH7

C．ED$5：GH$7 　　　　　D．ED5：GH7

30. Excel 中，要编辑单元格内容时，在该单元格中怎样点击鼠标，光标插入点将位于单元格内的文字之间？ （　　）

A．单击 　　　B．双击 　　　C．三击 　　　D．右键单击

31. Excel 中，下列哪种操作不可撤消？ （　　）

A．清除单元格内容 　　　　　B．删除单元格

C．删除工作表 　　　　　D．删除公式

32. Excel 中，在按升序排序时，下列有关排序顺序的说法不正确的是： （　　）

A．数字从最小的负数到最大的正数排序　　　B．数字从最大的正数到最小的负数排序

C．在逻辑值中,FALSE 排在 TRUE 之前　　　D．空格排在最后

33. 在 Excel 的单元格中输入公式"=8>3+4^3",其运算结果是： （　）

A．65　　　　　　B．64　　　　　　C．False　　　　　　D．True

34. 启动 Excel 后实际打开的是： （　）

A．Excel 工作窗口　　　　　　　　　B．Excel 工作表窗口

C．一个工作簿窗口　　　　　　　　　D．一个文档窗口

35. Excel 中,能够选择和编辑图表中的任何对象的工具栏是： （　）

A．"常用"工具栏　　　B．"格式"工具栏　　　C．"绘图"工具栏　　　D．"图表"工具栏

36. 在创建 Excel 图表过程中,第二步是选择图表的： （　）

A．类型　　　　　　B．选项　　　　　　C．源数据　　　　　　D．插入位置

37. 在 Excel 图表中,垂直 Y 轴通常用来作为： （　）

A．分类轴　　　　　　B．数值轴　　　　　　C．时间轴　　　　　　D．排序轴

38. 在 Excel 图表中,能反映数据所占比例的图表类型是： （　）

A．柱形图　　　　　　B．折线图　　　　　　C．饼图　　　　　　D．条形图

39. 在 Excel 图表的标准类型中,包含的图表类型共有几种? （　）

A．7　　　　　　B．10　　　　　　C．14　　　　　　D．20

40. 在 Excel 中,对数据列表进行排序时,在"排序"对话框中最多能够指定的排序关键字的个数为： （　）

A．1　　　　　　B．2　　　　　　C．3　　　　　　D．4

41. 在 Excel 的自动筛选中,所选数据列表的每个标题都对应一个： （　）

A．工具栏　　　　　　B．对话框　　　　　　C．窗口　　　　　　D．下拉菜单

42. Excel 中,函数"=MIN(4,8,6)"的运算结果是： （　）

A．3　　　　　　B．4　　　　　　C．6　　　　　　D．8

43. Excel 中,函数"=MAX(4,8,6)"的运算结果是： （　）

A．3　　　　　　B．4　　　　　　C．6　　　　　　D．8

44. Excel 中,函数"=COUNT(4,8,6)"的运算结果是： （　）

A．3　　　　　　B．4　　　　　　C．6　　　　　　D．8

45. Excel 中,函数"=COUNT(4,A,6)"的运算结果是： （　）

A．2　　　　　　B．3　　　　　　C．4　　　　　　D．6

46. Excel 中,函数"=COUNTA(4,A,6)"的运算结果是： （　）

A．2　　　　　　B．3　　　　　　C．4　　　　　　D．6

47. 若 C1 单元格中的公式为"=A1+B1",将公式复制到 D2 单元格,则 D2 中的公式是： （　）

A．=B1+C1　　　B．=A1+B1　　　C．=B2+C2　　　D．=A2+B2

48. 在某单元格中输入函数"=AVERAGE(5,20,8)",则当该单元格处于非编辑状态时显示的内容是： （　）

A．11　　　　　　　　　　　　　B．AVERAGE(5,20,8)

C．=11　　　　　　　　　　　　D．=AVERAGE(5,20,8)

49. 若 C1 单元格中的公式为"=A1+B1",将公式移动到 D2 单元格,则 D2 中的公式是： （　）

A．=B1+C1　　　B．=A1+B1　　　C．=B2+C2　　　D．=A2+B2

50. 若 C1 单元格中的公式为"=A$1+B$1",将公式复制到 D2 单元格,则 D2 中的公式是： （　）

A．=B$1+C$1　　　B．=A$1+B$1　　　C．=B$2+C$2　　　D．=A$2+B$2

51. 若 C1 单元格中的公式为"＝A＄1＋B＄1",将公式移动到 D2 单元格,则 D2 中的公式是:( )

    A．＝B＄1＋C＄1   B．＝A＄1＋B＄1   C．＝B＄2＋C＄2   D．＝A＄2＋B＄2

52. 若一个单元格的地址为 A＄1,则此地址的类型是: ( )

    A．相对地址   B．绝对地址   C．混合地址   D．三维地址

53. 在一个单元格的三维地址中,工作表名与列标之间的字符是: ( )

    A．％   B．＄   C．&   D．!

54. Excel 中,绝对地址的行号和列标前使用的符号是: ( )

    A．％   B．＄   C．&   D．!

55. Excel 的页面设置中,不能设置: ( )

    A．页眉   B．页边距   C．每页字数   D．纸张大小

56. Excel 中,对工作表中的选择区域不能进行的操作是: ( )

    A．条件格式   B．自动套用格式   C．保存文档   D．行高尺寸调整

57. 在 Excel 的"单元格格式"对话框中,不存在的选项卡是: ( )

    A．"保护"选项卡   B．"边框"选项卡   C．"对齐"选项卡   D．"底纹"选项卡

58. Excel 中,默认情况下单元格中数值的对齐方式是: ( )

    A．右对齐   B．左对齐   C．居中对齐   D．随机

59. Excel 中,默认情况下单元格中逻辑数据的对齐方式是: ( )

    A．右对齐   B．左对齐   C．居中对齐   D．随机

60. Excel 中,工作表中最小操作单元是: ( )

    A．一行   B．一列   C．单元格   D．一张表

61. Excel 中,按下"Del"键将清除被选区域中所有单元格的: ( )

    A．所有信息   B．格式   C．内容   D．批注

62. Excel 中,选择菜单栏中的"编辑"|"查找"选项时,将打开的对话框是: ( )

    A．查找   B．替换   C．查找和替换   D．定位

63. Excel 中,通常把数据表中的一行称为: ( )

    A．记录   B．字段   C．属性   D．关键字

64. Excel 中,通常把数据表中的一列称为: ( )

    A．记录   B．元组   C．属性   D．关键字

65. Excel 中,时间数据的数据类型属于: ( )

    A．数字型   B．文本型   C．逻辑型   D．时间型

66. Excel 中,CD7 单元格右边紧邻的一个单元格的地址是: ( )

    A．CD8   B．CE7   C．CE8   D．CE6

67. Excel 中,CD7 单元格下边紧邻的一个单元格的地址是: ( )

    A．CD8   B．CE7   C．CE8   D．CE6

68. Excel 中,默认的三张工作表名为: ( )

    A．Book1、Book2、Book3   B．Sheet1、Sheet2、Sheet3

    C．Table1、Table2、Table3   D．List1、List2、List3

69. Excel 中的工作表具有: ( )

    A．树结构   B．一维结构   C．二维结构   D．三维结构

70. 启动 Excel 后,自动建立的工作簿文件的文件名为: ( )

    A．文档 1   B．Book1   C．工作簿   D．工作簿文档

【问答题】

1. 简述在 Excel 中柱形图、饼图及折线图的制作方法?
2. 简述在 Excel 中条件格式的设置方法和用途是什么?

■■ 第三节   PowerPoint 电子演示文稿

导 学

内容及要求

PowerPoint 电子演示文稿包括四部分内容,PowerPoint 的基本操作,PowerPoint 的外观设计,PowerPoint 的动画设计和 PowerPoint 的放映。

PowerPoint 的基本操作主要介绍八部分内容,包括 PowerPoint 的启动及其窗口的组成、PowerPoint 的退出、PowerPoint 的视图方式、创建电子演示文稿、PowerPoint 的保存与打包、PowerPoint 的打印设置、幻灯片的编辑和 PowerPoint 中元素的编辑。在学习中应重点掌握 PowerPoint 的视图方式操作,PowerPoint 中文字、表格、图片等元素的操作,PowerPoint 新建演示文稿的基本操作;熟悉 PowerPoint 的保存与打包操作,声音、影片元素的基本操作,幻灯片的编辑操作;了解 PowerPoint 的编辑环境,PowerPoint 文件的存储格式,PowerPoint 的打印设置操作。

PowerPoint 的外观设计主要介绍五部分内容,包括幻灯片的背景设置、幻灯片的版式设置、幻灯片的模板设置、配色方案和幻灯片的母版设置。在学习中应重点掌握幻灯片版式的设计操作;熟悉幻灯片的背景设置操作,幻灯片的模板设置操作;了解幻灯片的母版设置操作和配色方案操作。

PowerPoint 的动画设计主要介绍六部分内容,包括幻灯片自定义动画设置、动作设置、动作按钮设置、动画方案设置、超链接设置和幻灯片间的切换设置。在学习中应重点掌握幻灯片自定义动画设置操作,动作设置操作,动作按钮设置操作和超链接设置操作;熟悉动画方案设置操作和幻灯片间的切换设置操作。

PowerPoint 的放映主要介绍四部分内容,包括幻灯片的放映方法、幻灯片放映方式的设置、自定义放映幻灯片和将演示文稿保存为放映方式。在学习中应重点掌握幻灯片的放映方法操作,幻灯片放映方式的设置操作;熟悉自定义放映幻灯片操作和将演示文稿保存为放映方式操作。

- PowerPoint 的基本操作
- PowerPoint 的外观设计
- PowerPoint 的动画设计
- PowerPoint 的放映

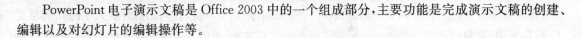

重点、难点

PowerPoint 电子演示文稿的重点是幻灯片中各种元素的编辑操作及其自定义动画和效果设置的操作；超链接的设置。难点是幻灯片母版的设置操作和幻灯片放映方式设置的操作。

PowerPoint 电子演示文稿是 Office 2003 中的一个组成部分,主要功能是完成演示文稿的创建、编辑以及对幻灯片的编辑操作等。

一、PowerPoint 的基本操作

(一) PowerPoint 的启动及其窗口的组成

启动 PowerPoint 程序方法通常有两种。第一种是单击"开始"菜单中"程序"中"Office 2003"下的"PowerPoint 2003"命令项。

第二种是双击桌面上 PowerPoint 2003 的快捷方式图标。

PowerPoint 启动后的窗口如图 3－
114 所示。主要由标题栏、菜单栏、工具栏、浏览区、工作区(幻灯片)、任务窗格等组成。窗口的中间区域主要分为五部分：

1. 浏览区　界面左侧是信息浏览区,有两个选项卡,分别为"幻灯片"选项卡(默认方式)和"大纲"选项卡,通过单击选项卡按钮在两种方式之间切换。

2. 视图切换区　位于浏览区下方,视图切换按钮依次为"普通视图"按钮、"幻灯片浏览视图"按钮和"从当前幻灯片开始幻灯片放映"按钮。单击相应的按钮,用户可以方便地切换到相应的视图方式中。

图 3－114　PowerPoint 窗口

3. 工作区　位于界面的中间上半区,显示正在进行编辑、修改的幻灯片页面内容。

4. 备注区　添加与每个幻灯片的内容相关的备注,并且在放映演示文稿时将它们用作打印形式的参考资料,或者创建网页上看到的备注。用户可通过拖动窗口上的灰色边框来调整其大小。

5. 任务窗格　位于界面右侧区域,主要提供文稿设计的选项和设置信息。打开任务窗格的快捷键是"Ctrl"＋"F1"。

(二) PowerPoint 的退出

PowerPoint 的退出通常有以下五种方法。

(1) 单击"文件"菜单,选择"退出"命令,可退出 PowerPoint 程序。

(2) 单击标题栏右侧的"关闭"按钮,可退出 PowerPoint 程序。

(3) 单击"文件"菜单,选择"关闭"命令,可关闭当前的演示文稿。

（4）单击菜单栏右侧的"关闭窗口"按钮，可关闭当前的演示文稿。

（5）按快捷键"Alt"＋"F4"，可关闭当前的演示文稿。

（三）PowerPoint 的视图方式

PowerPoint 有四种视图方式：普通视图、幻灯片浏览视图、幻灯放映视图和备注页视图。视图方式之间的切换通常有两种方法：第一种是单击"视图"菜单中相应的命令进行切换。第二种是通过视图按钮来切换（备注页视图除外）。

PowerPoint 的视图作用如下。

1. 普通视图　是系统默认的视图方式，可用于撰写或设计演示文稿。该视图有三个工作区域，左侧为"大纲"和"幻灯片"之间切换的窗格；右侧为幻灯片窗格；底部为备注窗格，如图 3－115 所示。通过拖动窗格分界边框线可调整窗格的大小。在"大纲"模式下，可以输入幻灯片版式中的标题与文本，可以移动、复制幻灯片。将演示文稿保存成网页时，"大纲"上的文本会变成表格内容以便在幻灯片中导航。在"幻灯片"模式下，幻灯片以缩略图形式展现，可以进行移动、复制、删除幻灯片等操作。幻灯片窗格中显示的是当前编辑的幻灯片，是添加、编辑幻灯片元素的操作平台。

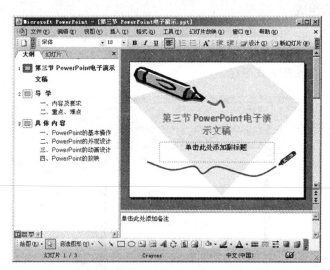

图 3－115　普通视图下的演示文稿

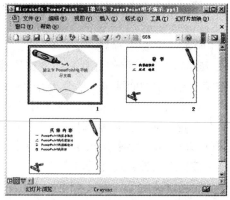

图 3－116　幻灯片浏览视图下的演示文稿

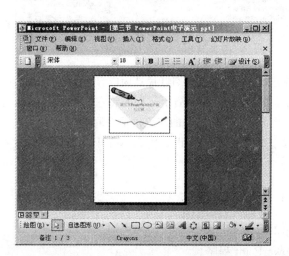

图 3－117　备注页视图下的演示文稿

2. 幻灯片浏览视图　在幻灯片浏览视图中，以缩略图的形式显示演示文稿中的多张幻灯片。如图 3－116 所示。在该视图方式下，可以整体上浏览所有的幻灯片效果，同时显示多张幻灯片，看到整个演示文稿的外观。该视图主要用于幻灯片添加、删除、移动等操作。

3. 幻灯片放映视图　可全屏放映幻灯片，观看幻灯片的设计效果，但不能修改，可按"Esc"键退出放映视图或在快捷菜单中，选择"结束放映"选项退出放映。

4. 备注页视图　在备注页视图中，通过单击幻灯片缩图下方的备注页方框来输入演讲者的备注文字。如图 3－117 所示。可以选择"视图"菜单中的"显示比例"，来选择一个合适的比例。

(四) 创建电子演示文稿

PowerPoint 启动后，系统默认创建一个演示文稿。如果要创建新的演示文稿，通常有四种方法。

1. 新建空演示文稿　启动 PowerPoint，单击"文件"菜单中的"新建"命令，然后单击"任务窗格"中的"空演示文稿"。如图3-118所示。选择一种幻灯片版式即可创建一个新的演示文稿。

2. 根据设计模板　启动 PowerPoint，单击"任务窗格"的下拉菜单，选择"新建演示文稿"选项，再单击任务窗口中的"根据设计模板"命令，打开"幻灯片设计"窗口，如图3-118所示。在"应用设计模板"区内选择所需的模板。

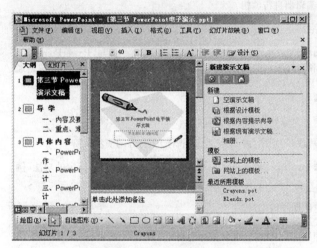

图3-118　创建演示文稿

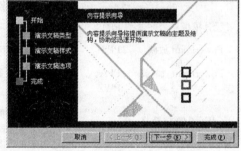

图3-119　"内容提示向导"对话框之一

3. 根据内容提示向导　在图3-118所示的任务窗格中单击"根据内容提示向导"项，出现如图3-119所示的对话框，只需在向导的提示下分五步进行，当中要选择或者输入一些内容，就可以生成一个包含各种不同主题示例内容的演示文稿。

4. 根据现有演示文稿内容　根据现成的演示文稿来创建演示文稿，可打开已创建的演示文稿文件，便于继续进行编辑。也可以选择任务窗格的"模板"栏下各模板选项提供的内容模板来快速建立演示文稿。

(五) PowerPoint 的保存与打包

1. PowerPoint 文件的保存　PowerPoint 文件的保存通常有以下四种方法。

(1) 选择"文件"菜单下的"保存"命令。

(2) 选择"文件"菜单下的"另存为"命令。

(3) 单击常用工具栏中的"保存"按钮。

(4) 快捷键"Ctrl"+"S"。

另外选择"文件"菜单下的"另存为网页"命令，可以将幻灯片直接保存成单个文件网页格式，直接双击此文件就会以网页形式进行播放幻灯片。

第一次保存演示文稿时，会弹出"另存为"对话框，需要选择要保存文件的路径，然后输入文件名，单击"保存"按钮即可。

演示文稿默认的文件存储格式为".PPT"（扩展名）。PowerPoint 文件存储还可以选择多种类型，在"另存为"对话框中的"保存类型"列表中可以进行选择，类型说明如表3-5。

表 3-5　演示文稿的文件类型说明

保存类型	扩展名	说　明
演示文稿	.PPT	默认值,典型的 Microsoft PowerPoint 演示文稿。可以使用 PowerPoint 97 或更高版本打开此格式的演示文稿
单个文件网页	.MHT、.MHTML	作为单一文件的网页,其中包含一个".HTM"文件和所有支持文件,如图像、声音文件、级联样式表、脚本和更多内容。适用于通过电子邮件发送的演示文稿
网页	.HTM、.HTML	作为文件夹的网页,其中包含一个".HTM"文件和所有支持文件,如图像、声音文件、级联样式表、脚本和更多内容。适合发布到网站上或者使用 FrontPage 或其他 HTML 编辑器进行编辑
PowerPoint 95	.PPT	在 PowerPoint 2003 中创建的一种演示文稿,保留与 PowerPoint 95 的兼容
PowerPoint 97～2003&95 演示文稿	.PPT	在 PowerPoint 2003 中创建的一种演示文稿,保留与 PowerPoint 95、PowerPoint 97 和更高版本的兼容(在 PowerPoint 97 以及更高版本中,图像是经过压缩的,而在 PowerPoint 95 中并不压缩,而该格式同时支持这两种版本,结果导致文件大小较大。)
设计模板	.PPT	作为模板的演示文稿,可用于对将来的演示文稿进行格式设置
PowerPoint 放映	.PPS	始终在"幻灯片放映"视图(而不是"普通"视图)中打开的演示文稿
PowerPoint 加载宏	.PPA、.PWZ	存储自定义命令、Visual Basic for Applications (VBA) 代码和指定的功能(例如加载宏)
GIF(图像交换格式)	.GIF	作为用于网页的图形的幻灯片 GIF 文件格式最多支持 256 色,因此更适合扫描图像而不是彩色照片。GIF 也适用于直线图形、黑白图像。GIF 支持动画
JPEG(文件交换格式)	.JPG	用作图形的幻灯片(在网页上使用) JPEG 文件格式支持 1 600 万种颜色,最适于照片和复杂图像
PNG(可移植网络图像格式)	.PNG	用作图形的幻灯片(在网页上使用) PNG 已获得 WWW 联合会(W3C)批准,作为一种替代 GIF 的标准。你可以保存、还原和重新保存 PNG 图像,这不会降低其质量。PNG 不像 GIF 那样支持动画(某些旧版本的浏览器不支持此文件格式)
TIFF(Tag 图像文件格式)	.TIF	用作图形的幻灯片(在网页上使用) TIFF 是受到最广泛支持的、在个人计算机上存储位映射图像的文件格式。TIFF 图像可以采用任何分辨率,可以是黑白、灰度或彩色
大纲/RTF	.RTF	用作纯文本文档的演示文稿大纲。不包括备注区域的文本

2. PowerPoint 文件的打包　选择"文件"菜单下的"打包成 CD"命令,出现"打包成 CD"对话框,如图 3-120a 所示。

在"将 CD 命名为"框中,为 CD 键入名称;单击"添加文件"按钮,可以添加其他演示文稿或其他不能自动包括的文件。添加文件的设置如图 3-120b 所示的对话框。

单击"播放顺序"列表左侧的向上键或向下键,可以更改打包后演示文稿的播放顺序;选中演示文稿后单击"删除"按钮,可以删除该演示文稿。

默认情况下,当前打开的演示文稿已经出现在"要复制的文件"列表中。链接到演示文稿的文件(例如图形文件)会自动包括在内,而不出现在"要复制的文件"列表中。此外,Microsoft Office PowerPoint Viewer 是默认包括在 CD 内的。

如果有 CD 刻录硬件设备,则单击"打包成 CD"按钮便可实现打包 CD 操作,否则可以选择"复制到文件夹"按钮将演示文稿及其中插入的所有元素复制到指定的文件夹,PowerPoint 播放器会与

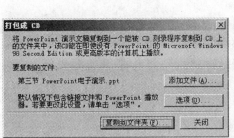
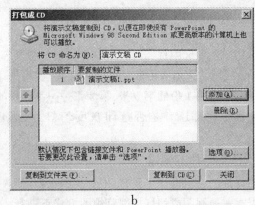

a   b

图 3 - 120   "打包成 CD"对话框

演示文稿自动打包在一起,鼠标双击"play. bat"文件进行播放;鼠标双击"pptview. exe"文件,在打开的窗口中选择扩展名为".PPT"的文件进行播放。

如果在使用了"打包"向导后又修改了演示文稿,应再次运行打包向导以更新程序包。

(六) PowerPoint 的打印设置

1. 页面设置   选择"文件"菜单下的"页面设置"命令,弹出如图 3 - 121 所示的"页面设置"对话框。操作如下。

(1)"幻灯片大小"下拉列表框中选择幻灯片的标准尺寸。

(2)"宽度"和"高度"数值框中设置幻灯片的尺寸。

(3)"幻灯片编号起始值"数值框中设置幻灯片编号的起始值。

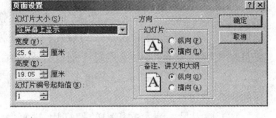

图 3 - 121   "页面设置"对话框

(4)"方向"选项区中,设置"幻灯片"、"备注页、讲义和大纲"的显示和打印方向("纵向"或"横向"),演示文稿中的所有幻灯片必须维持同一方向。幻灯片与备注页、讲义和大纲的显示、打印方向可以不同。

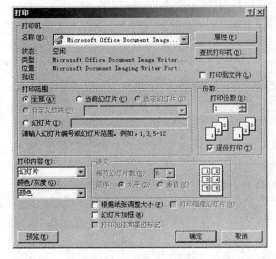

图 3 - 122   "打印"对话框

2. 打印预览与打印   选择"文件"菜单下的"打印预览"命令,进入打印预览模式。"打印内容"下拉列表中提供不同的预览选项,分别是幻灯片、讲义、备注页及大纲视图。

在关闭预览模式后,选择"文件"菜单下的"打印"命令(或者在预览状态下单击打印预览工具栏上的"打印"按钮),弹出如图 3 - 122 所示的"打印"对话框,设置打印选项。

(1)"打印机"选项区设置默认打印机。

(2)"打印范围"选项区设置打印范围是全部或部分幻灯片。如果打印部分幻灯片,就选中"幻灯片"单选按钮,并在其后面的文本框中输入所需打印的幻灯片编号,如输入"1,2,6",表示要打印第 1、第 2 和第 6 张幻灯片,输入"1-6"就表示要打印第 1 至第 6 张幻灯片。

（3）"打印内容"选项中选择幻灯片、讲义、大纲、备注等不同内容。如果选择"讲义"选项，还可以在"讲义"选项区中选择每张幻灯片数量及顺序等。

（4）"份数"选项区中设置打印的份数，如果选中"逐份打印"复选框，在进行多张、多份打印时，打印的顺序为第 1 份的第 1 张、第 2 张……第 2 份的第 1 张、第 2 张……

对话框底部还有是否打印灰度幻灯片、黑白幻灯片、幻灯片是否加框线等复选项可供选择。

（七）幻灯片的编辑

幻灯片的编辑操作主要有：幻灯片的选择、插入、删除、复制和移动、隐藏和取消隐藏等，这些操作可以在普通视图或幻灯片浏览视图方式下进行。在普通视图方式下操作时最好切换到幻灯片选项卡下。

1. 幻灯片的选择

（1）单个幻灯片的选择：单击。

（2）多个连幻灯片的选择：先单击第一张，再按住"Shift"键，然后单击最后一张幻灯片。

（3）多个不连幻灯片的选择：先单击第一张，再按住"Ctrl"键，然后单击要选中的每一张幻灯片，这样可以选定多张不连续的幻灯片。

（4）全部选择：选择"编辑"菜单中的"全选"命令或按快捷键"Ctrl"＋"A"。

2. 插入幻灯片

（1）插入新幻灯片：选择"插入"菜单中的"新幻灯片"命令，即可在当前幻灯片之后插入一张新幻灯片，重复多次即可插入多张幻灯片；在普通视图中，幻灯片选项卡下，选择某个幻灯片按回车键，或是在大纲选项卡，将插入点置于幻灯片图标编号后，按回车键，均可插入新的幻灯片。

（2）插入幻灯片副本：选择要复制的幻灯片，再选择"插入"菜单中的"幻灯片副本"命令，该幻灯片的副本出现在其后。

（3）插入另一演示文稿中的幻灯片：选择"插入"菜单的"幻灯片（从文件）"命令，打开"幻灯片搜索器"对话框，浏览要插入的演示文稿，选择一个或多个要插入的幻灯片，单击"插入"按钮，便可插入选择的幻灯片。

3. 复制、移动幻灯片　使用"复制"、"剪切"和"粘贴"命令对幻灯片进行复制和移动。此外，选择幻灯片，然后使用鼠标左键拖动来实现移动，移动的同时按住"Ctrl"键可实现复制幻灯片。

4. 删除幻灯片　选择要删除的幻灯片选择"编辑"菜单中的"删除幻灯片"命令或按"Del"即可删除幻灯片。

5. 隐藏幻灯片　在演示文稿的放映过程中，如不想让某些幻灯片出现，可以将其隐藏起来。选择需要隐藏的幻灯片，选择"幻灯片放映"菜单中的"隐藏幻灯片"命令，即可将所选幻灯片隐藏起来。在隐藏的幻灯片旁边出现隐藏幻灯片图标，隐藏的幻灯片仍然保留在演示文稿文件中，只是在放映过程中不显示而已。

在幻灯片放映时，如果要显示被隐藏的幻灯片，可以在任意一张幻灯片上单击鼠标右键，选择"定位至幻灯片"命令，然后从快捷菜单中选择隐藏的幻灯片。

6. 取消隐藏　选择已经设置了隐藏属性的幻灯片后，选择"幻灯片放映"菜单中的"隐藏幻灯片"命令。

（八）PowerPoint 中元素的编辑

1. 文字编辑　在 PowerPoint 中，输入文本与编辑文本也是一项基本操作。自动创建的新幻灯片中，有一些虚线方框，是各种对象（如幻灯片标题、文本、图表、表格等）的占位符。如需向幻灯片标题和文本的占位符中添加标题和文本,可在占位符内单击,然后输入相应文本;如要在占位符之外添加文本,则可以利用文本框,自选图形、艺术字等方式添加。在演示文稿中输入文字一般是在占位符或文本框中,这样有利于调整文本在幻灯片中的位置。编辑文字及设置文字格式,可以通过"格式"工具样上的各种工具按钮来实现。与 Word 的文本编辑按钮功能基本一致。

2. 表格的编辑　在 PowerPoint 中插入表格通常有以下两种方法。

(1) 选择"插入"菜单中的"表格"命令,打开"插入表格"对话框,在其中设置表格的"行数"和"列数",单击"确定"按钮实现表格绘制。

(2) 在幻灯片版式中选择一种带有表格占位符的版式,单击其中的表格图标,打开"插入表格"对话框,进行与上一步同样的操作便可插入表格。

3. 图片操作　幻灯片中插入图片的来源有四种:剪贴画、来自计算机中的图片、使用"绘图"工具制作的各种图形、来自扫描仪或数码相机。

单击"绘图"工具栏上的"插入剪贴画"按钮(或者选择"插入"菜单中的"图片"选项下的"剪贴画"命令),可打开"剪贴画"任务窗格,单击其中的任意剪贴画可实现插入。

选择"插入"菜单中的"图片"选项下的"来自文件"命令,打开"插入图片"对话框,浏览需要插入的图片,双击便可将其插入幻灯片中。

在幻灯片版式中选择一种带有图片或剪贴画占位符的版式,单击其中的图片或剪贴画图标可进行插入。

使用"绘图"工具栏中的选项绘制各种图形的方法与 Word 操作相同。

4. 图表操作　在 PowerPoint 中插入图表通常有以下两种方法。

(1) 选择"插入"菜单中的"图表"命令进行插入。

(2) 在幻灯片版式中选择一种带有图表占位符的版式。

图表插入后,同时启动数据表窗口,在数据表中可以修改数据。在图表没有被激活的状态下双击图标,然后分别在图表的每个区域中使用快捷菜单可以对图标进行编辑,在"图表区域"的快捷菜单中可以启动数据表。

5. 插入声音和影片文件

(1) 选择"插入"菜单中的"影片和声音"命令,打开相应的级联菜单,选择声音来源。

(2) 当选择了声音后,如图 3-123 的对话框显示出来,询问用户是否希望在幻灯片放映时自动播放,还是在单击声音图标时播放。当插入声音后,幻灯片中会出现一个"喇叭"图标。如果在幻灯片中添加 CD 乐曲,将出现一个"小光盘"图标。

图 3-123　询问对话框

插入影片文件的方法与插入声音文件的方法完全相同。同样也可以使用带有"插入媒体剪辑"占位符的版式进行插入。

6. 插入 Flash 动画操作

(1) 选择要插入 Flash 动画的幻灯片。

(2) 选择"视图"菜单中的"工具栏"选项下的"控件工具箱"命令,打开"控件工具箱"工具栏,单击"其他控件"按钮,打开 ActiveX 控件清单列表,选择"Shockwave Flash Object"选项。用鼠标在幻灯片上拖出一个任意大小的矩形区域,Flash 动画将在所绘制的区域中播放。

(3) 在所拖出的区域中,单击鼠标右键打开快捷菜单,从中选择"属性"命令,打开"属性"对话框,如图 3-124 所示。

图 3-124 "属性"对话框　　　　　　　　图 3-125 "属性页"对话框

（4）在"属性"对话框中选择"自定义"选项右侧的"**...**"按钮，打开"属性页"对话框，如图 3-125 所示。在"影片 URL"文本框内输入 Flash 动画文件所在的路径及文件名的全称，如"star. swf"。注

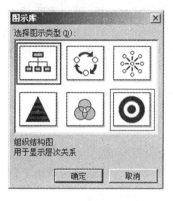

意：插入的 Flash 动画必须是".SWF"格式，并且与演示文稿保存在同一个文件夹下，否则要写出完整的路径，如"D:\My Documents\star. swf"，最后单击"确定"按钮。

7. 插入组织结构图　在幻灯片中添加组织结构图，可以使幻灯片中展示内容更具逻辑性，从属关系更直观。在 PowerPoint 中插入组织结构图通常有以下两种方法。

（1）选择"插入"菜单中的"图示"命令，打开"图示库"对话框，如图 3-126 所示。在插入的组织结构图中，可以通过"组织结构图"工具栏的"插入形状"及"版式"下拉菜单来添加内容和改变结构图的版式。

图 3-126 "图示库"对话框

（2）在幻灯片版式中选择一种带有组织结构图占位符的版式，单击其中的图标进行插入。

二、PowerPoint 的外观设计

（一）幻灯片的背景设置

演示文稿中的幻灯片可以设置同一背景，每张幻灯片也可以不同背景。设置幻灯片背景的操作步骤如下。

（1）选择需要设置背景的幻灯片。

（2）打开"背景"对话框，在其中设置背景，打开"背景"对话框的方法通常有两种：①选择"格式"菜单中的"背景"命令，弹出对话框，如图 3-127 所示。②在幻灯片上单击鼠标右键，在快捷菜单中选择"背景"，打开对话框。

在"背景填充"下拉列表中选择需要的颜色，如果没有用户需要的颜色，可选择"其他颜色"选项，选择标准颜色或者自定义颜色；若在"背景填充"下拉列表中选择"填充效果"选项，可设置填充效果。

（3）设置完成后，单击"应用"按钮，可在当前幻灯片上使用新背景；单击"全部应用"按钮，则整个演示文稿都将应用新的背景。

如果幻灯片已经设置了母版背景或设置了幻灯片模板，则需要将"背景"对话框中的"忽略母版的背景图形"复选框勾选，才能将新

图 3-127 "背景"对话框

的背景设置应用到幻灯片中。

（二）幻灯片的版式设置

创建一个新的演示文稿时，系统默认幻灯片的版式为"标题幻灯片"。幻灯片的版式就是确定如何用占位符来安排文本、图片及表格等等对象在幻灯片上的相对位置。幻灯片的版式有文字版式、内容版式、文字和内容版式及其他版式。设置幻灯片版式的操作步骤如下。

（1）选定要设置版式的幻灯片。

（2）打开"幻灯片版式"任务窗格，在其中进行版式设置，打开此任务窗格的方法通常有三种。

1）选择"格式"菜单中的"幻灯片版式"命令，打开"幻灯片版式"任务窗格，如图3-128所示。

2）在幻灯片上单击鼠标右键，在快捷菜单中选择"幻灯片版式"，打开"幻灯片版式"任务窗格。

3）选择"视图"菜单中的"任务窗格"命令，打开任务窗格，在任务窗格的下拉列表中选择"幻灯片版式"，打开"幻灯片版式"任务窗格。

（3）在"应用幻灯片版式"列表框中单击要设置的幻灯片版式，即可将版式应用于当前幻灯片中。也可将鼠标放在某一版式上，单击它右侧出现的倒三角按钮，出现一个下拉菜单，选择当前版式的应用范围等。

图3-128 "幻灯片版式"设置窗口

设置完成后，可以进行如移动或删除某个占位符等操作，对应用新版式的幻灯片进行适当调整。

（三）幻灯片的模板设置

设置幻灯片模板的操作步骤如下。

（1）选定要应用设计模板的幻灯片。

（2）打开"幻灯片模板"任务窗格，在其中进行模板设置，打开此任务窗格的方法通常有三种。

1）选择"格式"菜单中的"幻灯片设计"命令，打开"幻灯片设计"任务窗格，如图3-129所示。系统默认为"设计模板"。

2）在幻灯片上单击鼠标右键，在快捷菜单中选择"幻灯片设计"，打开"幻灯片设计任务窗格。

3）选择"视图"菜单中的"任务窗格"命令，打开任务窗格，在任务窗格的下拉列表中选择"幻灯片设计"，打开"幻灯片设计"任务窗格。

（3）单击模板即可将此模板应用到所有幻灯片，或者单击模板旁的小箭头打开快捷菜单，选择"应用于所有幻灯片"命令将模板应用到所有幻灯片，选择"应用于选定幻灯片"命令将模板应用到选择的幻灯片。

图3-129 "幻灯片设计"设置窗口

（四）配色方案

在设计模板中，幻灯片的各个对象的颜色已进行了协调的配色，也可通过配色方案对幻灯片

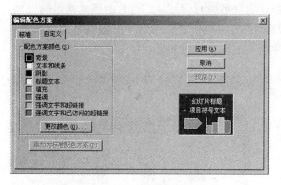

图 3－130　"编辑配色方案"对话框

进行重新配色。配色方案是一组可用于演示文稿中的预设颜色，针对背景、文本、线条、阴影、强调文字和超链接等对象，可用不同的颜色表示。

1. 使用标准的配色方案　在"幻灯片设计"窗格的"配色方案"中单击预设的配色方案即可应用。

2. 编辑、创建配色方案　在"幻灯片设计"窗格中选择"编辑配色方案…"，打开"编辑配色方案"对话框，如图 3－130 所示。在"自定义"选项卡下进行重新设置。

（五）幻灯片的母版设置

通过幻灯片的母版功能，可以设计一致的风格和布局，同时提高编辑效率。所谓幻灯片母版，实际上就是一张特殊的幻灯片，它是一个用于构建幻灯片的框架。如果更改了幻灯片母版，则影响到所有基于母版的演示文稿幻灯片。

幻灯片的母版类型包括：幻灯片母版、讲义母版和备注母版。

1. 幻灯片母版　幻灯片母版用来定义整个演示文稿的幻灯片页面格式，对幻灯片母版的更改将影响到基于这一母版的所有幻灯片格式。

（1）进入幻灯片母版视图，通常有以下两种方法。

1）幻灯片视图中，按住"Shift"键的同时单击"普通视图"按钮。

2）选择"视图"菜单下的"母版"项的"幻灯片母版"命令。

在幻灯片母版中，包含有：标题区、对象区、日期区、页脚区和数字区。如图 3－131所示。如果改变这些占位符的大小和位置，所有幻灯片中相应占位符的位置也将发生改变。

（2）幻灯片自动版式的设置：

1）单击"自动版式的标题区"，可设置有关字体的参数。

2）单击"自动版式的对象区"，用此操作方法对文本进行设置。

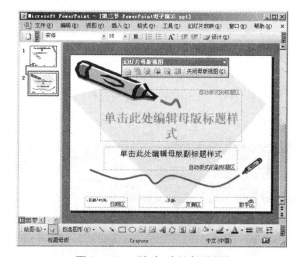

图 3－131　"幻灯片母版"视图

3）单击某一级的文本，改变此级别项目符号的样式。这样可以免除逐一对每一张幻灯片中的文本进行格式设置的麻烦。

（3）插入图片：插入一幅图片或剪贴画，调整其在母版中的大小和位置。可以使用此方法插入要在多个幻灯片上显示的相同的文字、图片等对象。

（4）插入页眉页脚、幻灯片编号、日期和时间：选择"视图"菜单的"页眉和页脚"命令，弹出对话

框,如图3-132所示。在该选项卡中为幻灯片母版添加页脚、幻灯片编号、日期和时间。在"备注和讲义"标签中,有四个复选项,其中"日期和时间"选项和"页脚"选项与"幻灯片"标签中相同,另外有备注和讲义特有的"页眉"和"页码"选项。

在普通视图下,也可以使用此种方法插入页眉页脚、幻灯片编号、日期和时间。

完成幻灯片母版的设置后,单击"幻灯片母版视图"工具栏中的"关闭"按钮,切换到幻灯片普通视图中,可看到所做的设置应用到演示文稿的所有幻灯片中。要修改幻灯片母版上的内容,必须进入"幻灯片母版"视图方式。

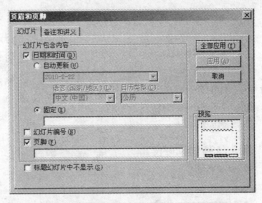

图3-132　"页眉页脚"对话框

2. 备注母版　选择"视图"菜单下的"母版"项的"备注母版"命令进入备注母版视图。

备注母版上有六个占位符,其中可以设置备注幻灯片的格式。在"编辑母版标题样式"区内单击鼠标右键,弹出的快捷菜单中选择"编辑幻灯片对象",切换到幻灯片母版视图。

3. 讲义母版　讲义母版只显示幻灯片而不包括相应的备注,并且与幻灯片、备注不同的是,讲义是直接在讲义母版中创建的。

进入讲义母版视图有两种方法。

(1) 选择"视图"菜单下的"母版"项的"讲义母版"命令。

(2) 按住"Shift"键的同时单击"幻灯片浏览视图"按钮进入讲义母版视图。

在讲义母版中有四个占位符和六个代表小幻灯片的虚框。对于增加的"页面区",用来记录标题等信息。

三、PowerPoint 的动画设计

(一) 幻灯片自定义动画设置

要设计个性化的动画效果时,则可使用自定义动画功能,操作步骤如下。

(1) 在普通视图中,选定要设置动画的文本或其他类型的对象。

(2) 打开"自定义动画"任务窗格,通常操作方法有3种。

1) 选择"幻灯片放映"菜单中的"自定义动画"命令,出现如图3-133所示的自定义动画任务窗格。

2) 在对象上单击鼠标右键,在快捷菜单中选择"自定义动画"命令。

3) 选择"视图"菜单中的"任务窗格"命令,打开任务窗格,在任务窗格的下拉列表中选择"自定义动画"。

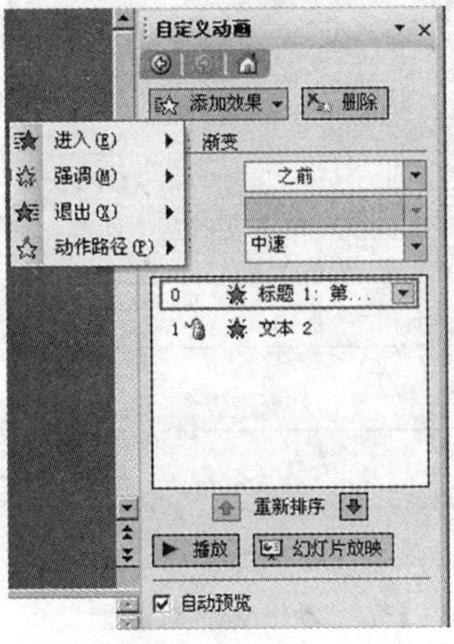

(3) 单击"添加效果"按钮,在列表中选择一种效果,并进行动画"进入"、"强调"、"退出"、"动作路径"等状态和对应动画的选择。

在"自定义动画"窗格中选定某个对象,拖动某个动画效果在列表框中的先后次序,可改变其放映时的先后顺序,或者通过"重新排序"的上下按钮进行调整。

若要删除动画,使用"删除"按钮;若要修改动画,就选择该动画,"添加效果"按钮变为"更改"按钮,单击此按钮进行动

图3-133　"自定义动画"
任务窗格

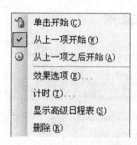

图3-134 "动画设置"
快捷菜单

画修改。

单击动画条右侧的"倒三角"按钮,出现如图3-134所示菜单;在此窗格中,还可以对效果进行如"开始"、"属性"、"速度"等的修饰;还可以调整动画效果或添加声音等。若在如图3-134所示菜单中选择"效果选项",则出现如图3-135所示的对话框。在"效果"选项卡下,可设置动画播放时的声音、文本动画出现的方式等;在"计时"选项卡下,如图3-136所示,可设置动画播放的时间、速度、重复等选项。

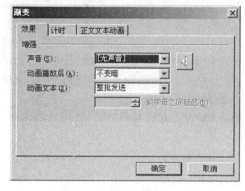

图3-135 "效果"对话框

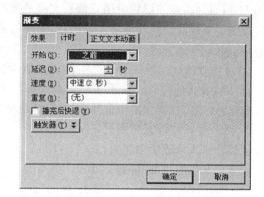

图3-136 "计时"对话框

对于声音和视频的动画,同样有如图3-134所示的下拉菜单,在"效果选项"对话框中可以设置声音和视频开始播放和停止播放的选项以及显示选项,声音图标在播放时隐藏的设置在"声音设置"选项卡中,选中"幻灯片放映时隐藏声音图标"。

(二) 动作设置

进行动作设置的操作步骤如下。

(1) 选择幻灯片中的元素。

(2) 打开"动作设置"对话框,进行动作设置,通常操作的方法有两种。

1) 选择"幻灯片放映"菜单下的"动作设置"命令。

2) 鼠标右键单击幻灯片上的对象,在快捷菜单中选择"动作设置"命令。

打开如图3-137所示的对话框,在其中设置或修改"单击鼠标"或"鼠标移过"该对象时发生的动作。

(三) 动作按钮设置

选择"幻灯片放映"菜单下的"动作按钮"命令项下的任意一个按钮,鼠标变为"＋"字形,在幻灯片上拖动鼠标绘制该按钮,释放鼠标时,弹出3-137所示的对话框,设置按钮的动作。

若要修改动作设置,需要在"动作设置"对话框中进行修改。

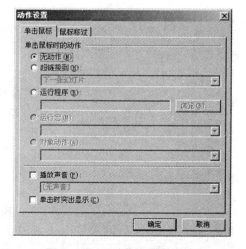

图3-137 "动作设置"对话框

(四) 动画方案设置

动画方案是系统提供的一组基本的动画设计效果,操作步骤如下。

(1) 在普通视图中,选定要设置动画的对象。

(2) 打开"动画方案"任务窗格,通常的操作方法有两种。

1) 选择"幻灯片放映"菜单中的"动画方案"命令,出现如图 3-138 所示的幻灯片设计动画方案任务窗格。

2) 选择"视图"菜单中的"任务窗格"命令,打开任务窗格,在任务窗格的下拉列表中选择"幻灯片设计|动画方案"选项。

(3) 在动画方案中,选择所需的动画效果,当幻灯片放映时,选定的对象就会显示所设置的动画效果。

要取消动画效果,先选择要取消动画的幻灯片上的对象,然后在"应用于所选幻灯片"列表框中选择"无动画"。

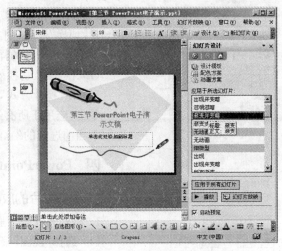

图 3-138　"动画方案"任务窗格

(五) 超链接设置

幻灯片中的某个对象创建超链接后,当鼠标移到该对象时会出现超链接的标志,单击则可激活超链接,跳转到预先创建的超链接对象。

1. 插入超链接　选中需要创建超链接的对象,然后插入超链接,方法通常有三种。

(1) 选择"插入"菜单中的"超链接"命令。

(2) 用工具栏上的"插入超链接"按钮。

(3) 在对象的快捷菜单中选择"超链接"命令。

打开如图 3-139 所示的"插入超链接"对话框,在链接到"原有文件或网页"下可链接计算机中的任意文件;在链接到"本文当中的位置"下可链接当前演示文稿中的任意幻灯片。

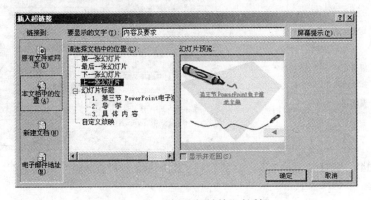

图 3-139　"插入超链接"对话框

2. 编辑、删除超链接　选定已有的链接对象,单击鼠标右键,在弹出的快捷菜单中选择"编辑超链接"或"删除链接"命令即可。

(六) 幻灯片间的切换设置

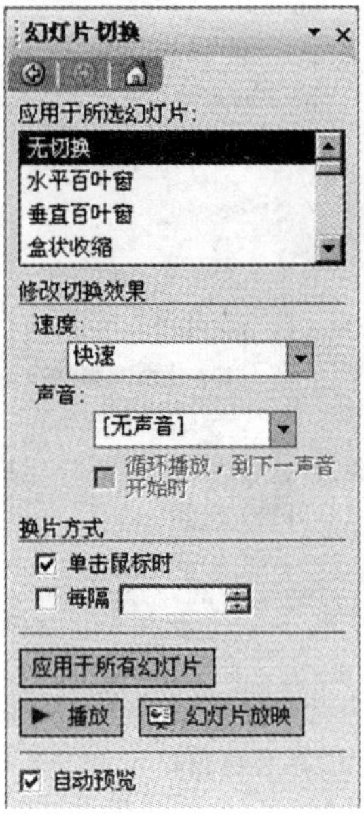

图 3-140 “幻灯片切换”窗格

幻灯片间的切换是指幻灯片放映时两张幻灯片之间切换方式的设计,操作步骤如下。

(1) 选择要添加切换效果的幻灯片,选择“幻灯片放映”菜单中的“幻灯片切换”命令,则出现“幻灯片切换”窗格,如图 3-140 所示,在其中选择幻灯片切换的样式。

(2) 在“修改切换效果”列表框中,设置切换的速度、切换时的声音。

(3) 在“换片方式”中,选择换片的方式。

单击“应用于所有幻灯片”则同一切换效果作用于所有幻灯片,否则应用于当前选定的幻灯片。

四、PowerPoint 的放映

(一) 幻灯片的放映方法

1. 幻灯片放映　通常有四种方法。

(1) 选择“视图”菜单中的“幻灯片放映”命令。

(2) 单击屏幕左下角的“幻灯片放映”按钮“ ”。

(3) 选择“幻灯片放映”菜单中的“观看放映”命令。

(4) 按“F5”键从头放映幻灯片,按“Shift”+“F5”键放映当前幻灯片。

2. 结束幻灯片放映　通常有两种方法。

(1) 按“Esc”键可以结束幻灯片放映。

(2) 鼠标右键单击,在如图 3-141 所示的快捷菜单中选择“结束放映”命令。

在幻灯片放映快捷菜单中还可以通过“上一张”、“下一张”、“定位至幻灯片”命令项进行幻灯片放映的次序选择。

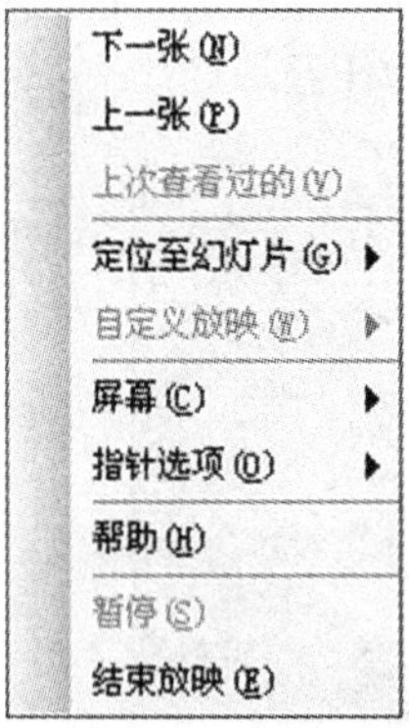

图 3-141 “幻灯片放映”快捷菜单

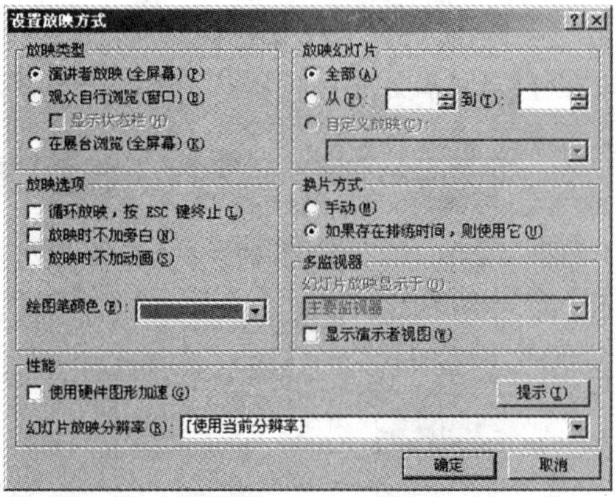

图 3-142 “设置放映方式”对话框

(二) 幻灯片放映方式的设置

选择“幻灯片放映”菜单中的“设置放映方式”命令,打开“设置放映方式”对话框,如图 3-142 所示。

1. "放映类型"区　设置"演讲者放映(全屏幕)","观众自行浏览(窗口)"和"在展台浏览(全屏幕)"三种不同的放映方式。

2. "放映选项"区　设置幻灯片放映是否循环、是否加旁白及是否加动画。

3. "放映幻灯片"区　选择全部放映、部分放映和自定义放映幻灯片数目。

4. "换片方式"区　选择换片方式是手动,还是排练计时。排练计时的设置方法是:选择"幻灯片放映"|"排练计时"命令,为每张幻灯片预设放映时间。

(三)自定义放映幻灯片

选择"幻灯片放映"菜单下的"自定义放映"命令,打开"自定义放映"对话框,如图3-143所示。在"自定义放映"对话框中单击"新建"按钮,打开"定义自定义放映"对话框,如图3-144所示,添加所有要放映的幻灯片,返回"自定义放映"对话框,单击"放映"按钮进行自定义方式的放映。

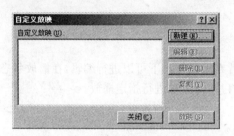
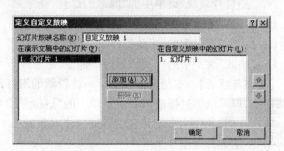

图3-143　"自定义放映"对话框　　　　图3-144　"定义自定义放映"对话框

(四)将演示文稿保存为放映方式

打开演示文稿,选择"文件"菜单中"另存为"命令,在"保存类型"列表中选择"PowerPoint 放映",单击"确定"按钮,演示文稿将保存成扩展名为".PPS"的放映文件。

当鼠标双击这类文件或者在文件的快捷菜单中单击"放映"(或"显示")时,它们会自动放映,放映结束时自动关闭。如果从 PowerPoint 中启动,该演示文稿仍然会保持打开状态,并可编辑。

■■ 实 践 与 解 析

选择解析

1. 在 PowerPoint 中,可以整体上浏览所有的幻灯片效果,同时显示多张幻灯片,看到整个演示文稿的外观的视图方式是:　　　　　　　　　　　　　　　　　　　　　　　　(　　)

　A. 幻灯片视图　　　　　　　　　　　　B. 幻灯片浏览视图

　C. 大纲视图　　　　　　　　　　　　　D. 备注页视图

　【答案与解析】　本题答案为 B。要点在于理解普通视图、幻灯片浏览视图、幻灯放映视图和备注页视图之间的用途和区别。

2. 设置幻灯片编号的起始值的对话框是:　　　　　　　　　　　　　　　　　　　　(　　)

　A. 页面设置　　　　　　　　　　　　　B. 页眉与页脚

　C. 幻灯片设计　　　　　　　　　　　　D. 幻灯片版式

　【答案与解析】　本题答案为 A。插入"幻灯片编号"通过"插入"菜单下的"幻灯片编号"命令可完成,但设置幻灯片编号的起始值应在"页面设置"对话框中进行。

3. 在普通视图中,幻灯片选项卡下,选择某个幻灯片按回车键,可以实现的操作是:　　(　　)

　A. 删除　　　　　　B. 移动　　　　　　C. 复制　　　　　　D. 插入

【答案与解析】 本题答案为 D。插入幻灯片的方法有多种,但在普通视图中,幻灯片选项卡下,选择某个幻灯片按回车键也可以实现插入幻灯片的操作。

4. 在 PowerPoint 的大纲选项卡下输入文本,则:　　　　　　　　　　　　（　　）

    A. 该文本只能在幻灯片中修改

    B. 既可以在幻灯片中修改文本,也可以在大纲中修改文本

    C. 在大纲视图中用文本框移动文本

    D. 不能在大纲视图中删除文本

【答案与解析】 本题答案为 B。对于设置了文字版式的幻灯片,既可以在大纲选项卡下对文本进行操作,也可以直接在幻灯片中进行操作。

5. 隐藏幻灯片的操作是:　　　　　　　　　　　　　　　　　　　　（　　）

    A. "幻灯片放映"菜单中的"隐藏幻灯片"命令

    B. "编辑"菜单中的"隐藏幻灯片"命令

    C. "插入"菜单中的"隐藏幻灯片"命令

    D. "格式"菜单中的"隐藏幻灯片"命令

【答案与解析】 本题答案为 A。 被隐藏的幻灯片在编辑状态下可以进行编辑,在播放状态下不能播放,但可以通过播放的快捷菜单中的"定位至幻灯片"命令项进行指定播放。

6. 在 PowerPoint 中,在幻灯片中移动多个对象时:　　　　　　　　　　（　　）

    A. 不能进行操作

    B. 一次只能移动一个对象

    C. 可以将这些对象组合,把它们视为一个整体

    D. 修改演示文稿中各个幻灯片的布局

【答案与解析】 本题答案为 C。在幻灯片中同时编辑多个对象,可以使用组合的方式将多个对象组合成一个整体;还可以使用"Shift"或"Ctrl"键选中多个对象,再进行操作。

7. 在 PowerPoint 中,打开与图表对应的数据表的方法是:　　　　　　　（　　）

    A. 鼠标双击图表　　　　　　　　　　B. 激活图表后再鼠标右键单击图表区域

    C. 鼠标单击图表　　　　　　　　　　D. 以上都不对

【答案与解析】 本题答案为 B。图表的编辑,需要鼠标双击图表进行激活操作,然后再通过快捷菜单进行设置。

8. 在 PowerPoint 中,插入 Flash 动画使其在幻灯片放映时自动播放的方法是:　（　　）

    A. "插入"菜单中的"对象"命令　　　　B. Shockwave Flash Object 控件

    C. 设置超链接　　　　　　　　　　　D. 设置按钮的动作

【答案与解析】 本题答案为 B。链接 Flash 动画的方法有多种,但只有通过 Shockwave Flash Object 控件插入的动画在幻灯片播放时才能自动进行播放,其他操作都是通过链接再打开进行播放。

9. 在设置了"欢天喜地"模板的幻灯片上,设置新的背景,在忽略母版的情况下,则新背景:（　　）

    A. 不改变　　　　　　　　　　　　　B. 不能定义

    C. 不能忽略模板　　　　　　　　　　D. 可以定义

【答案与解析】 本题答案为 D。在"背景"对话框中选中"忽略母版的背景图形"复选框,则才能将新的背景设置应用到幻灯片中。

10. 修改"已访问过超链接"文本的颜色的操作是:　　　　　　　　　　　（　　）

    A. 修改超链接　　　　　　　　　　　B. 修改幻灯片版式

    C. 修改幻灯片模板　　　　　　　　　D. 修改配色方案

【答案与解析】 本题答案为D。配色方案不仅可以设置文字、线条、背景等颜色，通过配色方案同时也可以修改与超链接相关的颜色设置。

11. 在幻灯片母版视图下，对自动版式的对象区设置项目符号可以使用：　　　　　　（　　）
　　A. "工具"菜单中的"拼音"命令项　　　　B. "插入"菜单中的"项目符号"命令项
　　C. "格式"菜单中的"项目符号"命令项　　D. "插入"菜单中的"符号"命令项

【答案与解析】 本题答案为C。在幻灯片操作中对于字体和项目符号的格式设置方法与Word操作时相同的。

12. 在幻灯片母版中，在"自动版式的标题"区添加所有幻灯片共有文本的方法是：　　（　　）
　　A. 选择带有文本占位符的幻灯片版式　　B. 单击直接输入
　　C. 使用文本框　　　　　　　　　　　　D. 使用模板

【答案与解析】 本题答案为C。在幻灯片母版中，虽然有文本的占位符，但其中不能输入文本，只能设置文本的格式，要想每张幻灯片中添加相同文本，必须在母版中通过文本框进行插入。

13. 设置两个动画，若第一个动画播放完5 s后再播放第二个动画，应对第二个动画在"计时"选项卡中设置：　　　　　　　　　　　　　　　　　　　　　　　　　　　　　　　　　（　　）
　　A. 开始　　　　　　　　　　　　　　　B. 延迟
　　C. 速度　　　　　　　　　　　　　　　D. 重复

【答案与解析】 本题答案为B。幻灯片中动画的设置，无论添加的何种效果，都可以在动画列表中通过动画条的下拉菜单中的"效果选项"进行设置。

14. 单击幻灯片上的一个图片，使其能够启动PowerPoint 2003应用程序，则应设置"动作设置"对话框中的：　　　　　　　　　　　　　　　　　　　　　　　　　　　　　　　　　　　（　　）
　　A. 无动作　　　　　　　　　　　　　　B. 超链接到
　　C. 运行程序　　　　　　　　　　　　　D. 以上都不对

【答案与解析】 本题答案为C。链接演示文稿外的应用程序，可以通过超链接和动作设置两种方法进行。

15. 演示文稿中，超链接的对象可以是：　　　　　　　　　　　　　　　　　　　　（　　）
　　A. D盘上的动画　　　　　　　　　　　B. 幻灯片中的文本
　　C. 幻灯片中的动画　　　　　　　　　　D. 幻灯片中的影片

【答案与解析】 本题答案为A。超链接可以链接演示文稿中的幻灯片，但不能具体到幻灯片中插入的对象。

16. 删除超链接的方法有：　　　　　　　　　　　　　　　　　　　　　　　　　　（　　）
　　A. "插入"菜单中选择"超链接"，在打开的对话框中单击"删除链接"按钮
　　B. 工具栏中选择"超链接"，在打开的对话框中单击"删除链接"按钮
　　C. 快捷菜单中选择"删除超链接"
　　D. 以上都对

【答案与解析】 本题答案为D。删除超链接的方法，除了可以使用选项A、B、C三项以外，对于文字链接还可以使用退格键进行删除操作，方法是：将光标定位于超链接文本的后面，再按退格键删除。

17. 在幻灯片放映过程中，幻灯片之间的切换可以通过什么进行切换？　　　　　　（　　）
　　A. 鼠标双击　　　　　　　　　　　　　B. 时间
　　C. 鼠标右键　　　　　　　　　　　　　D. 以上都不对

【答案与解析】 本题答案为B。在幻灯片放映过程中，在没有设置排练计时下，可以通过鼠标单击、键盘的上下光标键、"PageUp"、"PageDown"按键进行切换或者幻灯片放映下的快捷菜单进行

切换。在设置了排练计时后,就可以通过时间控制切换。

18. 从头放映幻灯片的快捷键是: ( )

A．"F5"   B．"Shift"＋"F5"

C．"Ctrl"＋"F5"   D．"Alt"＋"F5"

【答案与解析】 本题答案为 A。"Shift"＋"F5"和视图切换区中的"从当前幻灯片开始幻灯片放映"相对应。

19. 幻灯片放映时,只播放所有奇数页幻灯片,应使用"幻灯片放映"菜单中的: ( )

A．动作设置   B．预设动画

C．幻灯片切换   D．自定义放映

【答案与解析】 本题答案为 D。在"自定义放映"中用户可以根据放映的要求,将演示文稿中的幻灯片有选择的设置播放,包括幻灯片播放的张数,顺序。

20. 在幻灯片切换时,可以设置幻灯片切换的: ( )

A．进入   B．强调效果

C．退出效果   D．换片方式

【答案与解析】 本题答案为 D。幻灯片切换设置中只能设置幻灯片切换效果,修改切换效果以及换片方式。

操作实例

例1 按要求完成以下操作。

(1) 新建一个空白演示文稿。

(2) 制作五张幻灯片,分别在幻灯片中插入五种不同元素。

(3) 在幻灯片浏览视图下复制第二张幻灯片。

(4) 用 LL1. PPT 文件名存盘。

【答案与解析】

(1) 在"新建演示文稿"任务窗格中创建新演示文稿。

(2) 单击"插入"菜单"新幻灯片"命令分别插入五张幻灯片。

(3) 分别插入五种不同元素。

(4) 在幻灯片浏览视图下拖动第二张幻灯片的同时按"Ctrl"进行复制操作。

(5) 单击"文件"|"保存"命令,文件名为 LL1,单击"保存"按钮。

例2 按要求完成以下操作。

(1) 打开 LL1. PPT 文件。

(2) 设置幻灯片编号从 2 开始。

(3) 幻灯片纵向显示。

(4) 用 LL2. PPT 文件名存盘。

【答案与解析】

(1) 打开 LL1. PPT 文件。

(2) 选择"文件"菜单下的"页面设置"命令,弹出"页面设置"对话框。

(3) "幻灯片编号起始值"数值框中设置为 2。

(4) "方向"选项区中设置纵向。

(5) 单击"文件"|"保存"命令,文件名为 LL2,单击"保存"按钮。

例3 按要求完成以下操作。

(1) 打开 LL2. PPT 文件。

（2）将 LL1. PPT 文件插入到末尾。

（3）再删除第二张幻灯片。

（4）用 LL3. PPT 文件名存盘。

【答案与解析】

（1）打开 LL2. PPT 文件。

（2）选择"插入"菜单的"幻灯片（从文件）"命令，插入 LL1. PPT。

（3）选择第二张幻灯片，按"Del"键。

（4）单击"文件"|"保存"命令，文件名为 LL3，单击"保存"按钮。

例 4　按要求完成以下操作。

（1）打开 LL1. PPT 文件。

（2）隐藏第二、第五张幻灯片。

（3）用 LL4. PPT 文件名存盘。

【答案与解析】

（1）打开 LL1. PPT 文件。

（2）选择第二张幻灯片。

（3）选择"幻灯片放映"菜单中的"隐藏幻灯片"命令。

（4）重复（2）、（3）隐藏第五张幻灯片。

（5）单击"文件"|"保存"命令，文件名为 LL4，单击"保存"按钮。

例 5　按要求完成以下操作。

（1）新建一个空白演示文稿。

（2）插入一个图表。

（3）并修改数据表中的数据。

（4）用 LL5. PPT 文件名存盘。

【答案与解析】

（1）在"新建演示文稿"任务窗格中创建新演示文稿。

（2）选择"插入"菜单中的"图表"命令进行插入。

（3）在数据表中修改数据。

（4）单击"文件"|"保存"命令，文件名为 LL5，单击"保存"按钮。

例 6　按要求完成以下操作。

（1）新建一个空白演示文稿。

（2）插入一个剪贴库中的声音。

（3）并设置单击声音图标时播放。

（4）用 LL6. PPT 文件名存盘。

【答案与解析】

（1）在"新建演示文稿"任务窗格中创建新演示文稿。

（2）选择"插入"菜单中的"影片和声音"命令。

（3）在询问用户对话框中选择单击声音图标时播放。

（4）单击"文件"|"保存"命令，文件名为 LL6，单击"保存"按钮。

例 7　按要求完成以下操作。

（1）打开 LL1. PPT 文件。

（2）奇数页背景设置成"黄色"。

（3）偶数页背景设置成"红黄渐变"。

（4）用 LL7. PPT 文件名存盘。

【答案与解析】

（1）打开 LL1. PPT 文件。

（2）在幻灯片上单击鼠标右键，在快捷菜单中选择"背景"，打开对话框。

（3）在"背景填充"下拉列表中选择需要的黄色，在"背景填充"下拉列表中选择"填充效果"，设置红黄双色渐变。

（4）单击"文件"|"保存"命令，文件名为 LL7，单击"保存"按钮。

例 8 按要求完成以下操作。

（1）新建一个空白演示文稿。

（2）第 1 张幻灯片设置"羊皮纸"背景。

（3）第 2 张幻灯片设置任意图片背景。

（4）用 LL8. PPT 文件名存盘。

【答案与解析】

（1）在"新建演示文稿"任务窗格中创建新演示文稿。

（2）在幻灯片上单击鼠标右键，在快捷菜单中选择"背景"，打开对话框。

（3）分别在第一张幻灯片和第二张幻灯片"背景填充"下拉列表中选择"填充效果"，设置羊皮纸纹理，图片背景。

（4）单击"文件"|"保存"命令，文件名为 LL8，单击"保存"按钮。

例 9 按要求完成以下操作。

（1）新建一个空白演示文稿。

（2）第一张幻灯片设置"标题"幻灯片。

（3）第二张幻灯片设置"标题和两栏文本"。

（4）用 LL9. PPT 文件名存盘。

【答案与解析】

（1）在"新建演示文稿"任务窗格中创建新演示文稿。

（2）选择"格式"菜单中的"幻灯片版式"命令，打开"幻灯片版式"任务窗格。

（3）分别在第一张幻灯片和第二张幻灯片设置"标题"幻灯片，"标题和两栏文本"。

（4）单击"文件"|"保存"命令，文件名为 LL9，单击"保存"按钮。

例 10 按要求完成以下操作。

（1）新建一个空白演示文稿。

（2）第一张幻灯片设置空白幻灯片。

（3）第二张幻灯片设置"标题、文本与剪贴画"。

（4）用 LL10. PPT 文件名存盘。

【答案与解析】

（1）在"新建演示文稿"任务窗格中创建新演示文稿。

（2）选择"格式"菜单中的"幻灯片版式"命令，打开"幻灯片版式"任务窗格。

（3）分别在第一张幻灯片和第二张幻灯片设置空白幻灯片，"标题、文本与剪贴画"。

（4）单击"文件"|"保存"命令，文件名为 LL10，单击"保存"按钮。

例 11 按要求完成以下操作。

（1）打开 LL1. PPT 文件。

（2）对所有幻灯片设置"吉祥如意"模板。

（3）用 LL11. PPT 文件名存盘。

【答案与解析】

(1) 打开 LL1. PPT 文件。

(2) 选择"格式"菜单中的"幻灯片模板"命令,打开"幻灯片模板"任务窗格。

(3) 单击"吉祥如意"模板的下拉菜单,设置应用于所有幻灯片。

(4) 单击"文件"|"保存"命令,文件名为 LL11,单击"保存"按钮。

例 12　按要求完成以下操作。

(1) 新建一个空白演示文稿。

(2) 第一张幻灯片设置"Crayons"模板。

(3) 第二、第三、第四张幻灯片设置"古瓶荷花"模板。

(4) 用 LL12. PPT 文件名存盘。

【答案与解析】

(1) 在"新建演示文稿"任务窗格中创建新演示文稿。

(2) 选择"格式"菜单中的"幻灯片模板"命令,打开"幻灯片模板"任务窗格。

(3) 选择第一张幻灯片,单击"Crayons"模板,分别选择第二、第三、第四张幻灯片,单击"古瓶荷花"模板。

(4) 单击"文件"|"保存"命令,文件名为 LL12,单击"保存"按钮。

例 13　按要求完成以下操作。

(1) 新建一个空白演示文稿。

(2) 第一张幻灯片设置配色方案(第三排,第二个)。

(3) 复制第一张幻灯片,同时修改配色方案中的背景颜色。

(4) 用 LL13. PPT 文件名存盘。

【答案与解析】

(1) 在"新建演示文稿"任务窗格中创建新演示文稿。

(2) 选择第一张幻灯片,在"幻灯片设计"窗格的"配色方案"中单击第三排,第二个配色方案。

(3) 复制第一张幻灯片,在"幻灯片设计"窗格中选择"编辑配色方案...",修改配色方案中的背景颜色。

(4) 单击"文件"|"保存"命令,文件名为 LL13,单击"保存"按钮。

例 14　按要求完成以下操作。

(1) 新建一个空白演示文稿。

(2) 在幻灯片母版中,设置"自动版式的标题区"字号三号、字体黑体、加粗。

(3) 用 LL14. PPT 文件名存盘。

【答案与解析】

(1) 在"新建演示文稿"任务窗格中创建新演示文稿。

(2) 选择"视图"菜单下的"母版"项的"幻灯片母版"命令。

(3) 单击"自动版式的标题区",设置字号三号、字体黑体、加粗。

(4) 单击"文件"|"保存"命令,文件名为 LL14,单击"保存"按钮。

例 15　按要求完成以下操作。

(1) 新建一个空白演示文稿。

(2) 在幻灯片母版中,在幻灯片的左上角插入一个图片。

(3) 用 LL15. PPT 文件名存盘。

【答案与解析】

(1) 在"新建演示文稿"任务窗格中创建新演示文稿。

(2) 选择"视图"菜单下的"母版"项的"幻灯片母版"命令。

(3) 插入一个剪贴画置于母版的左上角。

(4) 单击"文件"|"保存"命令,文件名为 LL15,单击"保存"按钮。

例 16 按要求完成以下操作。

(1) 新建一个空白演示文稿。

(2) 插入日期和时间,并能自动更新。

(3) 用 LL16. PPT 文件名存盘。

【答案与解析】

(1) 在"新建演示文稿"任务窗格中创建新演示文稿。

(2) 选择"视图"菜单的"页眉和页脚"命令,弹出对话框。

(3) 设置日期和时间,并选择自动更新。

(4) 单击"文件"|"保存"命令,文件名为 LL16,单击"保存"按钮。

例 17 按要求完成以下操作。

(1) 打开 LL9. PPT 文件。

(2) 插入页脚,并设置标题幻灯片不显示。

(3) 用 LL17. PPT 文件名存盘。

【答案与解析】

(1) 打开 LL9. PPT 文件。

(2) 选择"视图"菜单的"页眉和页脚"命令,弹出对话框。

(3) 设置页脚,并设置标题幻灯片不显示。

(4) 单击"文件"|"保存"命令,文件名为 LL17,单击"保存"按钮。

例 18 按要求完成以下操作。

(1) 新建一个空白演示文稿。

(2) 插入一个"十字形",并设置三维效果。

(3) 复制成三个,并横向分布。

(4) 用 LL18. PPT 文件名存盘。

【答案与解析】

(1) 在"新建演示文稿"任务窗格中创建新演示文稿。

(2) 绘图工具栏中插入自选图形"十字形",设置三维效果。

(3) 复制该自选图形,单击绘图工具栏中的"绘图",设置对齐与分布为横向分布。

(4) 单击"文件"|"保存"命令,文件名为 LL18,单击"保存"按钮。

例 19 按要求完成以下操作。

(1) 新建一个空白演示文稿。

(2) 插入一个艺术字。

(3) 设置"盒状"进入,同时有"打字机"声音。

(4) 用 LL19. PPT 文件名存盘。

【答案与解析】

(1) 在"新建演示文稿"任务窗格中创建新演示文稿。

(2) 插入一个艺术字,在对象上单击鼠标右键,在快捷菜单中选择"自定义动画"命令。

(3) 设置"盒状"进入效果,在"效果"选项卡下,设置动画播放时的声音为"打字机"。

(4) 单击"文件"|"保存"命令,文件名为 LL19,单击"保存"按钮。

例 20 按要求完成以下操作。

（1）将 LL18. PPT 文件和 LL19. PPT 文件打包成 CD。

（2）同时复制到文件夹。

（3）文件夹为"合成"，路径为 D 盘根下。

（4）用 LL20. PPT 文件名存盘。

【答案与解析】

（1）选择"文件"菜单下的"打包成 CD"命令，出现"打包成 CD"对话框。

（2）单击"添加文件"按钮，添加 LL18. PPT 文件和 LL19. PPT 文件。

（3）选择"复制到文件夹"按钮，设置文件夹名为"合成"，路径为 D 盘根下。

（4）单击"文件"|"保存"命令，文件名为 LL20，单击"保存"按钮。

例 21　按要求完成以下操作。

（1）打开 LL19. PPT 文件。

（2）设置"放大/缩小"的强调效果。

（3）放大尺寸为 200％。

（4）用 LL21. PPT 文件名存盘。

【答案与解析】

（1）打开 LL19. PPT 文件。

（2）选择艺术字，在对象上单击鼠标右键，在快捷菜单中选择"自定义动画"命令。

（3）设置"放大/缩小"的强调效果，在"尺寸"下拉菜单中，设置放大尺寸为 200％。

（4）单击"文件"|"保存"命令，文件名为 LL21，单击"保存"按钮。

例 22　按要求完成以下操作。

（1）打开 LL20. PPT 文件。

（2）设置"飞出"的退出效果。

（3）方向为"到左下部"。

（4）用 LL22. PPT 文件名存盘。

【答案与解析】

（1）打开 LL20. PPT 文件。

（2）选择艺术字，在对象上单击鼠标右键，在快捷菜单中选择"自定义动画"命令。

（3）设置"飞出"的退出效果，在"方向"下拉菜单中，设置"到左下部"。

（4）单击"文件"|"保存"命令，文件名为 LL22，单击"保存"按钮。

例 23　按要求完成以下操作。

（1）新建一个空白演示文稿。

（2）插入一个剪贴画。

（3）绘制自定义运动路径（曲线）。

（4）用 LL23. PPT 文件名存盘。

【答案与解析】

（1）在"新建演示文稿"任务窗格中创建新演示文稿。

（2）插入一个剪贴画，在对象上单击鼠标右键，在快捷菜单中选择"自定义动画"命令。

（3）设置效果为动作路径下的绘制自定义运动路径中的曲线，在幻灯片中绘制曲线。

（4）单击"文件"|"保存"命令，文件名为 LL23，单击"保存"按钮。

例 24　按要求完成以下操作。

（1）打开 LL21. PPT 文件。

（2）将强调效果放到第一位进行播放。

（3）修改退出效果为"菱形"。

（4）用 LL24.PPT 文件名存盘。

【答案与解析】

（1）打开 LL21.PPT 文件。

（2）选择艺术字，在对象上单击鼠标右键，在快捷菜单中选择"自定义动画"命令。

（3）拖动强调效果放到第一位，单击退出效果，更改为"菱形"效果。

（4）单击"文件"|"保存"命令，文件名为 LL24，单击"保存"按钮。

例 25 按要求完成以下操作。

（1）打开 LL21.PPT 文件。

（2）将强调效果延迟 2 s 播放。

（3）并重复执行两次。

（4）用 LL25.PPT 文件名存盘。

【答案与解析】

（1）打开 LL21.PPT 文件。

（2）选择艺术字，在对象上单击鼠标右键，在快捷菜单中选择"自定义动画"命令。

（3）单击强调效果，在"计时"选项卡下，设置延迟 2 s，重复执行两次。

（4）单击"文件"|"保存"命令，文件名为 LL25，单击"保存"按钮。

例 26 按要求完成以下操作。

（1）打开 LL23.PPT 文件。

（2）复制艺术字。

（3）删除副本的退出效果。

（4）用 LL26.PPT 文件名存盘。

【答案与解析】

（1）打开 LL23.PPT 文件。

（2）复制艺术字，并在副本艺术字上单击鼠标右键，在快捷菜单中选择"自定义动画"命令。

（3）单击退出效果，按删除按钮。

（4）单击"文件"|"保存"命令，文件名为 LL26，单击"保存"按钮。

例 27 按要求完成以下操作。

（1）新建一个空白演示文稿。

（2）使用文本框输入文字。

（3）设置文字的动作为：单击时"结束放映"。

（4）用 LL27.PPT 文件名存盘。

【答案与解析】

（1）在"新建演示文稿"任务窗格中创建新演示文稿。

（2）插入文本框并输入文字，鼠标右键单击幻灯片上的文本框，在快捷菜单中选择"动作设置"命令。

（3）设置超链接到为"结束放映"。

（4）单击"文件"|"保存"命令，文件名为 LL27，单击"保存"按钮。

例 28 按要求完成以下操作。

（1）新建一个空白演示文稿。

（2）插入动作按钮"开始"。

（3）设置运行程序 PowerPoint 2003。

(4) 用 LL28. PPT 文件名存盘。

【答案与解析】

(1) 在"新建演示文稿"任务窗格中创建新演示文稿。

(2) 选择"幻灯片放映"菜单下的"动作按钮"命令插入按钮。

(3) 设置运行程序为"PowerPoint 2003"。

(4) 单击"文件"|"保存"命令,文件名为 LL28,单击"保存"按钮。

例 29　按要求完成以下操作。

(1) 打开 LL21. PPT 文件。

(2) 设置动画方案为"向内溶解"。

(3) 用 LL29. PPT 文件名存盘。

【答案与解析】

(1) 打开 LL21. PPT 文件。

(2) 选择艺术字,单击"幻灯片放映"菜单中的"动画方案"命令,打开幻灯片设计动画方案任务窗格。

(3) 设置动画方案为"向内溶解"。

(4) 单击"文件"|"保存"命令,文件名为 LL29,单击"保存"按钮。

例 30　按要求完成以下操作。

(1) 新建一个空白演示文稿。

(2) 插入一个剪贴画。

(3) 设置其超链接到"下一张幻灯片"。

(4) 用 LL30. PPT 文件名存盘。

【答案与解析】

(1) 在"新建演示文稿"任务窗格中创建新演示文稿。

(2) 插入一个剪贴画,并选中,然后选择"插入"菜单中的"超链接"命令。

(3) 在链接到"本文当中的位置"下设置其超链接到"下一张幻灯片"。

(4) 单击"文件"|"保存"命令,文件名为 LL30,单击"保存"按钮。

例 31　按要求完成以下操作。

(1) 打开 LL29. PPT 文件。

(2) 修改其超链接为运行 PowerPoint 2003. exe。

(3) 用 LL31. PPT 文件名存盘。

【答案与解析】

(1) 打开 LL29. PPT 文件。

(2) 选择艺术字,在快捷菜单中选择"编辑超链接"命令。

(3) 在链接到"原有文件或网页"下设置其链接运行 PowerPoint 2003. exe。

(4) 单击"文件"|"保存"命令,文件名为 LL31,单击"保存"按钮。

例 32　按要求完成以下操作。

(1) 打开 LL12. PPT 文件。

(2) 设置第二张幻灯片与第三张幻灯片切换效果为"垂直百叶窗"。

(3) 用 LL32. PPT 文件名存盘。

【答案与解析】

(1) 打开 LL12. PPT 文件。

(2) 分别选择第二张幻灯片与第三张幻灯片。

（3）选择"幻灯片放映"菜单中的"幻灯片切换"命令，在"幻灯片切换"窗格中选择幻灯片切换的样式分别为"垂直百叶窗"。

（4）单击"文件"|"保存"命令，文件名为 LL32，单击"保存"按钮。

例 33 按要求完成以下操作。

（1）打开 LL12. PPT 文件。

（2）设置所有幻灯片切换效果为"新闻快报"。

（3）间隔 0.02 s。

（4）用 LL33. PPT 文件名存盘。

【答案与解析】

（1）打开 LL12. PPT 文件。

（2）选择"幻灯片放映"菜单中的"幻灯片切换"命令，在"幻灯片切换"窗格中选择幻灯片切换的样式分别为"新闻快报"，并单击"应用于所有幻灯片"按钮。

（3）设置间隔 0.02 s。

（4）单击"文件"|"保存"命令，文件名为 LL33，单击"保存"按钮。

例 34 按要求完成以下操作。

（1）打开 LL32. PPT 文件。

（2）自定义放映第一、第三、第四张幻灯片。

（3）用 LL34. PPT 文件名存盘。

【答案与解析】

（1）打开 LL32. PPT 文件。

（2）选择"幻灯片放映"菜单下的"自定义放映"命令，在"自定义放映"对话框中单击"新建"按钮，打开"定义自定义放映"对话框。

（3）分别添加第一、第三、第四张幻灯片。

（4）单击"文件"|"保存"命令，文件名为 LL34，单击"保存"按钮。

例 35 按要求完成以下操作。

（1）打开 LL31. PPT 文件。

（2）排练计时，每张幻灯片设置不超过 0.05 s。

（3）用 LL35. PPT 文件名存盘。

【答案与解析】

（1）打开 LL31. PPT 文件。

（2）选择"幻灯片放映"菜单下的"排练计时"命令。

（3）鼠标单击控制播放时间，每张幻灯片设置不超过 0.05 s。

（4）单击"文件"|"保存"命令，文件名为 LL35，单击"保存"按钮。

例 36 按要求完成以下操作。

（1）打开 LL34. PPT 文件。

（2）将演示文稿保存为放映方式。

（3）用 LL36. PPS 文件名存盘。

【答案与解析】

（1）打开 LL34. PPT 文件。

（2）选择"文件"菜单中"另存为"命令。

（3）在"保存类型"列表中选择"PowerPoint 放映"。

（4）单击"文件"|"保存"命令，文件名为 LL36，单击"保存"按钮。

例 37　按要求完成以下操作。

（1）新建一个空白演示文稿。

（2）制作六张幻灯片,将第一张幻灯片版式设置成"只有标题"。

（3）第三张幻灯片使用"空白"版式,使用竖排文本框输入文字"PowerPoint 操作"。

（4）用 LL37. PPT 文件名存盘。

【答案与解析】

（1）在"新建演示文稿"任务窗格中创建新演示文稿。

（2）单击文字版式中的"只有标题"。

（3）重复执行"插入"菜单"新幻灯片"命令,插入五张幻灯片。

（4）选择第三张幻灯片,使用"空白"版式,使用竖排文本框输入文字"PowerPoint 操作"。

（5）单击"文件"|"保存"命令,文件名为 LL37,单击"保存"按钮。

例 38　按要求完成以下操作。

（1）打开 LL37. PPT 文件。

（2）在幻灯片浏览视图中复制第一张和第三张幻灯片并粘贴到幻灯片最后。

（3）自定义放映演示文稿中第二、第四、第六张幻灯片。

（4）用 LL38. PPT 文件名存盘。

【答案与解析】

（1）打开 LL37. PPT 文件。

（2）切换到幻灯片浏览视图,单击第一张幻灯片,按"Ctrl"键再单击第三张幻灯片,并定位到幻灯片最后。

（3）选择"幻灯片放映"菜单中的"自定义放映"命令,添加第二、第四、第六张幻灯片。

（4）单击"文件"|"保存"命令,文件名为 LL38,单击"保存"按钮。

例 39　按要求完成以下操作。

（1）新建一个空白演示文稿。

（2）在第二张幻灯片中插入三行五列的表格。

（3）将表格中第一行合并单元格。

（4）设置表格边框为 5 磅蓝色双线。

（5）用 LL39. PPT 文件名存盘。

【答案与解析】

（1）在"新建演示文稿"任务窗格中创建新演示文稿。

（2）选择第二张幻灯片,单击"插入"菜单中的"表格"命令,插入三行五列的表格。

（3）鼠标拖动选择第一行,单击鼠标右键,在快捷菜单中选择"合并单元格"。

（4）在"表格和边框"工具栏中选择边框宽度为 5 磅,颜色蓝色,线型双线。

（5）单击"文件"|"保存"命令,文件名为 LL39,单击"保存"按钮。

例 40　按要求完成以下操作。

（1）新建一个空白演示文稿。

（2）在第四张幻灯片中插入"八角星"自选图形。

（3）添加文字"动画播放"。

（4）设置自定义动画效果为"飞入"效果。

（5）用 LL40. PPT 文件名存盘。

【答案与解析】

（1）在"新建演示文稿"任务窗格中创建新演示文稿。

（2）在第四张幻灯片,绘图自选图形按钮中的星与旗帜下的八角星。

（3）鼠标右键单击五角星,在快捷菜单中选择"添加文本",输入"动画播放"。

（4）鼠标右键单击五角星,在快捷菜单中选择"自定义动画",设置自定义动画效果为"飞入"效果。

（5）单击"文件"|"保存"命令,文件名为 LL40,单击"保存"按钮。

例 41　按要求完成以下操作。

（1）新建一个空白演示文稿。

（2）在第一张幻灯片中插入剪贴库中的声音。

（3）设置声音自动播放。

（4）在第二张幻灯片中插入 Flash 文件（路径:D:\star. SWF）。

（5）用 LL41. PPT 文件名存盘。

【答案与解析】

（1）在"新建演示文稿"任务窗格中创建新演示文稿。

（2）选择第一张幻灯片,单击"插入"菜单中的"影片和声音"选项下的"剪辑管理器中的声音",插入声音,并设置声音自动播放。

（3）选择第二张幻灯片,单击"视图"菜单中的"工具栏"选项下的"控件工具箱"命令,打开"控件工具箱"工具栏,单击"其他控件"按钮,选择"Shockwave Flash Object"选项。

（4）在"属性页"对话框,"影片 URL"文本框内输入 D:\star. SWF。

（5）单击"文件"|"保存"命令,文件名为 LL41,单击"保存"按钮。

例 42　按要求完成以下操作。

（1）新建一个空白演示文稿。

（2）在演示文稿的第二张幻灯片中插入 D:\Picture1. JPG 图片。

（3）设置图片尺寸为高度与宽度皆为 8 cm。

（4）用 LL42. PPT 文件名存盘。

【答案与解析】

（1）在"新建演示文稿"任务窗格中创建新演示文稿。

（2）选择第二张幻灯片,选择"插入"菜单中的"图片"项中的"来自文件"命令,打开"插入图片"对话框,选择 D:\Picture1. JPG 图片。

（3）鼠标右键单击该图片,在弹出的快捷菜单中选择"设置图片格式"命令。

（4）设置图片尺寸为高度与宽度皆为 8 cm。

（5）单击"文件"|"保存"命令,文件名为 LL42,单击"保存"按钮。

例 43　按要求完成以下操作。

（1）打开 LL42. PPT 文件。

（2）将演示文稿的第一张幻灯片背景效果设为"花束"。

（3）第二张幻灯片背景效果设为"宝石蓝"。

（4）用 LL43. PPT 文件名存盘。

【答案与解析】

（1）打开 LL42. PPT 文件。

（2）选择第一张幻灯片,选择"格式"菜单中的"背景"命令,设置"花束"纹理。

（3）选择第二张幻灯片,选择"格式"菜单中的"背景"命令,设置预设颜色为"宝石蓝"。

（4）单击"文件"|"保存"命令,文件名为 LL43,单击"保存"按钮。

例 44　按要求完成以下操作。

(1) 新建一个空白演示文稿。

(2) 利用幻灯片母版为演示文稿添加页码。

(3) 将页码进行底端居中。

(4) 将标题文字格式设成:黑体、50 号粗体带阴影、蓝色、分散对齐格式。

(5) 用 LL44.PPT 文件名存盘。

【答案与解析】

(1) 在"新建演示文稿"任务窗格中创建新演示文稿。

(2) 选择"视图"菜单中的"母板"项中的"幻灯片母板"命令,单击"页脚"区,选择"插入"菜单中的"幻灯片编号"命令。

(3) 单击自动版式的标题区,设置黑体、50 号、加粗、阴影、蓝色,分散对齐。

(4) 单击"文件"|"保存"命令,文件名为 LL44,单击"保存"按钮。

例 45 按要求完成以下操作。

(1) 打开 LL43.PPT 文件。

(2) 将全部幻灯片片间切换效果设置为中央向左右展开,且片间间隔 3 秒。

(3) 速度为"慢速",带有"风铃"声。

(4) 用 LL45.PPT 文件名存盘。

【答案与解析】

(1) 打开 LL43.PPT 文件。

(2) 选择"幻灯片放映"菜单中"幻灯片切换"命令,在对话框中选择"中央向左右展开"。

(3) 在换片方式中选中"每隔",并设置为 3 s,速度为"慢速",带有"风铃"声。

(4) 单击窗格下方的"应用于所有幻灯片"按钮。

(5) 单击"文件"|"保存"命令,文件名为 LL45,单击"保存"按钮。

例 46 按要求完成以下操作。

(1) 新建一个空白演示文稿。

(2) 版式为"标题幻灯片",并输入文字。

(3) 设置动画效果为:幻灯播放时,1 s 后自动从右侧中速飞入的效果。

(4) 用 LL46.PPT 文件名存盘。

【答案与解析】

(1) 在"新建演示文稿"任务窗格中创建新演示文稿。

(2) 选择第一张幻灯片,打开"幻灯片设计"任务窗格,版式为"标题幻灯片",并输入文字。

(3) 选择标题,设置自定义动画,设置"飞入"效果,方向为"自右侧"。

(4) "计时"标签中设置"延迟"为"1 s","速度"为"中速"。

(5) 单击"文件"|"保存"命令,文件名为 LL46,单击"保存"按钮。

例 47 按要求完成以下操作。

(1) 新建一个空白演示文稿。

(2) 将第一张、第三张幻灯片的设计模板设置为"天坛月色"。

(3) 第四张至第六张幻灯片设计模板设置为"吉祥如意"。

(4) 用 LL47.PPT 文件名存盘。

【答案与解析】

(1) 在"新建演示文稿"任务窗格中创建新演示文稿。

(2) 分别选择第一张、第三张幻灯片,分别鼠标右键单击选择设计模板列表中的"天坛月色"模板,在弹出的快捷菜单中选择"应用于选定幻灯片"。

（3）按住"Shift"键，鼠标选择第四张至第六张幻灯片，鼠标右键单击选择设计模板列表中的"吉祥如意"模板，如图 5-43 所示，在弹出的快捷菜单中选择"应用于选定幻灯片"。

（4）单击"文件"|"保存"命令，文件名为 LL47，单击"保存"按钮。

例 48 按要求完成以下操作。

（1）新建一个空白演示文稿。

（2）将幻灯片中超链接文字的颜色改为蓝色。

（3）将已经访问过的超链接文字颜色改为红色。

（4）设置第二张幻灯片中图片超级链接到 D:\hl. AVI。

（5）用 LL48. PPT 文件名存盘。

【答案与解析】

（1）在"新建演示文稿"任务窗格中创建新演示文稿。

（2）打开"幻灯片设计——配色方案"任务窗格，选择"编辑配色方案"。

（3）修改"强调文字和超链接"前的色块为蓝色。

（4）修改"强调文字和已访问的超链接"前的色块为红色。

（5）选择第二张幻灯片中的图片，单击"插入"菜单中的"超链接"命令，选择"原有文件或网页"链接到 D:\hl. AVI。

（6）单击"文件"|"保存"命令，文件名为 LL48，单击"保存"按钮。

例 49 按要求完成以下操作。

（1）新建一个空白演示文稿。

（2）为第二张幻灯片插入动作按钮"下一张"。

（3）设置动作为链接到下一张幻灯片。

（4）为最后一张幻灯片插入动作按钮"结束"并结束幻灯片放映。

（5）用 LL49. PPT 文件名存盘。

【答案与解析】

（1）在"新建演示文稿"任务窗格中创建新演示文稿。

（2）选择第二张幻灯片，单击"幻灯片放映"菜单中的"动作按钮"命令，插入"下一张"按钮，超链接"下一张幻灯片"。

（3）选择最后一张幻灯片，插入动作按钮"结束"，超链接"结束放映"。

（4）单击"文件"|"保存"命令，文件名为 LL49，单击"保存"按钮。

例 50 按要求完成以下操作。

（1）打开 LL47. PPT 文件。

（2）将演示文稿自动播放的"排练计时"时间定义在 10 s 内完成。

（3）放映时隐藏第四张幻灯片。

（4）用 LL50. PPT 文件名存盘。

【答案与解析】

（1）打开 LL47. PPT 文件。

（2）选择"幻灯片放映"菜单中的"排练计时"命令，单击鼠标，设置每张幻灯片播放的时间，10 s 内完成放映。

（3）选择第四张幻灯片，选择"幻灯片放映"菜单中的"隐藏幻灯片"命令。

（4）单击"文件"|"保存"命令，文件名为 LL50，单击"保存"按钮。

复 习 题

【A 型题】

1. 视图切换区中的按钮有：   （   ）
   A. "普通视图"按钮
   B. "幻灯片浏览视图"按钮
   C. "从当前幻灯片开始幻灯片放映"按钮
   D. 以上都对

2. PowerPoint 文件的默认的保存类型是：   （   ）
   A. .HTM   B. .PPT   C. .RTF   D. .PPS

3. 打开任务窗格的快捷键是：   （   ）
   A. "Ctrl"+"F1"   B. "Ctrl"+"F2"   C. "Ctrl"+"F4"   D. "Ctrl"+"F5"

4. 关闭当前的演示文稿的快捷键是：   （   ）
   A. "Ctrl"+"F4"   B. "Alt"+"F4"   C. "Shift"+"F4"   D. "F4"

5. 演示文稿中系统默认的视图方式是：   （   ）
   A. 幻灯片浏览视图   B. 幻灯放映视图   C. 普通视图   D. 备注页视图

6. 将演示文稿保存成网页时,什么地方上的文本会变成表格内容以便在幻灯片中导航? （   ）
   A. 幻灯片   B. 备注页   C. 标题   D. 大纲

7. 保存 PowerPoint 文件的方法是：   （   ）
   A. 选择"文件"菜单下的"保存"命令
   B. 选择"文件"菜单下的"另存为"命令
   C. 单击常用工具栏中的"保存"按钮
   D. 以上都对

8. 在幻灯片放映时,如果要显示被隐藏的幻灯片的操作是：   （   ）
   A. 快捷菜单中选择"上一张"命令
   B. 快捷菜单中选择"下一张"命令
   C. 快捷菜单中选择"定位至幻灯片"命令
   D. 快捷菜单中选择"自定义放映"命令

9. 在 PowerPoint 的浏览视图下,使用快捷键"Ctrl"+鼠标拖动可以进行的操作是： （   ）
   A. 复制   B. 移动   C. 删除   D. 撤销

10. 不能使用占位符进行插入的元素是：   （   ）
    A. 图表   B. Flash 动画   C. 文字   D. 表格

11. 幻灯片的背景可以设置：   （   ）
    A. 渐变填充   B. 图片
    C. "白色大理石"填充   D. 以上都对

12. 幻灯片视图中,按住"Shift"键的同时单击"普通视图"按钮,可以进入： （   ）
    A. 幻灯片浏览视图   B. 幻灯片母版视图
    C. 讲义母版视图   D. 备注母版视图

13. 备注和讲义特有的选项是：   （   ）
    A. 页脚   B. 日期和时间   C. 幻灯片编号   D. 页眉

14. 在标题幻灯片中不显示设置的幻灯片编号,应在哪个对话框中进行设置? （   ）

A．页眉和页脚   B．页面设置   C．幻灯片编号   D．任务窗格

15. 要修改幻灯片母版上的内容，必须进入的视图方式是：   （   ）

A．普通视图   B．幻灯片浏览视图

C．幻灯片母版视图   D．大纲视图

16. 按住"Shift"键的同时单击"幻灯片浏览视图"按钮进入的视图方式是：   （   ）

A．幻灯片母版   B．备注母版   C．讲义母版   D．以上都不对

17. 自定义动画中的添加效果有：   （   ）

A．进入   B．强调   C．动作路径   D．以上都对

18. 在"自定义动画"窗格中拖动某个动画效果在列表框中的先后次序，可改变：   （   ）

A．动画地进入效果   B．动画的播放次序

C．动画的属性   D．动画的计时

19. 自定义动画时，"开始"的触发条件有：   （   ）

A．单击   B．之前   C．之后   D．以上都对

20. 对一段文字设置"飞入"效果，使其能够按字逐一飞入，则在"效果选项"中设置：   （   ）

A．方向   B．动画文本   C．动画播放后   D．延迟

21. 声音图标在播放时隐藏，应在什么卡中设置？   （   ）

A．效果选项卡   B．计时选项卡   C．声音设置选项卡   D．以上都不对

22. 幻灯片中的动画设计效果可以通过何种操作实现？   （   ）

A．动作按钮   B．动作设置   C．动画方案   D．以上都对

23. 在 PowerPoint 自定义动画中，可以设置：   （   ）

A．隐藏幻灯片   B．动作

C．超链接   D．动画重复播放的次数

24. 所有幻灯片"向左擦除"到下一个幻灯片，应使用"幻灯片放映"菜单中的：   （   ）

A．动作设置   B．预设动画   C．幻灯片切换   D．自定义动画

25. 插入超链接的方法是：   （   ）

A．选择"插入"菜单中的"超链接"命令   B．用工具栏上的"插入超链接"按钮

C．在对象的快捷菜单中选择"超链接"命令   D．以上都对

26. 单击动作按钮其能结束幻灯片放映，则应设置"动作设置"对话框中的：   （   ）

A．对象动作   B．超链接到   C．运行程序   D．以上都不对

27. 按何键可以结束幻灯片放映？   （   ）

A．"Tab"键   B．"Esc"键   C．"Del"键   D．"Enter"键

28. 幻灯片放映时能按预设的时间自动播放，则应设置：   （   ）

A．自定义放映   B．观众自行浏览   C．在展台浏览   D．排练计时

29. 幻灯片的放映类型有：   （   ）

A．演讲者放映   B．观众自行浏览   C．在展台浏览   D．以上都对

30. 将演示文稿保存为放映方式，在"保存类型"列表中选择：   （   ）

A．设计模板   B．PowerPoint 加载宏

C．PowerPoint 放映   D．演示文稿

【问答题】

简述在 PowerPoint 中片内动画与片间动画的制作方法？

导 学

内容及要求

计算机网络是计算机技术与通信技术相互渗透、密切结合而形成的一门交叉科学。网络应用技术基础包括三部分内容,计算机网络的基本概念,Internet 基本概念与网络连接。

计算机网络的基本概念要求了解网络的形成与发展、网络按覆盖范围的基本分类、常见的网络拓扑结构、局域网的特点与功能、广域网的概念和基本组成,理解网络协议的基本概念、局域网的基本组成、设置共享资源的基本操作。

Internet 基本概念要求了解 Internet 的发展历史、作用、特点与常规服务,了解 IP 地址、网关和子网掩码的基本概念,理解 TCP/IP 网络协议的基本概念、域名系统的基本概念。

网络连接要求了解通过代理服务器访问 Internet 的方法与网络检测的简单方法,理解 Internet 的常用接入方式,掌握通过局域网与拨号网络接入 Internet 的方法。

重点、难点

网络应用技术基础的重点是网络的定义、发展、拓扑结构、网络协议及网络的组成和功能。Internet 的概念、作用、应用和特点,IP 地址、网关、子网掩码、域名的基本概念。掌握局域网和拨号网络的使用方法。

- ■ 网络基本概念
- ■ Internet 概述
- ■ Internet 接入方式
- ■ 网络常用工具软件
- ■ 网络医药信息资源

社会学家指出,人类社会的生活方式与劳动方式从根本上说具有群体性、交互性、分布性与协作性。在今天的信息时代,计算机网络的出现使人类这一本质特征得到了充分的体现。计算机网络的应用可以大大缩短人与人之间的时间与空间距离,更进一步扩大了人类社会群体之间的交互与协作范围,因此人们一定会很快地接受在计算机网络环境中的工作方式,同时计算机网络也会对社会的进步产生不可估量的影响。计算机网络的应用技能是信息时代医药领域学人才获取、表达和发布信息知识的重要手段之一。

本章主要介绍计算机网络的基本概念和基本知识以及基本应用技能。内容包括:计算机网络基本概念、计算机网络结构与网络协议;网络文件传输、网络安全与道德规范;常用网络连接方式和医药学网络信息获取等实用技术。

██ 第一节 网络基本概念

随着计算机网络应用功能的不断拓展,计算机网络的概念在不断的发展之中。计算机网络是计算机技术与通信技术紧密结合的产物,它是计算机系统结构发展的一个重要方向。

一、什么是计算机网络

早期,人们将分散的计算机、终端及其附属设备,利用通信介质连接起来,能够实现相互通信的系统称为网络;1970 年,在美国信息处理协会召开的春季计算机联合会议上,计算机网络被定义为"以能够共享资源(硬件、软件和数据等)的方式连接起来,并且各自具备独立功能的计算机系统之集合";现在,对计算机网络比较通用的定义是:计算机网络是利用通信设备和通信线路,将地理位置分散的、具有独立功能的多个计算机系统互连起来,通过网络软件实现网络中资源共享和数据通信的系统,参见图 4-1。

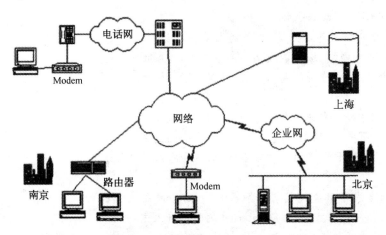

图 4-1 计算机网络概念示意图

在理解计算机网络的概念时要注意下面四点。

(1)计算机网络中包含两台以上的地理位置不同具有"自主"功能的计算机。所谓"自主"的含义,是指这些计算机不依赖于网络也能独立工作。通常,将具有"自主"功能的计算机称为主机(Host),在网络中也称为结点(Node)。网络中的结点不仅仅是计算机,还可以是其他通信设备,如集线器(HUB)、路由器等。

(2)网络中各结点之间的连接需要有一条通道,即由传输介质实现物理互联。这条物理通道可以是双绞线、同轴电缆或光纤等"有线"传输介质;也可以是激光、微波或卫星等"无线"传输介质。

(3)网络中各结点之间互相通信或交换信息,需要有某些约定和规则,这些约定和规则的集合就是协议,其功能是实现各结点的逻辑互联。例如,Internet 上使用的通信协议是 TCP/IP 协议簇。

(4)计算机网络是以实现数据通信和网络资源(包括硬件资源和软件资源)共享为目的。要实现这一目的,网络中需配备功能完善的网络软件,包括网络通信协议(如 TCP/IP、IPX/SPX)和网络操作系统(如 Netware UNIX、Solaris、Windows 2000~2003 Server、Linux 等)。

计算机网络是计算机技术和通信技术相结合的产物,这主要体现在两个方面:一方面,通信技术为计算机之间的数据传递和交换提供了必要的手段;另一方面,计算机技术的发展渗透到通信技术中,又提高了通信网络的各种性能。

二、网络的组成与结构

计算机网络由计算机系统、通信设备和通信线路等组成。

(一)网络的组成

按照计算机网络中各部分的功能,可以将网络分成通信子网和资源子网两大部分。

计算机网络首先是一个通信网络,各计算机之间通过通信媒体、通信设备进行数字通信。在此基础上各计算机可以通过网络软件共享其他计算机上的硬件资源、软件资源和数据资源。为了简化计算机网络的分析与设计,有利于网络的硬件和软件配置,按照计算机网络的系统功能,一个网可分为"资源子网"和"通信子网"两大部分,如图 4-2 所示。

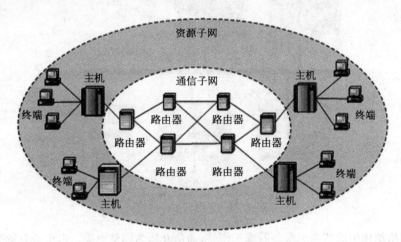

图 4-2　资源子网与通讯子网

1. **资源子网**　资源子网由网络中所有的计算机系统、存储设备和存储控制器、软件和可共享的数据库组成等。主要负责整个网络面向应用的信息处理,为网络用户提供网络服务和资源共享功能等。

2. **通讯子网**　通讯子网的主要任务是将各种计算机互连起来,完成数据交换和通信处理。它主要包括通信处理机、通信线路(即传输介质)和其他通信设备组成。完成网络数据传输、转发等通信处理任务。在早期的 ARPANET 中,承担通信处理机功能的设备是接口报文处理器(interface message processor, IMP),IMP 相当于当前网络中广泛使用的路由器。

将计算机网络分为通讯子网和资源子网,简化了网络设计。通讯子网可以独立设计和建设,它可以是专用的,专门为某个机构拥有和使用,称之为专用数据网;它也可以是公用的,由政府部门(例如邮电部门)或某个电信公司拥有和营业,向社会公众提供数据通信服务,称之为公用数据通讯网。

需要指出的是,广域网可以很明确地划分出资源子网和通讯子网,而局域网由于采用的工作原理与结构的限制,不能明确地划分出子网的结构。

(二)网络的拓扑结构

计算机网络发展非常迅速,大量的微型计算机通过局域网连入广域网,广域网又可以和其他的广域网相互连接,全球性的多个广域网互连,构成了覆盖全世界的 Internet 网络系统。由于远距离传输和近距离传输时的传输方式不同,计算机网络连接的拓扑结构也有所不同,这就构成了所谓的局域网和广域网。由于 Internet 网络系统结构日益复杂,本章主要介绍局域网的几种拓扑结构。

在研究网络组成结构的时候,可以采用拓扑学中的一种研究与大小形状无关的点、线特性的方法,即抛开网络中的具体设备,把工作站、服务器等网络单元抽象为"结点",把网络中的电缆等通信介质抽象为"线",这样,从拓扑学的观点看,网络就变成了由点和线组成的几何图形,称之为网络的拓扑结构。

网络中的结点总共有两类:一类是连接结点,它只负责转发和交换信息,包括交换机、集线器和终端控制器;另一类是访问结点,它们是信息交换的源结点和目标结点。局域网拓扑结构主要有总线型、星型、环型以及混合型拓扑结构。

1. 总线型拓扑结构 总线型拓扑结构采用单根数据传输线作为通信介质,所有的站点都通过相应的硬件接口直接连接到通信介质,而且能被所有其他的站点接受。图 4-3 所示为总线型拓扑结构示意图。

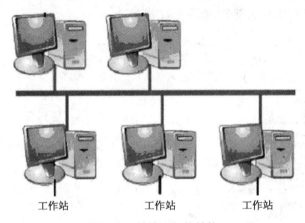

工作站　　　　工作站　　　　工作站

图 4-3　总线型拓扑结构

总线型网络结构中的节点为服务器或工作站,通信介质为同轴电缆。由于所有的节点共享一条公用的传输链路,所以一次只能由一个设备传输。这样就需要某种形式的访问控制方法,来决定下一次哪一个节点可以发送。目前在局域网常用到传输介质访问控制方法有:以太(Ethernet)方法、令牌(TokenRing)方法和 ATM 方法等。

2. 星型拓扑结构 星型拓扑结构是中央节点和通过点到点链路连接到中央节点的各节点组成。利用星型拓扑结构的交换方式有电路交换和报文交换,尤以电路交换更为普遍。一旦建立了通道连接,可以没有延迟地在连通的两个节点之间传送数据。工作站到中央节点的线路是专用的,不会出现拥挤的瓶颈现象,如图 4-4 所示。

星型拓扑结构中,中央节点为集线器(HUB),其他外围节点为服务器或工作站;通信介质为双绞线或光纤。

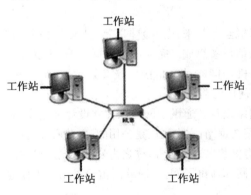

工作站

工作站　　　　　工作站

工作站　　　　工作站

图 4-4　星型拓扑结构

星型拓扑结构被广泛的应用于网络中智能主要集中于中央节点的场合。由于所有节点的往外传输都必须经过中央节点来处理,因此,对中央节点的要求比较高。

星型拓扑结构信息发送的过程为:某一工作站有信息发送时,将向中央节点申请,中央节点响应该工作站,并将该工作站与目的工作站或服务器建立会话。此时,就可以进行无延时的会话了。

3. 环型拓扑结构 环型拓扑结构是一个像环一样的闭合链路,在链路上有许多中继器和通过中继器连接到链路上的节点。也就是说,环型拓扑结构网络是由一些中继器和连接到中继器的点到点链路组成的一个闭合环。在环型网中,所有的通信共享一条物理通道,即连接网中所有节点的点到点链路。图4-5为环型拓扑结构。

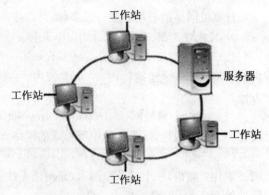

图4-5 环型拓扑结构

其中,每个中继器通过单向传输链路连接到另外两个中继器,形成单一的闭合通路,所有的工作站都可通过中继器连接到环路上。任何一个工作站发送的信号,都可以沿着通信介质进行传播,而且能被所有其他的工作站接收。中继器为环型网提供了三种基本功能:数据发送到环中,接收数据和从环中删除数据。它能够接收一个链路上的数据,并以同样的速度串行地把该数据送到另一条链路上,即不在中继器中缓冲。由通信介质及中继器所构成的通信链路是单向的,即能在一个方向上传输数据,而且所有的链路是单向的,即能在一个方向上围绕着环进行循环。

4. 混合型拓扑结构 混合型网络拓扑结构是指多种结构(如星型结构、环型结构、总线型结构)单元组成的结构,但常见的是由星型结构和总线型结构结合在一起组成的,网络型拓扑结构更能满足较大网络的拓展,解决星型网络在传输距离上的局限(因为双绞线的单段最大长度要远小于同轴电缆和光纤),而同时又解决了总线型网络在连接用户数量的限制(图4-6)。实际上的混合结构网络主要应用于多层建筑物中。其中采用同轴电缆或光纤的"总线"用于垂直布线,基本上不连接工作站,只是连接各楼层中的核心交换机,而其中的星型网络则体现在各楼层中各用户网络中。组建混合型拓扑结构的局域网网络有利于发挥网络拓扑结构的优点,克服相应的局限。

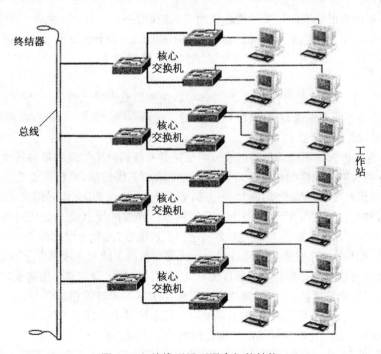

图4-6 总线型星型混合拓扑结构

(三) 网络的分类

计算机网络的分类方式有很多种,可以按地理范围、拓扑结构、传输速率和传输介质等分类。

1. 按地理范围分类　可分为以下几种。

(1) 局域网:局域网(local area network, LAN)地理范围一般几百米到 10 km 之内,属于小范围内的联网。如一个建筑物内、一个学校内、一个工厂的厂区内等。局域网的组建简单、灵活,使用方便。

(2) 城域网:城域网(metropolitan area network, MAN)地理范围可从几十公里到上百公里,可覆盖一个城市或地区,是一种中等形式的网络。

(3) 广域网:广域网(wide area network, WAN)地理范围一般在几千公里左右,属于大范围联网。如几个城市,一个或几个国家,是网络系统中的最大型的网络,能实现大范围的资源共享,如国际性的 Internet 网络。

2. 按传输速率分类　网络的传输速率有快有慢,传输速率快的称高速网,传输速率慢的称低速网。传输速率的单位是 b/s(每秒比特数,英文缩写为 bps)。一般将传输速率在 kb/s~Mb/s 范围的网络称低速网,在 Mb/s—Gb/s 范围的网称高速网。也可以将 kb/s 网称低速网,将 Mb/s 网称中速网,将 Gb/s 网称高速网。

网络的传输速率与网络的带宽有直接关系。带宽是指传输信道的宽度,带宽的单位是 Hz(赫兹)。按照传输信道的宽度可分为窄带网和宽带网。一般将 kHz~MHz 带宽的网称为窄带网,将 MHz~GHz 的网称为宽带网,也可以将 kHz 带宽的网称窄带网,将 MHz 带宽的网称为中带网,将 GHz 带宽的网称为宽带网。通常情况下,高速网就是宽带网,低速网就是窄带网。

3. 按传输介质分类　传输介质是指数据传输系统中发送装置和接受装置间的物理媒体,按其物理形态可以划分为有线和无线两大类。

(1) 有线网:传输介质采用有线介质连接的网络称为有线网,常用的有线传输介质有双绞线、同轴电缆和光导纤维。

1) 双绞线:是由两根绝缘金属线互相缠绕而成,这样的一对线作为一条通信线路,由四对双绞线构成双绞线电缆。双绞线点到点的通信距离一般不能超过 100 m。目前,计算机网络上使用的双绞线按其传输速率分为三类线、五类线、六类线、七类线,传输速率为 10~600 Mb/s,双绞线电缆的连接器一般为 RJ-45。

2) 同轴电缆:由内、外两个导体组成,内导体可以由单股或多股线组成,外导体一般由金属编织网组成。内、外导体之间有绝缘材料,其阻抗为 50 Ω。同轴电缆分为粗缆和细缆,粗缆用 DB-15 连接器,细缆用 BNC 和 T 连接器。

3) 光缆:由两层折射率不同的材料组成。内层是具有高折射率的玻璃单根纤维体组成,外层包一层折射率较低的材料。光缆的传输形式分为单模传输和多模传输,单模传输性能优于多模传输。所以,光缆分为单模光缆和多模光缆,单模光缆传送距离为几十公里,多模光缆为几公里。光缆的传输速率可达到每秒几百兆位。光缆用 ST 或 SC 连接器。光缆的优点是不会受到电磁的干扰,传输的距离也比电缆远,传输速率高。光缆的安装和维护比较困难,需要专用的设备。

(2) 无线网:采用无线介质连接的网络称为无线网。目前无线网主要采用三种技术:微波通信,红外线通信和激光通信。这三种技术都是以大气为介质的。其中微波通信用途最广,目前的卫星网就是一种特殊形式的微波通信,它利用地球同步卫星作中继站来转发微波信号,一个同步卫星可以覆盖地球的三分之一以上表面,三个同步卫星就可以覆盖地球上全部通信区域。

4. 按拓扑结构分类　计算机网络的物理连接形式称为网络的物理拓扑结构。连接在网络上的计算机、大容量的外存、高速打印机等设备均可看作是网络上的一个节点,也称为工作站。计算机网络中常用的拓扑结构有总线型、星型、环型等。如前所述。

三、局域网

局域网是由一组计算机及相关设备通过共用的通信线路或无线连接的方式组合在一起的系统，它们在一个有限的地理范围进行资源共享和信息交换。局域网有着较高的数据传输速率。但是对传输距离有一定的限制。而且同一个局域网中能够连接的结点数量也有一定的要求。局域网有很多种类，不同的局域网有着不同的特点和应用领域。

（一）局域网的组成

局域网由网络硬件和网络软件两部分组成。网络硬件主要有：服务器、工作站（终端）、传输介质和网络连接部件（交换机）等。网络软件包括网络操作系统、控制信息传输的网络协议及相应的协议软件、网络应用软件等。图4-7是一种比较常见的局域网结构。

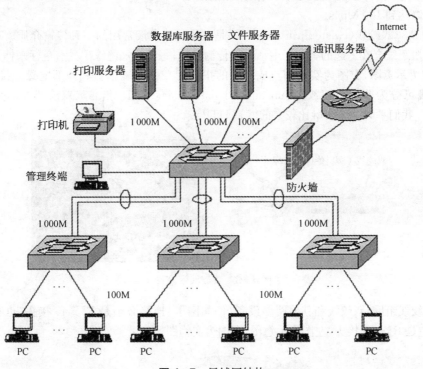

图4-7 局域网结构

服务器可分为文件服务器、打印服务器、通信服务器、数据库服务器等。文件服务器是局域网上最基本的服务器，用来管理局域网内的文件资源；打印服务器则为用户提供网络共享打印服务；通信服务器主要负责本地局域网与其他局域网、主机系统或远程工作站的通信；而数据库服务器则是为用户提供数据库检索、更新等服务。

工作站/终端（Workstation），可以是一般的个人计算机，也可以是专用电脑，如图形工作站等。工作站可以有自己的操作系统，独立工作；通过运行工作站的网络软件可以访问服务器的共享资源。

工作站和服务器之间的连接通过传输介质和网络连接部件来实现。

以太网（Ethernet）是最常用的计算机局域网组网技术。IEEE制定的 IEEE 802.3 标准给出了以太网的技术标准。它规定了包括物理层的连线、电信号和介质访问层协议的内容。以太网是当前应用最普遍的局域网技术。它很大程度上取代了其他局域网标准，如令牌环网、FDDI 和 ARCNET。以太网的标准拓扑结构为总线型拓扑，但目前的快速以太网（100BASE-T、1000BASE-T 标准）为了最大程度的减少冲突,最大限度地提高网络速度和使用效率,使用交换机(Switch)来进行网络连接和组织,这样,以太网的拓扑结构就成了星型,但在逻辑上,以太网仍然使用总线型拓扑和 CSMA/CD (carrier sense multiple access/collision derect 即带冲突检测的载波监听多路访问)的总线争用技术。

(二)传输介质

LAN 常用的传输介质有同轴电缆、双绞线和光缆,以及在无线 LAN 情况下使用的辐射媒体。LAN 技术在发展过程中,首先使用的是粗同轴电缆,其直径近似 13 mm(1/2 英寸),特性阻抗为 50 Ω。由于这种电缆很重,随后出现了细缆,其直径为 6.4 mm(1/4 英寸),特性阻抗也是 50 Ω。使用粗缆构成的 Ethernet 称为粗缆 Ethernet,使用细缆的 Ethernet 称为细缆 Ethernet。在 80 年代后期广泛采用了双绞线作为传输媒体的技术,即 10Base-T 以及其他 LAN 实现技术。为将 LAN 的范围进一步扩大,随后又出现了 10Base-F,这种技术是使用光纤构成链路段,使用距离可延长到 2 km,但速率仍为 10 Mb/s。当使用了光纤分布式数据接口(fiber distributed data interface, FDDI)以后,传输速率可以达到 100 Mb/s。

1. 双绞线　双绞线(twisted pairwire, TP)是布线工程中最常用的一种传输介质。双绞线是由相互按一定扭距绞合在一起的类似于电话线的传输媒体,每根线加绝缘层并有色标来标记,如图 4-8 所示,左图为示意图,右图为实物图。成对线的扭绞旨在使电磁辐射和外部电磁干扰减到最小。目前,双绞线可分为非屏蔽双绞线(unshilded twisted pair, UTP)和屏蔽双绞线(shielded twisted pair, STP)。我们平时一般接触比较多的就是 UTP 线。

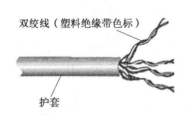

图 4-8　双绞线示意图

使用双绞线组网,双绞线和其他网络设备(例如网卡)连接必须是 RJ-45 接头(也称水晶头)。图 4-9 中左是 RJ-45 接头,左图为示意图,右图为实物图。

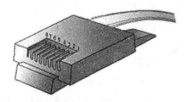
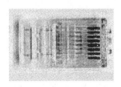

图 4-9　RJ-45 接头示意图

2. 光缆　光缆不仅是目前可用的媒体,而且是今后若干年后将会继续使用的媒体,其主要原因是这种媒体具有很大的带宽。光缆是由许多细如发丝的塑胶或玻璃纤维外加绝缘护套组成,光束在玻璃纤维内传输,防磁防电,传输稳定,质量高,适于高速网络和骨干网。光纤与电导体构成的传输媒体最基本的差别是,它的传输信息是光束,而非电气信号。因此,光纤传输的信号不受电磁的干扰。图 4-10 为光缆示意图。

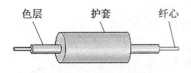

图 4-10　光缆示意图

利用光缆连接网络,每端必须连接光/电转换器,另外还需要一些其他辅助设备。

3. 无线媒体　上述两种传输媒体有一个共同的缺点,那便是都需要一根线缆连接电脑,这在很多场合下是不方便的。无线媒体不使用电子或光学导体。大多数情况下地球的大气便是数据的物理性通路。从理论上讲,无线媒体最好应用于难以布线的场合或远程通信。无线媒体有三种主要类型:无线电、微波及红外线。在这里主要介绍无线电传输介质。

无线电的频率范围为 10～16 kHz。在电磁频谱里,属于"对频"。使用无线电的时候,需要考虑的一个重要问题是电磁波频率的范围(频谱)是相当有限的。其中大部分都已被电视、广播以及重要的政府和军队系统占用。因此,只有很少一部分留给网络电脑使用,而且这些频率也大部分都由国内"无线电管理委员会(无委会)"统一管制。要使用一个受管制的频率必须向无委会申请许可证,这在一定程度上会相当不便。如果设备使用的是未经管制的频率,则功率必须在 1 W 以下,这种管制目的是限制设备的作用范围,从而限制对其他信号的干扰。用网络术语来说,这相当于限制了未管制无线电的通信带宽。下面这些频率是未受管制的:

902～925 MHz

2.4 GHz(全球通用)

5.72～5.85 GHz

无线电波可以穿透墙壁,也可以到达普通网络线缆无法到达的地方。针对无线电链路连接的网络,现在已有相当坚实的工业基础,在业界也得到迅速发展。

(三) 网络连接部件

网络连接部件主要包括网卡、交换机和路由器等,如图 4-11 所示

网卡　　　　　交换机　　　　　路由器

图 4-11　典型的网络连接部件

1. 网卡　网卡是工作站与网络的接口部件。它除了作为工作站连接入网的物理接口外,还控制数据帧的发送和接收(相当于物理层和数据链路层功能)。

2. 交换机　交换机采用交换方式进行工作,能够将多条线路的端点集中连接在一起,并支持端口工作站之间的多个并发连接,实现多个工作站之间数据的并发传输,可以增加局域网带宽,改善局域网的性能和服务质量。

3. 路由器　路由器是一种网络设备,它能够利用一种或几种网络协议将本地或远程的一些独立的网络连接起来,每个网络都有自己的逻辑标识。所谓"路由",是指把数据从一个地方传送到另一个地方的行为和动作,而路由器,正是执行这种行为动作的机器。

四、网络安全

安全性是互联网技术中最关键也最容易被忽视的问题。随着计算机网络的广泛使用和网络之间数据传输量的急剧增长,网络安全的重要性愈加突出。

要想研究网络安全,首先要知道网络安全所受到的威胁有哪些方面。计算机网络所面临的威胁大体可分为两种:一是对网络中信息的威胁;二是对网络中设备的威胁。

影响计算机网络的因素很多,有些因素可能是有意的,也可能是无意的;可能是人为的,也可能是非人为的;可能是外来黑客对网络系统资源的非法使用,归结起来,针对网络安全的威胁主要有下列几种。

1. 人为失误　安全配置不当造成的安全漏洞,安全意识不强,口令选择不慎,账号随意转借或与别人共享等都会对网络安全带来威胁。

2. 恶意攻击　这是计算机网络所面临的最大威胁,黑客的攻击和计算机犯罪就属于这一类。此类攻击又可以分为以下两种:一种是主动攻击,它以各种方式有选择地破坏信息的有效性和完整性;另一类是被动攻击,它是在不影响网络正常工作的情况下,进行截获、窃取、破译以获得重要机密信息。

3. 网络软件的漏洞和"后门"　网络软件本身存在的缺陷和漏洞,这些漏洞和缺陷恰恰是黑客进行攻击的首选目标。软件的"后门"都是软件公司的设计编程人员为了方便自己而设置的,一般不为外人所知,一旦"后门"泄漏,将会造成严重后果。

在了解网络中不安全的主要因素后,就可以制定相应的安全策略来加强网络的安全防御。网络的安全策略一般有以下几种。

(1) 物理安全策略:物理安全策略的目的是保护计算机系统、网络服务器、打印机等硬件实体和通信链路免受自然灾害、人为破坏和搭线攻击,确保计算机系统有一个良好的电磁兼容工作环境,并建立完备的安全管理制度。

(2) 访问控制策略:访问控制是网络安全防范和保护的主要策略,它的主要任务是保证网络资源不被非法使用和非法访问。它也是维护网络系统安全、保护网络资源的重要手段。它的功能包括:控制哪些用户能够登录到服务器并获取网络资源;控制网络用户和用户组可以访问哪些目录、子目录、文件和其他资源;指定网络用户对目录、文件、设备的访问的权限;指定文件、目录访问属性,保护重要的目录和文件被用户误删除、修改、显示;实时对网络进行监控;引入防火墙控制等。

(3) 信息加密策略:信息加密的目的是保护网内的数据、文件、口令和控制信息,保护网上传输的数据。

(4) 网络安全管理策略:在网络安全中,加强网络的安全管理,制定有关规章制度,对于确保网络的安全、可靠地运行,将起到十分有效的作用。

第二节　Internet 概述

Internet 即通常所说的互联网或网际网,它是全球最大的计算机互联网络,连接了几乎所有的国家和地区,不计其数的计算机连接到 Internet 上。Internet 的发展不断改变人们的生活方式和思想观念,已经成为现代社会工作、学习、生活的重要组成部分。

一、Internet 起源与发展

1969 年,美国国防部高级研究计划管理局(advanced research projects agency,ARPA)开始建立一个命名为 ARPAnet 的网络,把美国的几个军事及研究用电脑主机联接起来。当初,ARPAnet 只联结四台主机。

1983 年,ARPA 和美国国防部通信局研制成功了用于异构网络的 TCP/IP 协议,美国加利福尼亚伯克莱分校把该协议作为其 BSD UNIX 的一部分,使得该协议得以在社会上流行起来,从而诞生了真正的 Internet。

1986 年,美国国家科学基金会(national science foundation,NSF)利用 ARPAnet 发展出来的 TCP/IP 的通讯协议,在五个科研教育服务超级电脑中心的基础上建立了 NSFnet 广域网。在美国国家科学基金会的鼓励和资助下,很多大学、政府资助的研究机构甚至私营的研究机构把自己的局

域网并入 NSFnet 中。NSFnet 逐渐替代 ARPAnet 成为 Internet 的重要骨干网之一。

1990 年由 Merit、IBM 和 MCI 公司联合建立了一个非赢利性的组织——先进网络和科学公司 ANS(advanced network & science，Inc)建立一个全美范围的 T3 级主干网，它能以 45 Mb/s 的速率传送数据。由于 NSFnet 不仅仅供计算机研究人员、政府职员和政府承包商使用，而是向全社会开放，为了适应网络通信量的迅猛增长，NSFnet 的全部主干网都已同 ANS 提供的 T3 级主干网相通。

Internet 在我国的发展相对晚一些，大致经历了两个阶段。

起步阶段：1987～1993，以拨号上网的方式进行 Internet 电子邮件收发，主要应用在科研领域。标志性事件是：1987 年，建立第一个与世界互通的网络——中国学术网(CANET)。

全面展开阶段：1994 年以后，我国实现与 Internet 的 TCP/IP 连接，从而实现了与 Internet 的全面开通，开启了 Internet 在中国普及的新局面，这一阶段标志性事件如下。

1994 年 4 月，中科院高能物理所(IHEP)与美国斯坦福大学 64k 专线开通。

1994 年 5 月 21 日，最高域名 CN 主服务器完成设置，有子网 63 个，计算机 300 台，用户 10 000 名。

1990 年开始建设的中国科学技术计算机网(CASNET)于 1994 年实现与 Internet 连接。

1993 年底中国教育和科研计算机网(CERNET)开始规划，1994 年启动。

1994 年中国公用计算机互联网(CHINANET)开始建设。

1993 年中国金桥互联网(国家公用经济信息通信网)(CHINAGBN)开始建设，1996 年 6 月投入运行。

为了规范发展，1996 年 2 月，国务院令第 195 号《中华人民共和国计算机信息联网国家管理暂行规定》中明确规定只允许四家互联网络拥有国际出口：中国科学网(CSTNET)、中国教育网(CERNET)、中国互联网(CHINANET)、金桥信息网(CHINAGBN)。前两个网络主要面向科研和教育机构，后两个网络以经营为目的，是属于商业性的 Internet。同时由四家单位管理 Internet 的国际出口，它们分别是：中国科学院、国家教委、邮电部、电子工业部。

二、Internet 基础知识

Internet 就是由许多小的网络构成的国际性大网络，在各个小网络内部使用不同的通信机制，各个小网络之间是通过 TCP/IP 协议进行相互通信的。TCP/IP 协议是 Internet 的核心，它实现计算机之间和局域网之间的信息交换，它的诞生使得 Internet 全球互联成为可能。

1. TCP/IP 协议　TCP/IP 协议分成两个主要部分，IP 协议和 TCP 协议。

(1) IP(网际协议)：是 Internet 上使用的一个关键的低层协议，其目的就是在全球范围惟一标志一块网卡地址及实现不同类型、不同操作系统的计算机之间的网络通信。

(2) TCP(传输控制协议)：位于 IP 协议的上层，是为了解决 IP 数据包在传输过程可能出现的丢失或顺序错乱等问题的一种端对端协议，提供可靠的、无差错的通信服务。

IP 和 TCP 这两个协议的功能相辅相成，只有装有这两个协议的计算机才能连上 Internet。

2. IP 地址(IPv4 地址)　目前因特网使用的地址都是 IPv4 地址，由 32 位二进制数组成。目前全球 IPv4 地址资源即将全部耗尽，全球互联网市场极力倡导使用 IPv6。IPv6 地址的长度为 128 位，也就是说可以有 2 的 128 次方的 IP 地址，相当于 10 的后面有 38 个零；如此庞大的地址空间，足以保证地球上每个人拥有一个或多个 IP 地址。本章我们主要讨论 Ipv4 地址。

IPv4 地址是在 IP 协议中用来惟一标识一台计算机的网络地址。将 32 位 IPv4 地址按 8 位一组分成 4 组，每组数值用十进制数表示，组与组之间用小数点隔开，每组的数值范围是 0～255。例如 210.47.247.10 就是网络上一台计算机的 IP 地址。

IPv4 地址分为网络标识和主机标识两部分，处于同一个物理网络上的所有主机都用同一个网络标识,所有主机都有一个主机标识。

例如,一台主机的 IPv4 地址为 210.47.244.10,对于该 IPv4 地址,我们可以把它分成网络标识和主机标识两部分。当这个局域网中有 10 台计算机时,每台计算机的网络 IPv4 地址的设置方法为:210.47.244.1、210.47.244.2、210.47.244.3～210.47.244.10。以上看出每台计算机的主机标识分别为 1、2、3～10。

IPv4 地址的设计者将 IPv4 地址空间划分为五个不同地址类别,其中 A,B,C 三类最常用。

(1) A 类 IPv4 地址:

地址表示范围为:0.0.0.0～126.255.255.255

默认网络掩码为:255.0.0.0

A 类地址用第一组数字表示网络标识,后面三组数字表示主机标识。A 类地址一般分配给规模特别大而局域网络个数较少的大型网络使用。

(2) B 类 IPv4 地址:

B 类地址的表示范围为:128.0.0.0～191.255.255.255

默认网络掩码为:255.255.0.0

B 类地址用第一、第二组数字表示网络标识,后面两组数字表示主机标识。B 类地址分配给一般的中型网络。

(3) C 类 IPv4 地址:

C 类地址的表示范围为:192.0.0.0～223.255.255.255

默认网络掩码为:255.255.255.0

C 类地址用前三组数字表示网络标识,最后一组数字表示主机标识。C 类地址分配给小型网络,如一般的局域网和校园网,它可连接的主机数量是最少的,对用户分可以采用若干个网段进行管理。

3. 域名地址　尽管 IP 地址能够惟一地标识网络上的计算机,但 IP 地址是数字型的,用户记忆这类数字十分不方便,于是人们又发明了另一套字符型的地址方案即所谓的域名地址。IP 地址和域名是一一对应的,我们来看一个 IP 地址对应域名地址的例子,譬如:中国医科大学的网页主服务器 IPv4 地址是 202.118.40.5,对应域名地址为 www.cmu.edu.cn。这份域名地址的信息存放在一个叫域名服务器(domain name server,DNS)的主机内,使用者只需了解易记的域名地址,其对应转换工作就留给了域名服务器 DNS。DNS 就是提供 IP 地址和域名之间的转换服务的服务器。

域名地址是从右至左来表述其意义的,最右边的部分为顶层域,最左边的则是这台主机的机器名称。一般域名地址可表示为:主机机器名.单位名.网络名.顶层域名。如 computer.cmu.edu.cn,这里的 compter 是中国医科大学计算机中心服务器机器名,cmu 代表中国医科大学,edu 代表中国教育科研网,cn 代表中国,顶层域一般是网络机构或所在国家地区的名称缩写。

域名由两种基本类型组成:以机构性质命名的域和以国家地区代码命名的域。常见的以机构性质命名的域,一般由三个字符组成,如表示商业机构的"com",表示教育机构的"edu"等。以机构性质或类别命名的域如表 4-1。

表 4-1　常见的域名及其含义

域名	含义	域名	含义
com	商业机构	net	网络组织
edu	教育机构	int	国际机构(主要指北约)
gov	政府部门	org	其他非盈利组织
mil	军事机构		

以国家或地区代码命名的域，一般用两个字符表示，是为世界上每个国家和一些特殊的地区设置的，如中国为"cn"、香港为"hk"、日本为"jp"、美国为"us"等。但是，美国国内很少用"us"作为顶级域名，而一般都使用以机构性质或类别命名的域名。

4. 统一资源定位器　统一资源定位器，又叫 URL（uniform resource locator），是专为标识 Internet 网上资源位置而设的一种编址方式，我们平时所说的网页地址指的即是 URL，它一般由三部分组成。

即：传输协议://主机 IP 地址或域名地址/资源所在路径和文件名。

例如，当前中华人民共和国教育部高教司的 URL 为：http://www. moe. edu. cn/edoas/website18/siju_gaojiao. jsp，这里 http 指超文本传输协议，www. moe. edu. cn 是教育部 Web 服务器域名地址，edoas/website18/是网页所在路径，siju_gaojiao. jsp 才是相应的网页文件。

标识 Internet 网上资源位置的三种方式。

IP 地址：211. 66. 160. 13

域名地址：www. gdpu. edu. cn

URL：http://www. gdpu. edu. cn/news01. htm

下面是常见的 URL 中定位和标识的服务或文件。

http：文件在 Web 服务器上

file：文件在您自己的局部系统或匿名服务器上

ftp：文件在 FTP 服务器上

gopher：文件在 gopher 服务器上

wais：文件在 wais 服务器上

news：文件在 USEnet 服务器上

telnet：连接到一个支持 Telnet 远程登录的服务器上

5. Internet 的工作原理　有了 TCP/IP 协议和 IP 地址的概念，就可以很好地理解 Internet 的工作原理了：当一个用户想给其他用户发送一个文件时，TCP 先把该文件分成一个个小数据包，并加上一些特定的信息，以便接收方的机器确认传输是正确无误的，然后 IP 再在数据包上标上地址信息，形成可在 Internet 上传输的 TCP/IP 数据包。

当 TCP/IP 数据包到达目的地后，计算机首先去掉地址标志，利用 TCP 的装箱单检查数据在传输中是否有损失，如果接收方发现有损坏的数据包，就要求发送端重新发送被损坏的数据包，确认无误后再将各个数据包重新组合成原文件。

就这样，Internet 通过 TCP/IP 协议这一网上的"世界语"和 IP 地址实现了它的全球通信的功能。

三、Internet 提供的服务

Internet 如今已经成为一个巨大的信息与资源库，人们连接 Internet 的目的就是要享用这些信息与资源。Internet 也提供了相应的服务来供人们去使用这些信息与资源，Internet 提供的服务主要有以下几种。

1. 信息传播　人们可以把各种信息任意输入到网络中，进行交流传播。Internet 上传播的信息形式多种多样，世界各地用它传播信息的机构和个人越来越多，网上的信息资料内容也越来越广泛和复杂。目前，Internet 已成为世界上最大的广告系统、信息网络和新闻媒体。例如，通过浏览器，人们可以尽情浏览网络信息。

2. 电子邮件服务　电子邮件（E-mail）服务是 Internet 所有服务中应用最早、用户最多和接触面最广泛的一类服务。通过邮件服务器，电子邮箱用户可以进行文本、图像、文件等各种电子信息的传递。

3. FTP 服务 FTP 服务主要实现资源的共享，包括文件的上传和下载，它允许 Internet 用户使用 FTP 协议（file tansfer protocol，文件传输协议）登录到 FTP 服务器上下载和上传文件。Internet 上大量的 FTP 服务器为用户提供了大量的可免费下载的软件。其中一部分 FTP 服务器可以匿名登录，但大多数需要使用用户账号登录。

4. 远程登录 远程登录使用 Telnet 协议，用户可以在网上的任意一台计算机上登录到具有权限的主机上，正确登录后，可以像在自己的计算机上一样，通过命令使用和管理远程主机上的各种资源。

5. 电子商务 电子商务是指用计算机技术、网络技术和远程通信技术，实现整个商务（买卖）过程中的电子化、数字化和网络化，是近年来发展最为迅速的 Internet 应用之一。企业通过网络面向整个互联网世界进行产品展示、推广，并在银行系统的支持下进行网上支付，完成整个交易过程。

6. 电子政务 电子政务指通过 Internet 远程完成许多政府功能，如发布公告、行政审批、公文传递等，可以极大地提高政府工作效率，增大行政工作透明度。

此外还有电子税务、电子海关、网上银行等应用，都是把传统的许多业务活动通过网络进行。

7. 远程教育 远程教育是通过 Internet 进行的教学活动，教师可以在一个地方授课，听课的学生可以在世界上任意地方。教学方式可以充分利用网络内容多、存储量大、能使用多媒体信息传输等优点，学生可以自主地选择学习方式。我国教育部已经批准了 60 多所重点院校开展学历远程教育，网上还有许多中小学的教育站点以及数不清的技术培训站点。

8. 即时通讯 即时通讯是即通常所说的网上聊天是 Internet 上最受欢迎的服务之一。聊天有通过 Web 浏览器进行和通过专用客户端软件（如 QQ）进行两种方式。随着网络带宽的扩展，除文字聊天外，语音聊天、视频聊天也开始流行起来。

9. 多媒体应用 Internet 多媒体应用是建立在宽带网络和高效的数据压缩技术基础上的，通过网络传输各种图像、声音、视频等信息。主要应用有 IP 电话、视频会议、视频点播（VOD）等。

10. BBS BBS 又称电子公告板，用户可以在网上针对某一主题发布信息（俗称发帖子）进行讨论，其户用户可以对帖子进行回复、发表看法等。BBS 也是一个重要的 Internet 应用。

近几年，网上还出现了虚拟现实、网络游戏、软件出租、手机短信、远程医院等各种各样的服务内容。随着科技的发展和社会的进步，未来的网络应用和网络技术的发展肯定会超出人们的想象，成为现代社会最重要的支柱之一。

■■ 第三节　Internet 接入方式

要访问 Internet，首先必须使计算机与 Internet 连接。目前 Internet 的接入方式，对于个人和小团体来说大致有以下几种：电话宽带接入、有线电视接入、局域网接入和无线接入等。

一、电话宽带接入

个人宽带流行风是一种能够通过普通电话线提供宽带数据业务的技术，也是目前极具发展前景的一种接入技术。ADSL 素有"网络快车"之美誉，因其下行速率高、频带宽、性能优、安装方便、不需交纳电话费等特点而深受广大用户喜爱，成为继 Modem、ISDN 之后的又一种全新的高效接入方式。

1. ADSL 数字用户线 DSL（digital subscriber line）是一种不断发展的宽带接入技术，该技术采用先进的数字编码技术和调制解调技术利用现有的电话线路传送宽带信号。目前已经成熟并且投入使用的 DSL 方案有 ADSL、HDSL、SDSL 和 VDSL 等，这些 DSL 系列统称为 xDSL。

ADSL 是目前 xDSL 领域中最成熟的技术。

非对称数字用户线(asymmetric digital subscriber line，ADSL)利用现有的电话线，为用户提供上、下行非对称的传输速率：从网络到用户的下行传输速率为 1.5～8 Mb/s，而从用户到网络的上行速率为 16～640 kb/s。ADSL 无中继传输距离可达 5 km 左右。ADSL 这种数据上下传输速率不一致的情况与用户上网的实际使用情况非常吻合。

ADSL 采用的数字信号处理技术，最大限度地利用可用带宽而达到了尽可能高的数据传输速率。用户可以在打电话的同时进行视频点播、发送电子邮件等上网操作。

2. ADSL 的接入方法　ADSL 的安装通常都由电信公司的相关部门派人上门服务，进行的操作如下。

(1) 局端线路调整，将用户原有电话线通过分离器接入 ADSL 局端设备。

(2) 用户端设备安装，先将电话线接入分离器(也叫做过滤器)的 Line 口，再用电话线分别将 ADSL Modem 和电话与分离器的相应接口相连，然后用交叉网线将 ADSL Modem 连接到计算机的网卡接口，如图 4-12 所示。

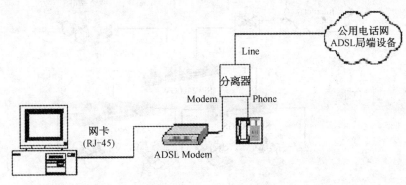

图 4-12　ADSL 的连接

(3) 安装好适当的拨号软件(常用的拨号软件有 Enternet300/500、WinPoet、Raspppoe 等)，然后创建拨号连接(输入 ADSL 账号和密码等)。

在 ADSL 的数字线上进行的拨号，不同于模拟电话线上用调制解调器的拨号，使用的协议是 PPP over Ethernet。拨号后直接由验证服务器根据 ADSL 账号和密码进行检验，检验通过后就建立起一条高速的用户数字线，并分配相应的动态 IP。

二、有线电视接入

有线电视接入又称线缆调制解调器(cable modem)接入。线缆调制解调器是利用已有的有线电视光纤同轴混合网(hybrid fiber coax，HFC)进行 Internet 高速数据接入的装置。HFC 是一个宽带网络，具有实现用户宽带接入的基础。

线缆调制解调器系统包括前端设备 CMTS (cable modem termination system)和用户端设备 CM (cable modem)，两设备通过双向 HFC 网络连接。CMTS 能和所有的 CM 通讯，但是 CM 只能和 CMTS通讯。如果两个 CM 需要通讯，则必须通过 CMTS。

cable modem 一般有两个接口，一个与室内墙上的有线电视 CATV 端口相连，另一个与计算机网卡或 HUB 相连，如图 4-13 所示。

cable modem 系统的主要性能分为上行通道和下行通道两部分。下行通道的频率范围为 88～860 MHz，每

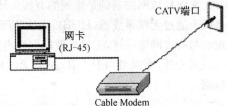

图 4-13　cable modem 的连接

个通道的带宽为 6 MHz,采用 64QAM 或 256QAM 调制方式,对应的数据传输速率为 30.342 Mb/s 或 2.884 Mb/s。上行通道的频率范围为 5～65 MHz,每个通道的带宽可为 200、400、800、1 600 或 3 200 kHz,采用 QPSK 或 16QAM 调制方式,对应的数据传输速率为 320～5 120 kb/s 或 640～10 240 kb/s。

三、局域网接入

局域网方式接入是利用以太网技术,采用光缆和双绞线的方式进行综合布线,目前均可以为用户提供 100 M 以上的共享带宽,也可根据用户的需求升级到 1 000 M 以上。

目前在国内各高校的教学区、生活区和宿舍区上网大多经由校园局域网再进入 Internet 全球互联网。各地的城市楼盘和住宅小区也常有通过小区局域网连入 Internet 的实例,参见图 4－14 局域网方式接入。

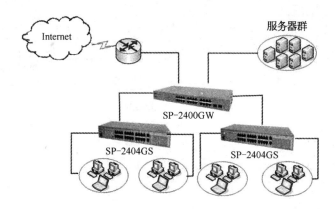

图 4－14 局域网方式接入

局域网接入广域网常用 DDN(digital data network)专线的方式。DDN 的主干网传输媒介有光纤、数字微波、卫星信道等。DDN 将数字通信技术、计算机技术、光纤通信技术以及数字交叉连接技术有机地结合在一起,提供了高速度、高质量的通信环境,可以向用户提供点对点、点对多点透明传输的数据专线出租电路,为用户传输数据、图像、声音等信息。DDN 的通信速率可根据用户需要在 N×64 kb/s(N＝1～32)之间进行选择,当然速度越快租用费用也越高。

四、无线接入

与有线网络接入技术一样,无线网络接入技术也有多种。无线接入技术与有线接入技术的一个重要区别在于可以向用户提供移动接入业务。

1. 无线局域网 无线局域网(wireless local‐area network,WLAN)就是在不采用传统电缆线的同时,提供传统有线局域网的所有功能。无线局域网中两个站点间的距离目前可达到 50 km,距离数千米的建筑物中的网络可以集成为同一个局域网。

无线局域网的基础是传统的有线局域网,是有线局域网的扩展和替换。它只是在有线局域网的基础上通过无线集线器(HUB)、无线访问节点(AP)、无线网桥、无线网卡等设备使无线通信得以实现。与有线网络一样,无线局域网同样也需要传送介质。只是无线局域网采用的传输媒体不是双绞线或者光纤,而是红外线(IR)或者无线电波(RF),以无线电波使用居多。参见图 4‐15 无线局域网。

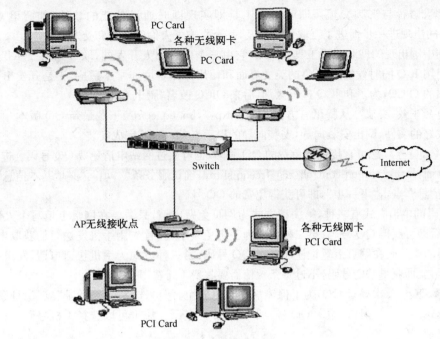

图 4-15　无线局域网

2. 无线局域网协议　无线信道传输的信号应遵循一定的协议，这些协议即构成无线接入技术的重要内容。目前比较流行的有 802.11 标准、蓝牙(Bluetooth)标准以及 HomeRF(家庭网络)标准等。

(1) 802.11 标准：IEEE 802.11 无线局域网标准的制定是无线网络技术发展的一个里程碑。它是无线局域网目前最常用的传输协议，各个公司都有基于该标准的无线网卡产品。不过由于 802.11 速率最高只能达到 2 Mb/s，在传输速率上不能满足人们的需要，因此，IEEE 小组又相继推出了 802.11b 和 802.11a 两个新标准。802.11b 标准采用一种新的调制技术，使得传输速率能根据环境变化，速度最大可达到 11 Mb/s，满足了日常的传输要求。而 802.11a 标准的传输更惊人，传输速度可达 25 Mb/s，完全能满足语音、数据、图像等业务的需要。

(2) 蓝牙：蓝牙(IEEE 802.15)是一项最新标准，对于 802.11 来说，它的出现不是为了竞争而是相互补充。"蓝牙"是一种极其先进的大容量近距离无线数字通信的技术标准，其目标是实现最高数据传输速度 1 Mb/s(有效传输速率为 721 kb/s)、最大传输距离为 10 cm～10 m，通过增加发射功率可达到 100 m。蓝牙比 802.11 更具移动性，比如，802.11 限制在办公室和校园内，而蓝牙却能把一个设备连接到 LAN 和 WAN，甚至支持全球漫游。此外，蓝牙成本低、体积小，可用于更多的设备。"蓝牙"最大的优势还在于，在更新网络骨干时，如果搭配"蓝牙"架构进行，使用整体网路的成本比铺设线缆低。

■■ 第四节　网络常用工具软件

网络资源的获取与发布、信息的网络传递都离不开网络工具软件，如即时通讯工具、网络多媒体播放工具、下载工具等。

一、即时通讯工具 QQ

即时通讯(instant messaging, IM)是一种网络服务，它允许两人或多人使用网路即时的传递文字讯息、档案、语音与视频交流。即时通讯工具即实现即时通讯功能的软件(如腾讯 QQ、MSN messaging)的出现进一步促进了互联网的普及,甚至影响了人们的生活和交友方式。

最先在中国出现的即时通讯工具是 ICQ,它由三个以色列人开发的,取"I SEE YOU"之意。中国用户在使用 ICQ 的时候发现 ICQ 的英文界面和使用操作难度非常不适应,于是开发出了符合中国用户习惯的 OICQ,为了和 ICQ 进行区别,后来 OICQ 改名"腾讯 QQ"。

1. QQ 的下载、安装 从腾讯官方网站上(http://im.qq.com/)下载最新 QQ 版本。下载完成后双击下载好的文件,调出安装向导,安装向导的提示点"下一步"完成安装。

2. 申请 QQ 号 您可直接申请免费的 QQ 号码,也可通过网站申请免费 QQ 号码。进入 QQ 号码申请的页面:http://im-qq-com/qq/reg_freeqq-shtml,确认服务条款,填写"必填基本信息",选填或留空"高级信息",点击"下一步",即可获得免费的 QQ 号码。

QQ 号码的申请方式有三种,第一种方式为网页免费申请,只需要在网页上填写个人信息进行注册,成功后即可获得 QQ 号码;第二种方式为手机免费申请,首先用手机发送短信获取申请码,然后使用获得的申请码在网页上登记注册获得 QQ 号码;第三种方式为手机快速申请,发送指定短信到指定号码,立即获得 QQ 号码,不过每条短信需要收费 1 元费用。

3. 登录 QQ 首次登录 QQ,为了保障您的信息安全,您可选择"自动登录"或"隐身登录"等不同的登录模式。在登录窗口,输入 QQ 号码和密码即可登录。您也可以选择手机号码,电子邮箱等多种方式登录 QQ。

4. 添加好友 登录后,要和其他人联系,必须先要添加好友。添加好友的方法如下。

(1) 在主面板上单击"查找",打开"查找/添加好友"窗口。

(2) 基本查找中可查看"看谁在线上"和当前在线人数。若您知道对方的 QQ 号码,昵称或电子邮件,即可进行"精确查找"。

(3) 高级查找中可设置一个或多个查询条件来查询用户。您可以自由选择组合"在线用户","有摄像头","省份","城市"等多个查询条件。

(4) 群用户查找中可以查找校友录和群用户。

(5) 找到希望添加的好友,选中该好友并点击"加为好友"。对设置了身份验证的好友输入验证信息。若对方通过验证,则添加好友成功。

5. 发送即时消息 双击好友头像,在聊天窗口中输入消息,点击"发送",即可向好友发送即时消息。

6. 语音聊天 点击"菜单"|"工具"|"视频调节"即可进入"视频调节向导"。依照向导提示进行上网类型设置,设备设置,声音设置,图像设置等。若对画质不满可点击"画质调节"调节图像的高级属性。

7. 发送和接受文件 您可以向您的好友传递任何格式的文件,例如图片、文档、歌曲等。并支持断点续传,传送大文件也不用担心中途中断。

对好友头像点击鼠标右键,在弹出菜单中选择"传送文件"向好友发送文件。

在聊天窗口中选择"发送文件"向好友发送文件。

等待对方选择目录接受,连接成功后聊天窗口右上角会出现传送进程。文件接收完毕后,QQ 会提示打开文件所在的目录。接受文件步骤同上。

二、网络博客

Blog 是继 Email、BBS、ICQ 之后出现的第四种网络交流方式。Blog 的全名应该是 Weblog,中文意思是"网络日志",后来缩写为 Blog,而博客(Blogger)就是写 Blog 的人。实际上个人博客网站就是网民们通过互联网发表各种思想的虚拟场所。盛行的"博客"网站内容通常五花八门,从新闻内幕到个人思想、诗歌、散文甚至科幻小说，应有尽有。

博客大致可以分成两种形态：一种是个人创作；另一种是将个人认为有趣的有价值的内容推荐给读者。博客因其张贴内容的差异、现实身份的不同等而有各种称谓，如政治博客、记者博客、新闻博客等。

1999 年 7 月，一个专门制作博客站点的"Pitas"免费工具软件发布了，这对于博客站点的快速搭建起着很关键的作用。随后，上百个同类工具也如雨后春笋般制作出来。这种工具对于加速建立博客站点的数量，是意义重大的。此后，博客站点的数量终于出现了一种爆炸性增长。

目前大量的网络营运商都在自己的网络服务中提供免费博客服务。读者可以在"新浪博客"、"搜狐博客"、"和讯博客"和"163 博客"等各种免费博客服务网站申请到自己的 Blog 账号，之后就可以将自己的文章、图片、感想等不断的放到博客上与大家共享。

免费博客是一种"所见即所得"的网络自由表达形式，读者只要按如下步骤操作，即可建立自己的博客，各种不同的博客服务网站操作均大同小异。

1. 申请一个 Blog 账号　首先登录到博客网站，进行注册，以登陆到新浪博客为例，在页面中按照提示输入用户名、密码、E-mail 等资料。在 Blog 设定里为自己的 Blog 取一个切合主题的名字。

2. 设置 Blog 框架　首先要对 Blog 的界面进行基本设定。在"Blog 设置"里，可以对已经注册过的 Blog 名称和简介随时进行修改，决定 Blog 是否公开，每页呈现日志的篇幅数量模式等。其次要给自己的 Blog 设立一个界面。这就需要选择界面模板，一般的博客网站都会提供多个可选择模板，你可以根据自己的喜好和风格来选择。如果掌握一定的 HTML 代码知识，还可以在自定义模板功能中设计和修改 Blog 的界面风格。

3. 填写 Blog 日志内容　打开新日志的空白模板。可以看到它的可视化界面跟 Word 非常相似，操作简单。可以任意选择字体大小、颜色以及插入图片和相关链接。Blog 还提供了一定的空间来存放图片、音乐等文件，让 Blog 表现的更加多元丰富。

4. Blog 共享　日志发表之后就可以浏览了，当有人对日志内容感兴趣时会留言，这时可以选择回复留言，或者删除某些留言。当发现某些日志非常好，可以把这些 Blog 域名添加到 Blog 页面的链接，随时点击这些链接，并且可以和其他人共同分享这些 Blog。

三、网络多媒体媒体播放工具——PPLive

在网上听音乐、看电影、电视已经变得越来越流行，这得益于网络多媒体工具的发展和普及。要想在自己的电脑上实现网上听音乐、看电影或电视，只要把握以下两点。①下载并安装相应的播放器；②下载要欣赏的节目并用相应的播放器播放。

下面我们以网络电视播放为例，这里我们推荐使用 PPLive 和 PPStream 等，并以使用 PPLive 为例。

首先，从 PPLive 官方主页（http://www.pplive.com/zh-cn/download.html）下载 PPLive 播放软件的最新版本。然后，执行安装，按照导航提示操作即可。安装完成后，启动 PPLive 如图 4 - 16 所示。

在 PPLive 主界面的右边是频道列表，上面列出了 PPLive 所有能看的电视频道，里面的节目是一天 24 小时循环播放的，双击选中的频道就可以进行播放，播放过程中，点击全屏按钮可以全屏观看，想要回到原始窗口时，按键盘上"Esc"键就可以了。

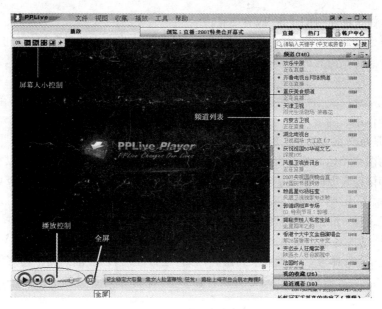

图 4 - 16 PPLive 主界面

四、网络高速下载工具

网络资源的共享少不了网络下载,网络下载经历了单线程、多线程到 P2P 到 P2SP 的技术历程,每一次技术的发展都带来了下载速度的提升。

多线程下载工具的代表有:Cuteftp、网络蚂蚁、网络快车。

P2P 下载工具的主要代表工具有:BitTorrent,BT、电驴(Emule)等。

P2SP 下载工具的主要代表工具有:迅雷(Thunder)、Web 迅雷(Web Thunder)。

现在的网络下载工具中,迅雷占据了主导地位,迅雷具备了 BIT 的 P2P 高速下载功能,同时又增强了 P2P 下载稳定性,此外,它还克服了 BT(BitTorrent,俗称比特洪流,是点对点的档案分享的技术,BT 是一个多点下载的源码公开的 P2P 软件)的一个最大的缺点,即对硬盘的损坏。尤其是在迅雷 5 及其版后继版本,完全集成了 BT 下载功能。这样迅雷既支持 HTTP、FTP 的下载方式,也支持 BT 下载。

下面对迅雷 5 的主界面(图 4 - 17)的主要功能区给予说明。

图 4 - 17 迅雷 5 的主界面

（1）任务管理器：用来管理正在下载、已经下载的文件，如删除某个正在下载的任务。

（2）资源信息显示：显示选中的资源的相关信息，如影片的片段预览。

（3）搜索引擎：用来查找要下载的资源，输入关键词，点击"资源搜索"之后，会调出一个显示搜索结果的页面，找到目标后就可以进行下载。

（4）状态栏：用来显示目前下载的状态信息。

通过迅雷，网络各种数据文件能够以最快速度进行传递。

第五节　网络医药信息资源

Internet 上的医药信息资源极为丰富，从一些网络检索工具的搜索中可以看出，Google 搜集全世界网站（页）数量已高达 27 亿，Lycos 拥有 1 200 万条目的数据库。由于生命科学研究是人类所有科学研究中最活跃的领域，网上生物医学信息约占整个信息的 1/7，为各学科之首。这些资源信息数量巨大，形式多样，且彼此间互相交叉，要对其进行准确的分类比较困难，在通常情况下可以将Internet 上的医药资源划分为以下几类。

（一）医药数据库资源

Internet 医药数据库按照文献类型划分，主要有文献型数据库、数值或事实型数据库、多媒体数据库等几种类型，这些数据库以商业和非商业的方式提供，对于国内个人用户来说，则以能够获取网上免费信息最为实用。

1. **文献型数据库**　文献型数据库包括题录文摘数据库和全文数据库。题录文摘数据库最著名的是美国国立医学图书馆免费提供的 PubMed 数据库，此外 TOXNET、CANLIT、美国专利数据库、中国期刊题录数据库、中国专利数据库等也都提供免费检索。

（1）中国期刊网全文数据库（http://www.cnki.net）：它是在《中国学术期刊（光盘版）》的基础上发展起来的，收录中国生物医学期刊 1 000 多种，涵盖了 1994 年以来的 300 万篇全文文献。该数据库提供多种检索途径，包括篇名、作者、关键词刊名等。

（2）万方全文数据库资源系统（http://periodical.chinainfo.gov.cn/szhqk/index.html）：这是中国科技信息研究所（万方数据集团公司）设立在全国各地的信息服务机构，是国家科技部直属的国家级综合性科技信息中心，是一个以科技信息为主，集经济、金融、社会、人文信息为一体，以 Internet 为网络平台的现代化、网络化的信息服务系统。万方数据资源系统（CHINAINFO）目前有百余个数据库，基本包括了目前国内使用频率较高的数据库；目前已经上网的科技期刊有 1 000 多种，所有的期刊都是全文上网，与印刷本同时发行，用户不仅可以阅读全文，还可以进行回溯性检索、统计等。万方数据还有科学技术成果库、学位论文库等等。其网址是：http://www.ChinaInfo.gov.cn 或者是http://www.wanfangdata.com.cn。

（3）MEDLINE 数据库：是美国国立医学图书馆研制开发的医学文献分析与检索系统（medical literature analysis and retrieval system，MEDLARS）中的最大和使用频率最高的生物医学数据库。MEDLINE 收录了 1966 年以来的世界上 70 多个国家和地区出版的生物医学及其相关学科期刊3 800 种，涉及 43 种语种，其中 75％有英文摘要，年报道量约 37 万条。内容涉及：基础医学、临床医学、环境医学、职业病学、营养卫生学、病理学、解剖学、生理学、微生物学和寄生虫学、毒理学、药理学、卫生教育和卫生服务管理、精神病学和心理学、兽医学、牙医学、护理学等各个学科。该数据库包括了三种重要索引的内容：Index Medicus，Index to Dental Literature，International Nursing Index。MEDLINER 的网址是：http://www.nlm.nih.gov 或 http://www.ncbi.nlm.nih.gov/pubmed。

2. **数值事实型数据库**　主要包括基因库、核酸序列、蛋白质结构库等分子生物学数据库，以及毒理学、药物方面的事实型数据库。如美国 NCBI 提供的 GenBank、Nucleotide Database、Protein

Structure，TOXNET 提供的 HSDB、IRIS 等，网上事实型数据库多为免费检索。

3．多媒体数据库　包括化学物质或药物三维立体结构数据库、各种医学图谱库、医学影像库（X线片、CT 片、核磁共振图像）、病理切片库等，如美国国立卫生研究院的可视人计划数据库、TOXNET 中的 NCI－3D 和 HSDB 结构库等。

（二）电子出版物资源

Internet 体统的电子出版物主要包括电子期刊、报纸、图书、手册、法规、指南、图谱、百科全书等，在网上浏览、订购该类出版物已成为一种发展趋势。网络电子出版物具有传统印刷型出版物不可比拟的优势，如成本低廉、发行速度快、发行面广、功能强大等。

1．电子期刊　除以上全文型数据库介绍的全文期刊数据库外，目前网上免费生物学期刊主要有斯坦福大学的 Highwire 和 Freemedicalsjournals 网站，分别收录 400 多种和 900 多种医学期刊和电子出版物，而一些著名学会出版物也可通过登录网站获取，如美国医学会出版的 JAMA 及系列进展性刊物、美国微生物学会出版的十种学会出版物；一些生物医学期刊出版商也利用网络开展电子期刊发行，如 BNJ、Science、Proc－Nat－Sci－NSA 等著名杂志提供免费全文。我国第一种电子期刊是国家教委编辑出版的《神州学人》，目前通过教育与科研网向全世界发行，国内的万方数据库资源系统提供的数字化期刊，有近 2 000 种科技期刊全文在网上供注册用户使用。

2．电子图书　免费利用网上图书和参考工具书的机会很少，Merck 公司在网上提供 Merck 诊断治疗手册、药物手册以及医学信息手册的部分内容，可免费利用，free－ebook 网提供包括医学健康在内的免费图书；此外，一些搜索引擎和网站提供百科全书和医学词典医学术语集；国家图书馆目前进行的数字化工程将善本古籍进行数字化处理加工，在网上提供阅览服务，超星公司对国内 25 万多种图书进行数字化加工，并开展网上阅览下载服务，其中生物医学图书上千种。此外，许多出版集团都建立了网站，除提供网上图书目录及出版物浏览外，还建立网上投稿和读者论坛等服务功能，使编辑、读者、著者之间进行互动交流。

3．电子报纸　从网上媒体发展态势看，各大报纸都有自己的网站，提供的是自己的网络版，较纸质原出版物相比，不受时间和地域的限制，大多提供免费阅读。如国外有 Science Dialy、Physiweekly、Internal Medicine World Report 等，国内有健康报、中国医学论坛报、中国中医报等。

（三）医学新闻资源

医学卫生新闻主要包括医药卫生行业新闻、商业新闻、临床实验进展、疾病防治新技术、新进展等，可通过搜索引擎、综合网站新闻服务或专业网站查找，也可通过专业型新闻刊物，如各种 Newletters、Weekly 及学术组织网站，多数医学网站都提供医学新闻，一般在"What's News"、"Health New"、"News"栏目下发布。一些搜索引擎还设有专门的新闻组信息栏目，这些信息主要来自 Usenet、BBS、Mailing list 的围绕各种专题和兴趣讨论的信息。

（四）医学教育资源

这类资源主要有医药继续教育和患者教育资源两方面内容。

1．医药继续教育与培训资源　包括医学院校网站中的继续教育内容，以及分散在各类网站上的医学教育资源。如详细了解整个医学继续教育情况，可登录医学继续教育联盟网站（Alliance for CMC），获得医学继续教育机构信息、使用对象、教育专题、学习时间以及所提供的资源类型等。美国医学继续教育资格人证委员会（ACCME）网站可浏览全美 680 多个获得资格人证的教育机构的详细信息。国内目前医学继续教育信息主要有东方远程医学网、中华医学继续教育视听网及各医科大学网站中的医学教育栏目。

2．患者教育　为患者和家属提供可靠、科学、通俗的医疗卫生知识以成为网络信息的需求之一，为此许多国外生物医学网站提供的医学信息都专门设立为患者和家属及普通大众服务的

Patients 版(患者版)或用通俗语言表达的 General 版,如美国癌症学会、美国内科医师学会、美国癌症研究所的 PDQ 等都提供丰富可靠的患者教育资源,一些权威协会、杂志的网页中也提供患者教育信息,包括各种疾病的病因、诊断、治疗标准、预告等详尽易懂资料。

(五) 生物医学软件资源

生物医学软件资料主要是指实验数据分析、各种统计、基因同源性比较等公用软件、共享软件和其他相关文件等,这些软件对于从事生物医学基础研究、流行病学和科研管理人员是非常有价值的。利用网上免费软件资源可方便地开展工作。如 NCBI 提供的 BLAST、世界卫生组织 WHISIS 提供的数据统计及资源等。

(六) 循证医学资源

循证医学(evidence based medicine,EBM)是遵循科学证据的临床医学,1979 年美国 Archie Cochrone 提出以系统综述来总结和更新医学各科临床随机对照实验结果,并于 1993 年成立世界 Cochrone 中心协作网。循证医学资源的主要类型为系统综述和临床实践指南。近年来随着循证医学的迅速发展,Internet 网络循证滋芽越来越丰富,由 Cochrone 协作网创建的 Cochrone Library (http://www. Cochrone. org)已经成为获得循证医学滋芽的重要数据库;循证医学网站因为日臻完善,其内容包括系统综述数据库、临床实践指南数据库、循证医学期刊、Meta 分析软件、循证医学教育资源和导航系统等。中国于 1993 年 12 月在华西医科大学建立了中国 Cochrone 中心,开展循证医学概念及系统综述方法的研究和培训。

(七) 其他医药信息资源

网络信息几乎囊括了医学科研、临床、学习的各个方面,其他医学信息资源主要包括:医学会议信息资源,特种文献如专业信息、标准、学位论文等;医院、医学院和医生信息资源;科研基金申请、求职信息等等。

这里介绍几个比较著名的医学网站,参见表 4-2。

表 4-2　著名的医学网站

网站名	网　　址	网站名	网　　址
美国国立卫生研究院	http://www. nih. gov	中华医学网	http://www. mol. org. cn
美国国立医学图书馆	http://www. nlm. nih. gov	中国医院数字图书馆	http://www. chkd. cnki. net
美国临床医学网	http://www. medmatrix. org	中华中医药在线	http://www. itcmedu. com

总之,因特网为医学文献的检索提供了许多可以利用的工具,从事咨询检索工作的人员应在工作中不断积累网络信息资源,运用自如,为医务工作者提供高质量的医学文献检索服务。

■■ 实 践 与 解 析

选择解析

1. 关于网络协议,下列选项中正确的是: 　　　　　　　　　　　　　　　　　(　)

　　A. 是网民们签订的合同

　　B. 协议,简单地说就是为了网络信息传递,共同遵守的约定

　　C. TCP/IP 协议只能用于 Internet,不能用于局域网

　　D. 拨号网络对应的协议是 IPX/SPX

【答案与解析】 本题答案为 B。网络协议的定义:为计算机网络中进行数据交换而建立的规

则、标准或约定的集合。

2. 下列说法正确的是： ( )

 A. 网络中的计算机资源主要指服务器、路由器、通信线路与用户计算机

 B. 网络中的计算机资源主要指计算机操作系统、数据库与应用软件

 C. 网络中的计算机资源主要指计算机硬件、软件、数据

 D. 网络中的计算机资源主要指 Web 服务器、数据库服务器与文件服务器

【答案与解析】 本题答案为 C。本题考查的是网络中的计算机资源而不是网络资源。其计算机资源主要指计算机硬件、软件、数据。

3. 合法的 IP 地址是： ( )

 A. 202：196：112：50 B. 202、196、112、50

 C. 202，196，112，50 D. 202.196.112.50

【答案与解析】 本题答案为 D。IP 地址分为四段，每段不能超过 255，隔断之间用"."分开。

4. 在 Internet 中，主机的 IP 地址与域名的关系是： ( )

 A. IP 地址是域名中部分信息的表示 B. 域名是 IP 地址中部分信息的表示

 C. IP 地址和域名是等价的 D. IP 地址和域名分别表达不同含义

【答案与解析】 本题答案为 C。IP 地址和域名是一一对应的，我们来看一个 IP 地址对应域名地址的例子，例如，中国医科大学的网页主服务器 IPv4 地址是"202.118.40.5"，对应域名地址为"www. cmu. edu. cn"。

5. 计算机网络最突出的优点是： ( )

 A. 运算速度快 B. 联网的计算机能够相互共享资源

 C. 计算精度高 D. 内存容量大

【答案与解析】 本题答案为 B。Internet 是全球最大的计算机互联网络，连接了几乎所有的国家和地区，不计其数的计算机连接到 Internet 上并能够相互共享资源。Internet 的发展不断改变人们的生活方式和思想观念，已经成为现代社会工作、学习、生活的重要组成部分。

6. 提供不可靠传输的传输层协议是： ( )

 A. TCP B. IP C. UDP D. PPP

【答案与解析】 本题答案为 C。UDP 协议是无连接方式的协议，其作用机制为不可靠传送，必须依靠辅助的算法来完成传输的控制。

7. 关于 Internet，下列说法不正确的是： ( )

 A. Internet 是全球性的国际网络 B. Internet 起源于美国

 C. 通过 Internet 可以实现资源共享 D. Internet 不存在网络安全问题

【答案与解析】 本题答案为 D。随着计算机网络技术的飞速发展，网络中不安全因素也在逐渐增加。其中子网异构十分复杂，给网络安全带来很多无法避免的问题。而全球信息化的迅猛发展，使网络的信息安全和国家的信息主权成为越来越突出的重大战略问题，关系到国家的稳定与发展。

8. 当前我国主要以科研和教育为目的，从事非经营性的活动的是： ( )

 A. 金桥信息网(GBNet) B. 中国公用计算机网(ChinaNet)

 C. 中科院网络(CSTNet) D. 中国教育和科研网(CERNET)

【答案与解析】 本题答案为 D。1993 年底中国教育和科研计算机网(CERNET)开始规划，1994 年启动。

9. 下列 IP 地址中，非法的 IP 地址组是： ( )

 A. 259.197.184.2 与 202.197.184.144 B. 127.0.0.1 与 192.168.0.21

 C. 202.196.64.1 与 202.197.176.16 D. 255.255.255.0 与 10.10.3.1

【答案与解析】　本题答案为 A。IP 地址分为四段,每段不能超过 255,隔断之间用“,”分开。

10. 传输控制协议/网际协议属工业标准协议,是 Internet 采用的主要协议又称为:　　　　（　　）

　　A. Telnet　　　　　　B. TCP/IP　　　　　　C. HTTP　　　　　　D. Ftp

　　【答案与解析】　本题答案为 B。TCP/IP 协议是 Internet 的核心,它实现计算机之间和局域网之间的信息交换,它的诞生使得 Internet 得全球互联成为可能。

11. 配置 TCP/IP 参数的操作主要包括三个方面:即指定网关、域名服务器地址和:　　（　　）

　　A. 指定本地机的 IP 地址及子网掩码　　　　B. 指定本地机的主机名

　　C. 指定代理服务器　　　　　　　　　　　　D. 指定服务器的 IP 地址

　　【答案与解析】　本题答案为 A。TCP/IP 参数的设置主要包括 IP 地址,子网掩码,网关和 DNS 的设置等。

12. Internet 是由什么发展而来的?　　　　　　　　　　　　　　　　　　　　　　（　　）

　　A. 局域网　　　　　　B. ARRANET　　　　　C. 标准网　　　　　　D. WAN

　　【答案与解析】　本题答案为 B。1969 年,美国国防部高级研究计划管理局(ARPA-Advanced Research Projects Agency)开始建立一个命名为 ARRANET 的网络,把美国的几个军事及研究用电脑主机连接起来。

13. 计算机网络按使用范围划分为城域网、局域网和:　　　　　　　　　　　　　（　　）

　　A. 广域网　　　　　　B. 公用网　　　　　　C. 高速网　　　　　　D. 互联网

　　【答案与解析】　本题答案为 A。计算机网络按地理范围可分为局域网 LAN、城域网 MAN、广域网 WAN。局域网地理范围一般几百米到 10 km 之内,属于小范围内的联网。如一个建筑物内、一个学校内、一个工厂的厂区内等。城域网地理范围可从几十千米到上百千米,可覆盖一个城市或地区,是一种中等形式的网络。广域网地理范围一般在几千千米左右,属于大范围联网。如几个城市,一个或几个国家,是网络系统中的最大型的网络,能实现大范围的资源共享,如国际性的 Internet 网络。

14. 常用的有线传输介质有同轴电缆、光导纤维和:　　　　　　　　　　　　　　（　　）

　　A. 双绞线　　　　　　　　　　　　　　　　B. 路由器

　　C. 交换机　　　　　　　　　　　　　　　　D. HUB

　　【答案与解析】　本题答案为 A。双绞线是由两根绝缘金属线互相缠绕而成,这样的一对线作为一条通信线路,由四对双绞线构成双绞线电缆。

15. 调制调解器(modem)的功能是实现:　　　　　　　　　　　　　　　　　　　（　　）

　　A. 数字信号的编码　　　　　　　　　　　　B. 数字信号的整形

　　C. 模拟信号的放大　　　　　　　　　　　　D. 模拟信号与数字信号的转换

　　【答案与解析】　本题答案为 D。调制解调器也叫 modem,是一个通过电话拨号接入 Internet 的必备的硬件设备。通常计算机内部使用的是“数字信号”,而通过电话线路传输的信号是“模拟信号”。调制解调器的作用就是当计算机发送信息时,将计算机内部使用的数字信号转换成可以用电话线传输的模拟信号,通过电话线发送出去;接收信息时,把电话线上传来的模拟信号转换成数字信号传送给计算机,供其接收和处理。

16. LAN 通常是指:　　　　　　　　　　　　　　　　　　　　　　　　　　　　（　　）

　　A. 广域网　　　　　　　B. 局域网　　　　　　C. 子源子网　　　　　D. 城域网

　　【答案与解析】　本题答案为 B。局域网 LAN,地理范围一般几百米到 10 km 之内,属于小范围内的联网。如一个建筑物内、一个学校内、一个工厂的厂区内等。

17. Internet 的主要互联设备为:　　　　　　　　　　　　　　　　　　　　　　（　　）

　　A. 以太网交换器　　　B. 集线器　　　　　　C. 调制解调器　　　　D. 路由器

【答案与解析】 本题答案为 D。路由器是 Internet 的主要结点设备。路由器通过路由决定数据的转发。作为不同网络之间互连的枢纽,路由器构成了 Internet 的骨架。

18. 如果在外地宾馆中利用自己携带的笔记本电脑,可以通过什么接入互联网? （　　）

  A．LAN   B．无线 LAN   C．电话线拨号   D．手机卡

  【答案与解析】 本题答案为 C。笔记本电脑配置有 modem,把宾馆的电话线插入 modem 中,使用电信或网通的上网特服作为用户名和密码,只需要支付电话费可上互联网。

19. 办公室中有多台计算机,并且都配备有网卡,已经购买了网络集线器和打印机,可以通过什么组成局域网,使这些计算机可以共享打印机? （　　）

  A．光纤   B．电话线   C．无线   D．双绞线

  【答案与解析】 本题答案为 D。在一个办公室内,通过双绞线连接集线器和计算机网卡,然后对计算机进行协议和打印机共享配置,则所有的计算机都可以共享使用打印机。

20. 中国医科大学的网站为 www.cmu.edu.cn,以下说法错误的是: （　　）

  A．属于中国教育网   B．是学校的门户网站

  C．提供 www 服务   D．是商业网站

  【答案与解析】 本题答案为 D。域名由两种基本类型组成:以机构性质命名的域和以国家地区代码命名的域。常见的以机构性质命名的域,一般由三个字符组成,如表示商业机构的"com",表示教育机构的"edu"等。

21. www.cmu.edu.cn 是 Internet 中主机的: （　　）

  A．硬件编码   B．密码   C．软件编码   D．域名

  【答案与解析】 本题答案为 D。

22. 将文件从 Ftp 服务器传输到客户机的过程称为: （　　）

  A．上载   B．下载   C．浏览   D．计费

  【答案与解析】 本题答案为 B。

23. 域名服务 DNS 的主要功能为: （　　）

  A．通过请求及回答获取主机和网络相关信息

  B．查询主机的 MAC 地址

  C．为主机自动命名

  D．合理分配 IP 地址

  【答案与解析】 本题答案为 A。

24. 下列对 Internet 叙述正确的是: （　　）

  A．Internet 就是 www

  B．Internet 就是信息高速公路

  C．Internet 是众多自治子网和终端用户机的互联

  D．Internet 就是局域网互联

  【答案与解析】 本题答案为 C。

25. 下列选项中属于 Internet 专有的特点为: （　　）

  A．采用 TCP/IP 协议

  B．采用 ISO/OSI 7 层协议

  C．用户和应用程序不必了解硬件连接的细节

  D．采用 IEEE 802 协议

  【答案与解析】 本题答案为 A。

26. 中国的顶级域名是: （　　）

A．cn   B．ch   C．chn   D．china

【答案与解析】 本题答案为 A。

27．计算机网络可分为三类，它们是：   （   ）

A．Internet、Intranet、Extranet   B．广播式网络、移动网络、点-点式网络

C．X．25、ATM、B－ISDN   D．LAN、MAN、WAN

【答案与解析】 本题答案为 D。

28．默认的 HTTP（超级文本传输协议）端口是：   （   ）

A．21   B．23   C．80   D．8080

【答案与解析】 本题答案为 C。

29．用于解析域名的协议是：   （   ）

A．HTTP   B．DNS   C．Ftp   D．SMTP

【答案与解析】 本题答案为 B。

30．万维网（world wide web）是应用最广泛的领域之一，又称为：   （   ）

A．Internet   B．全球信息网   C．城市网   D．远程网

【答案与解析】 本题答案为 B。

31．网站向网民提供信息服务，网络运营商向用户提供接入服务，因此，分别称它们为：   （   ）

A．ICP、IP   B．ICP、ISP   C．ISP、IP   D．UDP、TCP

【答案与解析】 本题答案为 B。

32．中国教育科研网的缩写为：   （   ）

A．ChinaNet   B．CERNET   C．CNNIC   D．ChinEDU

【答案与解析】 本题答案为 B。

33．IPv4 地址有几位二进制数组成？   （   ）

A．16   B．32   C．64   D．128

【答案与解析】 本题答案为 B。

34．支持局域网与广域网互联的设备称为：   （   ）

A．转发器   B．以太网交换机   C．路由器   D．网桥

【答案与解析】 本题答案为 C。

35．一般所说的拨号入网，是指通过什么设备与 Internet 服务器连接？   （   ）

A．微波   B．公用电话系统   C．专用电缆   D．电视线路

【答案与解析】 本题答案为 B。

36．下面可以查看网卡的 MAC 地址的命令是：   （   ）

A．iPconfig/release   B．iPconfig/renew

C．iPconfig/all   D．iPconfig/registerdns

【答案与解析】 本题答案为 C。

37．下面可用于测试网络是否连通的命令是：   （   ）

A．telnet   B．nslookup   C．ping   D．ftp

【答案与解析】 本题答案为 C。

38．安装拨号网络的目的是为了：   （   ）

A．使 Windows 完整化   B．能够以拨号方式连入 Internet

C．与局域网中的其他终端互联   D．管理共享资源

【答案与解析】 本题答案为 B。

39．在拨号上网过程中，连接到通话框出现时，填入的用户名和密码应该是：   （   ）

A．进入 Windows 时的用户名和密码　　　　　B．管理员的账号和密码

C．ISP 提供的账号和密码　　　　　　　　　　D．邮箱的用户名和密码

【答案与解析】 本题答案为 C。

40. TCP 协议称：　　　　　　　　　　　　　　　　　　　　　　　　　　　（　　）

A．网际协议　　　　　　　　　　　　　　　B．传输控制协议

C．Network 内部协议　　　　　　　　　　　D．中转控制协议

【答案与解析】 本题答案为 B。

操作实例

例 1　建立一个文件夹，命名为"ShareDoc"，将该文件夹设置为共享。

【答案与解析】 需要如下四个步骤。

（1）在 C 盘上新建一个文件夹，命名为"ShareDoc"。

（2）右击"C:\ShareDoc"，从弹出菜单中选择"共享和安全"，打开"ShareDoc 属性"对话框，选择"共享"选项卡。

（3）选择"在网络上共享这个文件夹"单选按钮，"共享名"文本框中将显示"ShareDoc"。

（4）单击"确认"按钮，将看到一只手托着共享文件夹。

例 2　在局域网中，分配用户的计算机网络参数为：IP 地址 202.22.6.91，子网掩码 255.255.255.0，网关地址为 202.22.6.5，DNS 服务器地址 202.118.40.2，请使用 ping 命令检查计算机的网络连接情况。

【答案与解析】

单击"开始"按钮，单击"运行"命令，在"运行"文本框中输入下列内容。

（1）ping 127.0.0.1。测试 TCP/IP 协议组是否正常运行和工作。

（2）ping 202.22.6.91。检查本机的网络设备是否工作正常。

（3）ping 202.22.6.5。如果成功，说明本地网络与网关的设置都正常。

（4）ping 202.118.40.2。如果成功，说明本地网络设置正确。

例 3　在局域网中，用户管理员已经给用户分配计算机网络参数，请手动进行配置。

【答案与解析】 需要如下四个步骤。

（1）打开"控制面板"，选择"网络和 Internet 连接"类别，选择"网络连接"图标。

（2）右击"本地连接"，从弹出菜单中选择"属性"命令，选择"Internet 协议（TCP/IP）"，单击"属性"按钮，分别填入给定的网络参数。

例 4　使用 Windows 的网络故障诊断命令获取所使用计算机网卡的物理地址（MAC 地址）。

【答案与解析】 使用网络故障诊断命令 Ipconfig。

进入命令提示符，输入命令 Ipconfig/all，所显示的内容中，"physical address"所指即为网卡的物理地址，也称 MAC 地址。

例 5　查看所使用计算机上网卡的型号。

【答案与解析】 需要如下两个步骤。

（1）右击"我的电脑"，选择"属性"，选择"硬件"选项卡，单击"设备管理器按钮"。

（2）在"设备管理器"对话框中查看"网卡"或"网络适配器"即可得到网卡的型号。

例 6　将连接计算机的打印机设为共享，共享名为"SharePrinter"。

【答案与解析】 需要如下两个步骤。

（1）打开"控制面板"，选择"打印机和其他硬件"类别，选择"打印机和传真"图标。

（2）右击默认打印机，从弹出菜单中选择"共享"，打开"共享"对话框，选择"共享这台打印机"单

选按钮,在"共享名"文本框中输入"SharePrinter"。

例 7 在局域网中,采用 DHCP 服务器动态分配网络参数,请配置计算机自动获取 IP 地址、子网掩码、默认网关和 DNS 服务器网络参数。

【答案与解析】 需要如下两个步骤。

(1)打开"控制面板",选择"网络和 Internet 连接"类别,选择"网络连接"图标。

(2)右击"本地连接",从弹出菜单中选择"属性"命令,选择"Internet 协议(TCP/IP)",单击"属性"按钮,选择"自动获得 IP 地址"和"自动获得 DNS 服务器地址"单选按钮。

例 8 获取网站 www. cmu. edu. cn 对应的 IP 地址,并记录下来。

【答案与解析】 使用网络故障诊断命令"ping"。进入命令提示符,输入命令"ping www. cmu. edu. cn",在显示的内容中,"Reply from xxx. xxx. xxx. xxx:bytes=...",其中"xxx. xxx. xxx. xxx"为 www. cmu. edu. cn 的网络地址。

例 9 已知 ISP 中国网通的上网特服号为 16900,用户名、密码皆为 16900,请在 Windows 环境下建立一个名为"中国网通"的拨号连接。

【答案与解析】 在控制面板中打开"网络连接",从网络任务中选择"创建一个新的连接",出现"欢迎使用新建连接向导",按照向导的提示建立拨号连接。

(1)网络连接类型选择"连接到 Internet"。

(2)选择"手动设置我的连接"。

(3)选择"用拨号调制解调器连接"。

(4)在 ISP 名称框中输入"中国网通"。

(5)在电话号码框中输入"16900"。

(6)在 Internet 账户信息中输入:用户名和密码为"16900"。

例 10 单位内部配置 HTTP 代理服务器,代理服务器通过 ADSL 拨号接入互联网,内部 IP 地址为 10.1.0.254,代理服务器端口号为 8080,加入该内部局域网的客户机上安装有 IE 浏览器,请使用代理服务器上互联网。

【答案与解析】 运行 IE 浏览器程序,按以下步骤进行配置。

(1)单击浏览器菜单栏中的"工具"菜单项,从弹出的下拉菜单中选择"Internet 选项"。

(2)在对话框中选择"连接"标签,并单击"局域网设置"按钮,进入设置窗口。

(3)选择"为 LAN 使用代理服务器",在地址栏中填入 HTTP 代理服务器 IP 地址"10.1.0.254",在端口栏中填写端口号 8080。

(4)设置好后,单击"确定"按钮。完成设置工作。

复 习 题

【问答题】

1. 计算机网络的拓扑结构有哪几种类型?

2. 计算机局域网有哪些常用部件组成?

3. 简述调制解调器的功能与作用是什么?

4. 简述如何查看计算机上网卡的型号?

5. 简述如何将连接在计算机上的打印机设置为网络共享打印机?

第五章
Internet 应用技术

导　学

内容及要求

IE 浏览器的使用要求了解文本、超文本、Web 页的超文本结构的基本概念；掌握统一资源定位器 URL、浏览器和 WWW 的基本概念；掌握 Internet Explorer 打开、关闭以及 IE 浏览器的基本操作；熟练掌握 Internet Explorer 浏览器选项参数（包括"常规"、"安全"、"隐私"、"内容"、"连接"、"程序"、"高级"七个选项卡）的基本设置；掌握 Internet Explorer 浏览器收藏夹的基本使用；熟练掌握信息搜索的基本方法和常用搜索引擎的使用；掌握在 Internet Explorer 浏览器中访问 Ftp 站点的操作；掌握 BBS 的概念和基本操作；了解 Web 格式邮件的使用。

电子邮件的使用要求了解电子邮件的基本概念、工作原理和电子邮件中常见的术语；掌握电子邮件的申请和使用方法；掌握 Outlook Express 的概念；掌握 Outlook Express 的账号管理（包括新建、修改和删除账号）；熟练掌握 Outlook Express 的基本操作，主要包括：收发电子邮件、阅读邮件、编辑 HTML 邮件、使用背景、在待发邮件中加入签名和插入名片等操作；熟练掌握 Outlook Express 电子邮件管理的基本操作，主要包括：使用文件夹为邮件分类、使用邮件规则和定时收取邮件等操作；掌握 Outlook Express 通讯簿的使用。

重点、难点

Internet 应用技术的重点是 URL、浏览器和 WWW 的概念，Internet Explorer 浏览器基本操作，信息搜索的基本方法和常用搜索引擎的使用；电子邮件的概念，电子邮件的申请和使用方法，Outlook Express 的账号管理，使用 Outlook Express 收发电子邮件方法。其难点是如何使用关键词进行查询的基本操作，在 Internet Explorer 浏览器中访问 Ftp 站点的方法，使用文件夹为邮件分类方法，Outlook Express 通讯簿的使用方法。

- IE 浏览器的使用
- 电子邮件的使用

Internet 应用技术包括两部分的内容，IE 浏览器的使用和电子邮件的使用。

第一节　　IE 浏览器的使用

一、Internet 网页的几个基本术语

1. 文本与超文本

（1）文本：所谓文本（text），即是可见字符（字母、数字、汉字、符号等）的有序组合，也就是普通文本。

（2）超文本：所谓超文本（hypertext），即是一种电子文档，它包含有文本信息、图形图像、视频和语音等多媒体信息，其中的文字包括有可以链接到其他文档的超文本链接，允许从当前正在阅读的文本的某个位置切换到超文本链接所指向的另一个文本的某个位置，而这一切换跳转可能是在一个机器之间进行，也可能实在远隔千山万水的不同机器之间进行。通常使用超文本标记语言来书写超文本页面。

2. 超文本标记语言　　超文本标记语言 HTML（hyper text mark-up language）是一种文档结构的标记语言，它使用一些约定的标记对页面上各种信息（包括文字、声音、图形、图像、视频等）、格式以及超级链接进行描述。当用户浏览网页上的信息时，浏览器会自动解释这些标记的含义，并将其显示为用户在屏幕上所看到的网页，这种用 HTML 编写的网页又称为 HTML 文档。

3. 统一资源定位符　　又称 URL（uniform resource locator），是专为标识 Internet 网上资源位置而设的一种编址方式，我们平时所说的网页地址指的就是 URL，它一般由三部分组成：传输协议://主机 IP 地址或域名地址/资源在主机上的路径和文件名。例如，当前中华人民共和国教育部高教司的 URL 为：http://www.moe.edu.cn/edoas/website18/siju_gaojiao.jsp，这里 http 指超文本传输协议，www.moe.edu.cn 是教育部 Web 服务器域名地址，edoas/website18/是网页在主机上所在路径，siju_gaojiao.jsp 则是相应的网页文件。

下面是常见的 URL 中定位和标识的服务或文件。

Http：文件在 Web 服务器上。

File：文件在您自己的局部系统或匿名服务器上。

Ftp：文件在 Ftp 服务器上。

Gopher：文件在 Gopher 服务器上。

Wais：文件在 Wais 服务器上。

News：文件在 Usenet 服务器上。

Telnet：连接到一个支持 Telnet 远程登录的服务器上。

4. 浏览器　　浏览器是装在我们的电脑上的一种客户端软件，浏览器把在互联网上找到的文本文档（和其他类型的文件）翻译成网页，通过它能方便地看到 Internet 上提供的各种服务。像远程登陆（Telnet）、电子邮件、文件传输（Ftp）、网络新闻组、电子公告栏（BBS）等服务资源。当前主要的浏览器有 Internet Explorer（以下简称 IE 浏览器）和 Netscape 等，版本越高，所能支持的网页技术效果就越多。Microsoft 公司的 IE 浏览器是当今使用最广泛、最灵活的 WWW 浏览器之一。

5. WWW　　WWW 是 world wide web 的简称，译为万维网，是一个基于超文本方式的信息查询方式。WWW 提供了一个友好的图形化界面，它是具有开放性、交互性、动态性并可在交叉平台上运行等特征的基于因特网的在全球范围内分布的多媒体信息系统。用户通过它可以查阅 Internet 上的信息资源，同时 WWW 还可以提供诸如 Telnet、Ftp、E-mail 等服务。

二、IE 浏览器的进入与退出

1. IE 浏览器的启动　以下三种方法可以启动 IE 浏览器。

（1）鼠标左键双击桌面上的 Internet Explorer 图标"　"。

（2）鼠标左键单击任务栏中的 IE 浏览器启动按钮"　开始　"。

（3）鼠标左键单击"开始"|"程序"|"Internet Explorer"菜单项。

启动成功后，屏幕上就会出现 IE 浏览器窗口。

2. IE 浏览器的退出　以下五种方法可以退出 IE 浏览器。

（1）鼠标左键单击右上角的关闭按钮。

（2）鼠标右键单击任务栏中的 IE 浏览器按钮，在弹出的快捷菜单中单击"关闭"。

（3）鼠标左键单击"文件"菜单下的"关闭"菜单项。

（4）鼠标左键双击标题栏左上角的控制菜单。

（5）快捷键"ALT"＋"F4"。

三、IE 浏览器界面结构

IE 浏览器由标题栏、菜单栏、工具栏、地址栏、主窗口和状态栏组成，如图 5-1 所示。

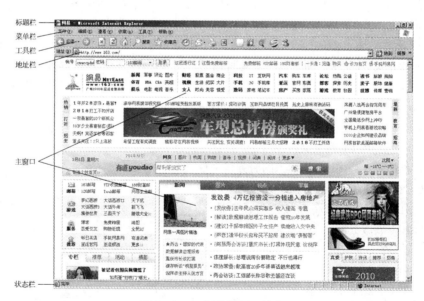

图 5-1　IE 浏览器界面结构

各部分的具体含义如下。

1. 标题栏　窗口的最上方，显示当前打开的网页文档标题。右端是"最小化"、"还原/最大化"和"关闭"按钮。

2. 菜单栏　标题栏下方，由文件、编辑、查看、收藏、工具和帮助等菜单项组成，提供相应操作命令。

3. 工具栏　提供了菜单中使用频率较高的一些功能作为快捷命令按钮工具。可以通过"查看"菜单中的"工具栏"项设定把标准按钮、地址栏、链接等工具隐藏或者显示。

4. 地址栏　URL 统一资源定位符输入栏，也就是网站地址输入栏。

5. 主窗口　显示 Web 页的内容的窗口,在此窗口可以浏览网页内容、下载文件等操作。

6. 状态栏　用来显示当前网页的状态,如"完成"、"正在打开网页..."等,还可以显示文件载入的状态信息、显示鼠标指针所指向的某个超级链接相关联的地址信息。

四、IE 浏览器的基本操作

(一) 浏览网页

使用 IE 浏览器方法如下。

(1) 鼠标左键单击浏览器的地址栏,使地址栏中的字符成反色显示。

(2) 在地址栏中输入要浏览网页的 URL 地址,例如,想要访问百度的主页,可以直接在地址栏中输入其 URL 地址(www. baidu. com),然后按回车键,或者单击"转到"按钮,如图 5-2 所示。IE 浏览器地址栏具有自动提示功能,在地址栏中输入某个网址第一个字符的时候,就会把以前输入过的网址第一个字符相匹配的所有网址都在地址栏的下拉列表框显示出来,如果以前访问过同一网页,就可以直接选择而不必输入完整的网址。

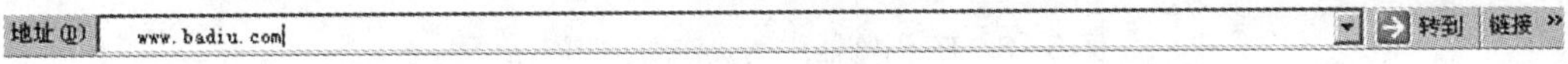

地址(D) | www. badiu. com | ▼ | ⇒ 转到 | 链接 »

图 5-2　在 IE 浏览器地址栏中输入 URL 地址

(二) IE 常用工具

IE 浏览器窗口中提供的主要工具按钮如下。

1. 主页　主页是打开浏览器时浏览器自动进入的初始页面,单击工具栏上的"主页"图标" ",即可直接进入设定的主页。主页地址的设置方法:单击"工具"|"Internet 选项"|"常规"|"主页"菜单项,在"主页"的"地址"文本框中输入主页的地址。

2. 返回浏览过的网页　要返回到上一页,鼠标左键单击工具栏上的"后退"按钮" 后退 ▾ ",要转到下一页,鼠标左键单击工具栏上的"前进"按钮" ▾ "。

3. 页面上的超链接　在网页中,当移动鼠标指针到有超链接的对象(文字或图像等)上时,鼠标指针就会变成一只手的形状,一般文字上的超链接都是蓝色(当然,用户也可以自己设置成其他颜色),文字下面有一条下划线,这时候单击鼠标左键,就可以直接跳到与这个超链接相连接的网页或 WWW 网站上去。如果用户已经浏览过某个超链接,这个超链接的文本颜色还会发生改变(默认为紫色),而图像的超链接访问后颜色不会发生变化。

4. 历史记录　如果要访问近期访问过的网页,但是又不记得其网址,可以单击 IE 浏览器界面工具栏上的"历史记录"按钮" ",这时,在浏览器窗口的左侧会显示"历史记录"栏,在"历史记录"栏中列出了最近几天或几周内访问过的 Web 站点的链接,如图 5-3 所示,可以很方便地在找到要查看的网页后单击就可以直接打开该网页。

5. 收藏夹　单击工具栏上的五角星"收藏夹"按钮" ★ 收藏夹 ",这时,在浏览器窗口的左侧会显示"收藏夹"栏,在"收藏夹"栏中列出了以前保存到收藏夹中的网站,如图 5-4 所示,点击网站名称就直接进入想要浏览的页面,免去了输入网址的麻烦。

6. "搜索"按钮　单击工具栏上的"搜索"按钮" 搜索 ",可以在其中选择搜索服务,在 Internet 上搜索需要的信息。

7. "停止"按钮　单击工具栏上的"停止"按钮" ",会中断正在浏览的 Web 页的连接。

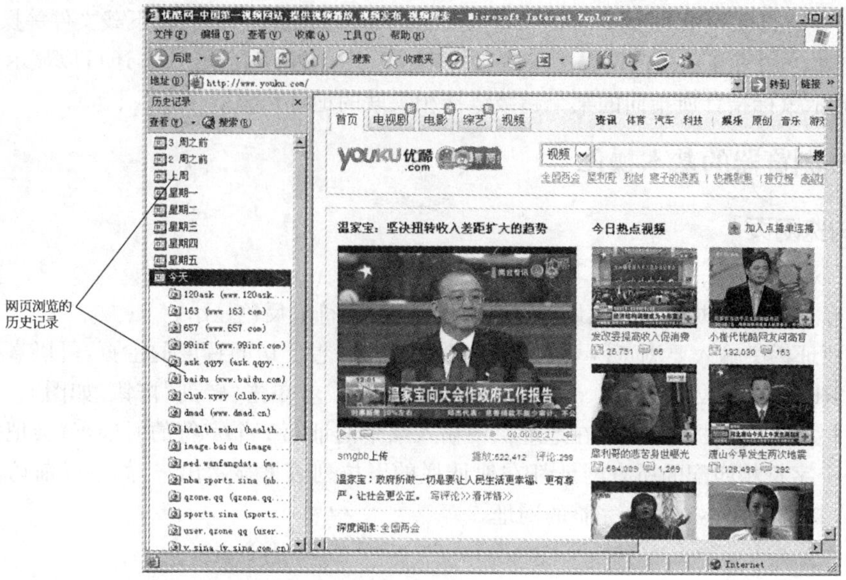

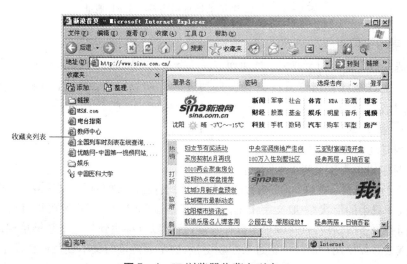

图 5-3　IE浏览器中网页浏览的历史记录

图 5-4　IE浏览器收藏夹列表

8."刷新"按钮　单击工具栏上的"刷新"按钮"　"，可更新当前正在浏览的页面，如果在频繁更新的 Web 页上看到旧的信息或者图形的信息加载不正确，可以使用该功能。

9."打印"按钮　单击工具栏上的"打印"按钮"　"，可打印当前正在浏览的页面的内容。打印时可以按照屏幕的显示进行打印，也可以打印选定的部分，如框架。另外，还可以打印页眉和页脚中的信息，如标题、网页地址、日期、时间和页码等。

（三）IE浏览器的操作与使用

1. 查看和组织页的技巧

（1）如果想加快网页的显示速度，可以关闭图片、声音或视频选项。方法：单击"工具"|"Internet 选项"，在"高级"标签中，将"显示图片"、"播放网页中的声音"或"播放网页中的视频"复选框中的对号去掉，即可加快页面的浏览速度。

（2）如果要经常查看某一网页，可将该网页其添加到收藏夹中，或在桌面上创建指向该网页的快捷方式。

2. 将信息从当前页复制到文档 在 IE 浏览器页面中,选择要复制的信息,单击"编辑"菜单,选择"全选"命令,然后再单击"编辑"菜单,选择"复制"命令(或直接按"Ctrl"+"C")。打开要接收复制信息的文档,单击文档下"编辑"菜单中的"粘贴"命令(或直接按动"Ctrl"+"V")即完成信息的复制。

3. 将 IE 浏览器页面中的图片作为桌面墙纸 转到包含所需图形的网页,鼠标右键单击页面上的图片,在弹出的快捷菜单中单击"设置为背景",如图 5-5 所示。

图 5-5 将图片作为桌面墙纸

图 5-6 设置使用的磁盘空间

4. 设置使用的磁盘空间来存储以前浏览过的网页 单击"工具"|"Internet 选项",单击"常规"标签,然后单击"设置",将"使用的磁盘空间"下的滑块左右移动即可,如图 5-6 所示。

5. 保存 Internet 上的网页 在浏览网页时,经常会找到我们感兴趣的网页,我们怎样把它们保存下来? 操作步骤为:点击"文件"|"另存为"命令,如图 5-7 所示,然后会弹出如图 5-8 所示的"保

图 5-7 文件菜单下的另存为命令

图 5-8 保存网页窗口

存网页"窗口,在"保存网页"窗口中选择用于保存该网页的文件夹,并在"文件名"框中输入网页名称;在"保存类型"栏中选择"Web页,全部(＊.htm;＊.html)"选项,最后单击"保存"按钮即可完成该页面的保存。

五、IE浏览器的基本设置

IE浏览器设置窗口包括"常规"、"安全"、"隐私"、"内容"、"连接"、"程序"、"高级"七个选项卡。

(一)"常规"选项卡

"常规"选项卡中,可以对"主页"、"Internet临时文件"、"历史记录"以及Web页面显示的"颜色"、"字体"、"语言"和"辅助功能"等进行设置,如图5-9所示。

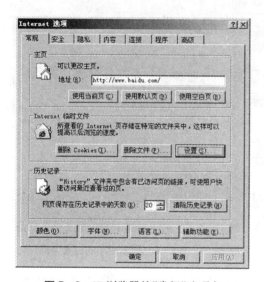

图5-9　IE浏览器的"常规"选项卡

1."主页"　"主页"设置中可以填写在启动IE浏览器后首先访问的站点的URL地址。将当前打开的网页设为主页的方法如下。

(1)启动IE浏览器,打开要设置为默认主页的Web网页。

(2)单击"工具"|"Internet选项"命令,打开"Internet选项"对话框。

(3)选择"常规"选项卡。在"主页"选项组中单击"使用当前页"按钮,就可将启动IE浏览器时打开的默认主页设置为当前打开的Web网页;若单击"使用默认页"按钮,可在动IE浏览器时打开默认主页(通常为Microsoft公司的主页);若单击"使用空白页"按钮,则在启动IE浏览器时不打开任何网页。

2."临时文件"　"临时文件"设置中可以更改IE浏览器的Cache的大小,它用来保存IE浏览器最近访问过的页面。这样,以后访问同一页面时,IE浏览器可以直接从中获取,而不必再通过网络从该站下载,提高浏览速度。可以在单击"设置"按钮后弹出的对话框中设置如何检查所存网页的较新版本,一般设为"每次启动Internet Explorer时检查"较为合适。

3."历史记录"与"临时文件夹"　单击工具栏上的"历史"按钮就可查看最近浏览过的所有网页记录,时间长了历史记录会越来越多。这时用户可以在"Internet选项"对话框中设定历史记录的保存时间,一段时间后,系统会自动清除这一段时间的历史记录。要设置历史记录的保存时间,具体设置可参考以下步骤。

(1)启动IE浏览器。

(2)单击"工具"|"Internet选项"命令,打开"Internet选项"对话框。

(3)选择"常规"选项卡。

(4)在"历史记录"选项组的"网页保存在历史记录中的天数"文本框中输入历史记录的保存天数即可。

(5)单击"清除历史记录"按钮,可清除已有的历史记录。

(6)设置完毕后,单击"应用"或"确定"按钮即可。

(二)"安全"选项卡

"安全"选项卡可以完成Web页的安全设置,其中包括"Internet"、"本地Internet"、"受信任的站点"、"受限制的站点"的内容设置,如图5-10所示。在这里可以对该区域的安全级别进行设置,其中包括自定义级别和默认级别。通过设置不同的安全级别,来控制访问过程中可能具有的一些潜在的危险。

图 5-10　IE 浏览器的"安全"选项卡　　　　图 5-11　IE 浏览器的"隐私"选项卡

(三)"隐私"选项卡

如图 5-11 所示,在"隐私"选项卡中可以通过上下移动滑块来为 Internet 区域选择一个浏览的隐私设置,即设置浏览网页是否允许使用 Cookie 的权限,包括:"组织所有 Cookie"、"高"、"中高"、"中"、"低"、"接受所有 Cookie",一般设置为"中"。

(四)"内容"选项卡

在"内容"选项卡中,可以进行三方面的设置,分别是"分级审查"、"证书"和"个人信息",如图 5-12 所示。

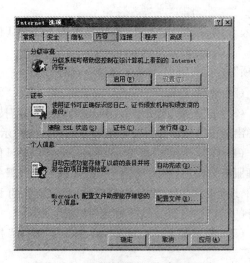 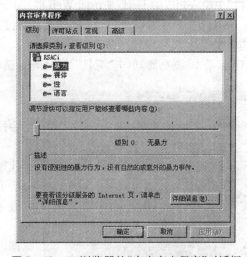

图 5-12　IE 浏览器的"内容"选项卡　　图 5-13　IE 浏览器的"内容审查程序"对话框

1. "分级审查"　单击"分级审查"选项组中的"启用"按钮,会弹出"内容审查程序"对话框,如图 5-13 所示,在该对话框中可以控制用户的计算机在 Internet 上可以访问的内容和级别。当用户打开分级审查时,IE 浏览器将只能显示满足或超过标准的分级内容,只有拥有密码的用户才可以调整这些设置。

2.**"自动完成"** 单击"个人信息"选项组中的"自动完成"按钮,可以启动"自动完成"功能。启用该功能之后,在用户每次访问那些需要输入个人信息的新站点时,IE 浏览器可以使用户免于重复输入相同的信息的苦恼。比如用户的账号和电子邮件地址等,方法是将用户的个人信息保存在计算机中,当然,这可能会带来一些信息安全性方面的问题,由用户权衡轻重再做决定。

(五)"连接"选项卡

在"连接"选项卡中,可以设置一个 Internet 拨号的连接,或添加 Internet 网络连接,还可以设置连接的代理服务器,以及设置局域网的相关参数(代理服务器的地址)等,如图 5-14 所示。

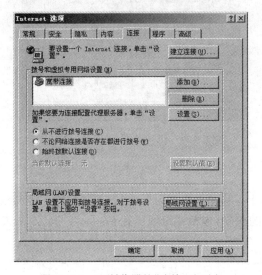

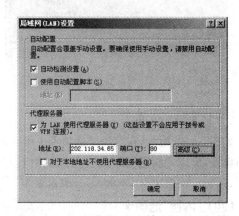

图 5-14 IE 浏览器的"连接"选项卡　　　　图 5-15 IE 浏览器的"局域网设置"对话框

1.**拨号上网用户** 对于使用拨号上网的用户,通常只要在拨号接通 Internet 后即可在浏览器的"地址栏"中输入相应的 URL 来访问 Web 页。

2.**局域网用户** 对于使用局域网通过代理接入 Internet 的用户,还得对 IE 浏览器的默认设置作某些修改才行,具体设置可参考以下步骤。

(1)启动 IE 浏览器,单击"工具"|"Internet 选项"命令,打开"Internet 选项"对话框。

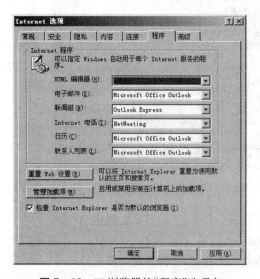

图 5-16 IE 浏览器的"程序"选项卡

(2)选择"连接"选项卡。

(3)在"连接"选项卡中,单击"局域网设置"按钮,会弹出选中"局域网设置"对话框,如图 5-15 所示。

(4)在"局域网设置"对话框中,给"为 LAN 使用代理服务器"复选框打上对号,然后输入代理服务器的 IP 地址以及相应服务的端口号,通常默认的 Http 服务的端口号为 80,单击"确定"按钮返回。

(5)设置完毕后,单击"应用"或"确定"按钮即可。

(六)"程序"选项卡

当用户在同一计算机上安装了多种 Internet 应用程序,可以在"程序"选项卡中选择自己习惯的 Internet 程序,以便在集成在 IE 浏览器中供其调用,如图 5-16 所示。此外,在"程序"选项卡中,单击"重置 Web 设置"按钮可以帮助用户迅速地恢复到 IE 浏览器的默认设置；而"检查 Internet Explorer 是否为默认的浏览器"可以帮助用户在安装了 IE 浏览器以外的其他浏览器时将 IE 浏览器恢复为默认的浏览器。

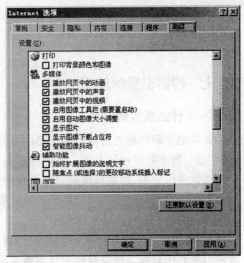

(七)"高级"选项卡

在"高级"选项卡中的设置很多，它主要是 IE 浏览器个性化浏览的设置，如图 5－17 所示。比如在"多媒体"中撤销对播放动画、播放声音、播放视频、显示图片等项目的选择，可以控制浏览器只下载文本，从而加快加载 Web 页面的速度，当然这是以牺牲 WWW 的多媒体特性为代价的。建议只在网络速度比较慢的时候使用。

另外将"浏览"中的"对 Web 地址使用自动完成"功能可以加快用户通过"地址栏"访问 URL 的速度，方便使用。

图 5－17　IE 浏览器的"高级"选项卡

六、IE 浏览器收藏夹的基本使用

1. **收藏夹的功能**　收藏夹是上网常用的工具之一，IE 浏览器的收藏夹功能，可以帮助用户把要收藏的网址分门别类地记录在内，方便用户在任何需要的时候可以快速打开所需的网页，IE 浏览器收藏夹的操作包括"添加到收藏夹"和"整理收藏夹"。

2. **添加到收藏夹**　浏览网页时，遇到了自己喜欢的网站或页面，可以把网页添加到收藏夹中，操作方法：点击 IE 浏览器中的"收藏"菜单，选择"添加到收藏夹"命令，就会出现一个"添加到收藏夹"对话框，如图 5－18 所示，可以直接单击"确定"按钮直接添加；也可以单击"创建到"按钮添加到制定的文件夹下。如果需要，可以在"名称"栏内输入新的名称。

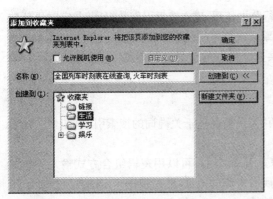

图 5－18　IE 浏览器的"添加到收藏夹"对话框

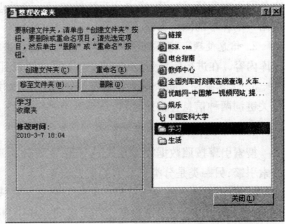

图 5－19　IE 浏览器的"整理收藏夹"对话框

3. **整理收藏夹**　操作方法：用鼠标点击 IE 浏览器中的"收藏"菜单，选择"整理收藏夹"命令，就会出现一个"整理收藏夹"对话框，如图 5－19 所示，通过这个对话框，我们就可以对收藏夹进行管理。

为了方便对链接的查找，可以把相关的链接放在一个文件夹下。单击"创建文件夹"按钮，可以创建新的文件夹，比如可以创建学习、生活、娱乐等文件夹，然后就可以把相关的网页链接分门别类的放到对应的文件夹中;选中某个链接,然后单击"移至文件夹"按钮就可以把这个链接放到已经存在的文件夹中;若要删除或重命名文件夹,可以先选定要操作的文件夹,然后单击"删除"或"重命名"按钮。

七、搜索引擎的使用

(一) 什么是搜索引擎

如果把互联网称之为知识和信息的海洋,那么如何在这汪洋大海中找到想到的东西呢?"搜索引擎"是一种非常好用的方式。所谓搜索引擎,就是在 Internet 上执行信息搜索的专门站点,它们可以对网页进行分类、搜索与检索。如果在搜索引擎中输入一个特定的搜索词,搜索引擎会自动进入索引数据库将所有与搜索词相匹配的条目取出,并显示一个指向存放这些信息的清单。

搜索引擎的工作原理大致如下。

1. 搜集信息 由于互联网上的数据量非常庞大,搜索引擎的信息搜集基本都是自动完成的。搜索引擎利用被称为网络蜘蛛的自动搜索程序来连上每一个网页上的超链接。

2. 整理信息 搜索引擎整理信息的过程称为"建立索引"。搜索引擎不仅要保存搜集起来的信息,还要将它们按照一定的规则进行编排,这样,搜索引擎不用重新翻查它所有保存的信息就能迅速找到所要的资料。

3. 接受查询 用户向搜索引擎发出查询,搜索引擎接受查询并向用户返回信息。搜索引擎能够按照每个用户的要求检查自己的索引,在极短时间内找到用户需要的资料,并返回给用户。目前,搜索引擎返回主要是以网页链接的形式提供的,通过这些链接,用户便能到达所需的网页。通常搜索引擎会在这些链接下提供一段来自这些网页的摘要信息以帮助用户判断该网页是否含有自己所需要的内容。

(二) 搜索引擎的主要任务

各种搜索引擎的主要任务都包括以下三个方面:信息搜集、信息处理和信息查询。

1. 信息搜集 各种搜索引擎都派出绰号为蜘蛛(spider)或机器人(robots)的"网页搜索软件",在各网页中爬行,访问网络中公开区域的每一个站点并记录其网址,将它们带回到搜索引擎,从而创建出一个详尽的网络目录。

2. 信息处理 将"网页搜索软件"带回的信息进行分类整理,建立搜索引擎数据库,并定时更新数据库内容。在进行信息分类整理阶段,不同的搜索引擎会在结果的数量和质量上产生明显的差异。

3. 信息查询 每个搜索引擎都必须向用户提供一个良好的信息查询界面,一般包括分类目录及关键词两种信息查询途径。

(三) 搜索引擎的分类

搜索引擎按照数据收集方式的不同,主要分为两类:一类是基于关键词的搜索引擎,即全文检索搜索引擎;另一类是分类目录型的搜索引擎。

1. 基于关键词的搜索引擎 又称为全文检索搜索引擎。用户可以用逻辑组合方式输入各种关键词(keyword),搜索引擎根据这些关键词寻找用户所需资源的地址,然后根据一定的规则反馈给用户包含此关键字信息的所有网址和指向这些网址的链接。

这类搜索引擎通过一种称为"蜘蛛"的程序自动在网络上提取各个网站的信息来建立自己的数据库,并向用户提供查询服务,是一种真正意义上的搜索引擎,如百度和 Google 等。

全文检索搜索引擎数据库中的数据来源分两种:一是定期对一定 IP 地址范围内的网站进行检索,一旦发现新的网站,就自动提取网站的信息和网址加入自己的数据库;二是网站提交的信息,即网站所有者主动向搜索引擎提交地址,搜索引擎会在一定时间内派出"蜘蛛"程序搜索所提交的网站的相关信息,并存入自己的数据库中。这些数据都是"蜘蛛"程序搜索到的网页上的具体内容,其搜索结果也能精确到具体网页。

2. 分类目录型的搜索引擎　就是把互联网上的信息收集起来,数据是各个网站自己提交的,它就像一个电话号码簿一样,按照各个网站的性质,把其网址分门别类排在一起,大类下面套着小类,一直到各个网站的详细地址,一般还会提供各个网站的内容简介。用户不使用关键字也可进行查询,只要找到相关目录,就可以找到相关的网站。

目录索引虽然有搜索功能,但严格意义上不能称为真正的搜索引擎,只是按目录分类的网站链接列表而已。用户完全可以按照分类目录找到所需要的信息,不依靠关键词(keywords)进行查询。目录索引中最具代表性的莫过于大名鼎鼎的 Yahoo、新浪分类目录搜索等。

全文检索搜索引擎和分类目录型的搜索引擎在使用上各有长短。全文检索搜索引擎因为依靠软件进行,所以数据库的容量非常大,但是它的查询结果往往不够准确;分类目录型的搜索引擎依靠人工收集和整理网站,能够提供更为准确的查询结果,但收集到的内容却非常有限。因此现在很多搜索引擎网站都提供两种查找方式。比如 Google、Sina、Yahoo 既有目录查找,也有关键词查找。遇到搜索不到的情况,除了更换关键词外,还要多尝试其他的搜索引擎网站,要善于总结搜索技巧。

(四) 常用的搜索引擎

1. 全文搜索引擎　主要全文检索搜索引擎有 Google 和百度等。Google(http://www.google.com)是世界范围内规模最大的搜索引擎,中英文搜索都可以;百度(http://www.baidu.com)是国内最早的商业化全文搜索引擎,拥有自己的网络机器人和索引数据库,专注于中文的搜索引擎市场。百度搜索引擎功能强大,不仅可以搜索网页还可以搜索图片、MP3,如图 5-20 所示。

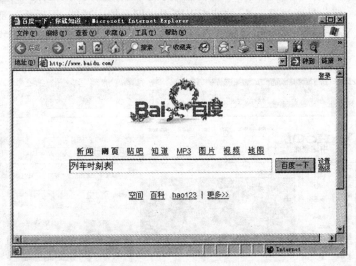

图 5-20　百度主页面

(1) 网页搜索:在搜索类别中点击"网页",然后在关键词输入框输入关键词。例如,"列车时刻表",按回车键(或按"百度一下"按钮)就会返回搜索到的各种关于"列车时刻表"的网页页面。

(2) MP3 搜索:在搜索类别中点击"MP3",然后在关键词输入框输入关键词。例如,"传奇",按回车键就会返回各种演唱"传奇"的 MP3 曲目,供下载或直接聆听欣赏。

(3) 图片搜索:在搜索类别中点击"图片",然后在关键词输入框输入关键词。例如,"消化系统",按回车键就会返回许多的"消化系统"图片。

(4) 高级搜索:如果想要进行详细的搜索,比如搜索某个时间段的网页,就要用到百度的"高级搜索",如图 5-21 所示。

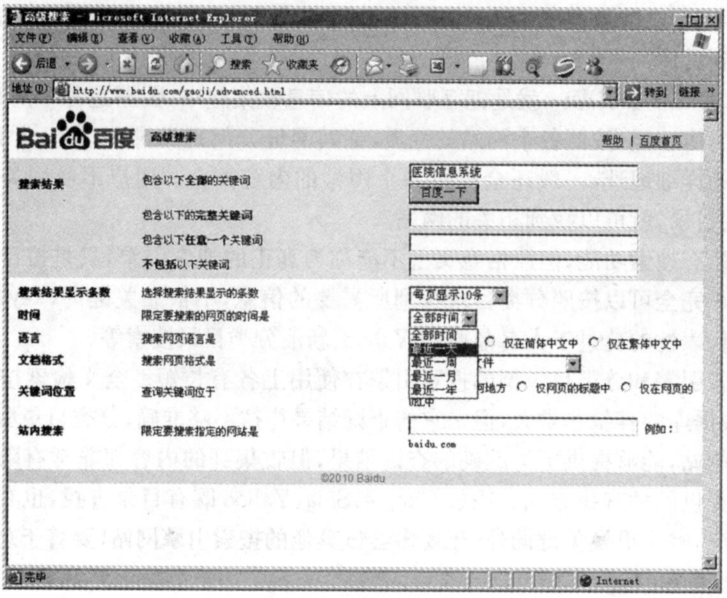

图 5-21　百度高级搜索页面设置

2. 分类目录搜索引擎　主要分类目录搜索引擎有雅虎中国(http://cn. yahoo. com/)、新浪 (www. sina. com. cn/)和搜狐(http://www. sohu. com/)等。我们以搜索引擎 Yahoo 中国为例进行 说明。Yahoo 中国是一个典型的分类目录型的搜索引擎网站,在网页上面的部分提供搜索功能,如 图 5-22 所示,这一部分是通过 Google 的搜索引擎提供网页搜索功能;而后面一部分则提供目录索 引,这部分分为搜索 Yahoo 内部的索引数据库,使用目录列表进行搜索的方式适于我们查找那些不知 道关键词的资料。

图 5-22　Yahoo 的网页搜索功能

(五)选择搜索引擎原则

1. 快速　查询速度当然是搜索引擎的重要指标,优秀的搜索工具内部应该有一个包含时间变 量的数据库,能保证所查询的信息都是最新的和最全面的。

2. 准确　好的搜索引擎内部应该含有一个相当准确的搜索程序,搜索精度高,查到的信息总能与要求相符。

3. 易用　易用也是选择搜索引擎的参考标准之一。

4. 强劲　理想的搜索引擎应该既有简单查询的能力,也应该有高级搜索的功能。高级查询最好是图形界面,并带有选项功能的下拉菜单,可以使用像"AND(或 & 号)","OR(或 | 号)","NOT(或 ! 号)"以及"()"等操作符来连接词或词组,这样可以缩小搜索范围,甚至可以限定日期、位置、数据类型等。

(六) 搜索引擎的基本操作

不同的搜索引擎提供的查询方式不完全相同,下面主要介绍使用关键词进行查询的基本操作。

1. 简单查询　在搜索引擎中输入关键词,然后单击"搜索",搜索引擎就把包括关键词的网址和与关键词意义相近的网址一起显示出来,点击列出来的网址名称就可以访问该网址。这是最简单的查询方式,使用方便,但是查询的结果却不准确,包含很多无用的信息。

2. 查询条件具体化　查询条件(搜索引擎中输入的关键词)越具体,就越容易找到所需要的资料。所以别怕在搜索引擎中输入复杂的搜索条件。举例来讲,如果你想找一些有关"Excel 的统计学函数的使用方法"的资料,一是输入"Excel 统计函数"(Excel 和统计函数之间用空格隔开),二是输入"Excel"。试比较这两种查询所返回的结果,第一种搜索条件返回了 57 700 项搜索结果,而第二种搜索条件返回了 25 900 000 项搜索结果。显然输入较具体的条件可以过滤掉大量的无用信息,从而减少搜索的工作量。

3. 使用加号"＋"　有时我们需要搜索结果中包含有查询的两个或是两个以上的内容,这时我们可以把几个条件之间用加号相连。比如说想查询张学友的歌曲《迷你》,可以输入"张学友＋迷你"。大多搜索引擎使用空格和使用加号的查询结果是相同的。

4. 使用减号"－"　在两个关键词中间使用减号,意味着在查询结果中不能出现减号后面的关键词。在查询某个题材时并不希望在这个题材中包含另一个题材,这时你就可以使用减号了。比如想查找张学友的歌曲《迷你》,但又不希望得到的结果是".RM"格式的。可以在搜索引擎中输入"张学友 歌曲 迷你 －RM",注意一定要在减号前留一个空格位。

5. 使用引号　如果在搜索引擎中输入的关键词中包含空格,比如在搜索引擎中输入关键词"古龙"进行搜索时,搜索引擎会认为这是两个关键词,那么连"对付古墓 2 代恶龙的绝招"这样的信息都会出现在搜索结果中。为了避免出现这种结果,给要查询的关键词用英文的双引号括起来,告诉搜索引擎这是一个词,就可以保证搜索结果非常准确。此外,有时搜索引擎会自动把我们提交的关键词进行拆分,这样搜索的结果就不准确,使用双引号把中间没有空格的关键词括起来还能告诉搜索引擎不能对关键词进行拆分,这一点对于搜索中文影响不是很大,但对英文搜索时关系非常大。比如在搜索引擎中输入的关键词为"computer games",基本上等同于"computer" and "games",它会对这两个词进行搜索,而且这两个词在同一个网页中的顺序对于搜索结果没有影响,而如果使用""computer games""作为关键词进行搜索,则要求这两个单词必须严格按照给定的前后顺序进行排列,否则就不符合搜索条件。

6. 布尔检索　所谓布尔搜索,指的是把关键词通过某种布尔逻辑关系表达式提交给搜索引擎,让搜索引擎按照我们的意思进行搜索,从而更加准确地查找到相关资料。

常用的有:AND(逻辑与)、OR(逻辑或)、NOT(逻辑非),恰当应用它们可以使查询结果非常精确,另外,输入代表逻辑关系的字符时,一定要用半角。

AND,称为"逻辑与",相当于前面所讲的加号,用 AND 进行连接的两个关键词必须同时出现在查询结果中。例如,输入"word and excel",它要求查询结果中必须同时包含 word 和 excel。

OR,称为"逻辑或",它表示所连接的两个关键词中任意一个出现在查询结果中就满足查询条件,例如,输入"word or excel",它要求在查询结果中可以只有 word,或只有 excel,或同时包含 word 和 excel。

NOT,称为"逻辑非",相当于前面所讲的减号,它表示所连接的两个关键词中应从第一个关键词概念中排除第二个关键词,例如,输入"word not excel",它要求在查询结果中只能出现 word,而不能出现 excel。

在使用大多数的搜索引擎进行搜索时,都会用到这些查询规则,但是不同网站的搜索引擎会稍有不同,可以查看具体的搜索引擎的使用帮助。

7. 网页快照 现在大部分的搜索引擎都提供"网页快照"的功能。当输入关键词,单击"搜索"时,在搜索到的每一条记录的后面都有一个链接"网页快照"。网页快照就是搜索引擎在收录网页时,都会做一个备份,大多是文本的,保存了这个网页的主要文字内容,这样当这个网页被删除或连接失效时,用户可以使用网页快照来查看这个网页的主要内容,由于这个快照以文本内容为主,所以会加快访问速度。

八、IE 浏览器地址栏中访问 FTP 站点的操作

(一) FTP 协议

FTP 协议(file transfer protocol)即远程文件传输协议,是 TCP/IP 协议组成员之一,是一个简化的 IP 网络上计算机系统之间文件传送的协议。

简单地说,FTP 就是完成两台计算机之间的拷贝,从远程计算机拷贝文件至自己的计算机上,称之为"下载(download)"文件。若将文件从自己计算机中拷贝至远程计算机上,则称之为"上传(upload)"文件。

采用 FTP 协议可使 Internet 用户高效地从网上的 FTP 服务器下载大信息量的数据文件,将远程主机上的文件拷贝到自己的计算机上。同时还可以上传大量的信息资源供他人使用,以达到资源共享和传递信息的目的。

(二) FTP 地址格式

使用 FTP,最简单的方法是使用 IE 浏览器,在地址栏中输入如下格式的地址,就可访问了,其地址格式为:FTP://用户名:用户密码@ftp 服务器地址或域名:端口。

1. 用户名 为 anonymous 或在 FTP 服务器端指定的用户名。

2. 用户密码 为上面制定用户的密码。

3. FTP 服务器地址或域名 为 FTP 服务器的 IP 地址,也可以是 FTP 服务器的域名。

4. 端口 如果采用默认的 21 号端口,则可以省略。

需要注意:① 用户名和用户密码之间用冒号隔开;② 用户密码和服务器地址之间用@号隔开;③ 当省略用户名和密码时,系统会弹出一个对话框,要求用户输入省略的用户名和密码。以下地址都是有效的 FTP 地址。

FTP://user:password@xidian. edu. cn/symantec/

FTP://user:password@xidian. edu. cn

FTP://xidian. edu. cn

(三) FTP 站点管理

1. 访问 FTP 站点 例如 FTP 服务器的 IP 地址为 221.136.81.249,端口号为默认(21),提供的用户名为 ck70,密码为 123456。首先启动 IE 浏览器,在 IE 浏览器的地址栏中输入 FTP 地址:FTP://ck70:123456@221. 136. 81. 249:21,按回车键就可以进入到 FTP 服务器,看到服务器上面的

目录结构。或者使用更简单一些的方法：直接在 IE 浏览器地址栏输入 FTP://221.136.81.249/，然后按回车键，接着会出现一个要求输入用户名和密码的界面，如图 5‑23 所示。在登录界面中输入用户名 ck70，然后输入密码 123456，单击"登录"按钮，同样可以进入到 FTP 服务器，看到服务器上面的目录结构。

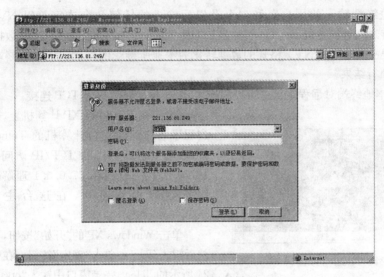

图 5‑23　FTP 登录界面

2. **浏览和下载**　当 FTP 站点只被授予"读取"权限时，则只能浏览和下载该站点中的文件夹或文件。浏览的方式非常简单，只需要双击即可打开相应的文件夹或文件；如果要下载某个文件，首先要找到存放这个文件的目录，找到要下载的文件后，用鼠标双击这个文件，这时，将会弹出"另存为"对话框。在"保存在"下拉框中，选择将保存文件的目录，在"文件名"框中，输入要保存的文件的名称，完成选择后，单击"保存"按钮即可。

3. **重命名、删除、新建文件夹和文件上传**　当该 FTP 站点被授予"读取"和"写入"权限时，则不仅能够浏览和下载站点中的文件夹或文件，而且还可以直接在 Web 浏览器中新建文件夹以及对文件夹或文件的重命名、删除和文件的上传。

在 Web 浏览器中重命名和删除 FTP 站点中的文件夹或文件的方式，与在 Windows 资源管理器的使用完全相同，只需在要进行操作的文件夹或文件上单击鼠标右键，并在快捷菜单中选择"重命名"或"删除"命令即可；通过 Web 浏览器向 Web 站点中上传文件也不复杂，先打开 Windows 资源管理器，选中并复制要上传的文件，然后，在 Web 浏览器中浏览并找到目的文件夹，而后在浏览器的空白处右击鼠标，在快捷菜单中选择"粘贴"即可。

九、Telnet

（一）什么是 Telnet

Telnet 是一个使用了 TCP/IP 协议的网络的远程登录和仿真程序，它把用户自己的计算机暂时仿真成远程主机的一个终端，这个终端把用户输入的每个字符传递给主机，再将主机执行用户输入后的结果返回到用户的屏幕上。

使用 Telnet 协议进行远程登陆时需要满足以下条件：在本地计算机上必须装有包含 Telnet 协议的客户程序；远程主机必须启动 Telnet 服务；必须知道远程主机的 IP 地址或域名；必须知道登录标识与口令。

(二) 如何使用 Telnet 远程登录

Telnet 远程登录服务分为以下四个过程。

(1) 本地与远程主机建立连接,该过程实际上是建立一个 TCP 连接,用户必须知道远程主机的 IP 地址或域名。

(2) 将本地终端输入的用户名和口令及以后输入的任何命令或字符以 NVT(net virtual terminal)格式传送到远程主机,该过程实际是从本地主机向远程主机发送一个 IP 数据包。

(3) 将远程主机输出的 NVT 格式的数据转化为本地所接受的格式送回本地终端,包括输入命令回显和命令执行结果。

(4) 最后,本地终端对远程主机进行撤消连接,该过程是撤销一个 TCP 连接。

图 5 - 24 Telnet 登录窗口

例如,在 Windows XP 计算机上,使用 Telnet 客户程序登陆到同一台计算机的 Telnet 服务器的过程,对同一台计算机的 TCP/IP 访问,使用 IP 地址 127.0.0.1。我们将 127.0.0.1 理解为运行 Telnet 服务器的远程主机,在这台主机上有账户 zhangjianhong。

单击 Windows XP 的"开始"按钮,再单击"运行",然后键入 Telnet,单击"确定"按钮。在弹出的如图 5 - 24 所示的 Telnet 登录窗口中输入"open 127.0.0.1"。

按回车键后,执行下一步,要求输入用户名和密码,在输入用户名和密码后按回车键就可以远程进入 Windows XP 的命令提示符窗口。在操作系统提示符状态下,可以输入操作系统的任何字符命令,或者远程运行字符界面应用程序,要退出远程连接,键入"exit"命令。

十、BBS

(一) 什么是 BBS

BBS 的英文全称是 bulletin board system,翻译为中文就是"电子公告板"或"电子公告牌",BBS 也是一个重要的 Internet 应用。

像日常生活中的黑板报一样,BBS 一般都按不同的主题分成很多个布告栏,布告栏的设立依据是大多数 BBS 使用者的要求和喜好,使用者可以阅读他人关于某个主题的最新看法,用户也可以在网上针对某一主题发布信息(俗称发帖子)进行讨论,其他用户可以对帖子进行回复、发表看法等。如果需要独立的交流,可以将想说的话直接发到某个人的电子信箱中。如果想与在线的某个人聊天,可以启动聊天程序。

(二) BBS 的基本操作

1. BBS 的访问方式 目前 BBS 有两种访问方式:Telnet 方式和 WWW 方式。

(1) Telnet 方式:Telnet 方式采用的是 Telnet 远程登录服务。这里指通过各种终端软件,直接远程登录到 BBS 服务器去浏览、发表文章,还可以进入聊天室和网友聊天,或者发信息给站上的在线用户。Telnet 的服务端口默认是 23 端口,但有些 BBS 为了减轻这一端口的访问量,会提供多个访问端口。

(2) WWW 方式:WWW 方式浏览是指通过浏览器直接登录 BBS,在浏览器里使用 BBS,参与讨论。这种方式的优点是使用简单方便,但不能自动刷新。而且有些 BBS 功能难以在 WWW 下实现。

2. BBS 的登录方法 WWW 访问方式的 BBS 站点一般有一个网址,只要使用 IE 或其他浏览器在地址栏键入网址登录即可。

例如,在 IE 浏览器地址栏中输入 http://bbs2.ustc.edu.cn/index.html,将显示如图 5-25 所示的瀚海星云论坛的登录界面。输入用户账号及密码,单击"登录"按钮后(如果没有账户,也可以匿名登录),就可进入瀚海星云论坛的界面,如图 5-26 所示。

图 5-25 BBS 的登录界面

图 5-26 登录后的瀚海星云论坛界面

3. BBS 的使用 如果是第一次登录,BBS 默认用户身份是游客(匿名登录),只能浏览文章,不能回复也不能发表文章。所以要想真正使用 BBS,必须先注册一个 ID(即账号)。ID 就是用户在 BBS 上的标记,BBS 系统就是靠 ID 来分辨各个注册的网友,并提供各种站内服务的。在一个 BBS

里面,是不可能有重复 ID 出现的。ID 一旦注册后就不能再修改了,所以在注册 ID 的时候,一定要慎重,尽量选取一个容易记忆的、自己喜欢的用户名。当用户的 ID 通过了站内简单的注册认证后,才能获得各种默认用户身份所没有的权限,如发表文章、进聊天室聊天、发送信息给其他网友、收发站内站外信件等。

所以注册自己的 ID 是使用 BBS 的第一步。一般填写注册单的过程很简单,各大 BBS 站点也很相似,都是输入 ID 名后填写一些个人的资料和信息,有些 BBS 站点需要填写真实的个人资料以便于核对验证,这属例外。确定自己的登录名称和密码,以及个人资料,注册完成后便可以使用该用户名和密码登录 BBS,真正使用 BBS 了。

十一、Web 格式的邮件使用

1. **什么是 Web 格式的邮件** Web 格式的邮件也称为 HTML 邮件,它不同于纯文本格式的邮件。Web 格式的邮件不再是单纯生硬的文本信息,可以插入好看的图片,可以更改字体或者字体的大小、颜色等,它可以做得"图文并茂",用户可以按照自己的风格来设计邮件内容。它打破了最初的电子邮件恶性,使电子邮件有了新的特点和元素。这样,Web 格式的邮件既有传统电子邮件的方便快捷特性,同时还兼备 Web 上网页美观的特性。同时,使得邮件用户可以在任何地方使用浏览器登录邮件服务器收发邮件,而不用配置邮件客户端程序。

2. **如何使用 Web 格式的邮件** 如果您想通过打开网页的方式使用电子邮件,使用方法和上网浏览类似。只要在浏览器的地址栏中输入 Web 邮箱的地址,然后输入自己在该邮箱的用户名和密码,就可以方便地收发邮件了。注意,在撰写邮件时,一般默认的是文本格式的邮件,要想使用 Web 格式的邮件,需要选择 Web 格式邮件图标,然后系统会提供一个工具栏,栏里面包含编写 HTML 页面常用的工具,如字体设置、字形设置、字号设置等按钮,以及图片设置、表格设置、超链接设置等按钮。

Web 格式邮件虽然美观,但缺点还是有的,因为它要包含很多 HTML 的代码和图片等信息,所以邮件容量肯定要比普通纯文本文件要大,用户下载邮件的时间要长些。同时,Web 邮件还有兼容性的问题,因为不是每个邮件收发软件都支持 Web 格式的邮件,如果收信人的邮件系统不支持 Web 格式,他看到的邮件只能是一堆乱码。并且一些掌上电脑、收集等移动设备对 Web 格式的邮件支持也不是很好,而纯文本邮件在这两面都不存在问题。

▨ 第二节 电子邮件的使用

一、电子邮件的基本工作原理

电子邮件(E-mail)是 Internet 的核心功能之一,它可以在用户之间进行图像、声音等各种信息的传递,是一种具备成本低、传送速度快的适用于任何网络用户的现代化通信手段。同时还可以利用网上的新闻组等服务获取更多信息。

电子邮件与普通邮件有类似的地方,发信者注明收件人的姓名与地址(即邮件地址),发送方服务器把邮件传到收件方服务器,收件方服务器再把邮件发到收件人的邮箱中。如图 5-27 所示。

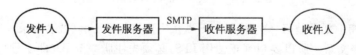

图 5-27 电子邮件的基本工作原理

更进一步的解释涉及到以下几个概念。

1. 邮件用户代理(mail user agent, MUA) 帮助用户读写邮件。

2. 邮件传输代理(mail transport agent, MTA) 负责把邮件由一个服务器传到另一个服务器或邮件投递代理。

3. 邮件投递代理(mail delivery agent, MDA) 把邮件放到用户的邮箱里。

整个邮件传输过程如下:目前使用的简单邮件传输协议(SMTP)是存储转发协议,意味着它允许邮件通过一系列的服务器发送到最终目的地。服务器在一个队列中存储到达的邮件,等待发送到下一个目的地。下一个目的地可以是本地用户,或者是另一个邮件服务器,如图 5-28 所示,如果下游的服务器暂时不可用,MTA 就暂时在队列中保存信件,并在以后尝试发送。

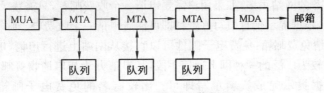

图 5-28 SMTP 工作原理

二、电子邮件的基本知识

(一) 电子邮件的优点

电子邮件与普通信件相比具有以下优点。

1. 快速 发送电子邮件后,只需几秒钟就可通过网络传送到邮件接收他人的电子邮箱中。

2. 方便 书写、收发电子邮件都通过电脑自动完成,双方接收邮件都无时间和地点的限制。

3. 廉价 发送电子邮件无需一分钱,比普通通信件便宜。

4. 可靠 每个电子邮箱地址都是全球惟一的,确保邮件按发件人输入的地址准确无误地发送到收件人的邮箱中。

5. 内容丰富 电子邮件不仅可以传送文本,还可以传送声音、视频等多种类型的文件。

(二) 电子邮件中常见的术语

在使用邮箱和收发电子邮件过程中,有以下常用术语。

1. 收费邮箱 是指通过付费方式得到的一个用户账号和密码,收费邮箱有容量大、安全性高等特点。

2. 免费邮箱 是指网站上提供给用户的一种免费邮箱,用户只需填写申请资料即可获得用户账号和密码。它具有免付费、使用方便等特点,是人们使用较为广泛的一种通信方式。

3. 收件人(to) 邮件的接收者,相当于收信人。

4. 发件人(from) 邮件的发送人,一般来说,就是用户自己。

5. 抄送(CC) 用户给收件人发出邮件的同时把该邮件抄送给另外的人,在这种抄送方式中,"收件人"知道发件人把该邮件抄送给了另外哪些人。

6. 暗送(BCC) 用户给收件人发出邮件的同时把该邮件暗中发送给另外的人,但所有"收件人"都不会知道发件人把该邮件发给了哪些人。

7. 主题(subject) 即这封邮件的标题。

8. 附件 同邮件一起发送的附加文件或图片资料等。

(三) 电子邮件中的申请和使用

1. 电子邮件地址的格式 为了在 Internet 上发送和接受电子邮件,需要有一个电子邮件地址和密码。电子邮件地址供接收电子邮件用,密码供用户所连的主机核对账号时用。电子邮件地址的格式如 username@server,@之前是用户名称(字母或数字组合),@之后是邮件系统服务商名称,如 goodskyfly@163.com。

2. 电子邮件的申请　申请电子邮箱可以通过以下三种途径。

(1)通过申请域名空间获得邮箱:如果需要将邮箱应用于企事业单位,且经常需要传递一些文件或资料,并对邮箱的数量、大小和安全性有一定的需求,可以到提供该项服务的网站上(如万维企业网)申请一个域名空间,也就是主页空间,在申请过程中会为您提供一定数量及大小的电子邮箱,以便别人能更好地访问您的主页。这种电子邮箱的申请需要支付一定的费用,适用于集体或单位。

(2)通过网站申请收费邮箱:收费电子邮箱在申请成功后需要按月或者按年缴纳一定的服务费用。提供电子邮件服务的网站很多,如果用户需要申请一个收费邮箱,只需登录到相应的网站,单击提供邮箱的超级链接,根据提示信息填写好资料即可注册申请一个收费电子邮箱。

(3)通过网站申请免费邮箱:免费电子邮件可以直接从网站上进行申请,申请成功后就可以使用。免费邮箱是目前较为广泛的一种网上通信手段,其申请方法与申请收费邮箱相同,只是选择申请免费邮箱,然后根据提示完成资料填写即可。比较有名的免费电子邮箱提供商有:Google、Hotmail、网易、新浪等。电子邮件的申请过程如下(以网易电子邮件申请为例):

1) 进入网易邮箱主页,进入网易邮件系统(http://mail.163.com),如图 5-29 所示。

图 5-29　网易电子邮件系统首页

2) 单击"注册"按钮,进入"注册新用户"页面,如图 5-30 所示。

3) 输入用户名(为了验证输入的用户名是否被使用,可以单击"检验"按钮来验证)、密码、验证码和安全信息等相关信息,单击"创建账号"按钮,完成电子邮箱新用户的注册。

3. 电子邮箱的使用　邮箱申请成功后,先登录到邮箱所在的网站(申请电子邮箱时所在的网站,如 www.163.com),在"用户名"文本框中输入用户的账号,在"密码"文本框中输入密码,单击"登录"按钮即可进入邮箱。通过网站进入邮箱后,单击相应的超级链接即可进行收发邮件等操作,该方式适合收发内容较少的邮件,常用于个人。另外,邮件的收发可以通过邮件收发软件来实现,该方式适用于收发数量较多并常需要收发一些附件的企事业单位,下面主要介绍通过软件进行邮件的收发。

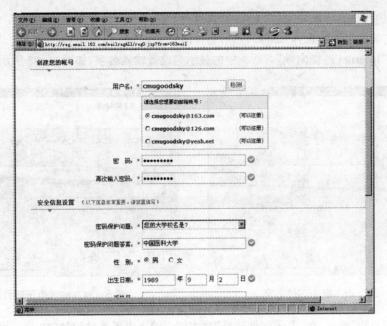

图 5 - 30   申请网络通行证页面

三、Outlook Express

(一) Outlook Express 邮件的使用

Outlook Express 软件是 Microsoft 公司开发的使用最广泛的一种电子邮件软件。下面以中文版 Outlook Express 6 为例,介绍 Outlook Express 的使用。

1. 账号管理

(1) 新建账号:在使用 Outlook Express 撰写和发送电子邮件前必须先新建账号,新建账号的具体步骤如下。

1) 点击"开始"|"程序"|"Outlook Express",启动 Outlook Express。

2) 从菜单中选择"工具"|"账户"菜单项,如图 5 - 31 所示,打开"Interne 账户"窗口,如图 5 - 32 所示。

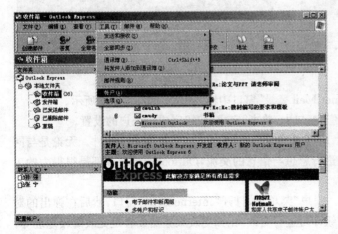

图 5 - 31   新建账户

图 5 - 32   "Interne 账户"窗口

3）在弹出的"Internet 账户"窗口中单击"邮件"标签。

4）再单击"添加"按钮,选择"邮件",然后会弹出的"Internet 连接向导"对话框。

5）首先在"Internet 连接向导"对话框中的显示名位置输入名字,如图 5-33 所示。

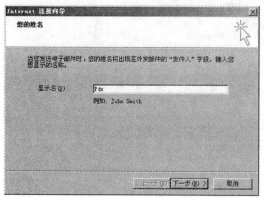

图 5-33 输入电子邮件名字

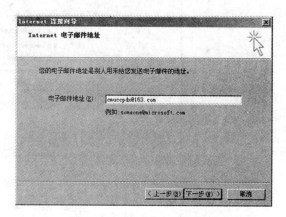

图 5-34 输入电子邮件地址

6）单击"下一步"按钮,在"电子邮件地址"文本框中输入电子邮件地址(如 cmuccsky@163com),如图 5-34 所示。

7）单击下一步按钮,在弹出的"电子邮件服务器"窗口中,系统默认"我的接受服务器"为"POP3",不需要修改;然后分别输入接收邮件服务器和发送邮件服务器地址,以网易的免费邮箱为例,在"接收邮件服务器"框中输入"pop3.163.com,"在"发送邮件服务器"框中输入"smtp.163.com",如图 5-35 所示。

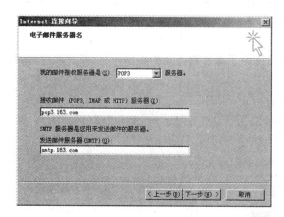

图 5-35 输入电子邮件服务器名

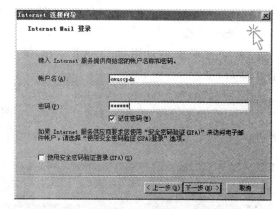

图 5-36 输入电子邮件服务器名

8）单击下一步按钮,在弹出的"Internet Mail 登录"窗口中输入密码,如图 5-36 所示。

9）单击下一步按钮,在弹出的"祝贺您"窗口中,单击"完成"按钮完成新账户的设置。

完成 Outlook Express 的账户设置后,就可以使用 Outlook Express 收发电子邮件。无论是与同事或朋友交换电子邮件,还是加入新闻组进行思想与信息的交流,Outlook Express 都是很得力的工具和帮手。

（2）修改账号:从菜单中选择"工具"|"账户"菜单项,打开"Interne 账户"窗口,然后在弹出的对话框中选择要修改的账户,单击"属性"按钮即可进行更改,比如更改服务器或者是更改邮箱地址等。

（3）删除账号:从菜单中选择"工具"|"账户"菜单项,打开"Interne 账户"窗口,然后在弹出的对

话框中选择要删除的账户,单击"删除"按钮即可完成账号的删除操作。

2. 收发电子邮件

(1) 发送邮件:

1) 启动 Outlook Express,打开 Outlook Express 主界面,如图 5-37 所示。

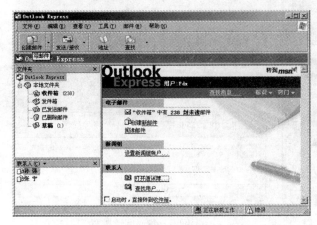
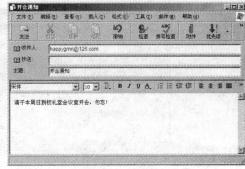

图 5-37 Outlook Express 主界面 　　　　 图 5-38 新邮件窗口

2) 单击 Outlook Express 窗口上"创建邮件"按钮,然后会弹出"新邮件"窗口,如图 5-38 所示。

3) 在此窗口中的收件人、主题和信件内容输入框中输入对方的邮件地址、主题和信件内容。

4) 如果需要发送其他文档、声音或图像等文件,单击工具栏上的"附件"按钮,会弹出"插入附件"对话框,如图 5-39 所示,选择要发送的文件,进行添加附件。

5) 单击工具栏上的"发送按钮"即可将邮件发送出去。

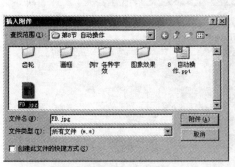
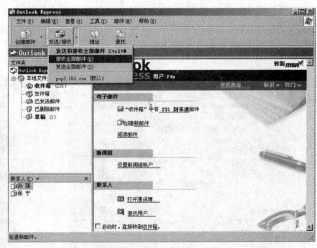

图 5-39 插入附件对话框 　　　　 图 5-40 接收邮件

(2) 接收邮件:如图 5-40 所示,单击 Outlook Express 工具栏上的"发送/接收"右面的箭头,选择"接收全部邮件"即可。

(二) Outlook Express 邮件的基本操作

1. 阅读邮件

(1) 启动 Outlook Express,打开 Outlook Express 主界面。

（2）在文件夹列表中单击"收件箱"图标显示邮件列表，在此列表中可以看到所有收到的邮件，单击邮件可在预览窗格中查看邮件的发件人、主题和接收时间，如图 5－41 所示；双击邮件可弹出一个独立窗口查看邮件，如图 5－42 所示。

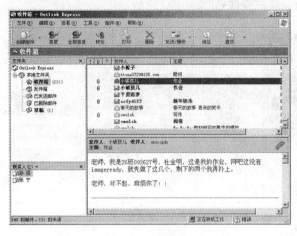

图 5－41　Outlook Express 收件箱

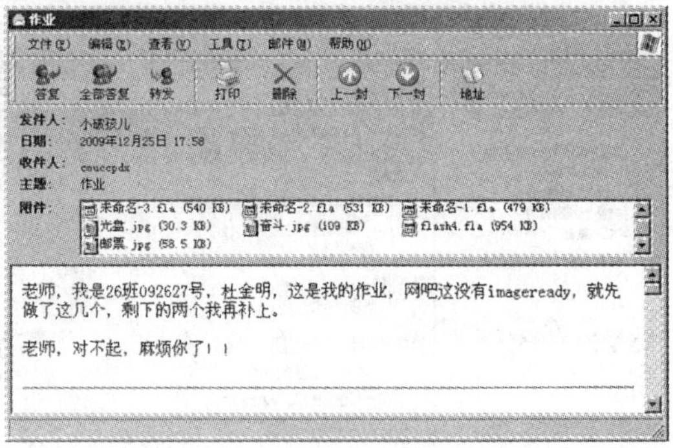

图 5－42　阅读邮件

2. 编辑 HTML 邮件

（1）可以用任意一个 HTML 编辑器编写网页格式的 HTML 邮件（这要求对 HTML 语言有一定的了解），把它保存为".htm"文档。

（2）启动 Outlook Express，从菜单中选择"工具"|"选项"菜单项，弹出"选项"对话框，在此对话框中选择"发送"选项卡，如图 5－43 所示，在"邮件发送格式"或"新闻发送格式"部分，单击"HTML"。

（3）用 IE 浏览器打开包含邮件内容的".htm"文档，选择菜单"编辑/全选"、"编辑/复制"。切换到 Outlook Express，点击邮件正文区域，选择菜单"编辑/粘贴"。

（4）单击工具栏上的"发送"按钮就可以将网页格式的 HTML 邮件发送出去。

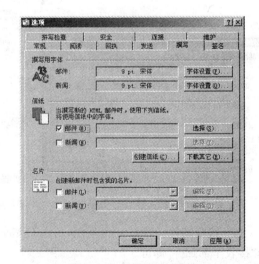

图 5－43　"发送"选项卡

图 5－44　"撰写"选项卡

3. 更改字体、样式和大小

（1）更改所有邮件的文本样式：启动 Outlook Express，从菜单中选择"工具"|"选项"菜单项，弹

出"选项"对话框,在此对话框中选择"撰写"选项卡,如图 5-44 所示,单击"字体设置"按钮,在弹出的"字体"对话框中进行具体的设置。

(2) 更改特定邮件的文本样式:选择要编排的文本,在格式工具栏中,根据需要的选项单击相应的按钮进行相应的设置。

4. 使用背景　只有网页格式的 HTML 邮件可以使用背景,添加背景步骤为。

(1) 在新邮件窗口中,从菜单中选择"格式"|"背景"菜单项,如图 5-45 所示。

(2) 可以选择"图片"、"颜色"或"声音"三个选项其中之一,若选择"颜色"则在颜色列表中选择你需要的一种;选"图片"或"声音"会弹出"背景图片"或"背景音乐"对话框,在此对话框中就可以选择背景图片或背景音乐。

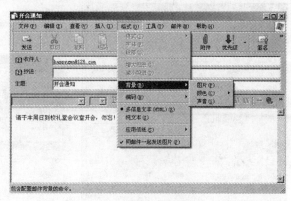

图 5-45　使用背景

5. 编排段落格式　首先选择要编排的文本,然后使用格式工具栏或格式菜单上的命令来更改段落格式。具体操作如表 5-1 所示。

表 5-1　段落格式编排

目　的	操　作
段落缩进	单击格式工具栏上的"增加缩进"或"减少缩进"按钮
增加横线	点击要插入横线的位置,然后点击工具栏上的"插入横线"按钮
编排 HTML 格式文本	点击"格式"|"样式",选择一个选项

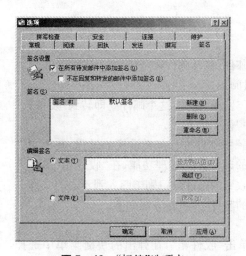

图 5-46　"标签"选项卡

6. 在待发邮件中加入签名

(1) 启动 Outlook Express 后,从菜单中选择"工具"|"选项"菜单项。

(2) 在"选项"对话框中,单击"签名"选项卡。

(3) 在"签名"标签中,如图 5-46 所示,选中"在所有发出的邮件中添加该签名"复选框,以便自动签名功能生效。

(4) 在"签名"框中,新建一个签名名称,在下面文本框中键入你想添加的所有个人信息,如姓名、联系地址、电话等。

(5) 若希望在回复和转发邮件时同样自动添加签名,则可以单击"不在回复和转发的邮件中添加签名"前的方框,去掉对号,使之处于未选中的状态。

(6) 单击"确定"按钮,下次建立新邮件时就会在你的邮件中自动添加上签名了。当然,可以单击"高级"按钮,为你的每个账号设置一个漂亮的签名。

7. 在待发邮件中使用信纸　使用 Outlook Express 可以为待发邮件中使用信纸。

(1) 将信纸应用于所有的待发邮件:从菜单中选择"工具"|"选项"菜单项,弹出"选项"对话框,在此对话框中选择"撰写"选项卡,选中"邮件"或"新闻"对话框,然后单击"选择"按钮,如图 5-47 所

示,在弹出的"选择信纸"对话框中选择喜欢的信纸(在右面的预览窗口可进行预览),如图 5 - 48 所示。

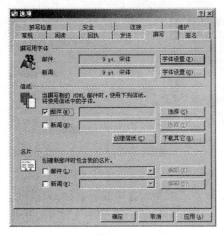 

图 5 - 47 "撰写"选项卡   图 5 - 48 "选择信纸"对话框

(2) 将信纸应用于个别的待发邮件:从菜单中选择"邮件"|"新邮件"菜单项,从弹出的下拉菜单中选择一种信纸。

8. 所有邮件中插入名片 从菜单中选择"工具"|"选项"菜单项,在"名片"部分,选中"邮件"或"新闻"复选框,然后从下拉列表中选择一张名片。注意,要插入名片,首先必须在通讯簿中为自己创建一个联系人。

(三) Outlook Express 邮件的管理

在 Outlook Express 中,可以对邮件设置一定的规则进行分类管理。这些邮件可以是"收件箱"、"发件箱"、"已发送的邮件"、"已删除的邮件"、"草稿"和用户新建文件夹中的邮件。

收件箱:保存各账户收到的已读和未读的邮件。

发件箱:保存各账户没有发送到收件服务器的邮件,按"发送/接受"按钮时,会自动发送其中的邮件。

已发送邮件:保存各账户已成功发送到收件服务器的邮件,包括邮件账号错误的邮件。

已删除邮件:保存用户删除的邮件,以便用户在必要时阅读。

草稿:保存用户撰写后尚未发送的邮件,一旦用户做了"发送"操作,这个邮件立即转到"发件箱"中,等待发送;如果发送成功,这个邮件即转到"已发送邮件"箱中。

1. 使用文件夹为邮件分类 下面将具体介绍"收件箱"中邮件进行分类设置的过程,其他文件夹中的邮件分类设置类似。用户可利用 Outlook Express 的邮件分类管理功能,在"收件箱"文件夹中添加一些新的文件夹并设置一定的规则,可以自动地接收到的邮件分门别类归入到不同的文件夹中,这样用户就可以按其轻重缓急程度来收取和处理收到的邮件,其操作方法如下。

(1) 建立文件夹:

1) 在 Outlook Express 窗口中(图 5 - 49),鼠标右键单击"收件箱",在弹出的快捷菜单中选择"建立文件夹"命令,弹出一个"创建文件夹"的对话框,如图 5 - 50 所示。

2) 在这个对话框中输入新建文件夹的名称、并选择新文件夹创建的位置,这里默认"收件箱"(可以选择其他位置),输入完毕后,单击"确定"按钮就可以在"收件箱"下新建了一个文件夹。

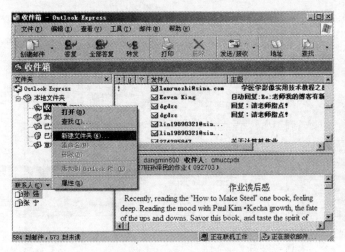

图 5-49 Outlook Express 窗口

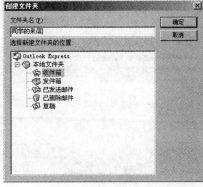

图 5-50 "创建文件夹"

(2) 手工移动邮件：对于"收件箱"中原有的邮件,用户可以用手工的方法将其移动到指定的文件夹中去。具体操作方法如下。

1) 在 Outlook Express 窗口中,在"收件箱"视图界面中(图 5-51),右键单击需要移动到目的文件夹中去的邮件,在弹出的快捷菜单中选择"移动到文件夹"命令,弹出一个"移动"的对话框,如图 5-52 所示。

2) 在这个对话框中,选择要将邮件移动到的目的文件夹(还可以新建文件夹),单击"确定"按钮就可以把邮件移动到制定的文件夹中。

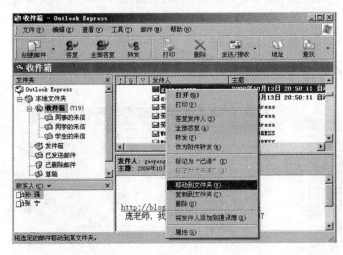

图 5-51 Outlook Express 窗口

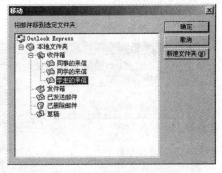

图 5-52 "移动到文件夹"对话框

(3) 删除邮件：在 Outlook Express 窗口中,打开"收件箱",右键单击要删除的邮件,在弹出的快捷菜单中选择"删除"命令,则该邮件就从"收件箱"移到了"已删除邮件"文件夹里。单击"已删除邮件",右键单击已删除的邮件,在弹出的快捷菜单中选择"删除"命令,这时系统会弹出一个对话框,问你"确实要删除这些邮件吗?",点击"是(Y)",这封邮件就彻底删除了。

2. 使用邮件规则　使用手动方式来移动邮件,虽然可以达到目的,但在需要移动的邮件太多时,也将是一件很辛苦的事情。所以,要想使所有的邮件能按用户要求,可以借助 Outlook Express

的"邮件规则"在收信时自动把不同的来信分类放在相应的文件夹中,具体的设置如下。

（1）启动 Outlook Express 后,从菜单中选择"工具"|"邮件规则"|"邮件"菜单项,弹出"邮件规则"窗口,如图 5-53 所示。

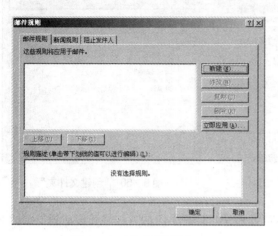

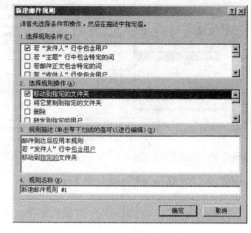

图 5-53 "邮件规则"窗口

图 5-54 新建邮件规则

（2）选择"邮件规则选项卡",单击"新建"按钮,此时会弹出"新建规则条件"对话框,如图 5-54 所示。先从"选择规则条件"框中选择"若'发件人'行中包含用户"项,比如我们想将从"cmucczzc@126.com"发来的邮件自动存放到"同事的来信"的文件夹中,可以按照下面的方法操作。

（3）在"选择规则操作"框中,选择"移动到制定文件夹",此时在最下面的"规则描述"栏目中便出现了具体的规则说明,其中"包含用户"、"制定的"都变成了蓝色可点的链接,接下来的工作就是指定发件人用户和接收文件夹了。

（4）单击"包含用户",打开"选择用户"窗口,如图 5-55 所示,在文本框中输入发件人的邮箱地址,如"cmucczzc@126.com",然后单击"添加按钮"（或者单击"通讯簿"按钮选择）。添加完毕后,单击"确定"按钮返回。

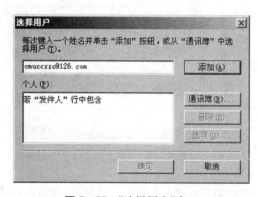

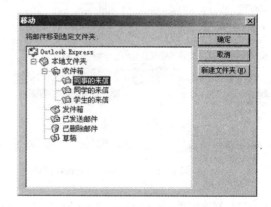

图 5-55 "选择用户"窗口

图 5-56 "移动"窗口

（5）单击"指定的",打开"移动"窗口（图 5-56）,在"将邮件移到选定文件夹"下的文件夹列表中选择接收文件夹,如"同事的来信",然后单击"确定"按钮返回。

（6）返回到"邮件规则"窗口中,单击"确定"按钮即完成。

在实际的使用中我们可以指定多条邮件规则,规则是按照从上到下的顺序依次执行的。而规则前面带有对勾的方框表示该规则起作用。

3. **定时收取邮件** Outlook Express 为我们提供了定时收取邮件的功能,如果每天都要收取邮件的话,设置这项功能可以给用户带来很大的方便。方法如下。

(1) 启动 Outlook Express 后,从菜单中选择"工具"|"选项"菜单项,弹出"选项"窗口,如图 5-57 所示。

(2) 选择"常规"选项卡,其中有一项是:"每隔 30 分钟检查一次新邮件",我们可以修改检查的时间间隔,范围是 1~480 分钟。

(3) 单击"确定"按钮完成,以后当一直运行 Outlook Express,就可以根据设置的时间间隔定时地自动收取邮件。

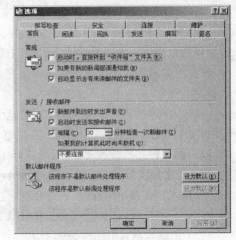

图 5-57 "常规选项"窗口

(四) 使用通讯簿

使用 Outlook Express 提供的通讯簿功能,用户可以把需要经常联系的邮件用户地址放到通讯簿里。发送邮件时只需从通讯簿中选择地址,不需要每次都输入;查看接收到邮件时,如果通讯簿里面存在该邮件地址,也直接能显示通讯簿里对应的联系人信息。通讯簿不但可以记录联系人的邮件地址,还可以记录联系人的电话号码、家庭地址、业务以及主页地址等信息。除此之外,用户还可以利用通讯簿功能在 Internet 上查找用户及商业伙伴的信息。

1. **增加联系人信息** 用户可以使用多种方法将电子邮件地址和联系人信息添加到通讯簿中。

(1) 直接输入联系人信息:

1) 启动 Outlook Express 后,从菜单中选择"工具"|"通讯簿"菜单项(或使用快捷键"Ctrl"+"Shift"+"B"),弹出"通讯簿"窗口(图 5-58)。

2) 在通讯簿窗口列出了已有的联系人列表信息,如果要增加新联系人则单击工具栏中的"新建"按钮,在弹出的菜单中选择"新建联系人"命令。

3) 在弹出的"属性"对话框中,选择不同的选项卡填写联系人的基本信息,如图 5-59 所示(主要是姓名和电子邮件地址)。

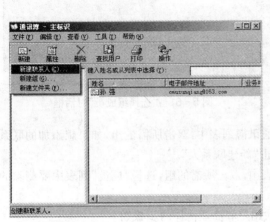

图 5-58 "通讯簿"窗口

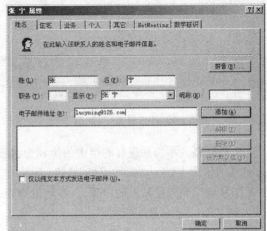

图 5-59 添加联系人"属性"窗口

4）填写完详细信息后，单击"确定"按钮，地址簿中就会相应增加的一条联系人信息。

（2）从电子邮件添加联系人：为了减少输入错误，用户可以在阅读已接收到的邮件时将发件人添加到通讯簿中。在阅读邮件窗口中，右键单击邮件，在弹出的快捷菜单中选择"添加到通讯簿"命令，在弹出的对话框中填写一些详细信息，然后单击"确定"按钮，地址簿中就会相应增加的一条联系人信息。

（3）从其他程序导入通讯簿：其他电子邮件应用程序，如 Netscape Communication 和 Microsoft Exchange 等也有相应的通讯簿功能，把电子邮件应用程序的通讯簿中的信息以文本文件（.CSV）格式导出，然后将其再导入到 Outlook Express 中。

2．创建和增加联系人组　通过创建包含用户名的联系人组，可以将邮件方便地发送给组内的每个收件人。在发送邮件时，只需在"收件人"框中输入联系人组的名字就可以将邮件发送给该组的每个用户。用户可以创建多个租，并且联系人可以分属不同的组。

（1）创建联系人组的步骤如下。

1）启动 Outlook Express 后，从菜单中选择"工具"|"通讯簿"菜单项（或使用快捷键"Ctrl"＋"Shift"＋"B"），弹出"通讯簿"窗口。

2）单击工具栏中的"新建"按钮，在弹出的菜单中选择"新建组"命令。

3）在弹出的"属性"对话框中，选择"组"选项卡，然后在"组名"框中，输入组的名称，如"大学同学"，如图 5-60 所示。

4）单击"选择成员"按钮，在"选择组成员"对话框中，如图 5-61 所示，双击要加入到组中的联系人；或者单击组中的联系人，然后单击"选择按钮"，将他们加入到右边的成员框中，然后单击"确定"按钮。用户也可以单击"新建联系人"按钮，在弹出的"属性"对话框中输入联系人信息，然后将其加入到组中。

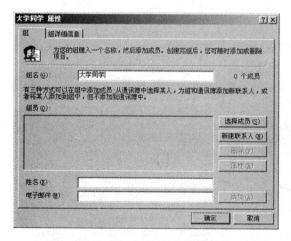

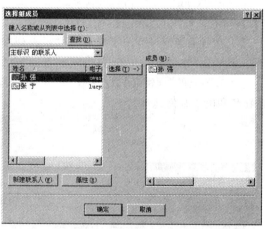

图 5-60　组"属性"对话框　　　　　图 5-61　"选择组成员"对话框

（2）将联系人添加到现有的组中的步骤为：在通讯簿列表中，双击所需的组，如果想添加的联系人已经在通讯簿中，单击"选择成员"按钮；否则，单击"新建联系人"。

（3）从组中删除联系人的步骤为：在通讯簿列表中，双击所需的组，选择"成员"列表中要删除的联系人的名称，然后单击"删除"按钮。

3．使用目录服务查找用户　在 Internet 中查找用户和商业伙伴的步骤如下。

（1）启动 Outlook Express 后，从菜单中选择"工具"|"通讯簿"菜单项（或使用快捷键"Ctrl"＋"Shift"＋"B"），弹出"通讯簿"窗口。

（2）在通讯簿窗口中，单击工具栏中的"查找用户"按钮。

（3）在弹出的"查找用户"对话框中，在"搜索范围"下拉列表中选择查找区域，并在下面的用户信息栏中输入查找的依据，然后单击"开始查找按钮"。用户可以通过选择"通讯簿"，使之只在Outlook Express通讯簿中查找联系人信息。

实 践 与 解 析

选择解析

1. HTML 是指： （　）
   A．超文本标识语言 B．超文本文件
   C．超媒体文件 D．超文本传输协议
   【答案与解析】 本题答案为 A。超文本标记语言 HTML(Hyper Text Mark-up Language)是一种文档结构的标记语言

2. Internet 中 URL 的含义是： （　）
   A．简单邮件传输协议 B．Internet 协议
   C．统一资源定位器 D．传输控制协议
   【答案与解析】 本题答案为 C。统一资源定位器，又叫 URL(Uniform Resource Locator)，是专为标识 Internet 网上资源位置而设的一种编址方式

3. WWW 又叫万维网，其本质是： （　）
   A．网络协议 B．网络拓扑结构
   C．超文本网页 D．实际存在的物理网络
   【答案与解析】 本题答案为 C。WWW 是 World Wide Web 的简称，译为万维网，是一个基于超文本方式的信息查询方式。

4. 统一资源定位器一般由几部分组成？ （　）
   A．2 B．3 C．4 D．5
   【答案与解析】 本题答案为 B。统一资源定位器一般由三部分组成：传输协议://主机 IP 地址或域名地址/资源在主机上的路径和文件名。

5. 用 IE 浏览器浏览网页，在地址栏中输入要浏览网页的 URL 地址时，通常可以省略的协议是： （　）
   A．http:// B．news:// C．ftp:// D．mailto://
   【答案与解析】 本题答案为 A。http 是 IE 浏览器默认的协议，再输入地址时可省略。

6. 要返回到上一页，鼠标左键单击工具栏上的哪个按钮？ （　）
   A． B． C． D．
   【答案与解析】 本题答案为 B。要返回到上一页，鼠标左键单击工具栏上的后退按钮

7. 在浏览 WEB 网站的过程中，如果发现自己喜欢的网页并希望以后多次访问，应当把这个页面： （　）
   A．用 Word 保存 B．建立浏览 C．建立地址簿 D．放到收藏夹中
   【答案与解析】 本题答案为 D。浏览网页时，遇到了自己喜欢的网站或页面，可以把网页添加到收藏夹中，操作方法：点击 IE 浏览器中的"收藏"菜单，选择"添加到收藏夹"命令。

8. 要想在 IE 浏览器中查看最近访问过的网站的列表可以： （　）
   A．单击"后退"按钮 B．单击界面工具栏上的"历史记录"按钮

C．按"F5"键刷新　　　　　　　　　　　D．单击界面工具栏上的"主页"按钮

【答案与解析】　本题答案为 B。如果要访问近期访问过的网页，但是又不记得其网址，可以单击 IE 浏览器界面工具栏上的"历史记录"按钮，这时，在浏览器窗口的左侧会显示"历史记录"栏，在"历史记录"栏中列出了最近访问过的 Web 站点的链接。

9. 在 IE 中要停止下载网页，应按：　　　　　　　　　　　　　　　　　　　　（　　）

A．"Ctrl"+"W"键　　B．"Esc"键　　C．"Del"键　　D．"BackSpace"键

【答案与解析】　本题答案为 B。在下载网页时候，按"Esc"键可以停止下载。

10. 单击工具栏上的哪个按钮，可打印当前正在浏览的页面的内容：　　　　　　　（　　）

A．🔄　　　　　B．❌　　　　　C．🔍搜索　　　　　D．🖨️

【答案与解析】　本题答案为 D。单击工具栏上的"打印"按钮🖨️，可打印当前正在浏览的页面的内容。

11. 如果想加快网页的显示速度，可以通过设置的选项是：　　　　　　　　　　　（　　）

A．图片、声音或视频　　　　　　　　　B．图片、文字或视频

C．文字、声音或视频　　　　　　　　　D．图片、声音或文字

【答案与解析】　本题答案为 A。如果想加快网页的显示速度，可以关闭图片、声音或视频选项。方法：单击"工具"|"Internet 选项"，在"高级"标签中，将"显示图片"、"播放网页中的声音"或"播放网页中的视频"复选框中的对号去掉。

12. 下面的四个选项中，正确的 URL 地址是：　　　　　　　　　　　　　　　　　（　　）

A．www．lnnu．edu．cn　　　　　　　　B．ww．lnnu：edu：cn

C．www．lnnu，edu，cn　　　　　　　　D．ww．lnnu-edu-cn

【答案与解析】　本题答案为 A。URL 域名地址间用"．"分隔。

13. 在 IE 浏览器设置窗口中，不包括：　　　　　　　　　　　　　　　　　　　　（　　）

A．常规　　　　　B．安全　　　　　C．内容　　　　　D．主页

【答案与解析】　本题答案为 D。IE 浏览器设置窗口包括"常规"、"安全"、"隐私"、"内容"、"连接"、"程序"、"高级"7 个选项卡。

14. IE 浏览器设置窗口中可以对历史记录进行设置的选项卡是：　　　　　　　　　（　　）

A．常规　　　　　B．安全　　　　　C．内容　　　　　D．连接

【答案与解析】　本题答案为 A。"常规"选项卡中，可以对"主页"、"Internet 临时文件"、"历史记录"以及 Web 页面显示的"颜色"、"字体"、"语言"和"辅助功能"等进行设置。

15. IE 浏览器设置窗口中的选项卡中，可以设置一个 Internet 拨号的连接，或添加 Internet 网络连接的是：　　　　　　　　　　　　　　　　　　　　　　　　　　　　　　　　　（　　）

A．常规　　　　　B．安全　　　　　C．内容　　　　　D．连接

【答案与解析】　本题答案为 D。在"连接"选项卡中，可以设置一个 Internet 拨号的连接，或添加 Internet 网络连接，还可以设置连接的代理服务器等。

16. IE 浏览器设置窗口中的选项卡中，可以为 Interne 区域选择一个浏览的隐私设置是：（　　）

A．常规　　　　　B．安全　　　　　C．内容　　　　　D．隐私

【答案与解析】　本题答案为 D。在"隐私"选项卡中可以通过上下移动滑块来为 Internet 区域选择一个浏览的隐私设置，即设置浏览网页是否允许使用 Cookie 的权限，包括："组织所有 Cookie"、"高"、"中高"、"中"、"低"、"接受所有 Cookie"，一般设置为"中"。

17. 搜索引擎其实也是一个：　　　　　　　　　　　　　　　　　　　　　　　　　（　　）

A．软件　　　　　B．服务器　　　　　C．网站　　　　　D．电子邮件

【答案与解析】 本题答案为 C。所谓搜索引擎,就是在 Internet 上执行信息搜索的专门站点,它们可以对网页进行分类、搜索与检索。

18. 下面四个选项中,不属于分类目录型的搜索引擎的是: （ ）

A．百度 B．雅虎 C．新浪 D．搜狐

【答案与解析】 本题答案为 A。百度属于全文检索搜索引擎。

19. 下面四个选项中,专用于浏览网页的应用软件是: （ ）

A．Outlook Express B．IE

C．Frontpage D．BBS

【答案与解析】 本题答案为 B。当前主要的浏览器有 IE 和 Netscape 等。

20. 在常见领域的域名中,是教育机构的域名为: （ ）

A．com B．edu C．cn D．gov

【答案与解析】 本题答案为 B。com 是商业机构,gov 是政府机构。

21. 在搜索引擎中搜索计算机网络中的互联设备"路由器",最合适的查询条件为: （ ）

A．计算机网络－路由器 B．计算机网络＋路由器

C．计算机网络＊路由器 D．计算机网络/路由器

【答案与解析】 本题答案为 B。有时我们需要搜索结果中包含有查询的两个或是两个以上的内容,这时我们可以把几个条件之间用加号相连。

22. 想查找"王菲的歌曲《传奇》",但又不希望得到的结果是".WMA"格式的。应该在搜索引擎中输入: （ ）

A．王菲 歌曲 传奇－WMA B．王菲 歌曲 传奇 WMA

C．王菲 歌曲 WMA－传奇 D．王菲 歌曲 传奇＋WMA

【答案与解析】 本题答案为 A。在两个关键词中间使用减号,意味着在查询结果中不能出现减号后面的关键词。在查询某个题材时并不希望在这个题材中包含另一个题材,这时你就可以使用减号了。

23. 在 Internet 上使用搜索引擎搜索信息时,下列说法正确的是: （ ）

A．Word AND PPT 表示检索结果必须同时包含 Word 和 PPT

B．Word AND PPT 表示检索结果可以只有 Word

C．Word AND PPT 表示检索结果可以只有 PPT

D．Word AND PPT 表示检索结果不能包含 PPT

【答案与解析】 本题答案为 A。"AND"称为"逻辑与",用 AND 进行连接的两个关键词必须同时出现在查询结果中。

24. 在 Internet 上使用搜索引擎搜索信息时,下列说法不正确的是: （ ）

A．Word OR PPT 表示检索结果可以同时包含 Word 和 PPT

B．Word OR PPT 表示检索结果可以只有 Word

C．Word OR PPT 表示检索结果可以只有 PPT

D．Word OR PPT 表示检索结果不能同时包含 Word 和 PPT

【答案与解析】 本题答案为 D。"OR"称为"逻辑或",它表示所连接的两个关键词中任意一个出现在查询结果中就满足查询条件。

25. 想要查找有关"Outlook Express"方面的信息,为确保搜索结果非常准确应该在搜索引擎中输入: （ ）

A．当在搜索引擎中输如"Outlook Express"(用引号括起来的 Outlook Express)

B．当在搜索引擎中输如 Outlook＋Express

C. 当在搜索引擎中输如 Outlook AND Express

D. 当在搜索引擎中输如 Outlook Express

【答案与解析】 本题答案为 A。给要查询的关键词用英文的双引号括起来,告诉搜索引擎这是一个词,就可以保证搜索结果非常准确。

26. 在搜索引擎中输入 HTTP NOT Ftp,相当于输入: （　　）

A. HTTP Ftp　　　　　　　　　　　B. HTTP+Ftp

C. HTTP−Ftp　　　　　　　　　　　D. "HTTP Ftp"

【答案与解析】 本题答案为 C。"NOT"称为"逻辑非",相当于前面所讲的减号,它表示所连接的两个关键词中应从第一个关键词概念中排除第二个关键词。

27. Ftp 的中文意义是: （　　）

A. 高级程序设计语言　　　B. 域名　　　C. 文件传输协议　　　D. 网址

【答案与解析】 本题答案为 C。Ftp 协议(File Transfer Protocol)即远程文件传输协议。

28. 接入 Internet 并且支持 Ftp 协议的两台计算机,对于它们之间的文件传输,下列说法正确的是: （　　）

A. 只能传输文本文件

B. 只能传输图形文件

C. 既可以传输文本文件,也可以传输图形文件

D. 不能传输音频文件

【答案与解析】 本题答案为 C。Ftp 可以传输所有文件类型。

29. 下列地址格式中,是有效的 Ftp 地址格式为: （　　）

A. Http://202.118.34.2　　　　　　B. Ftp://192.168.113.23

C. Http://jsjzx.edu.cn　　　　　　　D. www.jsjzx.edu.cn

【答案与解析】 本题答案为 B。Ftp 地址格式为:Ftp://用户名:用户密码@ftp 服务器地址或域名:端口,户名、用户密码和端口都可以省略。

30. 匿名 Ftp 的含义是: （　　）

A. Internet 中一种匿名信的名称

B. 在 Internet 上没有主机地址的 Ftp

C. 允许用户免费登录并下载文件的 Ftp

D. 用户之间能够进行传送文件的 Ftp

【答案与解析】 本题答案为 C。一般用匿名登录的 Ftp 只能浏览和下载该站点中的文件夹或文件,没有上传的权限。

31. 使用 Ftp 下载文件时,不需要知道的是: （　　）

A. 文件格式　　　　　　　　　　B. 文件存放的服务器名称和目录名称

C. 文件的名称　　　　　　　　　　D. 文件所在服务器的距离

【答案与解析】 本题答案为 D。Ftp 是远程文件传输协议,下载文件时不需要知道服务器的距离。

32. 在进行远程登陆时,使用的协议是: （　　）

A. Ftp　　　　　　B. HTTP　　　　　　C. Wais　　　　　　D. Telnet

【答案与解析】 本题答案为 D。Telnet 是一个使用了 TCP/IP 协议的网络的远程登录和仿真程序,它把用户自己的计算机暂时仿真成远程主机的一个终端,这个终端把用户输入的每个字符传递给主机,再将主机执行用户输入后的结果返回到用户的屏幕上。

33. BBS 不具备的功能是: （　　）

A．语音聊天　　　　B．发表文章　　　　C．聊天　　　　D．物品传送

【答案与解析】 本题答案为 D。BBS 的英文全称是 Bulletin Board System，翻译为中文就是"电子公告板"或"电子公告牌"，可以发表文章、进聊天室聊天、发送信息给其他网友、收发站内站外信件等。

34. 以下可代表电子邮件的英文单词的是： （　　）

A．GOPHER　　　　B．WWW　　　　C．USENEWS　　　　D．E-mail

【答案与解析】 本题答案为 D。电子邮件（E-mail）是 Internet 的核心功能之一。

35. E-mail 地址中"@"的含义为： （　　）

A．与　　　　B．或　　　　C．在　　　　D．和

【答案与解析】 本题答案为 C。电子邮件地址的格式如 username@server，"@"是在的意思。

36. 当电子邮件在发送过程中有误时，则： （　　）

A．电子邮件将自动把有误的邮件删除

B．邮件将丢失

C．电子邮件会将原邮件退回，并给出不能寄达的原因

D．电子邮件会将原邮件退回，但不给出不能寄达的原因

【答案与解析】 本题答案为 C。当电子邮件在发送过程中有误时，电子邮件将返回到发件人服务器中，并给出不能寄达的原因。

37. 下面合法的 E-mail 地址是： （　　）

A．sky@163.com

B．sky.126@com

C．sky@163@com

D．sky.sina.com@

【答案与解析】 本题答案为 A。电子邮件地址的格式如 username@server，@之前是用户名称（字母或数字组合），@之后是邮件系统服务商名称。

38. 关于发送电子邮件，下列说法中正确的是： （　　）

A．你必须先接入 Internet，别人才可以给你发送电子邮件

B．你只有打开了自己的计算机，别人才可以给你发送电子邮件

C．只要你有 E-mail 地址，别人就可以给你发送电子邮件

D．没有 E-mail 地址，也可以收发送电子邮件

【答案与解析】 本题答案为 C。只要你申请了 E-mail 地址，别人就可以给你发电子邮件，收到的邮件存放在收件箱中。

39. 关于电子邮件，下列说法中错误的是： （　　）

A．电子邮件是 Internet 提供的一项最基本的服务

B．电子邮件具有快速、高效、方便、价廉等特点

C．通过电子邮件，可向世界上任何一个角落的网上用户发送信息

D．可发送的多媒体只有图片

【答案与解析】 本题答案为 D。电子邮件可以通过附件发送很多类型的多媒体文件，比如图片、声音、视频等。

40. 不是申请电子邮箱所必需的设置的是： （　　）

A．用户名

B．密码

C．电子信箱的空间大小

D．安全信息设置

【答案与解析】 本题答案为 C。在注册电子邮箱新用户时，必须输入用户名、密码、验证码和安全信息等相关信息。

41. POP3 服务器用来： （　　）

A．接收邮件 　　　　B．发送邮件 　　　　C．接收和发送邮件 　D．以上均错

【答案与解析】 本题答案为 A。POP3 是接收邮件服务；SMTP 是发送邮件服务器。

42. Outlook Express 的主要功能是： 　　　　　　　　　　　　　　　　　　(　　)

A．创建电子邮件账户 　　　　　　　　　　B．搜索网上信息

C．接收、发送电子邮件 　　　　　　　　　　D．电子邮件加密

【答案与解析】 本题答案为 C。Outlook Express 软件是 Microsoft 公司开发的使用最广泛的一种电子邮件软件，主要功能是接收、发送电子邮件。

43. 如果要添加一个新的账号，应选择 Outlook Express 中的： 　　　　　　(　　)

A．"文件"菜单 　　　B．"查看"菜单 　　　C．"工具"菜单 　　　D．"邮件"菜单

【答案与解析】 本题答案为 C。从菜单中选择"工具"|"账户"菜单项，可以新建账号、修改账号或删除账号。

44. 修改 Outlook Express 中 E-mail 账号参数的方法是： 　　　　　　　　　(　　)

A．在"Internet 账户"窗口中单击"添加"按钮

B．在"Internet 账户"窗口中单击"属性"按钮

C．在"Internet 账户"窗口中单击"删除"按钮

D．在"Internet 账户"窗口中单击"修改"按钮

【答案与解析】 本题答案为 B。单击"添加"按钮新建一个账户；单击"删除"按钮用于删除一个账户；单击"属性"按钮可以修改账号的属性。

45. 在 Outlook Express 中设置唯一电子邮件账号：spring_2009@163.com，现成功接收到一封来自 zhangqiang@sina.com 的邮件，则以下说法正确的是： 　　　　　　(　　)

A．在收件箱中有 spring_2009@163.com 的 邮件

B．在收件箱中有 zhangqiang@sina.com 的邮件

C．在本地文件夹中有 zhangqiang@sina.com 的邮件

D．在本地文件夹中有 spring_2009@163.com 的邮件

【答案与解析】 本题答案为 B。在 Outlook Express 收件箱中存放的是接受到的邮件。

46. 在 Outlook Express 中设置唯一电子邮件账号：spring_2009@163.com，现成功发送一封邮件给 zhangqiang@sina.com，则发送完成后以下说法正确的是： 　　　　(　　)

A．在发件箱中有 spring_2009@163.com 的邮件

B．在发件箱中有 zhangqiang@sina.com 的邮件

C．在已发送邮件中有 zhangqiang@sina.com 的邮件

D．在已发送邮件中有 spring_2009@163.com 的邮件

【答案与解析】 本题答案为 C。已发出邮件的备份保存在已发送邮件文件夹中。

47. 下面关于 Outlook Express 中的收件箱的说法正确的是： 　　　　　　　　(　　)

A．收件箱中的邮件不可删除

B．收件箱只保存各账户收到的已读的邮件

C．收件箱只保存各账户收到的未读的邮件

D．收件箱可以保存各账户收到的已读和未读的邮件

【答案与解析】 本题答案为 D。本题的考点是 Outlook Express 邮件的管理。

48. 用 Outlook Express 接收电子邮件时，收到的邮件中带有回形针状标志，说明该邮件： (　　)

A．有病毒 　　　B．有附件 　　　C．没有附件 　　　D．有黑客

【答案与解析】 本题答案为 B。收到的邮件中带有回形针状标志，证明该邮件中有附件，可以通过下载方式存放到本地机器上。

49. 设置 Outlook Express 中的邮件规则的方法是：　　　　　　　　　　（　　）

A．从菜单中选择"工具"|"邮件规则"|"邮件"菜单项

B．从菜单中选择"工具"|"账户"|"邮件规则"菜单项

C．从菜单中选择"工具"|"邮件"|"邮件规则"菜单项

D．从菜单中选择"工具"|"邮件规则"|"账户"菜单项

【答案与解析】　本题答案为 A。可以借助 Outlook Express 的"邮件规则"在收信时自动把不同的来信分类放在相应的文件夹中，设置方法：从菜单中选择"工具"|"邮件规则"|"邮件"菜单项。

50. Outlook Express 提供了几个固定的邮件文件夹，以下说法正确的是：　　　　（　　）

A．已发送邮件文件夹中保存各账户已发出邮件的备份

B．发件箱中保存各账户已发出邮件的备份

C．草稿中保存各账户已发出邮件的备份

D．不能新建其他的分类邮件文件夹

【答案与解析】　本题答案为 A。收件箱：保存各账户收到的已读和未读的邮件；发件箱：保存各账户没有发送到收件服务器的邮件，按"发送/接受"按钮时，会自动发送其中的邮件；已发送邮件：保存各账户已成功发送到收件服务器的邮件，包括邮件账号错误的邮件；已删除邮件：保存用户删除的邮件，以便用户在必要时阅读；草稿：保存用户撰写后尚未发送的邮件，一旦用户做了"发送"操作，这个邮件立即转到"发件箱"中，等待发送；如果发送成功，这个邮件即转到"已发送邮件"箱中。

操作实例

例1　将 IE 浏览器主页设置成空白页。

【答案与解析】

（1）启动 IE 浏览器。

（2）单击"工具"|"Internet 选项"命令，打开"Internet 选项"对话框。

（3）选择"常规"选项卡。单击"使用空白页"按钮。

例2　使用 IE 浏览器打开地址为 http://163.com 的网页，并将该网页设置为使其成为 IE 浏览器的默认主页。

【答案与解析】

（1）启动 IE 浏览器，在地址栏中输入要浏览网页的 URL 地址：http://163.com，然后按回车键。

（2）单击"工具"|"Internet 选项"命令，打开"Internet 选项"对话框。

（3）选择"常规"选项卡。

（4）在"主页"选项组中单击"使用当前页"按钮，就可将启动 IE 浏览器时打开的默认主页设置为 http://163.com。

例3　将网页在历史记录中保存的天数设置为 20 天。

【答案与解析】

（1）启动 IE 浏览器。

（2）单击"工具"|"Internet 选项"命令，打开"Internet 选项"对话框。

（3）选择"常规"选项卡，在"历史记录"选项组的"网页保存在历史记录中的天数"文本框中输入 20。

例4　清除 IE 浏览器中已有的历史记录。

【答案与解析】

（1）启动 IE 浏览器。

(2) 单击"工具"|"Internet 选项"命令,打开"Internet 选项"对话框。

(3) 选择"常规"选项卡,单击"清除历史记录"按钮。

例 5 设置网页在历史记录中保存 10 天。

【答案与解析】

(1) 启动 IE 浏览器。

(2) 单击"工具"|"Internet 选项"命令,打开"Internet 选项"对话框。

(3) 选择"常规"选项卡,在"历史记录"选项组的"网页保存在历史记录中的天数"文本框中输入 10。

例 6 打开地址为"http://blog. sina. com. cn/lm/z/315xfqgz/index. html"的网页,并将该网页保存到考生文件夹下,命名为 315 消费. htm。

【答案与解析】

(1) 启动 IE 浏览器。

(2) 在"地址"栏内输入"http://blog. sina. com. cn/lm/z/315xfqgz/index. html",按回车键打开该网页。

(3) 点击"文件"|"另存为"命令,在"保存网页"窗口中选择用于保存该网页的文件夹为考生文件夹;在"文件名"框中输入 315 消费;在"保存类型"栏中选择"Web 页,全部(＊. HTM; ＊. HTML)"选项。

(4) 单击"保存"按钮即可完成该页面的保存。

例 7 打开地址为"http://tech. sina. com. cn/it/2010 － 03 － 20/09443965789. shtml"的网页,并将该页面的内容以文本文件的格式保存到考生文件夹下,命名为学习"资料 1. TXT"。

【答案与解析】

(1) 启动 IE 浏览器。

(2) 在"地址"栏内输入"http://tech. sina. com. cn/it/2010 － 03 － 20/09443965789. shtml",按回车键打开该网页。

(3) 点击"文件"|"另存为"命令,在"保存网页"窗口中选择用于保存该网页的文件夹为考生文件夹;在"文件名"框中输入"资料 1";在"保存类型"栏中选择"文本文件(＊. TXT)"选项。

(4) 单击"保存"按钮。

例 8 打开地址为"http://blog. sina. com. cn/s/blog_6623c8760100hdwi. html? tj＝1"的网页,将该页面上的图片设置为桌面的背景。

【答案与解析】

(1) 启动 IE 浏览器。

(2) 在"地址"栏内输入"http://blog. sina. com. cn/s/blog_6623c8760100hdwi. html? tj＝1",按回车键打开该网页。

(3) 鼠标右键单击页面上的图片,在弹出的快捷菜单中单击"设置为背景"命令。

例 9 将 IE 浏览器的磁盘空间设置为 640M。

【答案与解析】

(1) 启动 IE 浏览器。

(2) 单击"工具"|"Internet 选项"命令,打开"Internet 选项"对话框。

(3) 单击"常规"标签,然后单击"设置"按钮,将"使用的磁盘空间"下的滑块向右移动,移动到 640M 的位置。

例 10 使用 IE 浏览器打开地址为"http://qq. ip138. com/train/"的网页,并将该网页添加到收藏夹中,名称为"列车时刻表"。

【答案与解析】

(1) 启动 IE 浏览器，在地址栏中输入要浏览网页的 URL 地址："http://qq.ip138.com/train/"，然后按回车键。

(2) 点击 IE 浏览器中的"收藏"菜单，选择"添加到收藏夹"命令，就会出现一个"添加到收藏夹"对话框，输入名称"列车时刻表"，单击"确定"按钮。

例 11　整理 IE 收藏夹，在 IE 收藏夹中新建三个文件夹，分别为"工作相关"、"娱乐相关"和"软件相关"。

【答案与解析】

(1) 启动 IE 浏览器。

(2) 用鼠标点击 IE 浏览器中的"收藏"菜单，选择"整理收藏夹"命令，弹出"整理收藏夹"对话框。

(3) 单击"创建建文件夹"按钮，命名为"工作相关"，以同样的方法再创建"娱乐相关"和"软件相关"两个文件夹。

例 12　使用 IE 浏览器打开地址为"http://www.youku.com/"的网页，并将该网页设置为脱机工作。

【答案与解析】

(1) 启动 IE 浏览器，在地址栏中输入要浏览网页的 URL 地址："http://www.youku.com/"，然后按回车键。

(2) 用鼠标点击 IE 浏览器中的"文件"菜单，选择"脱机工作"命令。

例 13　使用 IE 浏览器，通过百度搜索引擎，搜索"研究生招生信息"方面的资料，将搜索到的第一个网页内容以文本文件的格式保存到考生文件夹下，命名为"infomotion.TXT"。

【答案与解析】

(1) 启动 IE 浏览器，在"地址"栏内输入"http://www.baidu.com"，并按"Enter"键打开百度的主页。

(2) 在关键词输入框输入关键词：研究生招生信息。

(3) 单击"百度一下"按钮即进行搜索查找。

(4) 打开搜索到的第一个网页，单击"文件"|"另存为"命令，在"保存网页"窗口中选择用于保存该网页的文件夹为考生文件夹；在"文件名"框中输入资料 infomotion；在"保存类型"栏中选择"文本文件(＊.TXT)"选项，最后单击"保存"按钮。

例 14　查找 IE 浏览器最近访问过的网页。

【答案与解析】

(1) 启动 IE 浏览器。

(2) 单击工具栏上的"历史"按钮。

例 15　从 IE 浏览器的收藏夹中找到"电台指南"，将其从收藏夹中删除。

【答案与解析】

(1) 启动 IE 浏览器。

(2) 用鼠标点击 IE 浏览器中的"收藏"菜单，选择"整理收藏夹"命令，弹出"整理收藏夹"对话框。

(3) 选定"电视指南"，单击删除按钮。

例 16　使用 IE 浏览器打开地址为"http://www.pcbookcn.com/article/index.htm"的网页，浏览"现代办公"栏目中的第一篇文章，并将该文章的内容以文本文件的格式保存到考生文件夹下，命名为"xdbg.TXT"。

【答案与解析】

(1) 启动 IE 浏览器,在"地址"栏内输入"http://www.pcbookcn.com/article/index.htm",并按"Enter"键打开要浏览的主页。

(2) 打开"现代办公"栏目中的第一篇文章。

(3) 单击"文件"|"另存为"命令,在"保存网页"窗口中选择用于保存该网页的文件夹为考生文件夹;在"文件名"框中输入资料 infomotion;在"保存类型"栏中选择"文本文件(＊.TXT)"选项,最后单击"保存"按钮。

例 17 使用 Internet Explorer 浏览器,通过百度搜索引擎,搜索"医学信息系统"方面的资料,并将搜索到的第一个网站添加到 IE 收藏夹中,名称为"医学信息系统"。

【答案与解析】

(1) 启动 IE 浏览器,在"地址"栏内输入"http://www.baidu.com",并按"Enter"键打开百度的主页。

(2) 在关键词输入框输入关键词:医学信息系统。

(3) 单击"百度一下"按钮即进行搜索查找。

(4) 打开搜索到的第一个网页,点击 IE 浏览器中的"收藏"菜单,选择"添加到收藏夹"命令,在弹出的"添加到收藏夹"对话框中输入名称"医学信息系统",单击"确定"按钮。

例 18 如何访问 Ftp 站点,假如该 Ftp 服务器的 IP 地址为 202.1116.40.12,端口号为默认的 21,提供的用户名为 zy_90,密码为 abc123。

【答案与解析】

(1) 启动 IE 浏览器。

(2) 在 IE 的地址栏中输入 Ftp 地址:Ftp://zy_90:abc123@202.1116.40.12:21,按回车键就可以进入到 Ftp 服务器。

例 19 使用 Outlook Express 新建账号。

账号名:冰绿茶,E-mail 地址:icegreentea@163.com,密码:tea159。

【答案与解析】

(1) 点击"开始"|"程序"|"Outlook Express",启动 Outlook Express。

(2) 从菜单中选择"工具"|"账户"菜单项,打开"Interne 账户"窗口。

(3) 在弹出的"Internet 账户"窗口中单击"邮件"标签。

(4) 再单击"添加"按钮,选择"邮件",然后会弹出的"Internet 连接向导"对话框。

(5) 首先在"Internet 连接向导"对话框中的显示名位置输入名字:冰绿茶。

(6) 单击下一步按钮,在"电子邮件地址"中输入电子邮件地址:icegreentea@163.com。

(7) 单击下一步按钮,在弹出的"电子邮件服务器"窗口中,系统默认"我的接受服务器"为"POP3";"接收邮件服务器"框中输入"pop3.163.com",在"发送邮件服务器"框中输入"smtp.163.com"。

(8) 单击下一步按钮,在弹出的"Internet Mail 登录"窗口中输入密码:tea159。

(9) 单击下一步按钮,在弹出的"祝贺您"窗口中,单击"完成"按钮完成。

例 20 修改 Outlook Express 中账户为 icegreentea@163.com 的属性。

【答案与解析】

(1) 点击"开始"|"程序"|"Outlook Express",启动 Outlook Express。

(2) 从菜单中选择"工具"|"账户"菜单项,打开"Internet 账户"窗口。

(3) 在弹出的对话框中选择 icegreentea@163.com 账户,单击"属性"按钮即可进行更改。

例 21 请按照下列要求,利用 Outlook Express 发送邮件。

收件人邮箱地址为：zhangjiang@sina. com. cn。

抄送给：bizhaoyang@163. com。

邮件主题：培训补充。

邮件内容：培训班 16 日早在图书馆报告厅举行开幕式。

【答案与解析】

（1）启动 Outlook Express，单击 Outlook Express 窗口上"创建邮件"按钮。

（2）在收件人输入框中输入"zhangjiang@sina. com. cn"；在抄送输入框中输入"bizhaoyang@163. com"。

（3）填写邮件主题：培训补充；填写邮件的正文内容：培训班 16 日早在图书馆报告厅举行开幕式，单击工具栏上的"发送按钮"即可将邮件发送出去。

例 22 请按照下列要求，利用 Outlook Express 发送邮件，并将考生文件夹下的 mypoto. jpg 图片文件作为附件发送。

收件人邮箱地址为：rivewang@126. com。

邮件主题：照片。

邮件内容：附件里是我最近的照片，请查收。

【答案与解析】

（1）启动 Outlook Express，单击 Outlook Express 窗口上"创建邮件"按钮。

（2）在收件人输入框中输入"rivewang@126. com"；单击"附件"按钮，选择考生文件夹下的"mypoto. JPG"文件作为附件添加。

（3）填写邮件主题：照片；填写邮件的正文内容：附件里是我最近的照片，请查收，单击工具栏上的"发送按钮"即可将邮件发送出去。

例 23 请按照下列要求，利用 Outlook Express 新建邮件，最后将该邮件保存到草稿中。

收件人邮箱地址为：zhang_2008@163. com。

抄送：ning_li@hotmail. com。

邮件主题：新年快乐。

邮件内容：新的一年马上就要来了，提前祝你新年快乐！

【答案与解析】

（1）启动 Outlook Express，单击 Outlook Express 窗口上"创建邮件"按钮。

（2）在收件人输入框中输入"zhang_2008@163. com"；在抄送输入框中输入"ning_li@hotmail. com"。

（3）填写邮件主题：新年快乐；填写邮件的正文内容：新的一年马上就要来了，提前祝你新年快乐！从菜单中选择"文件"|"保存"菜单项，将该邮件保存到草稿中。

例 24 在 Outlook Express 的"收件箱"文件夹中添加一个新的文件夹，给该文件夹命名为同事的来信。

【答案与解析】

（1）在 Outlook Express 窗口中，鼠标右键单击"收件箱"，在弹出的快捷菜单中选择"建立文件夹"命令，弹出一个"创建文件夹"的对话框。

（2）在这个对话框中输入"同事的来信"，单击"确定"按钮。

例 25 请按照下列要求，利用 Outlook Express 同时给多人发邮件：

收件人邮箱地址分别为：zhaoqiu@sina. com. cn，happylife@163. corn，dongqinke@yahoo. corn 和 snowli@226. com。

主题：第三章课件。

将考生文件夹下的 PPT 文件"第三章.PPT"以附件的形式发送出去。

【答案与解析】

(1) 启动 Outlook Express,单击 Outlook Express 窗口上"创建邮件"按钮。

(2) 在收件人中输入"zhaoqiu@sina.com.cn;happylife@163.corn;dongqinke@yahoo.corn;snowli@226.com"(注意用分号隔开多个邮箱地址)。

(3) 单击"附件"按钮,选择考生文件夹下的第三章.PPT 文件作为附件添加;填写邮件主题:第三章课件;单击工具栏上的"发送按钮"即可将邮件发送出去。

例 26 利用 Outlook Express 删除邮件收件箱中的主题为"游戏"的邮件。

【答案与解析】

(1) 启动 Outlook Express,打开收件箱。

(2) 右键单击主题为"游戏"的邮件,在弹出的快捷菜单中选择"删除"命令。

例 27 设置 Outlook Express 的邮件规则:从"cmuxulihua@sina.com.cn"发来的邮件自动存放到"同事的来信"的文件夹中。

【答案与解析】

(1) 启动 Outlook Express 后,从菜单中选择"工具"|"邮件规则"|"邮件"菜单项,弹出"邮件规则"窗口。

(2) 选择"邮件规则选项卡",单击"新建"按钮,此时会弹出"新建规则条件"对话框,从"选择规则条件"框中选择"若'发件人'行中包含用户"项。

(3) 在"选择规则操作"框中,选择"移动到制定文件夹"。

(4) 单击"包含用户",打开"选择用户"窗口,在文本框中输入发件人的邮箱地址"cmuxulihua@sina.com.cn",然后单击"添加按钮",单击"确定"按钮返回。

(5) 单击"指定的",打开"移动"窗口,在"将邮件移到选定文件夹"下的文件夹列表中选择接收文件夹:"同事的来信",然后单击"确定"按钮返回。

(6) 返回到"邮件规则"窗口中,单击"确定"按钮即完成。

例 28 设置 Outlook Express 定时自动收取邮件的时间间隔为 1 小时。

【答案与解析】

(1) 启动 Outlook Express 后,从菜单中选择"工具"|"选项"菜单项,弹出"选项"窗口。

(2) 选择"常规"选项卡,其中有一项是:"每隔 30 分钟检查一次新邮件",将 30 改成 60。

(3) 单击"确定"按钮完成

例 29 请按照下列要求,利用 Outlook Express 转发邮件。

进入信箱,打开收件箱中的主题为"5 月份工作安排"的邮件,将此邮件转发给赵军,赵军的电子邮件地址为:lnnuzhaojun@126.com。

【答案与解析】

(1) 启动 Outlook Express,打开收件箱。

(2) 打开收件箱中主题为"5 月份工作安排"的邮件,单击工具栏中"转发"按钮,弹出转发对话框。

(3) 在收件人地址栏中输入"lnnuzhaojun@126.com"。

(4) 单击"发送"按钮完成操作。

例 30 请按照下列要求,利用 Outlook Express 创建一个工作小组,名称为"篮球队成员",请将下面三个成员添加到工作小组:zhang_gy@126.com(张广友)、cmudxp@163.com(董新朋)和 nba_jn@sina.com(叶建军),并给该小组发送邮件。

邮件主题:活动通知。

邮件内容:请于本周六下午五点在体育馆开会。

【答案与解析】

(1) 启动 Outlook Express 后,从菜单中选择"工具"|"通讯簿"菜单项,弹出"通讯簿"窗口。

(2) 单击工具栏中的"新建"按钮,在弹出的菜单中选择"新建组"命令。

(3) 在弹出的"属性"对话框中,选择"组"选项卡,然后在"组名"框中,输入组的名称:"篮球队成员"。

(4) 在"姓名"输入框中输入"张广友","电子邮件地址"输入框中输入"zhang_gy@126.com",单击"按钮"。用相同的方法把董新朋和叶建军添加到"篮球队成员"工作小组中。

(5) 单击 Outlook Express 窗口上"创建邮件"按钮,在"收件人"输入框中输入篮球队成员。

(6) 填写邮件主题:活动通知;填写邮件的正文内容:请于本周六下午五点在体育馆开会。单击工具栏上的"发送按钮"。

复 习 题

【问答题】

1. 简述申请免费电子邮箱的方法。

2. 搜索引擎分哪几种类型? 各自的特点是什么?

3. 简述使用搜索引擎对关键字"医学计算机应用"进行搜索并下载的操作方法。

4. 简述使用 Outlook Express 建立账户,并对多个账户进行收发邮件的操作方法。

5. 简述在 IE 浏览器中将某个网站或页面添加到收藏夹的操作方法。

第六章
医学多媒体技术基础

导　学

内容及要求

医学多媒体技术基础包括四部分的内容,即多媒体技术基本知识、多媒体信息处理技术、数据压缩技术和实用多媒体技术。

多媒体技术基本知识主要介绍了媒体的分类、多媒体与多媒体技术的特性等、多媒体计算机的常见配置与常见的多媒体设备多媒体接口和多媒体技术在网络教育中的作用。在学习中,应重点掌握计算机多媒体技术的概念、多媒体技术的特性;熟悉多媒体计算机的基本构成、常见的多媒体设备和接口;了解多媒体技术在网络教育中的作用。

多媒体信息处理技术主要介绍声音信息的处理、图形图像信息的处理和视频信息的处理。介绍了Windows系统自带处理各类媒体信息的常用软件的基本使用方法以及常见的文件格式。在学习中,应重点掌握"画图"、"录音机"和Windows Media Player的常用功能的操作方法;熟悉常见的各种格式文件的特点和扩展名。

数据压缩技术主要介绍了数据冗余与压缩和文件压缩解压缩工具软件WinRAR的基本操作。在学习中,应重点掌握文件压缩解压缩工具软件WinRAR的基本操作。熟悉数据压缩、文件压缩、压缩比的概念。

实用多媒体技术主要介绍了如何在网络中搜集多媒体素材、多媒体素材的整理与加工、常见的多媒体开发工具。在学习中,应重点掌握有哪些常见的多媒体开发工具;了解网络中搜集多媒体素材的常用方法和常用整理多媒体素材的方法。

重点、难点

医学多媒体技术基础的重点是如何使用常见媒体信息处理软件处理音频、图形图像、视频等媒体信息,如何对文件进行压缩和解压缩。其难点是理解多媒体技术的特性、数据冗余等。

专科生的要求

专科层次的学生要熟练掌握"画图"、"录音机"和Windows Media Player 的基本操作;并且能够熟悉多媒体技术特性、设备、接口,常见媒体文件格式,数据压缩、文件压缩、压缩比的概念,多媒体技术在网络教育中的作用和常见的多媒体开发工具。

- 多媒体技术概述
- 多媒体信息处理
- 数据压缩技术
- 实用多媒体技术

多媒体技术(technique of multiMedia)是计算机技术和社会需求的综合产物。在计算机发展的早期阶段,计算机主要被应用于进行数值运算。随着计算机软件、硬件技术的不断发展,计算机的处理能力越来越强大,从而在很大程度上促进了多媒体技术的发展和完善。

第一节　多媒体技术概述

在一座现代化医院中患者利用触摸屏,可以看到全院概况、各科室概况、挂号住院概况、收费细目等等;候诊空间通过电子屏幕滚动提示医生出诊进度和患者就诊顺序;功能检查科室的各项检查结果不但有打印的图片和清单还可以及时传输到各诊室,诊室医生随时可以看到所有的结果;手术和处置科室,可能正由世界各地各医院的专家共同完成一个手术处置,地球因此显得十分渺小。

一、媒体

媒体(media)的概念范围非常广泛,在日常生活和社会中,常把可以记载或保存数据的物质或材料及其制成品称为数据的载体,也就是媒体。而根据国际电话电报咨询委员会(CCITT)的通用定义把媒体分成五大类:

1. 感觉媒体　感觉媒体(perception medium)指直接作用于人的感觉器官,使人产生直接感觉的媒体,包括了人类的各种语言、文字、图形、图像、音乐、其他声音、动画等。

2. 表示媒体　表示媒体(representation medium)指为传播和表达数值、文字、声音、图形、图像信息的数字化表示而制定的信息编码,如图像常采用 JPEG 编码、文本常采用 ASCII、GB2312 编码等。

3. 表现媒体　表现媒体(presentation medium)分为输入媒体和输出媒体,如键盘、鼠标、麦克风、数码相机等为计算机系统中的输入媒体,显示器、音箱、打印机、绘图仪等为输出媒体。

4. 存储媒体　存储媒体(storage medium)指存储信息的物理介质,如硬盘、光盘、磁带等。

5. 传输媒体　传输媒体(transmission medium)指传送数据信息的物理介质,如电缆、光缆等。

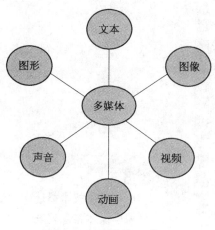

图6-1 多媒体的组成

二、多媒体与多媒体技术

(一)多媒体

多媒体(multimedia)指能够同时获取、编辑、处理、存储和展示两个或两个以上不同类型信息媒体的技术。这些信息媒体有文本、图形、图像、声音、动画和视频等,如图6-1所示。

(二)多媒体技术

1. 多媒体技术 现在所说的多媒体,通常并不是指多媒体信息本身,而主要指处理和应用它的一整套软硬件技术。因而,通常所说的"多媒体"只是多媒体技术的同义词。

多媒体计算机技术(multimedia technique)是指计算机交互综合处理多种媒体信息(文本、声音、图形、图像、动画和视频等),使多种媒体信息结合在一起,建立逻辑连接集成为一个系统并具有交互性的信息技术。

多媒体技术的发展过程中,跟许多技术的进步紧密相连。主要包括:媒体设备的控制和媒体信息处理与编码技术、多媒体信息组织与管理技术、多媒体系统技术、多媒体人机接口与虚拟现实技术、多媒体通信网络技术、多媒体应用技术六个方面。

2. 多媒体技术的特性

(1)集成性:指文本、图形、图像、声音、动画及视频等多媒体综合使用的特性。

(2)交互性:指用户可以通过与计算机交互的手段控制和应用各种媒体信息的特性。

(3)同步性:指多种媒体同步运行的特性。

三、多媒体计算机与多媒体设备

(一)多媒体计算机

严格地说,只能处理数字和文本的传统型计算机不能称为多媒体计算机。多媒体计算机(multimedia personal computer,MPC)一般指具有能获取、存储并展示文本、图形、图像、声音、动画和视频等媒体信息处理能力的计算机。

一台多媒体计算机要实现对多种媒体的处理能力,其典型的硬件配置包括:速度快、功能强的中央处理器,大容量的内存、硬盘和光盘驱动器,高分辨率的显示设备与接口,视频卡,图形加速卡和I/O端口等。以当前的计算机硬件水平而言,大多数的微机都是多媒体计算机。

(二)多媒体设备

1. 多媒体数码设备

(1)音频设备:多媒体音频设备是音频输入输出设备的总称,下面介绍常见的多媒体设备。常见的音频输出设备有音箱、耳机、功放机等,而常见的音频输入设备有音频采样卡、合成器、麦克风等。利用多媒体控制台、数字调音台可以实现对音频的加工和处理。声卡是计算机处理音频信号的PC扩展卡,其主要功能是实现音频的录制、播放、编辑以及音乐合成、文字语音转换等。声卡还包括CD-ROM接口、MIDI接口、游戏接口等实现相关设备的连接。

(2)视频设备:常见多媒体视频设备有视频卡、视频采集卡、DV卡、电视卡、电视录像机、视频监控卡、视频信号转换器、视频压缩卡、网络硬盘录像机等。各种视频设备均有其自身的用途,比如,DV卡用于将计算机与数码摄像机连接将DV影片采集到硬盘中;视频压缩卡用于压缩视频信息;视频监控卡用于对摄像机或摄像头的信号进行捕捉并以 MPEG 格式存储到硬盘等。

（3）光存储设备：光存储系统由光盘盘片和光盘驱动器组成。光盘上有凹凸不平的小坑，光照射到上面有不同的反射，再转化为数字信号就成了光存储。常见的光存储系统有只读型、一次写入型和可擦写型三大类。目前常见的光存储系统有 CD-ROM、CD-R、CD-RW、DVD 光存储系统和光盘库系统等。

（4）其他常用多媒体设备：包括以下几种。

1）笔输入设备：指以手写方式输入的设备，如手写笔、手写板等。

2）扫描仪：利用扫描仪可以将纸张上的文本、图画、照片等信息转换为数字信号传输到计算机中。

3）触摸屏：利用触摸屏可以在屏幕上同时实现输入和输出。

4）数码相机和数码摄像机：实现利用电子传感器将光学影像转换成数字信息，获取并保存图像或视频信息到计算机中。

2. 多媒体接口

（1）并行接口：简称并口，是一种增强了的双向并行传输接口，采用并行通信协议。标准的并口数据传输率为 1 Mb/s，常用料连接扫描仪、打印机等。

（2）SCSI 接口：即小型计算机系统接口，其具备与多种类型的外部设备进行通信的能力。它具有带宽大、多任务、CPU 占用率高、热插拔及应用范围广等优点，可以连接磁盘、CD-ROM、打印机、扫描仪和通讯设备等。

（3）VGA 接口：即视频图形阵列接口。它是显卡上输出模拟信号的接口，目前大多数计算机与外部显示设备之间都是通过模拟 VGA 接口连接。

（4）USB 接口：即通用串行总线接口。它支持设备的即插即用和热插拔功能。USB 接口可用于连接多种外设，如鼠标、调制解调器、扫描仪等。USB 版本经历了多年的发展，先后有 USB 1.1 和 USB 2.0 规范，USB 3.0 标准已经正式完成并公开发布，消费级产品则有望在 2010 年上市。

（5）IEEE1394 接口：也称"火线"接口，是苹果公司开发的串行标准。IEEE1394 支持外设热插拔，可为外设提供电源，能连接多个不同设备，支持同步数据传输。IEEE1394 接口常用于连接数码相机、数码摄像机等。

四、多媒体技术在网络教育中的作用

（一）多媒体技术对培训和教育的影响

随着多媒体技术的不断发展和完善，多媒体作为一种教育形式和教学手段已经越来越多地应用在各种教学和培训中。在众多的多媒体培训和教学形式中，应用最广泛的也是最典型的一种方式就是采用多媒体教室。心理学研究证明，人类从外界获得的信息当中，听觉和视觉占全部的 94%。而且，在学习的过程中同时使用听觉和视觉，更能明显地提高学习和记忆效率。而在多媒体教室中，教师利用以计算机为核心的各多媒体设备，把图、文、声、像等单媒体和计算机程序融合在一起，这样使学习者进入了一个全方位、多渠道的感知世界，从而激发了学习者的学习兴趣，吸引了学习者的注意力、促进了人的思维发展，达到加快知识消化吸收、提高学习效率的最终目的。

另外一种方式是结合虚拟现实技术，打破时间和空间的限制，弥补目前教育中的不足。通过建立虚拟实验室等方法，使学生能够对虚拟设备进行操作的同时，在立体投影屏幕上显示相应的图像和交互操作的效果。这样操作过程清晰易懂，参与度高，有利于学生的正确理解和掌握。同时，采用虚拟现实技术还可以降低办学成本，大大减少原材料的消耗避免不必要的浪费。而对于一些特殊的存在危险的培训和教育（比如消防、飞行驾驶、虚拟手术等），采用虚拟现实技术进行前期训练更可以大大地降低培训的费用和风险。

对于需要自学的学习者而言,交互式的多媒体教学程序软件(也被称为"课件")无疑是一个很好的选择。它改变了传统教育中学生的被动地位,能使学生更加自主、充分、有效地学习,有力的弥补了集体化教学的不足。目前这类软件主要应用于计算机教学、语言教学、课程教学和各类考试辅导等方面。除此之外,更有各种工具类图书也以多媒体的形式呈现出来,供学习者使用,比如电子百科全书、电子词典、电子参考书等。

此外通过多媒体技术与网络技术结合,可有效地开展远距离的教育。在远程教育中,通过网络传播多媒体信息,它跨越了国家、地区,缩小了与世界的距离,使得学习者可以随时随地地共享高水平的教育,而不必受到地域差异和教学水平的限制。

(二) 多媒体技术对远程教育的影响

在信息时代,每个人都需要不断地接受新的教育。教育不再局限于学校、局限于年龄,而是使受教育者终身受益。而远程教育正是构筑这种终生学习的主要方式。随着远程教育的发展和科技的进步,录音、录像、广播、电视等教育手段不断涌现。但是这些媒体都是单向媒体只能呈现教学信息,无法实现交互式教学。而现代远程教育正是随着现代信息技术发展产生的一种新型的教育方式,它是以现代远程教育手段为主的把多种媒体优化、有机的组合起来的教育方式。

将多媒体计算机技术与现代通信技术相结合实现网络远程教育方式,使得教育信息的传播不再受到时间、地点、气候、国界等因素的影响,大幅提高了教育的传播时效和范围。通过使用网络上的多媒体课件和共享世界各地图书馆的资料,利用多媒体技术的交互性学习者可以更加直观地获得除文本以外的更加丰富的信息。通过网络学习者更加可以跨越时间和空间的限制,与教师进行实时或非实时的交流,从而大幅提高教学效率,真正打破了校园的限制。

■■ 第二节　多媒体信息处理

在应用多媒体的过程中,往往需要对音频、图形、图像、视频等媒体信息进行加工处理。目前针对不同的媒体各开发商提供了各种多媒体处理软件,本节将介绍一些常用的媒体处理软件。

一、声音信息处理

(一) Windows 音频信息处理软件

1. 录音机　录音机是 Windows 自带的一款音频处理软件,可实现音频文件的录制、混合、播放、编辑等简单处理。

(1) 录音机的启动:执行"开始"|"所有程序"|"附件"|"娱乐"|"录音机"菜单项即可进入录音机操作界面,如图 6-2 所示。

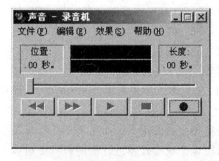

图 6-2　录音机

(2) 新建音频文件:执行"文件"|"新建"菜单命令,即可创建新的音频文件。

(3) 录制声音:确保音频输入设备(麦克风或 CD 播放机等音频播放器)与计算机连接正常后,单击"录音"按钮" ● ",即可开始录音。当需要结束录音时,单击"停止"按钮即可。录音可以在当前打开的文件中继续录音,也可以创建新的音频文件进行录制。

(4) 播放音频文件:使用录音机软件可以播放 WAVE 文件(扩展名为".WAV")。执行"文件"|"打开…"菜单命

令,在"打开"对话框中找到要播放的文件选中后单击"确定"按钮或者双击文件即可打开该文件。文件打开后窗口中的按钮就可以使用了。按钮功能如下。

1) ▶ "播放"按钮:单击开始播放声音。

2) ■ "停止"按钮:在文件播放过程中,单击该按钮则暂停文件的播放。

3) ▶▶ "移至尾部"按钮:单击该按钮则滑块移到声音文件的末尾位置。

4) ◀◀ "移至首部"按钮:单击该按钮则滑块移到声音文件的开始位置。

(5) 编辑音频文件:对当前打开或录制的声音文件,可以执行"效果"菜单下的相应命令添加效果,还可以执行"编辑"菜单下的相应命令混音、音频连接和截取等编辑。如图 6-3 所示。

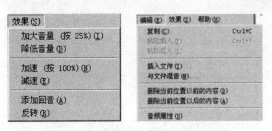

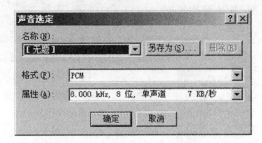

图 6-3 "效果"菜单和"编辑"菜单   图 6-4 "声音选定"对话框

(6) 保存音频文件:执行"文件"|"保存"菜单命令即可保存当前的音频文件,默认保存成".WAV"格式。如果需要更改文件的存储格式或音频质量,可执行"文件"|"另存为..."命令,在"另存为"对话框中单击下面的"更改"按钮,在弹出的"声音选定"对话框中进行修改,如图 6-4 所示。

2. 媒体播放器 媒体播放器也是 Windows 自带的一款软件,它不但可以播放音频文件也能够播放视频文件,其具体的使用方法请见"Windows 视频工具"部分的讲解。

3. 其他音频工具 除了使用 Windows 自带的软件用户也可以安装其他的音频工具软件。常见的音频播放软件有 RealPlayer、Winamp 等。常见的音频处理工具有 GoldWave、Audition 等。

(二)常见的音频文件类型和文件格式

1. WAVE 文件 WAVE 文件,即波形文件,其扩展名是".WAV"。可以从 CD、磁带等录制自己的 WAVE 文件,它具有较好的声音品质。但是这种格式的声音文件占用存储空间较大,保存几秒钟的音频信息就会占用上百 kB 的磁盘空间,因此在需要快速传输的场合不宜使用这种音频格式的文件。

2. MIDI 文件 MIDI (musical instrument digital interface,乐器数字接口)文件,扩展名为".MIDI"或". MID"。MIDI 是一种电子乐器之间以及电子乐器与电脑之间的统一交流协议。MIDI文件需要特殊的软件和硬件在计算机上转换发声,因此使用的声卡不同声音的效果也会有所不同。MIDI 文件尽管音质很好,但是因为文件中记录的是一套指令所以需要的存储空间非常小。也是因为文件记录的是命令,所以 MIDI 文件不能录制,不支持真人原唱或者人声。

3. MP3 文件(运动图像专家组音频) MP3 文件(即 MPEG-音频层-3),扩展名为". MP3",是一种有损压缩格式。尽管 MP3 的压缩率非常高,若正确的录制并压缩 MP3 文件,它的音质甚至可以与 CD 音质相媲美。同时这种格式也支持"流式处理",这样当用户在网络中访问该类文件时,不必等待整个文件下载完就可以收听该音频文件。

4. Real 相关文件 常见的扩展名有". RA"、". RPM"、". RAM"等,同样支持"流式处理"。

Real Audio 格式文件压缩品质非常高,相同质量的文件存储空间要小于 MP3 格式的文件,但音质要比 MP3 文件的音质差。而随着播放器的解码器不断完善,其音质也有显著的改善。

5. 其他音频文件 除了以上介绍的音频文件格式外还有 AIFF、WMV、APE、AU 等等。

二、图形图像信息处理

(一) Windows 图形图像信息处理软件——"画图"

"画图"软件是 Windows 系统自带的一款图形图像处理软件,该软件功能简单便捷可以编辑简单的图形图像,也可以对文字进行简单的编辑。

1. "画图"的启动与软件界面 执行"开始"|"所有程序"|"附件"|"画图"菜单项即可进入"画图"软件操作界面,如图 6-5 所示。

图 6-5 画图

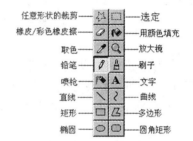

图 6-6 画图工具栏

窗口左侧是工具箱,如图 6-6 所示。工具箱中包含各种绘画工具,用鼠标单击工具按钮就可以选择相应的绘画工具。某些工具被选择后,工具箱下面的选项框中会出现一些相关的选项,比如图 6-7 所示即为"刷子"工具的选项,使用鼠标单击可以选择画刷的刷头形状。

图 6-7 "刷子"选项

图 6-8 染料盒

窗口下部是染料盒,染料盒的左侧显示的是当前的前景色和背景色。如图 6-8 所示当前前景色为黑色,背景色为白色。用鼠标左键单击染料盒右侧的色块可以改变前景色,右键单击则可以改变背景色。

窗口的主体部分是绘图区,用于显示和编辑图画,其中白色区域是图画的绘制区域。绘图区右边线、下边线及右下角分别有一个蓝色的控制点,当鼠标指向这些控制点时光标形状将会改变(图 6-9)。此时拖动鼠标即可改变绘图区域的大小。也可以执行"图像"|"属性"菜单命令在打开的"属性"对话框中设置绘图区域的宽度和高度,如图 6-10 所示。

图6-9　绘图区的修改

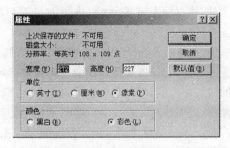

图6-10　"属性"对话框

2. 新建、打开与保存图形图像文件　执行"文件"|"新建"菜单命令,即可创建新的图像文件。

执行"文件"|"打开..."菜单命令,在"打开"对话框中找到要播放的文件选中后单击"确定"按钮或者双击文件即可打开该文件。可以用画图软件处理的文件包括位图文件(.BMP)、JPEG、GIF、TIFF、PNG 和 IOC 文件。

新建的图形图像文件执行"文件"|"保存"菜单命令后将打开"另存为"对话框,在该对话框中可以设置文件名、文件的保存位置和保存类型,如图6-11所示。

已经保存过的文件执行"文件"|"保存"菜单命令后,系统自动将修改内容保存。执行"文件"|"另存为"菜单命令后将打开"另存为"对话框,如图6-11所示。

3. 绘制直线　选择"直线"工具,在选项框中选择线宽,在绘图区中拖动鼠标即可以前景色绘制出直线段。需注意:①按住鼠标右键拖动则以背景色绘制出直线。②按住 Shift 键的同时拖动鼠标则只能绘制出正负 0°、45°、90°、135°和180°的直线段。

图6-11　"另存为"对话框

4. 绘制曲线　选择"曲线"工具,在选项框中选择线宽,在绘图区中拖动鼠标制出直线段。在曲线的一侧单击并拖动指针调整曲线形状,对曲线第二个弧重复该操作即可。按住鼠标右键拖动则以背景色绘制出曲线。

5. 绘制矩形　选择"矩形"工具,在选项框中选择填充形式,在绘图区中拖动鼠标即可绘制出相应矩形。需注意:①填充形式分为仅有边框、边框和填充、仅有填充三种,如图6-12所示。拖动指针时,前景色为边框颜色,背景色为填充色。按住鼠标右按钮并拖动指针,则用背景色绘制边框,用前景色填充。②按住 Shift 键的同时拖动指针将绘制一个正方形。③绘制的矩形边框的宽度与所选的直线工具宽度相同。若要更改边宽,则先选择直线或曲线工具,然后在选项框中选择所需的宽度,再选择矩形工具绘制即可。

仅有边框
边框和填充
仅有填充

图6-12　"矩形"
填充形式

6. 绘制圆角矩形和椭圆　圆角矩形与椭圆的绘制方法及相关选项设置与矩形相似。

7. 绘制多边形　选择"多边形"工具,在选项框中选择填充形式,在绘图区中拖动鼠标绘制出直线段为多边形的第一条边,在需要新线段出现的每个位置单击一次,最后双击即可完成多边形的绘制。需注意:①按住 Shift 键同时拖动鼠标则仅使用45°或90°。②其他注意事项与"矩形"工具相同。

8. 绘制线条　选择"铅笔"工具,在绘图区中拖动鼠标即可按照鼠标拖动的轨迹绘制出线条。注意,当按住鼠标左键拖动时,将用前景颜色绘制出线条,按住鼠标右键拖动则以背景色绘制出线条。

9. 填充颜色　选择"用颜色填充"工具,修改前景色或背景色,单击或右键单击要填充的区域或对象。需注意:①单击鼠标以前景色填充该区域,右键单击则以背景色填充该区域。②如果待填充区域的边线不连续,填充色将会泄漏扩散到其余绘图区域。此时可以按组合键"Ctrl"+"Z"撤销刚才的操作(或者执行菜单命令"编辑"|"撤销"),然后找到断点,用"铅笔"工具或"直线"工具将断点封闭。若断点太小不易找到可以调整图像显示比例,将图像放大后再查找(调整图像显示比例的方法可以参照后面的"17. 改变图像的显示比例"的讲解内容)。

10. 用刷子画图　选择"刷子"工具,在选项框中选择刷子形状,在绘图区中拖动鼠标即可。注意,当按住鼠标左键拖动时,将用前景颜色绘制,按住鼠标右键拖动则以背景色绘制。

11. 绘制喷雾效果　选择"喷枪"工具,在选项框中选择喷雾尺寸,在绘图区中拖动鼠标即可。注意,当按住鼠标左键拖动时,将用前景颜色绘制,按住鼠标右键拖动则以背景色绘制。

12. 获取画面中的颜色　当绘制图像过程中,需要使用到画面中已经用过的颜色作为前景或背景色时可以使用"取色"工具。选择"取色"工具,此时光标变成一个吸管的形状。移动光标到需要取色的位置,单击鼠标或右键单击鼠标就可以将单击位置的颜色设置为前景色或背景色。

13. 擦除画面内容　选择"橡皮/彩色橡皮擦"工具,在选项框中选择橡皮尺寸,在绘图区中拖动鼠标即可。注意,当按住鼠标左键拖动时,擦除所有颜色,按住鼠标右键拖动则仅擦除与前景色相同的区域。

14. 输入编辑文本　选择"文字"工具,在选项框中选择背景形式,在绘图区域内沿要创建的文字区域的对角线方向拖动鼠标,在出现的文本框中输入文字,完成文本的输入和编辑后在文本框外单击鼠标。需注意以下几点。

(1) 在出现文本框时会同时出现一个"字体"工具栏,如图 6 - 13 所示。在文字工具栏中可以修改选中或将要输入的文本的字体、字号等属性,其操作方法与 Word 中相似。如果没有显示文本工具栏,则执行菜单操作"查看"|"文本工具栏"即可。

图 6 - 13　"文字"选项框

(2) 输入的文本过多文本框容纳不下时,多余的文本将不能显示,此时可以拖动边框上的控制点调整文本框的尺寸。拖动文本框边框上除控制点以外的位置可以移动文本框。

(3) 一旦在文本框外单击后,文本被转换为图形图像,此时不能再进行文本的编辑。

——不透明背景

——透明背景

图 6 - 14　"字体"
工具栏

15. 选择矩形操作范围　在绘制图像的过程中往往需要对画面局部进行操作,此时可以使用工具先将要进行操作的区域框选出来。选择"选定"工具,在选项框中选择背景形式,如图 6 - 14 所示,在绘图区域内沿要选择域的对角线方向拖动鼠标即可。选定后可以实现移动、复制、缩放、剪切等操作,其操作方法与 Word 中对剪贴画的操作方法相似。

16. 选择任意形状的操作范围 选择"任意形状的裁剪"工具,在选项框中选择背景形式,在绘图区域内沿要选择域的边界拖动鼠标即可。选定后的操作方法与"选定"工具相似。

17. 改变图像的显示比例 选择"放大镜"工具,移动光标到绘图区,此时光标变成一个放大镜形状,同时出现一个矩形框,如图6-15所示。单击鼠标则矩形框内的内容放大到当前窗口大小,如图6-16所示。

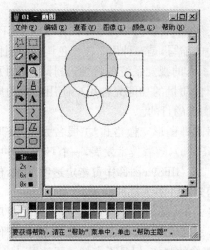
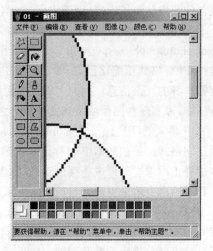

图6-15 使用"放大镜"工具前　　　　　　图6-16 使用"放大镜"工具后

需注意以下几点。

(1) 选择"放大镜"工具后也可以直接在选项框中选择放大倍数。

(2) 要恢复放大的图像可以再次选择"放大镜"工具后在绘图区单击即可。

(3) 也可以执行菜单命令"查看"|"缩放"|"大尺寸"或"查看"|"缩放"|"常规尺寸"来调整显示比例。

(4) 执行菜单命令"查看"|"查看位图",可以查看当前图像的全貌,但是在这种状态下不能对画面进行编辑,此时单击鼠标即可恢复到编辑状态。

18. 清除图像内容 图像内容被清除后,被清除区域将变成当前的背景颜色。

(1) 清除小范围内容:使用"橡皮/彩色橡皮擦"工具即可。

(2) 清除较大区域内容:先使用"任意形状的裁剪"工具或"选定"工具进行选择,然后按"Del"键或者执行菜单命令"编辑"|"清除选定内容"。

(3) 清除整幅图像:执行菜单命令"图像"|"清除图像"。注意:当使用"文字"工具时该菜单项处于非使能状态,只要选择任意其他工具就可以使用该菜单项了。

19. 将图像设置为墙纸 执行菜单命令"文件"|"设置为墙纸(平铺)"或"文件"|"设置为墙纸(居中)",即可以平铺或居中的方式将当前图像设置成桌面的墙纸。

(二)获取屏幕图像信息——抓屏

1. 抓取整个屏幕信息 按下键盘上的"Print Screen"功能键,此时屏幕显示内容中没有变化,但屏幕的图像信息已经复制到了剪贴板中。然后启动"画图"软件,按快捷键"Ctrl"+"V"或者执行菜单命令"编辑"|"粘贴",将抓到的图像信息粘贴到绘图区。通过这种方法也可以将屏幕信息复制到其他一些应用程序中。

2. 抓取当前活动窗口信息 按住"Alt"键的同时按下键盘上的"Print Screen"功能键,即将活动窗口的图像信息复制到剪贴板中。接下来的操作与抓取整个屏幕信息相同。

（三）常见的图形图像文件类型和文件格式

在多媒体计算机中，可以处理的图像文件格式有很多，每种格式有各自的特点，下面主要介绍以下几种常用的图像格式。

1. BMP 格式　BMP（Bitmap-file）格式文件即位图文件，扩展名为".BMP"，是 Windows 中的标准图像文件格式，多种 Windows 应用程序均支持该格式。BMP 格式文件存在压缩和非压缩两种，它所包含的图像信息较丰富，因而占用磁盘空间较大。

2. JPEG 格式　JPEG 格式文件是一种压缩格式文件，扩展名为".JPG"或".JPEG"。JPEG 是"the joint photographic experts group"（联合图像专家组）的缩写，是一种用于连续色调静态图像压缩的标准。JPEG 格式压缩比很高，属于有损压缩，它利用了人的视觉系统的特性，去掉视觉的冗余信息和数据本身的冗余信息。同时 JPEG 格式具有调节图像质量的功能允许用户使用不同的压缩比例进行压缩，以实现在图像质量和文件尺寸之间找到平衡点的目的。

3. GIF 格式　GIF（graphics interchange format）格式即图形交换格式，扩展名为".GIF"，是一种无损压缩格式。最初的 GIF 仅存储静止图像（称为 GIF87a），随着技术发展，一个 GIF 文件中可以存储多幅静止图像进而形成连续的动画（称为 GIF89a）。在 GIF89a 图像中可指定透明区域，使图像与网页背景的融合效果更佳。目前网络上采用的彩色动画文件多为这种格式。

4. PNG 格式　PNG（portable network graphics）格式扩展名为".PNG"，也是一种无损压缩格式。PNG 格式汲取了 GIF 和 JPEG 两者的优点，它的显示速度很快，只需要下载 1/64 的图像信息就可以显示出低分辨率的预览图像。PNG 也支持透明图像的制作，但是不支持动画效果。

5. TIFF 格式　TIFF（tagged image file format）格式扩展名为".TIF"或".TIFF"，有压缩和非压缩两种形式。该格式存储的图像质量高，但占用的存储空间也非常大。文件中细微层次的信息保存较多，有利于原稿阶调与色彩的复制。TIFF 格式主要用于扫描仪和桌面出版物，是工业标准格式。

6. 其他格式　还有 PSD（photoshop document）格式，它是著名的 Adobe 公司的图像处理软件 Photoshop 的专用格式，扩展名为".PSD"。PSD 格式文件中保存有各种图层、通道、遮罩等信息，以便于对原稿进行修改，但是相应的占用的存储空间也较大。常见的动态图形图像文件还有 SWF（shockwave format）格式，扩展名为".SWF"。SWF 是使用二维动画软件 Flash 制作出的矢量动画格式，主要用于 Web 页面上的动画发布。

三、视频信息处理

（一）媒体播放器（Windows Media Player）

媒体播放器（Windows Media Player）是 Windows 自带的一款多媒体播放软件。使用 Windows Media Player，可以播放和管理计算机和 Internet 上的数字音频和视频文件。可以收听世界范围内的电台广播、寻找 Internet 上提供的电影、播放和复制 CD 以及创建计算机上所有媒体的自定义列表。下面让我们来了解一下这款软件的常见用法。

1. Windows Media Player 的启动和窗口布局　执行菜单命令"开始"|"程序"|"附件"|"娱乐"|"Windows Media Player"即可启动媒体播放器。

如果在连接网络状态下启动软件则默认显示"媒体指南"选项卡内容，如图 6-17 所示，否则默认显示"正在播放"选项卡内容，如图 6-18 所示。

窗口左侧是功能任务栏区域，其中提供了程序所有功能项的切换按钮。窗口的底部是播放控件区域，使用这些控件，可以调节音量以及控制基本的播放任务。除了功能任务栏区域和播放控件区域之外即为各个功能选项卡的显示区域，当选择的功能选项不同时，它显示的内容也是不同的。如

图 6-17 "媒体指南"选项卡内容

图 6-18 "正在播放"选项卡内容

图 6-19 Windows Media Player 窗口布局

图 6-19 所示。

2. **播放视频文件** 执行菜单命令"文件"|"打开",在"打开"对话框中选择在存储介质上的一个或多个视频文件(选择方法与在资源管理器中选择文件的方法相同),然后单击"确定"按钮即可(如果只打开一个视频文件,则在"打开"对话框中直接双击该文件也可以)。

3. **控制视频文件的播放** 在文件的播放过程中可以使用播放控件区域中的控制按钮对视频文件的播放进度、音量等进行控制。常用播放控制按钮的功能见表 6-1。

表 6-1 常用播放控制按钮功能

按钮	功　　能
▶ "播放"按钮	播放选择的文件。在播放过程中,"播放"按钮将变成"暂停"按钮
❚❚ "暂停"按钮	暂停正在播放的文件。单击该按钮后"暂停"按钮将变成"播放"按钮。若要继续播放,请单击"播放"按钮
■ "停止"按钮	停止播放当前文件。单击该按钮后,"定位"滑块将回到起始位置

（续表）

按钮	功 能
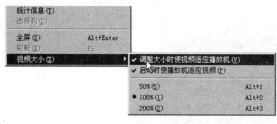"定位"滑块	"定位"滑块用来指示当前文件的播放进程。如果显示有"定位"滑块，拖动滑块可以改变当前文件开始播放的位置
"上一个"按钮	在该按钮可用状态下，单击该按钮开始播放文件列表中当前文件的上一个文件
"下一个"按钮	在该按钮可用状态下，单击该按钮开始播放文件列表中当前文件的下一个文件
"后退"按钮	在该按钮可用状态下，单击该按钮即后退项目（"定位"滑块左移）
"快进"按钮	在该按钮可用状态下，单击该按钮即快进项目（"定位"滑块右移）
"静音"按钮	打开或关闭声音
"音量"滑块	控制音量强弱级别

图 6-20　修改观看模式

4. 修改观看模式

（1）执行菜单命令"查看"｜"全屏"，或者按组合键"Alt"＋"Enter"就可以采用全屏模式观看视频。

（2）执行菜单命令"查看"｜"视频大小"，则可以使用其他的播放模式，如图 6-20 所示。

5. 无序播放和循环播放

（1）执行菜单命令"播放"｜"无序播放"，或者按组合键"Ctrl"＋"H"就可以实现多个音频或视频的无序播放。

（2）执行菜单命令"播放"｜"重复"，则可以循环播放"播放列表"中的音频或视频。

6. 选项设置　执行菜单命令"工具"｜"选项"将打开"选项"对话框，在对话框中可以对媒体播放器进行相应的设置。常用的包括设置将媒体播放器作为默认播放机的文件类型、清除历史记录、播放机设置、复制音乐等。

除了使用媒体播放器来播放视频音频文件外，常见的播放软件还有 QuickTime Player、RealPlayer、暴风影音、超级解霸等。我们不但可以播放视频文件，还可以使用 AfterEffect、Premiere 等专业视频处理软件对视频进行加工处理，Windows 自带的一款软件 MovieMaker 也可以对视频进行简单的加工处理。

（二）常见的视频文件类型和文件格式

1. MPEG/MPG/DAT 格式　MPEG 是 motion picture experts group（运动图像专家组）的缩写，它是运动图像压缩算法的国际标准，MPEG 格式文件是一种有损压缩文件，目前 MPEG 格式有三个压缩标准，分别为 MPEG-1、MPEG-2 和 MPEG-4，MPEG-7 与 MPEG-21 仍处在研发阶段。这类格式是影像阵营中的一个大家族，也是平时所见到的最普遍的一种视频格式，其常见的文件扩展名有".MPG"、".MPEG"、".DAT"（刻录软件自动将 MPEG-1 转换而成）。家用的 VCE、SVCD、DVD 等就是采用这种文件格式。

2. AVI 格式　AVI 是 audio video interleaved（音频视频交错）的缩写，文件扩展名是".AVI"。就是可以将视频和音频交织在一起进行同步播放。这种视频格图像质量好可以跨多个平台使用但同时它的体积过于庞大，不利于进行网络传送。而且更加糟糕的是压缩标准不统一，以至于不同编码编辑的 AVI 文件在播放时可能需要使用不同版本的 Windows 媒体播放器。

3. MOV 格式　MOV 格式是 Apple 公司开发的一种视频格式,文件扩展名为".MOV"。默认的播放器是 QuickTimePlayer。这种视频格式采用的是有损压缩方式,具有较高的压缩比,存储空间要求小。

4. RM/RA/RMVB 格式　这种文件格式是 Real Networks 公司开发的一种流式视频文件格式,文件扩展名为".RA"、".RM"、".RMVB"。是该公司所制定的音频/视频压缩规范 Real Media 中的一种。RM/RA 文件主要用于在低速率的网上实时传输,RM/RA 文件的大小完全取决于制作时选择的压缩比率,可以根据网络的传输能力不同而采用不同压缩比的文件。

而 RMVB 格式是一种由 RM 视频格式升级延伸出的视频格式,它不再使用原先 RM 格式那种平均压缩采样的方式,静止和动作场面少的画面场景与快速运动的场景采用不同的编码速率,这样既保证了较高的画面质量也大幅减少了文件的空间占用量。

5. ASF 格式　ASF 是 advanced streaming format 的缩写,它采用 MPEG‐4 的压缩算法,有利于在网络间实现视频流的传输,画面质量较 VCD 差,但是优于".RM"文件。

6. WMV 格式　WMV 是 windows media video 的缩写,也是一种可以直接在网上实时观看视频节目的文件压缩格式。

7. DivX 格式　DivX 视频编码技术采用的是 MPEG‐4 算法,其画质可以与 DVD 相媲美而体积只有 DVD 的数分之一。

第三节　数据压缩技术

一、数据冗余与压缩

通常所讲的多媒体信息主要包括文本信息、音频信息和视频信息等,其中视频信息是由大量的单幅静态的图形或图像信息构成的。

我们知道在计算机中所有的信息都是以数据编码的形式储存的。在这些信息的编码中存在大量的数据冗余(指在一个数据集合中重复的数据)。比如,某图片中有大面积的颜色、饱和度等是相同或相近的若以位图方式保存将有大量存储内容是相同或相似的;视频中一段时间的画面内容相似度很高,那么这段视频信息中将存在大量相同的数据;视频或音频中的部分信息由于人类感知系统的局限是感知不到的;字母"e"在英语中比字母"z"使用频率高很多,如果计算机中用来表示"e"的编码较长,那么相应的文本信息需要的存储空间就会增加等等。这些数据的冗余可以通过调整编码的方式来减少,而且不会丢失信息或在允许的范围内丢失少量数据,这样就可以节省存储的空间和传输的时间。

数据压缩是将数据按照特定的编码机制重新进行编码,以减少所需存储空间的操作过程。数据的压缩过程是可逆的,可以将压缩的数据恢复或者基本恢复成原状,这个过程称为展开或者解压缩。

利用数据压缩的原理可以将一个或多个文件压缩成一个占用存储空间较少的文件,这个过程称为文件压缩。文件压缩和解压缩可以借助相关的软件实现,压缩比是衡量压缩效果好坏的一个重要指标。它是指压缩后的文件与原文件的存储空间之比,比如压缩比为 10∶1 则说明压缩后的文件是原文件的 1/10。而文件压缩比不但取决于压缩算法,跟原文件的格式也有很大关系。比如,可以将位图文件压缩 70%左右,而 JPG 文件本身就是一种压缩格式,很难再进行压缩。

二、文件压缩解压缩工具 WinRAR 基本操作

目前比较常用的文件压缩与解压缩软件有 WinRAR 和 WinZip 两种软件。本节我们以

WinRAR 为例学习文件压缩解压缩的一般操作方法。WinRAR 是一款功能强大的压缩包管理器，它是 RAR 在 Windows 环境下的图形操作界面。它可以备份数据，缩减电子邮件附件的大小，创建和管理压缩文件。WinRAR 默认的压缩文件扩展名为".RAR"，同时也支持 ZIP、UUE、ARJ、CAB、LZH、ACE、GZ、BZ2、TAR、JAR 类型压缩文件。

（一）压缩文件（制作压缩包）

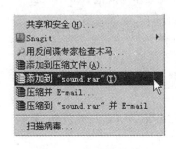

图 6-21　快捷菜单中的 WinRAR 命令

1. **简单压缩**　WinRAR 支持鼠标右键快捷菜单功能，安装后默认设置系统在快捷菜单中添加，所以在压缩文件时可以不用打开 WinRAR 的主程序窗口。如图 6-21 所示。

在资源管理器中选择要压缩的文件和文件夹（选择多个文件或文件夹的方法参见"Windows 操作系统"一章）。在选择的文件或文件夹上单击鼠标右键，在弹出的快捷菜单中选择菜单项"添加到'***.rar'"，软件将在文件或文件所在目录下生成一个压缩文件。

［例6］　已知当前 E 盘根目录下存在一个名为"sound"的文件夹，要求将该文件夹压缩，生成的压缩文件以"sound.rar"为名保存在 E 盘根目录下。

操作步骤如下。

（1）在资源管理器中打开 E 盘。

（2）右键单击"sound"文件夹，选择快捷菜单中的菜单项"添加到'sound.rar'"（图 6-21）。

（3）此时将弹出"正在创建压缩文件'sound.rar'"窗口，如图 6-22 所示。

（4）压缩完成后在"sound"文件夹所在目录即 E 盘根目录下生成文件"sound.rar"，如图 6-23 所示。

图 6-22　创建压缩文件窗口

图 6-23　同文件夹下生成的压缩文件

2. **压缩设置**　除了简单的压缩文件或文件夹外，还可以对压缩内容进行设置。比如修改压缩文件的文件名、保存位置、压缩格式、给压缩文件添加注释、给压缩包加密等，还可以备份压缩文件、实现分卷压缩等。

要对压缩包进行设置只需在快捷菜单中选择"添加到压缩文件……"菜单项，此时将弹出"压缩文件名和参数"对话框。该对话框中包括"常规"、"高级"、"选项"、"文件"、"备份"、"时间"和"注释"七个选项卡，如图 6-24 所示。

常用的压缩设置如下。

（1）在"常规"选项卡中设置压缩文件名、文件保存位置、压缩文件格式、压缩方式和分卷压缩。

（2）在"高级"选项卡中单击"设置密码"按钮可以进行加密设置，如图 6-25 所示。

（3）在"备份"选项卡中设置备份压缩文件。

（4）在"注释"选项卡中输入压缩注释内容，以便以后查证。

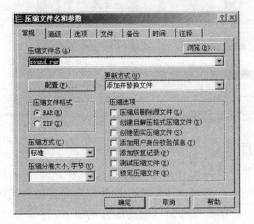

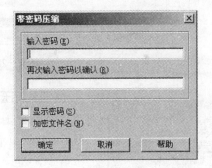

图 6-24 "压缩文件名和参数"对话框 **图 6-25** "带密码压缩"对话框

3. 向现有压缩包中添加文件　除了将选择的文件压缩成一个新的压缩文件外，还可以将这些文件压缩并添加到一个已经存在的压缩包中。可以分别使用快捷菜单方法或在 WinRAR 主窗口中操作实现。

（1）快捷菜单方法：右键单击要压缩的文件，快捷菜单中选择"添加到压缩文件……"菜单项。在弹出"压缩文件名和参数"对话框中单击"浏览……"按钮。在弹出的"查找压缩文件"对话框中选择压缩文件后单击"打开"按钮即可完成设置。如图 6-26 所示。

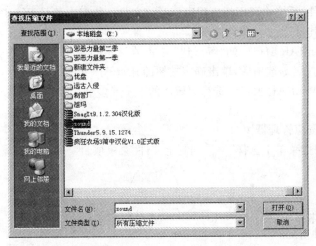

图 6-26 "查找压缩文件"对话框 **图 6-27** "请选择要添加的文件"对话框

（2）使用 WinRAR 主窗口：双击现有的压缩文件，直接将要添加的文件或文件夹拖放到打开的 WinRAR 主窗口中；或者在打开的主窗口中单击"添加"按钮。在打开的"请选择要添加的文件"对话框中选择文件或文件夹，如图 6-27 所示，单击"确定"按钮即可完成设置。

4. 从现有压缩包中删除文件或文件夹　对于现有压缩包中不需要的文件或文件夹可以将其从压缩文件中删除。双击打开现有压缩文件，在打开的 WinRAR 主窗口中选中要删除的文件或文件夹（选择方法与资源管理器中选择文件方法相同）。此时可以在快捷菜单中选择"删除文件"菜单项，也可以单击"删除按钮"，选择的项目将从压缩文件中删除，如图 6-28 所示。

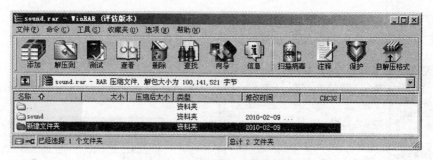

图 6-28　WinRAR 主窗口图

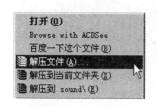

图 6-29　压缩文件
快捷菜单

（二）解压缩文件

1. **使用快捷菜单解压缩文件**　对于压缩文件，WinRAR 同样支持鼠标右键快捷菜单功能，右键单击压缩文件快捷菜单中将包含相关的解压缩命令，如图 6-29 所示。三种命令的功能分别如下。

（1）"解压文件……"：选择该菜单项将打开"解压路径和选项"对话框，可以在该对话框中设置解压后的文件的保存位置、文件名等。

（2）"解压到当前文件夹"：选择该菜单项将压缩文件中的文件或文件夹解压到该压缩文件所在路径。

（3）"解压到*** \"：选择该菜单项将在该压缩文件所在路径下以压缩文件名为名创建文件夹，再将压缩文件中的文件或文件夹解压到这个新创建的文件夹中。

2. **在 WinRAR 主窗口中解压缩文件**　双击压缩文件，就会打开 WinRAR 主窗口，此时即可使用 WinRAR 主窗口中的命令实现解压。

（1）只打开一个文件：双击窗口中的文件，系统将调用相应程序打开该文件。如双击的是 Word 文档，系统就会自动调用 Word 应用程序将其打开。

（2）将压缩包中所有项目解压：单击 WinRAR 窗口中的"解压到"按钮，在弹出的"解压路径和选项"对话框中设置解压文件的保存位置和文件名等选项后，单击确定按钮即开始解压文件。

（3）解压部分文件或文件夹：在打开的 WinRAR 窗口中选择要解压的一个或多个文件或文件夹后执行下列操作中的一种即可。

1）直接将选定的文件或文件夹拖放到资源管理器窗口中。

2）右键单击选定的文件或文件夹，在快捷菜单中选择"解压到制定文件"菜单项。

3）单击窗口中的"解压到"按钮。

（三）制作自解压文件

采用 WinRAR 压缩的文件在一些没有按照 WinRAR 的计算机上是无法打开的，如果将压缩文件生成自解压的可执行文件就可以避免这种情况。

要制作自解压文件首先要制作压缩文件，然后双击打开该压缩文件，在打开的 WinRAR 窗口中单击"自解压格式"按钮。此时会弹出一个"压缩文件***. rar"的对话框，一般采用其默认设置即可，单击"确定"按钮后就会在原压缩文件所在路径下生成一个扩展名为". EXE"的自解压文件。

双击自解压文件时将会打开"WinRAR 自解压文件"窗口，在其中可以单击"浏览……"按钮设置解压路径，然后单击"安装"按钮就会开始将压缩文件中的内容解压到指定的路径下了。

■■ 第四节　实用多媒体技术

目前，许多实用的多媒体技术也逐步成熟起来了，下面简单介绍一些多媒体信息的搜集、整理、加工、制作、发布的实用方法。

一、网络多媒体素材搜集

随着计算机技术、网络通信技术和多媒体技术的发展和日趋成熟，我们可以越来越方便地在网络上搜集越来越多的各种各样的多媒体素材。除了在搜索引擎中查找所需的多媒体信息外，现在更有越来越多的素材网站提供了大量优质的各种格式的应用于各个领域的多媒体素材。

这些素材网站也日趋成熟，逐渐的形成了信息量大、覆盖面广、分类细致的特点。在这些网站中不但可以按照各种不同的分类方式（素材类型、应用领域等）查找多媒体素材，往往还提供了站内搜索的功能，使用户能够快速准确地找到所需素材。

除了下载网络中提供的免费素材，还有一些公司或个人在网络中提供付费定制多媒体素材的服务。这也使得多媒体素材内容更加个性化，冷僻素材的获得更加快速便捷。

二、多媒体素材整理与加工

要制作一个完整的多媒体系统，需要大量的不同类型的多媒体素材。对这些多媒体素材必须进行有效的分类管理。最简单也是最常用的方法就是根据媒体素材的不同性质，建立相应的文件夹，将其分类管理。一般按照文字、声音、图形、图像、动画、视频、程序等进行分类建立相应的素材库。也可以根据使用者的实际情况按照素材的文件格式、使用领域、使用时间等进行分类，建立素材库。

由于多媒体素材种类繁多，供选择文件格式也多种多样，几乎没有一款软件能够独立完成对所有多媒体素材的加工。同时，对于同一个多媒体素材也可以应用多种软件进行加工处理和制作。所以要完成一个完整的多媒体系统往往需要完成大量工作，人们可以把各种素材分别进行加工最终再将其有机地组合在一起产生交互作用，从而完成多媒体系统的加工制作。

三、常见的多媒体开发工具

在进行多媒体软件创作的过程中，可以使用可视化编程工具也可以使用专用的多媒体开发工具。

可视化编程工具能较好地实现对数据库信息、系统底层和硬件设备的控制与调用，但是相应复杂度也较高，一般需要有专业程序设计技能的人员制作。而多媒体开发工具是用于制作各种多媒软件与演示程序的，通常是可视化的创作界面，具有直观、简便、无需编程、简单易学和交互能力强的特点。常见的多媒体开发工具有 PowerPoint、Flash、Authorware、Director、Media Encoder、Adobe Audition 等。

在具体的创作时，也可以综合运用不同的开发工具，集各家之所长。这样，不但可以发挥多媒体开发工具对媒体信息的集成处理能力，也发挥了可视化编程工具的灵活性和对系统底层的支持能力。

▉▉ 实 践 与 解 析

选择解析

1. 以下媒体中，属于感觉媒体的是：　　　　　　　　　　　　　　　　　　　　（　　）
   A．ASCII 编码　　　　　B．麦克风　　　　　　　C．声音　　　　　　　D．硬盘

【答案与解析】　本题答案为 C。根据 CCITT 的通用定义，媒体分为感觉媒体、表示媒体、表现媒体、存储媒体和传输媒体。选项中 ASCII 编码属于表示媒体、麦克风属于表现媒体、硬盘属于存储媒体，只有声音属于感觉媒体 C。

2. 下列关于多媒体技术的叙述中,正确的是: （　）

    A. 多媒体技术是指音频、视频和动画

    B. 多媒体技术是指综合处理多种媒体信息使之成为一个系统并具有交互性的信息技术

    C. 多媒体技术是指用来在网络上传输数字音频、视频的技术

    D. 多媒体技术中的"媒体"概念不包括文字

【答案与解析】 本题答案为 B。音频、视频和动画都属于多媒体信息而不能称为多媒体技术;在网络中传输相关的多媒体信息的技术是网络传输技术而不能称其为多媒体技术;多媒体技术中的"媒体"包括文字、声音、图形图像、动画和视频等。

3. 根据多媒体技术特性判断,下列对象中属于多媒体范畴的是: （　）

    A. 彩色书籍　　　　　　　　　　　　B. 交互式多媒体游戏

    C. 磁带　　　　　　　　　　　　　　D. 彩色电视

【答案与解析】 本题答案为 B。多媒体技术的特性包括集成性、交互性和同步性。在四个选项中只有交互式多媒体游戏具有这些特性。

4. 下列硬件设备中,不是多媒体计算机必须包括的设备是: （　）

    A. 调制解调器　　　　　　　　　　　B. 音频输入输出设备

    C. CD‑ROM　　　　　　　　　　　　D. 内存

【答案与解析】 本题答案为 A。内存是计算机的基本设备,可以 CD‑ROW 用来读取文本、音频、视频等的光盘信息,音频输入输出设备用来实现计算机接受和输出音频信息。而调制解调器用来与网络连接。

5. 下列设备中,属于音频设备的是: （　）

    A. 数字调音台　　　　B. 扫描仪　　　　C. 视频采集卡　　　　D. 电视录像机

【答案与解析】 本题答案为 A。扫描仪用于将纸张上的信息转换为数字信号传输到计算机而不能处理音频信号,视频采集卡用来将视频信息传输到计算机中属于视频设备,电视录像机也属于视频设备,只有数字调音台用于对音频信息进行混音等处理。

6. 当前,一般的声卡的基本功能是: （　）

    A. 录制数字音频文件　　　　　　　　B. 回放数字音频文件

    C. 录制和回放数字音频文件　　　　　D. 语音特征识别

【答案与解析】 本题答案为 C。声卡是用来处理数字音频信号的,其基本功能包括录制和回放。而语音特征识别一般使用软件实现,声卡通常不提供这种功能。

7. 下列设备中,属于视频设备的是: （　）

    A. 功放机　　　　　B. 音频采样卡　　　　C. 麦克风　　　　　D. DV 卡

【答案与解析】 本题答案为 D。功放机、音频采样卡和麦克风都属于音频设备。

8. 下列设备中,可以用来获取视频信息的是: （　）

    A. 手写板　　　　　B. 数码摄像机　　　　C. 扫描仪　　　　　D. 麦克风

【答案与解析】 本题答案为 B。手写板通常用来接收字符、图形图像信息;扫描仪用来将纸张上的文字、图形图像信息转换为数字信号;麦克风用来输入音频信息。

9. 视频监控卡用于: （　）

    A. 捕获摄像机或摄像头等的信号　　　B. 输出数字视频信息

    C. 压缩视频信息并保存　　　　　　　D. 编辑视频信息

【答案与解析】 本题答案为 A。视频监控卡的基本功能是用来捕获摄像头等视频输入设备的视频信息,不提供输出视频功能。而视频的编辑、压缩和保存一般使用软件来实现。

10. 下列设备中,既是输入设备也是输出设备的是: （　）

A．扫描仪　　　　　B．打印机　　　　　C．音箱　　　　　D．触摸屏

【答案与解析】　本题答案为 D。手写笔属于输入设备,打印机输出文字或图形图像信息,音箱用来输出音频信息。而触摸屏可以通过屏幕输出信息同时接受用户输入的交换信息。

11. IEEE1394 接口也称"火线"接口,一般用来连接下面设备中的:　　　　　　　　　（　　）

　　A．显示器　　　　B．打印机　　　　C．数码像机　　　　D．音箱

【答案与解析】　本题答案为 C。IEEE1394 接口也称"火线"接口,是苹果公司开发的串行标准。一般用来连接数码相机、数码摄像机等。

12. 下列接口中不能用来连接打印机的是:　　　　　　　　　　　　　　　　　　（　　）

　　A．并行接口　　　B．SCSI 接口　　　C．VGA 接口　　　D．USB 接口

【答案与解析】　本题答案为 C。VGA 接口一般用于连接显示等显示设备,而并行接口、USB、SCSI 接口都可以连接打印机。

13. 下列关于多媒体远程教育的叙述中正确的是:　　　　　　　　　　　　　　　（　　）

　　A．广播属于多媒体远程教育的一种形式

　　B．利用多媒体技术的交互性能使学生更加自主、充分、有效的学习

　　C．操作实验设备进行练习属于多媒体教学手段

　　D．在教室中安装投影仪后该教室就可以称之为多媒体教室

【答案与解析】　本题答案为 B。广播是单向媒体无法实现交互式教学;操作设备进行练习属于实践练习并没有利用到多媒体设备;所以 A、C 都不属于多媒体教学。而投影仪仅仅是视频输出设备并不符合多种媒体交互的特性。

14. Windows 自带的音频处理软件"录音机",默认的文件保存格式的扩展名是:　　（　　）

　　A．MP3　　　　　B．WMA　　　　　C．MID　　　　　D．WAV

【答案与解析】　本题答案为 D。"录音机"软件编辑和处理声音后保存时默认的保存格式是波形文件,扩展名为 WAV。

15. 下列功能中,使用 Windows 的"录音机"可以实现的是:　　　　　　　　　　（　　）

　　A．给声音添加回音效果　　　　　　B．给声音设置渐隐效果

　　C．给声音设置渐现效果　　　　　　D．去除声音文件当中的语音,仅保留音乐

【答案与解析】　本题答案为 A。使用"录音机"软件可以使用"效果"菜单给声音添加回声、增加或减少音量、设置翻转的等效果,但是不能设置渐隐、渐现效果或去除语音。

16. Windows 的"录音机"窗口中,单击按钮"◀◀"的作用是:　　　　　　　　　（　　）

　　A．使进度滑块向右移动一格　　　　B．使进度滑块向左移动一格

　　C．使进度滑块移动到声音开始位置　D．使进度滑块移动到声音结束位置

【答案与解析】　本题答案为 C。"◀◀"按钮的作用是使进度滑块移动到声音开始位置,"▶▶"按钮的作用是使进度滑块移动到声音结束位置。

17. Windows 的"录音机"窗口中,单击按钮"●"的作用是:　　　　　　　　　（　　）

　　A．播放　　　　　B．暂停　　　　　C．停止　　　　　D．录音

【答案与解析】　本题答案为 D。"▶"是"播放"按钮;"■"是"停止"按钮;"●"是"录音"按钮。

18. Windows 的"录音机"中,要降低音频的音量应在哪个菜单中选择"降低音量"菜单项?　（　　）

　　A．文件　　　　　B．编辑　　　　　C．效果　　　　　D．音量

【答案与解析】　本题答案为 C。Windows 的"录音机"中,可以使用"效果"菜单下的命令编辑音频效果,包括降低音量。

19. Windows 的"录音机"中,不能通过"效果"菜单实现的音频编辑是: （　　）

　　A.添加背景音乐　　　B.添加回音　　　C.加速　　　D.减速

【答案与解析】　本题答案为 A。Windows 的"录音机"中,可以使用"效果"菜单下的命令编辑音频效果,包括加速、减速、添加回音。而给当前音频添加背景音乐相应的命令项在"编辑"菜单中。

20. 下列软件中不能实现音频播放的是: （　　）

　　A."录音机"　　　B.Media Player　　　C.Real Player　　　D.PhotoShop

【答案与解析】　本题答案为 D。PhotoShop 是一款图形图像处理软件没有音频播放的功能。

21. 下列关于 Windows 的"录音机"的叙述中正确的是: （　　）

　　A."录音机"软件只能编辑 WAVE 文件

　　B."录音机"软件只用于播放音频文件不能编辑

　　C."录音机"软件只用于编辑音频文件不能播放

　　D.用"录音机"软件录制一段音频按"停止"按钮后不能再接着录制

【答案与解析】　本题答案为 A。"录音机"软件可以播放 WAVE 音频文件也可以进行编辑;用它录音时中间可以暂停,比如要录制一分钟的内容,当录制到 30 s 时单击"停止"按钮之后如果要继续再录制后 30 s 内容,只要再次单击"录音"按钮就可以了。

22. 下列格式中属于音频文件格式的是: （　　）

　　A.BMP　　　B.MIDI　　　C.DOC　　　D.MOV

【答案与解析】　本题答案为 B。BMP 是位图格式,MIDI 是 Musical Instrument Digital Interface 即乐器数字接口文件,DOC 是 Word 文档,MOV 是视频文件格式。

23. 下列关于音频文件格式的叙述中,正确的是: （　　）

　　A.WAVE 格式的文件的优点是音质好,而且占用的存储空间小

　　B.MIDI 格式的文件信息是通过采样获得的,因而占用存储空间较大

　　C.WMV 格式的文件中记录的是一套指令

　　D.MP3 格式的文件是一种有损压缩格式

【答案与解析】　本题答案为 D。WAVE 格式的文件音质好但是占用的磁盘空间很大;MIDI 格式的文件中记录的是一套指令而不是通过采样获得的而其占用空间很小;WMA 文件也是一种压缩格式的音频文件而不是记录指令的。而 MP3 格式是当前较流行的一种音频格式文件,它采用的是一种有损压缩技术。

24. 下列音频文件格式中,不是压缩格式的是: （　　）

　　A.MP3　　　B.RA　　　C.WAV　　　D.RAM

【答案与解析】　本题答案为 C。MP3、RA 和 RAM 都属于压缩的音频文件。

25. 下列关于 Windows"画图"的叙述正确的是: （　　）

　　A."画图"只能处理扩展名为".BMP"的位图文件

　　B."画图"的绘图区域可以调整其大小

　　C."画图"中输入文字时在文本框外单击鼠标后只要重新选择文字就可以进行修改

　　D."画图"中"直线"工具的线条粗细是不能修改的

【答案与解析】　本题答案为 B。"画图"可以支持多种格式的图形图像文件如.JPG、.BMP、.TIF、.PNG 等;"画图"中输入文字时一旦在文本框外单击后,文本被转换为图形图像,此时不能再进行文本的编辑;当选择"直线"工具后,在工具栏的下面会出现该工具的选项框,可以修改直线的粗细程度。绘图区右边线、下边线及右下角分别有一个蓝色的控制点,拖动控制点可改变绘图区域的大小,也可以执行"图像"|"属性"菜单命令调整绘图区的大小。所以答案为 B。

26. 在 Windows"画图"中,选择椭圆工具后,按住什么键同时在绘图区拖动鼠标就可以绘制圆形? （　）

　　A．"Shift"　　　　　B．"Alt"　　　　　C．"Ctrl"　　　　　D．"Tab"

【答案与解析】　本题答案为 A。"画图"中,如果选择的是椭圆工具,并且按住"Shift"键同时拖动鼠标绘制的就是圆形,否则直接拖动鼠标绘制出的就是椭圆。

27. 下列关于 Windows"画图"中"文字"工具的叙述正确的是： （　）

　　A．不能输入透明背景效果的文字

　　B．不能修改文字的字体

　　C．可以更改文字的排列方向(横排或竖排)

　　D．可以设置文字的下标效果

【答案与解析】　本题答案为 C。选择"文字"工具后,在工具栏下边的选项框中就可以选择文字的效果是透明背景或是不透明背景的;输入文字时可以使用"字体"工具栏中的相应按钮进行设置,如字体、字号、字型、文字排列方向等;在 Word 中可以设置文字的下标效果在"画图"中是不能实现的。

28. 下列关于 Windows"画图"中改变图像比例的叙述正确的是： （　）

　　A．使用"放大镜"不但可以放大图像的显示比例,也可以缩小显示比例

　　B．可以在放大之前选择放大倍数

　　C．执行菜单命令"查看"|"查看位图",可以查看当前图像的全貌而且可以编辑

　　D．可以使用"放大镜"改变图像的实际尺寸

【答案与解析】　本题答案为 B。选择"放大镜"工具后,在工具栏下边的选项框中就可以选择放大的倍数,其中最小的是一倍,也就是不能缩小的;"放大镜"工具可以改变图像的显示比例但是不能改变其实际的尺寸;执行菜单命令"查看"|"查看位图"后不能对画面进行编辑,此时单击鼠标即可恢复到编辑状态。

29. 在 Windows"画图"中使用"直线"工具时,按住 Shift 键同时在绘图区中拖动鼠标,绘制出的直线的角度不会是： （　）

　　A．0°　　　　　　B．45°　　　　　　C．90°　　　　　　D．120°

【答案与解析】　本题答案为 D。在 Windows"画图"中使用"直线"工具时,按住"Shift"键的同时拖动鼠标则只能绘制出正负 0°、45°、90°、135°的直线段。

30. 在 Windows"画图"中使用"矩形"工具时,不能绘制出的矩形为： （　）

　　A．仅有边框　　　　　　　　　　B．仅有填充色

　　C．既有边框又有填充色　　　　　　D．半透明效果

【答案与解析】　本题答案为 D。在 Windows"画图"中选择"矩形"工具后,可以在选项框中选择填充形式,包括仅有边框、边框和填充、仅有填充三种。

31. 下列文件格式中,Windows"画图"不支持的是： （　）

　　A．JPEG　　　　　B．BMP　　　　　C．PSD　　　　　D．GIF

【答案与解析】　本题答案为 C。可以用画图软件处理的文件包括位图文件(.BMP)、JPEG、GIF、TIFF、PNG 和 IOC 文件。

32. 在 Windows"画图"中使用"铅笔"工具时,按住鼠标右键在绘图区拖动则以什么颜色绘制出线条? （　）

　　A．前景色　　　　　B．背景色　　　　　C．黑色　　　　　D．白色

【答案与解析】　本题答案为 B。"铅笔"工具,当按住鼠标左键拖动时,将用前景颜色绘制出线条,按住鼠标右键拖动则以背景色绘制出线条。

33. 在 Windows"画图"中使用"文字"工具时,要显示文字工具栏应选择什么菜单中的"文本工具栏"菜单项? （　　）

　　A．编辑　　　　　　B．图像　　　　　　C．查看　　　　　　D．颜色

【答案与解析】　本题答案为 C。在 Windows"画图"中使用"文字"工具时,如果没有显示文本工具栏,则执行菜单操作"查看"|"文本工具栏"即可。

34. 在 Windows"画图"中,下列操作中不能清除图像中局部内容的是: （　　）

　　A．选择"橡皮/橡皮擦工具"后在要清除的区域拖动

　　B．使用"任意形状的裁剪"工具选择要清除的区域,然后按"Del"键

　　C．使用"任意形状的裁剪"工具选择要清除的区域,执行菜单命令"编辑"|"清除选定内容"

　　D．执行菜单命令"图像"|"清除图像"

【答案与解析】　本题答案为 D。清除小范围内容使用"橡皮/彩色橡皮擦"工具即可。清除较大区域内容:先使用"任意形状的裁剪"工具或"选定"工具进行选择,然后按"Del"键或者执行菜单命令"编辑"|"清除选定内容"。而菜单命令"图像"|"清除图像"的作用清除整幅图像。

35. 在 Windows"画图"中,图像内容被清除后,被清除区域将变成: （　　）

　　A．背景色　　　　　　B．前景色　　　　　　C．透明　　　　　　D．白色

【答案与解析】　本题答案为 A。图像内容被清除后,被清除区域将变成当前的背景颜色。"画图"软件不支持透明背景。

36. 下列文件扩展名中不属于图形图像类的是: （　　）

　　A．JPG　　　　　　B．GIF　　　　　　C．WMV　　　　　　D．BMP

【答案与解析】　本题答案为 C。WMV 为视频格式文件。

37. 下列关于图形图像文件格式的叙述中正确的是: （　　）

　　A．GIF 文件中可以存储多幅静止图像进而形成动画

　　B．BMP 是位图文件没有压缩格式的 BMP 文件

　　C．PNG 格式的文件只支持不透明背景的图像

　　D．JPG 文件中保存了图层、通道等信息可以很方便的修改原稿

【答案与解析】　本题答案为 A。BMP 是 Windows 中的标准图像文件格式存在压缩和非压缩两种;PNG 支持透明背景图像的制作,但是不支持动画效果;JPEG 格式文件是一种压缩格式文件,没有保存图层、通道等信息。

38. 下列图形图像文件格式中能保存图层、通道等信息的是: （　　）

　　A．BMP　　　　　　B．JPG　　　　　　C．GIF　　　　　　D．PSD

【答案与解析】　本题答案为 D。在选项中只有 PSD 格式的文件能保存图像的图层、通道、遮罩等信息。

39. 下列软件中是 Windows 自带的媒体播放软件的是: （　　）

　　A．Quick Time　　　　B．Media Player　　　　C．Real Player　　　　D．Winamp

【答案与解析】　本题答案为 B。在选项中只有 Media Player 是不需要安装 Windows 自带的媒体播放软件。

40. 下列文件格式中能用 Media Player 播放的是: （　　）

　　A．RMVB　　　　　　B．MOV　　　　　　C．RAM　　　　　　D．MP3

【答案与解析】　本题答案为 D。Media Player 支持的音频文件有 WAV、WMV、MIDI、MP3 等。

41. Media Player 可以用来播放的文件是: （　　）

　　A．音频　　　　　　B．视频　　　　　　C．音频和视频　　　　　　D．动画

【答案与解析】　本题答案为 C。Media Player 既能够播放视频文件也能够播放音频文件 C。

42. 下列关于 Media Player 的叙述正确的是： （ ）

A．Media Player 可以用来为视频文件添加视频特效

B．Media Player 可以用来为音频文件添加音频特效

C．Media Player 可以用来播放所有格式的音频和视频文件

D．Media Player 可以用来播放部分格式的音频和视频文件

【答案与解析】 本题答案为 D。Media Player 可以用来播放多种格式的音频和视频文件，但是不是所有的格式；而且它是媒体播放软件，不能加工处理音频或视频。

43. MPEG 标准用于压缩： （ ）

A．视频信息 　　 B．静态图像信息 　　 C．音频信息 　　 D．文字信息

【答案与解析】 本题答案为 A。MPEG 标准是一种压缩视频信息的压缩标准。

44. Media Player 中，切换到全屏模式观看视频的快捷键是： （ ）

A．"Alt"＋"Space" 　 B．"Alt"＋"Enter" 　 C．"Alt"＋"Tab" 　 D．"Alt"＋"Ctrl"

【答案与解析】 本题答案为 B。执行菜单命令"查看"|"全屏"，或者按组合键"Alt"＋"Enter"就可以采用全屏模式观看视频。

45. 下列操作中 WinRAR 不能实现的是： （ ）

A．分卷压缩 　　　　　　　　　 B．给压缩文件加密

C．将压缩的音频格式 MP3 解压缩成 WAV 　 D．给压缩文件添加注释

【答案与解析】 本题答案为 C。WinRAR 除了简单的压缩文件或文件夹外，还可以对压缩内容进行设置。如修改压缩文件的文件名、保存位置、压缩格式、给压缩文件添加注释、给压缩包加密等，还可以备份压缩文件、实现分卷压缩等。

46. 下列关于文件压缩的叙述中正确的是： （ ）

A．使用文件压缩工具可以将 JPG 文件压缩 70％左右

B．使用文件压缩工具很难将位图文件压缩很多

C．使用相同的压缩工具压缩不同类型的文件其压缩比是不同的

D．使用相同的压缩工具压缩不同类型的文件其压缩比也是相同的

【答案与解析】 本题答案为 C。文件压缩比不但取决于压缩算法，跟原文件的格式也有很大关系。比如可以将位图文件压缩 70％左右，而 JPG 文件本身就是一种压缩格式很难再进行压缩。

47. 双击一个压缩文件，在打开的 WinRAR 窗口中再双击压缩包中的一个 Excel 文件将会：（ ）

A．弹出错误提示对话框

B．自动调用 Excel 应用程序将该文件打开

C．自动将该文件解压到压缩文件所在的保存位置

D．弹出对话框提示用户输入解压文件的保存位置

【答案与解析】 本题答案为 B。双击一个压缩文件，在打开的 WinRAR 窗口中再双击压缩包中某个文件，系统将调用相应程序打开该文件。

48. 下列格式中，WinRAR 不支持的是： （ ）

A．RAR 　　　　　 B．CAB 　　　　　 C．ZIP 　　　　　 D．WAV

【答案与解析】 本题答案为 D。WinRAR 默认的压缩文件扩展名为．RAR，同时也支持 ZIP、UUE、ARJ、CAB、LZH、ACE、GZ、BZ2、TAR、JAR 类型压缩文件。而 WAV 是音频文件扩展名。

49. 要将 C 盘中的一个文件夹进行压缩并保存到 D 盘，那么应该在快捷菜单中选择的菜单项是：

（ ）

A．添加到压缩文件…… 　　　　　 B．添加到"＊＊＊．rar"

C．压缩并 E-mail…… 　　　　　 D．压缩到"＊＊＊．rar"并 E-mail

【答案与解析】 本题答案为 A。选择菜单项"添加到'＊＊＊.rar'"，软件将在文件或文件所在目录下生成一个压缩文件。而选择"添加到压缩文件…"将弹出"压缩文件名和参数"对话框,在该对话框中可以设置压缩文件名、保存位置、添加密码、分卷压缩等。

50. 下列工具软件中,能够开发创作将多种媒体结合实现交互操作的多媒体开发创作工具是: （　　）

A. Media Player　　　　B. PhotoShop　　　　C. Authorware　　　　D. Fireworks

【答案与解析】 本题答案为 C。常见的多媒体开发工具有 PowerPoint 、Flash、Authorware、Director、Adobe Audition 等。而选项中的另外三种软件只是针对某一种媒体进行操作的,不能实现多媒体软件的开发。

操作实例

例1 在 Windows 下,启动"录音机"软件,录制一句诗朗诵"千山鸟飞绝"将录制好的声音以"江雪 1. WAV"为名保存在 D 盘根目录下。

【答案与解析】

(1) 将麦克风与计算机连接好。

(2) 执行"开始"|"所有程序"|"附件"|"娱乐"|"录音机"菜单项进入录音机操作界面。

(3) 单击"录音"按钮"　●　"。

(4) 对着麦克风朗诵"千山鸟飞绝"(注意:在录音过程中观察窗口中出现绿色波形图则说明录音状态正常,否则应检查麦克风是否正确连接或者系统是将麦克风设置成了静音),朗诵结束后单击"停止"按钮"　■　"。

(5) 执行"文件"|"保存"菜单命令,在"另存为"对话框中的"保存在"下拉列表中选择盘符 D,在"文件名"中输入"江雪 1",单击"保存"按钮即可。关闭"录音机"程序。

例2 在 Windows 下,启动"录音机"软件,打开"江雪 1. WAV"文件,在文件末尾开始录制"万径人踪灭"。将录制好的声音以"江雪 2. WAV"为名保存在 D 盘根目录下。

【答案与解析】

(1) 启动"录音机"程序(启动方法参照第 1 题第 2 步操作提示)。执行"文件"|"打开……",在"打开"对话框中"查找范围"下拉列表中选择盘符 D,选中文件"江雪 1. WAV"后单击"打开"按钮。

(2) 单击"移至尾部"按钮"　▶▶　"。单击"录音"按钮"　●　"。

(3) 对着麦克风朗诵"万径人踪灭"朗诵结束后单击"停止"按钮"　■　"。

(4) 执行"文件"|"保存"菜单命令,以"江雪 2. WAV"为名保存(保存方法参照例 1(5)操作提示)。关闭"录音机"程序。

例3 在 Windows 下,启动"录音机"软件,录制唐诗"江雪"的最后一句"独钓寒江雪"将录制好的声音以"江雪 4. WAV"为名保存在 D 盘根目录下。将"江雪 2. WAV"与将新录制的"江雪 4. WAV"文件连接生成新的文件以"江雪. WAV"为名保存在 D 盘根目录下。

【答案与解析】

(1) 启动"录音机"程序,录制新的文件,内容为"独钓寒江雪"并以"江雪 4. WAV"为名保存(录音操作方法参照例 1 操作提示)。

(2) 执行"文件"|"打开……"菜单命令,在"打开"对话框中"查找范围"下拉列表中选择盘符 D,选中文件"江雪 2. WAV"后单击"打开"按钮。

(3) 单击"移至尾部"按钮"　▶▶　"。

(4) 执行"编辑"|"插入文件"菜单命令,在打开的"插入文件"对话框中选择 D 盘根目录下的"江

雪 4. WAV"文件(操作方法与打开文件相似,参照本题(2))。

(5) 试听正确后执行"文件"|"另存为"菜单命令,以"江雪. WAV"为名保存(保存方法参照例 1 (5)操作提示)。关闭"录音机"程序。

例 4 在 Windows 下,启动"录音机"软件,打开"江雪. WAV"文件,在"万径人踪灭"和"独钓寒江雪"两句之间插入"孤舟蓑笠翁"一句并保存到文件"江雪. WAV"。

【答案与解析】

(1) 启动"录音机"程序,录制新的文件,内容为"孤舟蓑笠翁"并以"江雪 3. WAV"为名保存。

(2) 执行"文件"|"打开……"菜单命令,在"打开"对话框中"查找范围"下拉列表中选择盘符 D,选中文件"江雪. WAV"后单击"打开"按钮。

(3) 单击"播放"按钮" ▶ ",当播放完"万径人踪灭"一句时单击"停止"按钮" ■ "。

(4) 执行"编辑"|"插入文件"菜单命令,在打开的"插入文件"对话框中选择 D 盘根目录下的"江雪 3. WAV"文件。

(5) 试听正确后执行"文件"|"保存"菜单命令即可。关闭"录音机"程序。

说明:在"录音机"软件中,当需要在音频文件的中间插入新的内容时,一般采用先将插入内容录制成新文件再"插入文件"的方法。如果直接在原文件中录制,新录制内容将覆盖原文件插入点之后的内容,而不能实现"插入"的效果。

例 5 在 Windows 下,启动"录音机"软件,打开"江雪. WAV"文件,添加加速效果。

【答案与解析】

(1) 启动"录音机"程序,执行"文件"|"打开……"菜单命令,在"打开"对话框中"查找范围"下拉列表中选择盘符 D,选中文件"江雪. WAV"后单击"打开"按钮。

(2) 执行"效果"|"加速"菜单命令。

(3) 单击"播放"按钮" ▶ ",试听加速后的效果。

说明:"录音机"软件的加速效果为按 100%,如原声音文件时常 1 分钟,那么加速后声音文件的时长将变为 30 s。关闭"录音机"程序。

例 6 在 Windows 下,启动"录音机"软件,打开"江雪. WAV"文件,添加减速效果。

【答案与解析】

(1) 启动"录音机"程序,打开"江雪. WAV"。

(2) 执行"效果"|"减速"菜单命令。

(3) 单击"播放"按钮" ▶ ",试听减速后的效果。

说明:"录音机"软件的减速效果为按 100%,如原声音文件时常 1 分钟,那么减速后声音文件的时长将变为 2 分钟。关闭"录音机"程序。

例 7 在 Windows 下,启动"录音机"软件,打开"江雪. WAV"文件,加大文件音量。

【答案与解析】

(1) 启动"录音机"程序,打开"江雪. WAV"。

(2) 执行"效果"|"加大音量"菜单命令。

(3) 单击"播放"按钮" ▶ ",试听加大音量后的效果。关闭"录音机"程序。

说明:"录音机"软件的加大音量效果为按 25%,可以反复执行该命令以增强加大音量的效果。

例 8 在 Windows 下,启动"录音机"软件,打开"江雪. WAV"文件,降低文件音量。

【答案与解析】

(1) 启动"录音机"程序,打开"江雪. WAV"。

(2) 执行"效果"|"降低音量"菜单命令。

(3) 单击"播放"按钮" ▶ ",试听降低音量后的效果。关闭"录音机"程序。

说明：可以反复执行该命令以增强降低音量的效果。

例9 在 Windows 下,使用"录音机"软件,为"江雪.WAV"文件添加"反转"效果。

【答案与解析】

(1) 启动"录音机"程序,打开"江雪.WAV"。

(2) 执行"效果"|"反转"菜单命令。

(3) 单击"播放"按钮" ▶ ",试听反转后的效果。关闭"录音机"程序。

说明：可以反复执行该命令以增强降低音量的效果。

例10 在 Windows 下,启动"录音机"软件,打开"江雪.WAV"文件,添加回音效果。

【答案与解析】

(1) 启动"录音机"程序,打开"江雪.WAV"。

(2) 执行"效果"|"添加回音"菜单命令。

(3) 试听正确后执行"文件"|"保存"菜单命令即可。关闭"录音机"程序。

说明：可以反复执行该命令以增强降低音量的效果。

例11 在 Windows 下,使用"录音机"软件,将音频文件"江雪"的格式修改为"MPEG Layer - 3",以"江雪 MP3.WAV"为名保存。

【答案与解析】

(1) 启动"录音机"程序,打开"江雪.WAV"。

(2) 执行"文件"|"另存为……"菜单命令。

(3) 在"另存为"对话框中"文件名"组合框中输入"江雪 MP3",然后单击"更改……"按钮。

(4) 在打开的"声音选定"对话框的"格式"下拉列表中选择"MPEG Layer - 3",单击"确定"按钮。

(5) 关闭"声音选定"对话框后,回到"另存为……"对话框中,单击"保存"按钮即可。关闭"录音机"程序。

说明：更改格式为"MPEG Layer - 3"后文件占用的存储空间会变小,但文件的扩展名仍然为.WAV。而且用"录音机"打开"江雪 MP3.WAV"后不能再添加回音等效果,只能播放。

例12 在网络上搜索背景音乐并下载。在 Windows 下,使用"录音机"软件,将下载的背景音乐时长调整成与录制的"江雪.WAV"音频文件时长相同并保存为"江雪背景.WAV"。

【答案与解析】

(1) 启动浏览器(如 IE 浏览器),进入搜索引擎(如百度 www.baidu.com),在搜索关键字框中输入"背景音乐",单击"搜索"按钮。

(2) 在打开的网页中选择合适的背景音乐,单击相应的下载链接下载即可。注意,由于"录音机"只能处理.WAV格式的音频文件,所以下载时要注意文件的格式应为.WAV。

(3) 启动"录音机"程序,打开"江雪.WAV"。在窗口波形图右侧可以查看文件的长度,假设录制的"江雪.WAV"长度为 90 s。

(4) 假设下载的音乐文件名为"背景音乐.WAV",并且希望保留该文件从第 10 s 到第 100 s 之间的 90 s 的内容。在"录音机"中打开该文件,播放文件,到第 10 s 的位置单击"停止"按钮。执行菜单命令"编辑"|"删除当前位置以前的内容"。

(5) 继续播放文件,到第 90 s 的位置单击"停止"按钮。执行菜单命令"编辑"|"删除当前位置以后的内容"。

(6) 执行菜单命令"文件"|"另存为……"设置文件名为"江雪背景",单击"保存"按钮即可。关闭"录音机"程序。

例13 在 Windows 下,使用"录音机"软件,给"江雪.WAV"添加背景音乐"江雪背景.WAV"。

【答案与解析】

(1) 启动"录音机"程序,打开"江雪.WAV"。

(2) 执行"编辑"|"与文件混音"菜单命令。

(3) 在打开的"混入文件"对话框中选择"江雪背景.WAV",单击"打开"按钮。

(4) 试听正确后执行"文件"|"保存"菜单命令即可。关闭"录音机"程序。

例 14 在 Windows 下,启动"画图"软件创建图像文件。调整图像大小为宽 270 像素、高 240 像素,并以"图 1.BMP"为名保存在 D 盘根目录下。

【答案与解析】

(1) 执行"开始"|"所有程序"|"附件"|"画图"菜单命令进入"画图"软件操作界面。

(2) 执行"图像"|"属性"菜单命令在打开的"属性"对话框的"单位"栏中选择"像素",在"宽度"框中输入 270"高度"框中输入 240。

说明:拖动绘图区右边线、下边线及右下角分别的蓝色的控制点,也可以调整绘图区域的大小但是不能精确的设定尺寸。

(3) 执行"文件"|"保存"菜单命令后将打开"另存为"对话框。在"另存为"对话框中的"保存在"下拉列表中选择盘符 D,在"文件名"中输入"图 1",单击"保存"按钮即可。

(4) 关闭"画图"程序。

例 15 在 Windows 下,使用"画图"软件打开"图 1.BMP",修改为浅黄色画纸效果并保存。

【答案与解析】

(1) 启动"画图"程序,执行"文件"|"打开……"菜单命令,在"打开"对话框中"查找范围"下拉列表中选择盘符 D,选中文件"图 1.WAV"后单击"打开"按钮。

(2) 用鼠标右键单击窗口下部染料盒中的浅黄色色块。

(3) 执行"图像"|"清除图像"菜单命令,此时整个绘图区即变为浅黄色。

(4) "文件"|"保存"菜单命令后关闭"画图"程序。

例 16 在 Windows 下,使用"画图"软件打开"图 1.BMP",添加两条并列的曲线并保存。

【答案与解析】

(1) 启动"画图"程序,打开"图 1.BMP"。

(2) 用鼠标单击"曲线"工具按钮"〜",在绘图区中拖动鼠标制出直线段。在曲线的一侧单击并拖动指针调整曲线形状,在曲线另一端的另一侧单击并拖动指针调整曲线形状。

(3) 用同样的方法绘制一条与第一条曲线并列的曲线。

(4) 执行"文件"|"保存"菜单命令后关闭"画图"程序。

例 17 在 Windows 下,使用"画图"软件打开"图 1.BMP",并用蓝色在两条并列曲线之间填充绘制小溪效果并保存。

【答案与解析】

(1) 启动"画图"程序,打开"图 1.BMP"。

(2) 用鼠标单击"放大镜"工具按钮,然后在绘图区中单击。

(3) 拖动窗口中水平和垂直滚动条的滑块,查找两条曲线的两个端点是否与绘图区的两条边线重合。

(4) 用"铅笔"工具"✎"或"直线"工具"＼"将未重合的位置封闭。单击"喷枪"工具按钮,在浅黄色绘图区中快速拖动鼠标即可。

(5) 用鼠标单击染料盒中的蓝色色块,选择"用颜色填充"工具按钮"◈",然后在两条曲线之间单击。

(6) 执行"文件"|"保存"菜单命令后关闭"画图"程序。

说明：如果不将两条曲线的两个端点与绘图区的两条边线封闭，填充颜色时会填满整个绘图区而不是两条曲线之间。

例 18 在 Windows 下，使用"画图"软件打开"图 1. BMP"，用深黄色在浅黄色区域绘制喷雾状黄点，以模拟沙粒效果并保存。

【答案与解析】

（1）启动"画图"程序，打开"图 1. BMP"。

（2）用鼠标单击染料盒中的深黄色色块。

（3）单击"喷枪"工具按钮，在浅黄色绘图区中快速拖动鼠标即可。

（4）执行"文件"|"保存"菜单命令后关闭"画图"程序。

例 19 在 Windows 下，启动"画图"软件创建图像文件。绘制一个等腰直角三角形，并以"图 2. BMP"为名保存在 D 盘根目录下。

【答案与解析】

（1）启动"画图"程序，选择"直线"工具"＼"。

（2）在绘图区按住"Shift"键的同时拖动鼠标绘制出一条水平的直角边。

（3）按住"Shift"键的同时从水平直角边的一个端点出发拖动鼠标绘制出一条垂直的直角边。

（4）按住"Shift"键的同时从水平直角边的另一个端点出发拖动鼠标到与垂直的直角边交叉，绘制出呈 45°的斜边。

（5）选择"橡皮"工具，在三角形多余的边线上拖动，将多余的边线擦除。

（6）执行"文件"|"保存"菜单命令，以"图 2. BMP"为名保存在 D 盘根目录下。

（7）关闭"画图"程序。

例 20 在 Windows 下，使用"画图"软件打开"图 2. BMP"，在空白处绘制一个红色边框绿色填充的矩形并保存。

【答案与解析】

（1）启动"画图"程序，打开"图 2. BMP"。

（2）用鼠标单击染料盒中的红色色块，用鼠标右键单击染料盒中的绿色色块。

（3）单击"矩形"工具按钮，在选项栏中单击选择边框和填充项，在绘图区中拖动鼠标即可。

（4）执行"文件"|"保存"菜单命令后关闭"画图"程序。

例 21 在 Windows 下，使用"画图"软件打开"图 2. BMP"，设置前景色为红色背景色为绿色，在空白处绘制一个绿色边框红色填充的圆角矩形并保存。

【答案与解析】

（1）启动"画图"程序，打开"图 2. BMP"。

（2）用鼠标单击染料盒中的红色色块，用鼠标右键单击染料盒中的绿色色块。

（3）选择"圆角矩形"工具，在选项栏中单击选择边框和填充项，按住鼠标右键在绘图区中拖动即可。

（4）执行"文件"|"保存"菜单命令后关闭"画图"程序。

例 22 在 Windows 下，使用"画图"软件打开"图 2. BMP"，在空白处绘制一个较大的红色的实心圆形并保存。

【答案与解析】

（1）启动"画图"程序，打开"图 2. BMP"。

（2）用鼠标单击染料盒中的红色色块。

（3）选择"椭圆"工具，在选项栏中单击选择仅填充项，按住"Shift"键同时用鼠标在绘图区中拖动。

(4) 执行"文件"|"保存"菜单命令后关闭"画图"程序。

例 23 在 Windows 下,使用"画图"软件打开"图 2. BMP",在空白处用最粗的线条为边框绘制一个空心的椭圆形并保存。

【答案与解析】

(1) 启动"画图"程序,打开"图 2. BMP"。

(2) 选择"直线"工具,在选项栏中选择最下面的粗线型。

(3) 单击"椭圆"工具按钮,在选项栏中单击选择仅边框项,用鼠标在绘图区中拖动即可。

(4) 执行"文件"|"保存"菜单命令后关闭"画图"程序。

例 24 在 Windows 下,使用"画图"软件打开"图 2. BMP",擦除例 20 中绘制的矩形的边框线(即红色边框线)并保存。

【答案与解析】

(1) 启动"画图"程序,打开"图 2. BMP"。

(2) 选择"取色"工具" 🖊 ",在该矩形的边框线上单击。

(3) 选择"橡皮擦"工具,按住鼠标右键在该矩形周围拖动直到边框线被完全擦除为止。

(4) 执行"文件"|"保存"菜单命令后关闭"画图"程序。

例 25 在 Windows 下,使用"画图"软件打开"图 2. BMP",在空白处输入文字"几何图形"并保存。

【答案与解析】

(1) 启动"画图"程序,打开"图 2. BMP"。

(2) 选择"文字"工具" **A** ",在空白区域拖动。

(3) 在出现的文本框中输入"几何图形",在文本框外任意位置单击即可。

(4) 执行"文件"|"保存"菜单命令后关闭"画图"程序。

例 26 在 Windows 下,使用"画图"软件打开"图 1. BMP",在画面右上角绘制向上箭头并保存。

【答案与解析】

(1) 启动"画图"程序,打开"图 1. BMP"。

(2) 选择"刷子"工具"🖌",在画面右上角以拖动鼠标的方法绘制出"↑"形状。

(3) 执行"文件"|"保存"菜单命令。

(4) 关闭"画图"程序。

例 27 在 Windows 下,使用"画图"软件打开"图 1. BMP",在画面右上角箭头旁以透明背景方式输入字号为 20 且加粗的文字"北",保存将修改结果保存。

【答案与解析】

(1) 启动"画图"程序,打开"图 1. BMP"。

(2) 选择"文字"工具" **A** ",在选项栏中单击"透明背景"项,在画面右上角的"↑"旁拖动,此时绘图区鼠标拖动位置将出现一个文本框。

(3) 在弹出的"字体"工具栏中选择字号为 20,单击"加粗"按钮"**B**"。

(4) 在绘图区中的文本框内单击,输入文字"北",在文本框外单击即可。

(5) 执行"文件"|"保存"菜单命令,关闭"画图"程序。

例 28 在 Windows 下,使用"画图"软件打开"图 2. BMP",以透明背景方式选中图画中三角形并适当缩小,观察三角形边线的变化。

【答案与解析】

(1) 启动"画图"程序,打开"图 2. BMP"。

(2) 选择"选定"工具"▢",在选项栏中单击"透明背景"项。

（3）在图画中拖动鼠标,使三角形在虚线框范围内。

（4）在虚线框的四条边线中间和四个角上均有控制点,拖动控制点将三角形缩小即可。

（5）执行"文件"|"保存"菜单命令。

（6）关闭"画图"程序。

说明:位图文件在进行缩放操作时,画面中的线条会出现失真现象。缩放比例越大失真越明显。

例29 在 Windows 下,使用"画图"软件打开"图 2.BMP",用白色在图画中的矩形中心绘制实心椭圆,以透明背景方式选中该矩形并移动,使矩形与实心圆形图案部分重叠并保存。

【答案与解析】

（1）启动"画图"程序,打开"图 2.BMP"。

（2）选择"椭圆"工具,单击选项栏中的仅填充项,按住鼠标右键在矩形中拖动。

（3）选择"选定"工具,在选项栏中单击"透明背景"项。

（4）在图画中拖动鼠标,使矩形在虚线框范围内。

（5）光标指向虚线范围内时开始拖曳鼠标,将矩形移动到实心圆形上,使两者部分重叠。

（6）执行"文件"|"保存"菜单命令。

（7）关闭"画图"程序。

例30 在 Windows 下,使用"画图"软件打开"图 2.BMP",以透明背景方式选中图画中圆角矩形（为了便于指明设该圆角矩形名为"圆角矩形 1"）,复制该圆角矩形并移动,使新的圆角矩形与实心圆形图案部分重叠并保存。

【答案与解析】

（1）启动"画图"程序,打开"图 2.BMP"。

（2）选择"选定"工具,在选项栏中单击"透明背景"项。

（3）在图画中拖动鼠标,使"圆角矩形 1"在虚线框范围内。

（4）按快捷键"Ctrl"＋"C"复制,再按快捷键"Ctrl"＋"V"粘贴。

（5）光标指向虚线范围内时开始拖曳鼠标,将新的圆角矩形移动到实心圆形上,使两者部分重叠。

（6）执行"文件"|"保存"菜单命令。

（7）关闭"画图"程序。

说明:复制和粘贴除了使用快捷键外,也可以在"编辑"菜单中找到相应的菜单项。

例31 在 Windows 下,使用"画图"软件打开"图 2.BMP",以不透明背景方式选中图画中"圆角矩形 1",复制并移动使新的圆角矩形与实心圆形图案部分重叠并保存。

【答案与解析】

（1）启动"画图"程序,打开"图 2.BMP"。

（2）选择"选定"工具,在选项栏中单击"不透明背景"项。

（3）在图画中拖动鼠标,使"圆角矩形 1"在虚线框范围内。

（4）按快捷键"Ctrl"＋"C"复制,再按快捷键"Ctrl"＋"V"粘贴。

（5）光标指向虚线范围内时开始拖曳鼠标,将新的圆角矩形移动到实心圆形上,使两者部分重叠。

（6）执行"文件"|"保存"菜单命令。

（7）关闭"画图"程序。

例32 在 Windows 下,使用"画图"软件打开"图 2.BMP",将圆角矩形的填充色设定为背景色,以透明背景方式选中"圆角矩形 1"复制并移动,使新的圆角矩形与圆形图案部分重叠并保存。

【答案与解析】

(1) 启动"画图"程序,打开"图 2.BMP"。

(2) 选择"取色"工具,在圆角矩形填充色范围内单击鼠标右键。

(3) 选择"选定"工具,在选项栏中单击"透明背景"项。在图画中拖动鼠标,使"圆角矩形 1"在虚线框范围内。

(4) 按快捷键"Ctrl"+"C"复制,再按快捷键"Ctrl"+"V"粘贴。

(5) 光标指向虚线范围内时开始拖曳鼠标,将新的圆角矩形移动到实心圆形上,使两者部分重叠。

(6) 执行"文件"|"保存"菜单命令。

(7) 关闭"画图"程序。

例 33　在 Windows 下,使用"画图"软件打开"图 1.BMP",以居中形式将该图画设置为墙纸。

【答案与解析】

(1) 启动"画图"程序,打开"图 1.BMP"。

(2) 执行"文件"|"设置为墙纸(居中)"菜单命令。

(3) 关闭"画图"程序。

例 34　在 Windows 下,使用"画图"软件打开"图 2.BMP",以 JPEG 格式在 D 盘根目录下保存该图画。

【答案与解析】

(1) 启动"画图"程序,打开"图 2.BMP"。

(2) 执行"文件"|"另存为……"菜单命令。

(3) 在"另存为"对话框的"保存类型"下拉列边框中选择"JPEG"项,单击"保存"按钮。

(4) 关闭"画图"程序。

例 35　在 Windows 下,使用"画图"软件将桌面上的"我的电脑"图标保存成一个小图片,以"我的电脑.BMP"为名保存在 D 盘根目录下。

【答案与解析】

(1) 显示桌面,按键盘上的"Print Screen"功能键。

(2) 启动"画图"程序。

(3) 按快捷键"Ctrl"+"V"将抓取的屏幕图像粘贴到绘图区。

(4) 选择"任意形状的剪裁"工具"✂",沿"我的电脑"图标的边缘拖动,使该图标被选中。按下快捷键"Ctrl"+"C"复制图标。

(5) 执行"文件"|"新建"菜单命令,在弹出的对话框中单击"否"按钮。

(6) 按下快捷键"Ctrl"+"V",粘贴刚才复制的图标,调整绘图区大小与图标大小相符。

(7) 执行"文件"|"保存"菜单命令,输入文件名为"我的电脑",单击"保存"按钮。

(8) 关闭"画图"程序。

例 36　在 Windows 下,设置"Media Player"的观看模式为视频大小的 50%。

【答案与解析】

(1) 执行菜单命令"开始"|"程序"|"附件"|"娱乐"|"Windows Media Player"启动媒体播放机。

(2) 执行菜单命令"查看"|"视频大小"|"50%"。

(3) 关闭"Windows Media Player"程序。

例 37　在 Windows 下,使用"Media Player"软件,播放"江雪.WAV"。

【答案与解析】

(1) 启动 Windows Media Player。

(2) 执行"文件"|"打开"菜单命令。

（3）在"打开"对话框中选择"江雪.WAV"文件，单击"打开"按钮。单击窗口中"播放"按钮。

（4）关闭"Windows Media Player"程序。

例38 在 Windows 下，清除"Media Player"软件的历史记录。

【答案与解析】

（1）启动 Windows Media Player。

（2）执行"工具"|"选项"菜单命令。

（3）在"选项"对话框中选择"隐私"选项卡。

（4）单击"历史记录"框内的"清除历史记录"按钮。

（5）关闭"Windows Media Player"程序。

例39 在 Windows 下，将"Media Player"设置为 WMV 的默认播放器。

【答案与解析】

（1）启动 Windows Media Player。

（2）执行"工具"|"选项"菜单命令。

（3）在"选项"对话框中选择"文件类型"选项卡。

（4）勾选"文件类型"列表框中的"Windows Media 视频文件"选项，单击"确定"按钮。

（5）关闭"Windows Media Player"程序。

例40 在 Windows 下，设置"Media Player"播放时允许运行屏幕保护程序。

【答案与解析】

（1）启动 Windows Media Player。

（2）执行"工具"|"选项"菜单命令。

（3）在"选项"对话框中选择"播放机"选项卡。

（4）勾选"播放机设置"框中的"播放时允许运行屏幕保护程序"选项，单击"确定"按钮。

（5）关闭"Windows Media Player"程序。

例41 在 Windows 下，设置"Media Player"为循环播放状态。

【答案与解析】

（1）启动 Windows Media Player。

（2）执行"播放"|"重复"菜单命令，使该菜单项前出现一个"√"。

（3）关闭"Windows Media Player"程序。

注意：以下练习需要在所使用的计算机上安装 WinRAR 软件，否则无法实现操作。

例42 在 Windows 下，在 D 盘根目录下建立新文件夹并取名为"音频练习"，将"江雪1.WAV"到"江雪4.WAV"移动到该文件夹中。将该文件夹中所有文件压缩成一个压缩文件，且以"音频练习.RAR"为名保存在 D 盘根目录下。

【答案与解析】

（1）打开资源管理器，在 D 盘根目录下建立新文件夹并更名为"音频练习"，将"江雪1.WAV"到"江雪4.WAV"移动到该文件夹中。

（2）右键单击"音频练习"文件夹，选择快捷菜单中的菜单项"添加到'音频练习.RAR'"。

（3）此时将弹出"正在创建压缩文件音频练习.RAR"窗口，压缩完成后窗口自动关闭。

例43 在 Windows 下，将"江雪.WAV"音频文件添加到"音频练习.RAR"压缩文件中。

【答案与解析】

（1）打开资源管理器，在 D 盘根目录下找到文件"江雪.WAV"。

（2）右键单击"江雪.WAV"音频文件，选择快捷菜单中的菜单项"添加到压缩文件……"，打开"压缩文件名和参数"对话框，显示"常规"选项卡。

（3）单击"浏览"按钮，在"查找压缩文件"对话框中选择"音频练习.RAR"文件，单击"打开"按钮。

（4）单击"确定"按钮即开始压缩，压缩完成后窗口自动关闭。

例44 在 Windows 下，将"图1.BMP"和"图2.BMP"压缩成一个压缩文件，以"画图练习.RAR"为名保存在 D 盘根目录下并且添加密码"abc"。

【答案与解析】

（1）打开资源管理器，在 D 盘根目录下选中文件"图1.BMP"和"图2.BMP"。

（2）右键单击其中一个文件，选择快捷菜单中的菜单项"添加到压缩文件……"，打开"压缩文件名和参数"对话框，显示"常规"选项卡。

（3）在"压缩文件名"框中输入"画图练习"。

（4）选择"高级"选项卡，单击"设置密码……"按钮，将打开"带密码压缩"对话框。

（5）在"输入密码"和"再次输入密码以确认"文本框中均输入"abc"，单击"确定"按钮。

（6）单击"确定"按钮即开始压缩，压缩完成后窗口自动关闭。

例45 在 Windows 下，将"江雪MP3.WAV"和"江雪背景.WAV"压缩成一个压缩文件，以"江雪.RAR"为名保存在 D 盘根目录下并且添加注释为"MP3格式和带背景音乐"。

【答案与解析】

（1）打开资源管理器，在 D 盘根目录下选中文件"江雪MP3.WAV"和"江雪背景.WAV"。

（2）右键单击其中一个文件，选择快捷菜单中的菜单项"添加到压缩文件……"，打开"压缩文件名和参数"对话框，显示"常规"选项卡。

（3）在"压缩文件名"框中输入"江雪"。

（4）选择"注释"选项卡，在"手动输入注释内容"框中输入"MP3格式和带背景音乐"，单击"确定"按钮。

（5）单击"确定"按钮即开始压缩，压缩完成后窗口自动关闭。

例46 在 Windows 下，将"图1.BMP"和"我的电脑.BMP"压缩成一个压缩文件，以"我的图画.RAR"为名保存在 D 盘根目录下并且存储创建时间。

【答案与解析】

（1）打开资源管理器，在 D 盘根目录下选中文件"图1.BMP"和"我的电脑.BMP"。

（2）右键单击其中一个文件，选择快捷菜单中的菜单项"添加到压缩文件……"，打开"压缩文件名和参数"对话框，显示"常规"选项卡。

（3）在"压缩文件名"框中输入"我的图画"。

（4）选择"时间"选项卡，在"存储文件时间"框中勾选"存储创建时间"选项，单击"确定"按钮。

（5）单击"确定"按钮即开始压缩，压缩完成后窗口自动关闭。

例47 在 Windows 下，将"音频练习.RAR"压缩文件制成自解压文件，保存在 D 盘根目录下。

【答案与解析】

（1）打开资源管理器，在 D 盘根目录下找到压缩文件"音频练习.RAR"双击该文件。

（2）在打开的 WinRAR 窗口中单击"自解压格式"按钮。

（3）在弹出的"压缩文件音频练习.RAR"对话框中采用其默认设置即可，单击"确定"按钮。

（4）在 D 盘根目录下生成自解压文件"音频练习.EXE"。

例48 在 Windows 下，将 D 盘根目录下的"画图练习.RAR"中的文件解压到 D 盘根目录下"画图练习"文件夹中。

【答案与解析】

（1）打开资源管理器，在 D 盘根目录下找到压缩文件"画图练习.RAR"。

（2）右键单击该文件，选择快捷菜单中的菜单项"解压到画图练习\"。

（3）此时会弹出一个解压缩窗口，解压完成后窗口自动关闭。

例49 在 Windows 下，在 E 盘根目录下建立新文件夹"我的音频"。将 D 盘根目录下的"音频练习. RAR"中的文件解压到"我的音频"文件夹中。

【答案与解析】

（1）打开资源管理器，在 D 盘根目录下找到压缩文件"音频练习. RAR"。

（2）右键单击该文件，选择快捷菜单中的菜单项"解压文件⋯⋯"。

（3）在"解压路径和选项"对话框中选择解压位置为 E 盘的"我的音频"文件夹，单击"确定"按钮。

（4）此时会弹出一个解压缩窗口，解压完成后窗口自动关闭。

例50 在 Windows 下，将"江雪. RAR"压缩文件文件中的"江雪背景. WAV"解压到 D 盘"江雪"文件夹中。

【答案与解析】

（1）打开资源管理器，在 D 盘根目录下找到压缩文件"江雪. RAR"。

（2）双击该文件，打开 WinRAR 主窗口。

（3）在"江雪背景. WAV"上单击右键，选择"解压到指定文件夹"菜单项。

（4）在打开的"解压路径和选项"对话框中单击"确定"按钮。

（5）此时会弹出一个解压缩窗口，解压完成后窗口自动关闭。

说明：也可以先选择"江雪背景. WAV"，再单击"解压到"按钮。

复 习 题

【问答题】

1. 什么是多媒体技术？分哪几种类型？

2. 简述常用的音频文件类型和文件格式有哪些？

3. 简述常用的图形图像文件类型和文件格式有哪些？

4. 简述常用的视频文件类型和文件格式有哪些？

5. 简述用 WinRAR 工具压缩与解压文件的操作方法。

第七章
计算机安全

导　学

内容及要求

计算机安全包括三部分的内容,计算机的基本知识和计算机病毒、网络安全与网络道德和防火墙、系统更新与系统还原。

计算机安全的基本知识和计算机病毒要求掌握计算机安全的定义;了解计算机安全的属性;了解计算机安全包含的内容;熟悉计算机病毒的基本知识;熟悉解计算机病毒的预防和消除;了解常用的防病毒软件的安装和使用方法。

网络安全要求了解网络安全的特征;掌握影响网络安全的主要因素;了解主动攻击和别动攻击的区别;熟悉数据加密、身份认证、访问控制技术的基本概念;了解网络道德的基本准则和计算机安全的规范化和法制化。

防火墙、系统更新与系统还原要求了解防火墙的基本知识;掌握系统更新的基本知识和使用方法;熟悉系统还原的基本知识和使用方法。

重点、难点

计算机安全的重点是计算机安全、计算机病毒的基本知识和基本概念;网络安全的基本概念和防火墙、系统更新与系统还原的基本知识。其难点是计算机病毒的预防和消除;数据加密、身份认证、访问控制技术;系统更新和还原的基本使用方法等。

- 计算机安全的基本知识和计算机病毒
- 网络安全
- 防火墙、系统更新与系统还原

随着计算机的普及和网络技术的发展,越来越多的企业、个人利用计算机和网络来发布和共享信息。计算机网络虽然广泛和深刻地改变了传统的生产、经营、管理和生活方式,但针对计算机网络的攻击也越来越多,增加了网络的复杂性和脆弱性。由此,计算机的安全问题引起了广泛重视。

目前,人们通过运用多种网络安全技术,如认证授权、数据加密技术、访问控制、防火墙、入侵检测和防病毒等来实现信息安全。

▉ 第一节　计算机安全的基本知识和计算机病毒

一、计算机安全的基本知识和概念

计算机系统安全通常指的是一种机制：即只有被授权的人才能使用其相应的资源。安全通常包括五个属性：可用性、可靠性、完整性、保密性和不可抵赖性。除此之外，计算机网络信息系统的其他属性还包括：可控性、可审查性、认证、访问控制等。

可用性：是指得到授权的实体在需要时能访问资源和得到服务。

可靠性：是指系统在规定条件下和规定时间内完成规定的功能。

完整性：是指信息不被偶然或蓄意地删除、修改、伪造、乱序、重放、插入等破坏的特征。

保密性：是指确保信息不暴露给未授权的实体。

不可抵赖性（也称不可否认性）：是指通信双方对其收、发过的信息均不可抵赖。

我国提出的计算机安全的定义是：是指网络系统的硬件、软件及其系统中的数据受到保护，不受偶然的或者恶意的原因而遭到破坏、更改、泄露，系统连续可靠正常地运行，网络服务不中断。

从技术上讲，计算机安全主要包括以下几种。

1. 实体安全　网络的实体安全又称物理安全，主要指因为主机、计算机网络的硬件设备、各种通信线路和信息存储设备等物理介质造成的信息泄露、丢失或服务中断等不安全因素。

实体安全产生的主要原因包括：地震、水灾、火灾等环境事故，电源故障，人为操作失误或错误，设备被盗、被毁，电磁干扰，线路截获，高可用性的硬件，双机多冗余的设计，机房环境及报警系统、安全意识等，因此要尽量避免网络的物理安全风险。

2. 系统的安全　是指整个网络操作系统和网络硬件平台是否可靠且值得信任。不但要选用尽可能可靠的操作系统和硬件平台，并对操作系统进行安全配置。而且，必须加强登录过程的认证（特别是在到达服务器主机之前的认证），确保用户的合法性；其次应该严格限制登录者的操作权限，将其完成的操作限制在最小的范围内。

3. 信息安全　是指信息网络的硬件、软件及其系统中的数据受到保护，不受偶然的或者恶意的原因而遭到破坏、更改、泄露，系统连续可靠正常地运行，信息服务不中断。信息安全主要包括软件安全和数据安全。对信息安全的威胁有两种：信息泄露和信息破坏。信息泄露指由于偶然或人为因素将一些重要信息为别人所获，造成泄密事件。信息破坏则可能由于偶然事故或人为因素故意地破坏信息的正确性，完整性和可用性。

保密数据根据其保密程度可分为秘密、机密、绝密三类。

TCSEC 标准是计算机系统安全评估的第一个正式标准，具有划时代的意义。该准则于 1970 年由美国国防科学委员会提出，并于 1985 年 12 月由美国国防部公布。TCSEC 最初只是军用标准，后来延至民用领域。TCSEC 将计算机系统的安全划分为四个等级、七个级别。

（1）D 类安全等级：D 类安全等级只包括 D1 一个级别。D1 的安全等级最低。D1 系统只为文件和用户提供安全保护。D1 系统最普通的形式是本地操作系统，或者是一个完全没有保护的网络。

（2）C 类安全等级：该类安全等级能够提供审慎的保护，并为用户的行动和责任提供审计能力。C 类安全等级可划分为 C1 和 C2 两类。C1 系统的可信任运算基础体制（trusted computing base，TCB）通过将用户和数据分开来达到安全的目的。在 C1 系统中，所有的用户以同样的灵敏度来处理数据，即用户认为 C1 系统中的所有文档都具有相同的机密性。C2 系统比 C1 系统加强了可调的审慎控制。在连接到网络上时，C2 系统的用户分别对各自的行为负责。C2 系统通过登陆过程、安全事件和资源隔离来增强这种控制。C2 系统具有 C1 系统中所有的安全性特征。

（3）B类安全等级：B类安全等级可分为B1、B2和B3三类。B类系统具有强制性保护功能。强制性保护意味着如果用户没有与安全等级相连，系统就不会让用户存取对象。B1系统满足下列要求：系统对网络控制下的每个对象都进行灵敏度标记；系统使用灵敏度标记作为所有强迫访问控制的基础；系统在把导入的、非标记的对象放入系统前标记它们；灵敏度标记必须准确地表示其所联系的对象的安全级别；当系统管理员创建系统或者增加新的通信通道或I/O设备时，管理员必须指定每个通信通道和I/O设备是单级还是多级，并且管理员只能手工改变指定；单级设备并不保持传输信息的灵敏度级别；所有直接面向用户位置的输出（无论是虚拟的还是物理的）都必须产生标记来指示关于输出对象的灵敏度；系统必须使用用户的口令或证明来决定用户的安全访问级别；系统必须通过审计来记录未授权访问的企图。

B2系统必须满足B1系统的所有要求。另外，B2系统的管理员必须使用一个明确的、文档化的安全策略模式作为系统的可信任运算基础体制。B2系统必须满足下列要求：系统必须立即通知系统中的每一个用户所有与之相关的网络连接的改变；只有用户能够在可信任通信路径中进行初始化通信；可信任运算基础体制能够支持独立的操作者和管理员。

B3系统必须符合B2系统的所有安全需求。B3系统具有很强的监视委托管理访问能力和抗干扰能力。B3系统必须设有安全管理员。B3系统应满足以下要求：除了控制对个别对象的访问外，B3必须产生一个可读的安全列表；每个被命名的对象提供对该对象没有访问权的用户列表说明；B3系统在进行任何操作前，要求用户进行身份验证；B3系统验证每个用户，同时还会发送一个取消访问的审计跟踪消息；设计者必须正确区分可信任的通信路径和其他路径；可信任的通信基础体制为每一个被命名的对象建立安全审计跟踪；可信任的运算基础体制支持独立的安全管理。

（4）A类安全等级：A系统的安全级别最高。目前，A类安全等级只包含A1一个安全类别。A1类与B3类相似，对系统的结构和策略不作特别要求。A1系统的显著特征是，系统的设计者必须按照一个正式的设计规范来分析系统。对系统分析后，设计者必须运用核对技术来确保系统符合设计规范。A1系统必须满足下列要求：系统管理员必须从开发者那里接收到一个安全策略的正式模型；所有的安装操作都必须由系统管理员进行；系统管理员进行的每一步安装操作都必须有正式文档。

计算机安全所涉及的方面十分广泛，对于单用户计算机来说，计算机的工作环境、物理安全、计算机的操作安全以及病毒的预防都是保证计算机安全的重要因素。

二、计算机病毒

（一）计算机病毒的概念

计算机病毒在《中华人民共和国计算机信息系统安全保护条例》中被明确定义：编制或者在计算机程序中插入的破坏计算机功能或者破坏数据，影响计算机使用并且能够自我复制的一组计算机指令或者程序代码。

（二）计算机病毒的特性

1. 可执行性　计算机病毒是一段可执行的程序代码。

2. 寄生性　计算机病毒寄生在其他程序之中，当执行这个程序时，病毒就起破坏作用，而在未启动这个程序之前，它是不易被人发觉的。

3. 传染性　计算机病毒不但本身具有破坏性，更有害的是具有传染性，一旦病毒被复制或产生变种，其速度之快令人难以预防。传染性是病毒的基本特征。在生物界，病毒通过传染从一个生物体扩散到另一个生物体。在适当的条件下，它可得到大量繁殖，并使被感染的生物体表现出病症甚至死亡。同样，计算机病毒也会通过各种渠道从已被感染的计算机扩散到未被感染的计算机，在某些情况下造成被感染的计算机工作失常甚至瘫痪。与生物病毒不同的是,计算机病毒是一段人为编制的计算机程序代码,这段程序代码一旦进入计算机并得以执行,它就会搜寻其他符合其传染条件的程序或存储介质,确定目标后再将自身代码插入其中,达到自我繁殖的目的。只要一台计算机染毒,如不及时处理,那么病毒会在这台机子上迅速扩散,其中的大量文件(一般是可执行文件)会被感染。而被感染的文件又成了新的传染源,再与其他机器进行数据交换或通过网络接触,病毒会继续进行传染。是否具有传染性是判别一个程序是否为计算机病毒的最重要条件。

4. 潜伏性　有些病毒像定时炸弹一样,让它什么时间发作是预先设计好的。比如黑色星期五病毒,不到预定时间一点都觉察不出来,等到条件具备的时候一下子就爆炸开来,对系统进行破坏。一个编制精巧的计算机病毒程序,进入系统之后一般不会马上发作,可以在几周或者几个月内甚至几年内隐藏在合法文件中,对其他系统进行传染,而不被人发现,潜伏性愈好,其在系统中的存在时间就会愈长,病毒的传染范围就会愈大。潜伏性的第一种表现是指,病毒程序不用专用检测程序是检查不出来的,因此病毒可以静静地躲在磁盘或磁带里呆上几天,甚至几年,一旦时机成熟,得到运行机会,就又要四处繁殖、扩散,继续为害。潜伏性的第二种表现是指计算机病毒的内部往往有一种触发机制,不满足触发条件时,计算机病毒除了传染外不做什么破坏。触发条件一旦得到满足,有的在屏幕上显示信息、图形或特殊标识,有的则执行破坏系统的操作,如格式化磁盘、删除磁盘文件、对数据文件做加密、封锁键盘以及使系统死锁等。

5. 隐蔽性　计算机病毒具有很强的隐蔽性,有的可以通过病毒软件检查出来,有的根本就查不出来,有的时隐时现、变化无常,这类病毒处理起来通常很困难。

6. 破坏性　计算机中毒后,可能会导致正常的程序无法运行,把计算机内的文件删除或受到不同程度的损坏。通常表现为:增加、删减、改变、移动。

7. 可触发性　病毒因某个事件或数值的出现,诱使病毒实施感染或进行攻击的特性称为可触发性。为了隐蔽自己,病毒必须潜伏,少做动作。如果完全不动,一直潜伏的话,病毒既不能感染也不能进行破坏,便失去了杀伤力。病毒既要隐蔽又要维持杀伤力,它必须具有可触发性。病毒的触发机制就是用来控制感染和破坏动作的频率的。病毒具有预定的触发条件,这些条件可能是时间、日期、文件类型或某些特定数据等。病毒运行时,触发机制检查预定条件是否满足,如果满足,启动感染或破坏动作,使病毒进行感染或攻击;如果不满足,使病毒继续潜伏。

8. 衍生性　有一部分病毒具有多态性,它每感染一个 EXE 文件就会演变成为另一种病毒。

破坏性和传染性是计算机病毒最主要的特性。

(三)计算机病毒的分类

计算机病毒具有诸多特点及特性,其分类方法有很多种,同一种病毒按照不同的分类方法可能被分到许多不同的类别中。

1. 按照计算机病毒攻击的操作系统分类

(1)攻击 DOS 系统的病毒:这类病毒出现最早、最多,变种也最多,目前我国出现的计算机病毒基本上都是这类病毒,此类病毒占病毒总数的 99%。

(2)攻击 Windows 系统的病毒:由于 Windows 的图形用户界面(GUI)和多任务操作系统深受用户的欢迎,Windows 正逐渐取代 DOS,从而成为病毒攻击的主要对象。首例破坏计算机硬件的 CIH 病毒就是一个 Windows 95/98 病毒。

(3)攻击 UNIX 系统的病毒:当前,UNIX 系统应用非常广泛,并且许多大型的操作系统均采用 UNIX 作为其主要的操作系统,所以 UNIX 病毒的出现,对人类的信息处理也是一个严重的威胁。

(4)攻击 OS/2 系统的病毒:世界上已经发现第一个攻击 OS/2 系统的病毒,它虽然简单,但也是一个不祥之兆。

2. 按照计算机病毒的链接方式分类　计算机病毒需要进入系统,从而进行感染和破坏。因此,病毒必须与计算机系统内可能被执行的文件建立链接。根据病毒对这些文件的链接形式不同来划分病毒,可分为以下几类。

(1) 源码型病毒:该病毒攻击高级语言(C, Pascal 等)编写的程序,该病毒在高级语言所编写的程序编译前插入到原程序中,经编译成为合法程序的一部分。

(2) 嵌入型病毒(入侵型病毒):这种病毒是将自身嵌入到现有程序中,把计算机病毒的主体程序与其攻击的对象以插入的方式链接。这种计算机病毒是难以编写的,一旦侵入程序体后也较难消除。如果同时采用多态性病毒技术,超级病毒技术和隐蔽性病毒技术,将给当前的反病毒技术带来严峻的挑战。

(3) 外壳型病毒:外壳型病毒将其自身包围在主程序的四周,对原来的程序不作修改。这种病毒最为常见,易于编写,也易于发现,一般测试文件的大小即可知。

(4) 操作系统型病毒:这类病毒程序用自己取代一部分操作系统中的合法程序模块,从而寄生在计算机磁盘的操作系统区,在启动计算机时,能够先运行病毒程序,然后再运行启动程序。这类病毒可表现出很强的破坏力,可使系统瘫痪,无法启动。

3. 按照计算机病毒的寄生部位或传染对象分类　　传染性是计算机病毒的本质属性,根据寄生部位或传染对象分类,也即根据计算机病毒传染方式进行分类,有以下几种。

(1) 系统引导型病毒:磁盘引导区传染的病毒主要是用病毒的全部或部分逻辑取代正常的引导记录,而将正常的引导记录隐藏在磁盘的其他地方。由于引导区是磁盘能正常使用的先决条件,因此,这种病毒在运行的一开始(如系统启动)就能获得控制权,其传染性较大。由于在磁盘的引导区内存储着需要使用的重要信息,如果对磁盘上被移走的正常引导记录不进行保护,则在运行过程中就会导致引导记录的破坏。引导区传染的计算机病毒较多,例如,"大麻"和"小球"病毒就是这类病毒。

(2) 文件型病毒:分为源码型病毒、嵌入型病毒和外壳型病毒。源码型病毒是用高级语言编写的,若不进行汇编、链接则无法传染扩散。嵌入型病毒是嵌入在程序的中间,它只能针对某个具体程序,如 dBASE 病毒。这两类病毒受环境限制尚不多见。目前流行的文件型病毒几乎都是外壳型病毒,这类病毒寄生在宿主程序的前面或后面,并修改程序的第一个执行指令,使病毒先于宿主程序执行,这样随着宿主程序的使用而传染扩散。

(3) 混合型病毒:该类病毒具有文件型病毒和系统引导型病毒两者的特性。它的"性情"也就比系统型和文件型病毒更为"凶残"。这种病毒透过这两种方式来感染,更增加了病毒的传染性以及存活率。不管以哪种方式传染,只要中毒就会经开机或执行程序而感染其他的磁盘或文件,此种病毒也是最难杀灭的。

4. 按照计算机病毒的破坏情况分类

(1) 良性病毒:良性病毒是指其不包含有立即对计算机系统产生直接破坏作用的代码。这类病毒为了表现其存在,只是不停地进行扩散,从一台计算机传染到另一台,并不破坏计算机内的数据。有些人对这类计算机病毒的传染不以为然,认为这只是恶作剧,没什么关系。其实良性、恶性都是相对而言的。良性病毒取得系统控制权后,会导致整个系统和应用程序争抢 CPU 的控制权,时时导致整个系统死锁,给正常操作带来麻烦。有时系统内还会出现几种病毒交叉感染的现象,一个文件不停地反复被几种病毒所感染。例如,原来只有 10kB 存储空间,而且整个计算机系统也由于多种病毒寄生于其中而无法正常工作。因此也不能轻视所谓良性病毒对计算机系统造成的损害。

(2) 恶性病毒:恶性病毒就是指在其代码中包含有损伤和破坏计算机系统的操作,在其传染或发作时会对系统产生直接的破坏作用。这类病毒是很多的,如米开朗基罗病毒。当米氏病毒发作时,硬盘的前 17 个扇区将被彻底破坏,使整个硬盘上的数据无法被恢复,造成的损失是无法挽回的。有的病毒还会对硬盘做格式化等破坏。这些操作代码都是刻意编写进病毒的,这是其本性之一。因此这类恶性病毒是很危险的,应当注意防范。所幸防病毒系统可以通过监控系统内的这类异常动作识别出计算机病毒的存在与否,或至少发出警报提醒用户注意。

5. 按照传播媒介分类　按照计算机病毒的传播媒介来分类,可分为单机病毒和网络病毒。

(1)单机病毒:单机病毒的载体是磁盘(软盘、U盘、可移动硬盘或光盘),常见的是病毒从U盘传入硬盘,感染系统,然后再传染其他U盘,U盘又传染其他系统。

(2)网络病毒:网络病毒的传播媒介是网络。网络病毒往往造成网络阻塞,网页修改,甚至与其他病毒结合修改或破坏文件。网络病毒的传播速度更快,范围更广,造成的危害更大。

(四) 计算机病毒的预防

计算机病毒的预防分为两种:管理方法上的预防和技术上的预防,而在一定的程度上,这两种方法是相辅相成的。这两种方法的结合,对防止病毒的传染是行之有效的。

1. 运用管理手段预防计算机病毒的传染　计算机管理者应认识到计算机病毒对计算机系统的危害性,应制定完善的计算机有关使用的管理措施,以预防病毒对企业计算机系统的传染。病毒给计算机用户带来的麻烦,可以采取以下措施进行预防。

(1)系统启动盘要专用,并且要加上写保护,以防病毒侵入。

(2)不使用来历不明的软盘或U盘,除非经过彻底检查。

(3)尽量不要使用非法复制或解密的软件。

(4)不要轻易让他人使用自己的系统,如果无法做到这点,至少不能让他们自己带程序盘来使用。

(5)对于重要的系统盘、数据盘及硬盘上的重要文件内容要经常备份,以保证系统或数据遭到破坏后能及时得到恢复。

(6)经常利用各种病毒检测软件对硬盘做相应的检查,以便及时发现和清除病毒。

(7)对于网络上的计算机用户,要遵守网络软件的使用规定,不要随意使用网络上外来的软件。尤其是当从电子邮件或互联网上下载文件时,在打开这些文件之前,应用反病毒工具扫描该文件。

2. 运用技术手段预防计算机病毒的传染　采用一定的技术措施(如安装预防软件、设置病毒防火墙等)预防计算机病毒对系统的入侵,或发现病毒欲传染系统时,向用户发出警报。

病毒防火墙是随着Internet及网络安全技术的发展而引入的。它的原理是实时"过滤"技术,包括两个方面:一是保护计算机系统不受任何来自"本地"或"远程"病毒的危害;二是向计算机系统提供双向保护,也防止"本地"系统内的病毒向网络或其他介质扩散。另外,病毒防火墙本身应该是一个安全的系统,能够抵抗任何病毒对其进行的攻击,也不会对无害的数据造成任何形式的损坏。当应用程序(任务)对文件或邮件及附件进行打开、关闭、执行、保存、发送操作时,病毒防火墙会首先自动清除文件中包含的病毒,然后再完成用户的操作。

(五) 计算机病毒的清除

目前计算机病毒的破坏力越来越强,几乎所有的软、硬件都可能与病毒有牵连,所以当操作时发现计算机有异常情况,首先应怀疑的就是病毒在作怪,而最佳的解决办法就是用杀毒软件对计算机进行全面的清查。我国目前较为流行的杀毒软件有瑞星、KV3000、金山毒霸、360杀毒、卡巴斯基、诺顿防病毒软件等。

在进行杀毒时应注意以下几点。

(1)先备份重要的数据文件。即使这些文件已经感染病毒,万一杀毒失败后还有机会将计算机恢复原貌,然后再使用杀毒软件对数据文件进行修复。

(2)目前,很多病毒都可以通过网络中的共享文件夹进行传播,所以计算机一旦遭受病毒感染应首先断开网络,再进行漏洞的修补以及病毒的检测和清除,从而避免病毒大规模传播,造成更严重的危害。

(3) 有些病毒发作后,会破坏 Windows 的一些关键文件,导致无法再 Windows 下运行杀毒软件进行病毒的清除,所以应该制作一张 DOS 环境下的杀毒软盘,作为应对措施,进行杀毒。

(4) 有些病毒式针对 Windows 操作系统的漏洞而设计的,所以杀毒完成后,应及时给系统打上补丁,防止重复感染。

(5) 及时更新杀毒软件的病毒库,使其可以发现并清除最新的病毒。

(六) 常用防病毒软件的使用方法

1. 360 杀毒软件的使用

(1) 下载安装(本例选用的是 360 杀毒软件的双引擎版本):该软件可以到网址 http://www. 360. cn 下载,下载的是一个可执行文件,扩展名为".EXE"。

1) 双击该 EXE 文件,则会运行该杀毒软件的安装向导,如图 7-1 所示。它会提示你一步一步将安装完成。

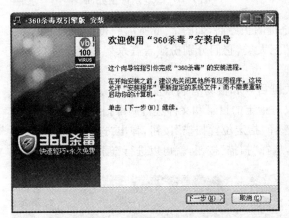

图 7-1 安装向导欢迎界面

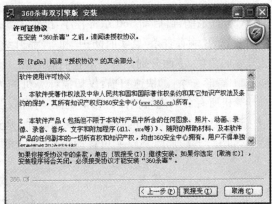

图 7-2 接受许可协议

2) 单击"下一步"按钮,出现"许可证协议"对话框,如图 7-2 所示。

3) 单击"我接受"按钮,出现"选择安装位置"对话框,如图 7-3 所示。

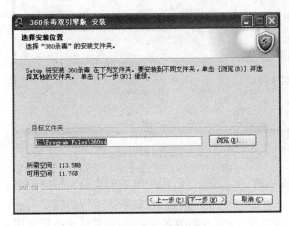

图 7-3 选择安装位置

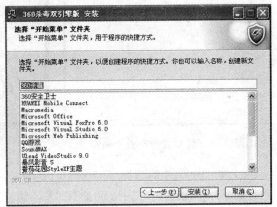

图 7-4 点击"安装"

4) 单击"下一步"按钮,出现"360 杀毒"作为开始菜单选择项对话框,如图 7-4 所示。

5) 单击"安装"按钮,稍等片刻后,安装结束,如图 7-5 所示。

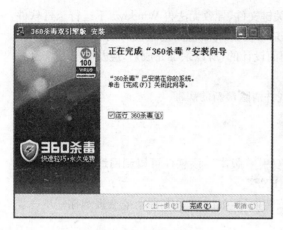

图 7-5　安装完成

图 7-6　360 杀毒主界面

(2) 查杀病毒:启动 360 杀毒程序,出现 360 杀毒的主界面,如图 7-6 所示。360 杀毒程序的主要功能分为"病毒查杀"、"实时防护"和"产品升级"三大类,它们分别扮演着查杀病毒、系统监控、产品升级的角色,下面分别介绍一下它们的用法。

1) 病毒查杀:①快速扫描:仅扫描计算机的关键目录和极易有病毒隐藏的目录。②全盘扫描:对计算机所有分区进行扫描。③指定位置扫描:仅对指定的目录和文件进行病毒扫描。

这里举例对 U 盘上的数据进行病毒查杀,则选择"指定位置扫描"按钮,弹出"选择扫描目录"对话框,如图 7-7 所示。选中"可移动磁盘"复选框,选择"扫描"按钮,就可以进行查杀了。

图 7-7　对 U 盘数据查杀病毒

图 7-8　实时防护界面

2) 实时防护:实时防护(图 7-8)可以实时监控病毒、木马的入侵,保护电脑的安全。按防护级别可划分为"严格防护"、"中度防护"和"基本防护"三个层次。①严格防护:对系统运行的速度有一定影响,对病毒文件的任何访问方式都将被拦截。②中度防护:全面的安全防护,对系统速度影响很小,可以确保病毒无法运行、传播。③基本防护:基本的安全防护,对系统速度没有影响,可以确保病毒无法运行。

3）产品升级：通过及时的升级病毒库，确保病毒库是最新的，从而保证查杀的及时和有效。

2. 卡巴斯基杀毒软件的使用

（1）下载安装（本例使用的是卡巴斯基杀毒 2010 版）：该软件可以到网址 www.kaspersky.com.cn 下载，下载的是一个可执行文件，扩展名为".EXE"。

1）双击该 EXE 文件，稍等几分钟，则会出现该杀毒软件的安装向导界面，如图 7-9 所示。它会提示你一步一步将安装完成。

图 7-9　安装向导欢迎界面　　　　图 7-10　最终用户授权许可协议界面

2）单击"下一步"按钮，出现"最终用户授权许可协议"对话框，如图 7-10 所示。

3）单击"我同意"按钮，出现"卡巴斯基安全网络服务"对话框，如图 7-11 所示。

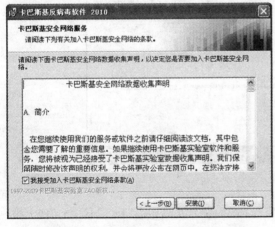

图 7-11　卡巴斯基安全网络服务界面　　　图 7-12　激活程序界面

4）单击"安装"按钮进行安装。在安装过程中会出现"激活程序"对话框，如图 7-12 所示，提示用户输入"激活码"，只有输入正确的激活码才能进行下一步的安装。如果用户只希望试用或稍后激活，可以选择"激活试用授权"或"稍后激活"其中的一个选项。

5）设置完毕后，单击"下一步"按钮，出现"激活完成"对话框，如图 7-13 所示。

6）单击"下一步"按钮，出现"已完成安装"对话框，如图 7-14 所示。

7）单击"完成"按钮，安装结束。

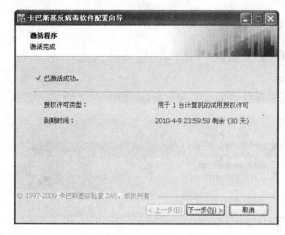

图 7 - 13 激活完成界面

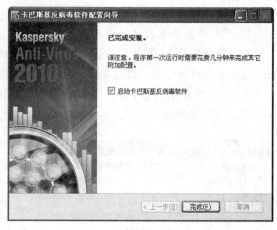

图 7 - 14 激活完成界面

（2）查杀病毒：启动卡巴斯基杀毒程序，出现卡巴斯基杀毒的主界面，如图 7 - 15 所示。在启动的同时卡巴斯基程序会自动更新病毒库，以保证杀毒效果最好。

图 7 - 15 卡巴斯基杀毒程序主界面

卡巴斯基杀毒程序的主要功能分为"保护中心"、"扫描中心"、"更新中心"和"工具中心"四大类。

（1）保护中心：保护计算机免受恶意程序和非法访问的威胁，同时保障安全访问网络。具体的保护功能包括"文件和隐私数据安全"、"系统和应用程序安全"和"网络在线安全"三类。

（2）扫描中心：扫描计算机中的病毒、木马、蠕虫、软件漏洞和其他威胁。具体的扫描功能包括"全盘扫描"、"快速扫描"、"对象扫描"和"漏洞扫描"四类。

（3）更新中心：定期更新数据库和程序模块，确保计算机时刻处于最佳的安全状态。

（4）工具中心：提供额外的安全工具和服务，更好地保护计算机。包括"虚拟键盘"、"应急磁盘创建"、"Windows 设置修复"、"浏览器设置优化"和"活动痕迹清理"等功能。

▊▊第二节　网　络　安　全

一、网络安全概述

（一）网络安全的基本概念

计算机网络安全是指计算机及其网络系统资源和信息资源不受自然和人为有害因素的威胁和危害，即是指计算机、网络系统的硬件、软件及其系统中的数据受到保护，不因偶然的或者恶意的原因而遭到破坏和更改、泄露，确保系统能连续可靠正常地运行，使网络服务不中断。计算机网络安全从其本质上来讲就是系统上的信息安全。计算机网络安全是一门涉及计算机科学、网络技术、密码技术、信息安全技术、应用数学、数论和信息论等多种学科的综合性科学。

从广义来说，凡是涉及到计算机网络上信息的保密性、完整性、可用性、真实性和可控性的相关技术和理论都是计算机网络安全的研究领域。所以，广义的计算机网络安全还包括信息设备的物理安全性，诸如场地环境保护、防火措施、防水措施、静电防护、电源保护、空调设备、计算机辐射防护和计算机病毒防护等。

网络安全有四种特性。

1. 保密性　信息不泄露给非授权的用户、实体或过程，且不被其利用的特性。

2. 完整性　数据未经授权不能进行改变的特性，即信息在存储或传输过程中保持不被修改、不被破坏和丢失的特性。

3. 可用性　可被授权实体访问并按需求使用的特性，即当需要时应能存取所需的信息。

4. 可控性　对信息的传播及内容具有控制能力的特性。

网络安全的基本目标是实现信息的保密性，完整性，可用性和可控性。

（二）影响网络安全的主要因素

影响网络安全的因素有很多，归纳起来有信息处理环节存在不安全因素、信息系统自身存在漏洞以及病毒和黑客攻击等。

信息处理环节存在的不安全因素主要表现在下列几个方面。

（1）输入的数据容易被篡改。

（2）输出设备容易造成信息泄露或窃取。

（3）系统软件和处理数据的软件可以被病毒修改。

（4）系统对数据处理的控制功能还不完善。

信息系统自身存在的漏洞主要表现在下列几个方面。

（1）操作系统本身就存在很多潜在的漏洞，这些漏洞为病毒和黑客攻击提供了机会。

（2）网络的通讯协议几乎都存在着或多或少的漏洞。

（3）作为承担处理数据的数据库管理系统本身其安全级别不高。

二、网络攻击和安全服务

网络攻击又可分为被动攻击和主动攻击。

被动攻击就是网络窃听，截取数据包并进行分析，从中窃取重要的敏感信息。被动攻击很难被发现，因此预防很重要，防止被动攻击的主要手段是数据加密传输。为了保护网络资源免受威胁和攻击，在密码学及安全协议的基础上发展了网络安全体系中的五类安全服务，它们是：身份认证、访问控制、数据保密、数据完整性和不可否认。对这五类安全服务，国际标准化组织（ISO）已经有了明确的定义。

主动攻击包含攻击者访问它所需信息的故意行为。比如远程登录到指定机器的端口 25 找出公司运行的邮件服务器的信息；伪造无效 IP 地址去连接服务器，使接受到错误 IP 地址的系统浪费时间去连接那个非法地址。攻击者是在主动地做一些不利于你或你的公司系统的事情。正因为如此，如果要寻找它们是很容易发现的。主动攻击包括拒绝服务、信息篡改、资源使用、欺骗等攻击方法。

为了保护网络资源免受威胁和攻击，在密码学及安全协议的基础上发展了网络安全体系中的五类安全服务，即身份认证、访问控制、数据保密、数据完整性和不可否认。

（一）密码技术

密码技术是保护信息安全最基础、最核心的手段之一，它是结合数学、计算机科学、电子与通信等诸多学科于一身的交叉学科。它不仅有信息加密功能，而且具有数字签名、身份认证、私密分存、系统安全等功能。使用密码技术不仅可以保证信息的机密性，而且可以保证信息的完整性和可用性，防止信息被篡改、伪造或假冒。

1. 明文 被隐蔽的消息称作明文，隐蔽后的消息称作密文或密报。

2. 加密 将明文变换成密文的过程称作加密。

3. 解密 由密文恢复出原明文的过程称作解密。

4. 加密算法 密码员对明文进行加密时采用的一组规则称作加密算法。

5. 解密算法 接受者对密文进行解密时采用的一组规则称作解密算法。

6. 加密密钥和解密密钥 加密算法和解密算法的操作通常是在一组密钥的控制下进行的，分别称为加密密钥和解密密钥。

（二）身份认证

身份认证是在计算机网络中确认操作者身份的过程。

计算机网络世界中一切信息包括用户的身份信息都是用一组特定的数据来表示的，计算机只能识别用户的数字身份，所有对用户的授权也是针对用户数字身份的授权。

如何保证以数字身份进行操作的操作者就是这个数字身份合法拥有者，也就是说保证操作者的物理身份与数字身份相对应，身份认证就是为了解决这个问题，作为防护网络资产的第一道关口，身份认证有着举足轻重的作用。

1. 身份认证的主要目的

（1）验证信息的发送者是真正的，而不是冒充的，这称为信源识别。同理验证信息的接受者是真正的，而不是冒充的，这称为信宿识别。

（2）验证信息的完整性，保证信息在传送过程中未被篡改，重放或延迟等。

2. 身份认证方法 在真实世界，对用户的身份认证基本方法可以分为三种。①根据你所知道的信息来证明你的身份（what you know，你知道什么）。②根据你所拥有的东西来证明你的身份（what you have，你有什么）。③直接根据独一无二的身体特征来证明你的身份（who you are，你是谁），比如指纹、面貌等。

在网络世界中手段与真实世界中一致，为了达到更高的身份认证安全性，某些场景会将上面三种挑选两种混合使用，即所谓的双因素认证。

以下罗列几种常见的认证形式。

（1）静态密码：用户的密码是由用户自己设定的。在网络登录时输入正确的密码，计算机就认为操作者就是合法用户。实际上，由于许多用户为了防止忘记密码，经常采用诸如生日、电话号码等容易被猜测的字符串作为密码，或者把密码抄在纸上放在一个自认为安全的地方，这样很容易造成密码泄漏。如果密码是静态的数据，在验证过程中需要在计算机内存中和传输过程可能会被木马程序或网络中截获。因此,静态密码机制如论是使用还是部署都非常简单,但从安全性上讲,用户名/密码方式一种是不安全的身份认证方式。它利用"what you know"的方法。

(2) 智能卡(IC 卡):一种内置集成电路的芯片,芯片中存有与用户身份相关的数据,智能卡由专门的厂商通过专门的设备生产,是不可复制的硬件。智能卡由合法用户随身携带,登录时必须将智能卡插入专用的读卡器读取其中的信息,以验证用户的身份。

智能卡认证是通过智能卡硬件不可复制来保证用户身份不会被仿冒。然而由于每次从智能卡中读取的数据是静态的,通过内存扫描或网络监听等技术还是很容易截取到用户的身份验证信息,因此还是存在安全隐患。它利用"what you have"的方法。

(3) 短信密码:短信密码以手机短信形式请求包含 6 位随机数的动态密码,身份认证系统以短信形式发送随机的 6 位密码到客户的手机上。客户在登录或者交易认证时候输入此动态密码,从而确保系统身份认证的安全性。它利用"what you have"的方法。

短信密码具有以下优点。

1) 安全性:由于手机与客户绑定比较紧密,短信密码生成与使用场景是物理隔绝的,因此密码在通路上被截取几率降至最低。

2) 普及性:只要会接收短信即可使用,大大降低短信密码技术的使用门槛,学习成本几乎为零,所以在市场接受度上面不会存在阻力。

3) 易收费:由于移动互联网用户天然养成了付费的习惯,这和 PC 时代互联网截然不同的理念,而且收费通道非常的发达,如果是网银、第三方支付、电子商务可将短信密码作为一项增值业务,每月通过 SP 收费不会有阻力,因此也可增加收益。

4) 易维护:由于短信网关技术非常成熟,大大降低短信密码系统上马的复杂度和风险,短信密码业务后期客服成本低,稳定的系统在提升安全同时也营造良好的口碑效应,这也是目前银行也大量采纳这项技术很重要的原因。

(4) 动态口令牌:是目前最为安全的身份认证方式,也利用"what you have"的方法,也是一种动态密码。

动态口令牌是客户手持用来生成动态密码的终端,主流的是基于时间同步方式的,每 60 秒变换一次动态口令,口令一次有效,它产生 6 位动态数字进行一次一密的方式认证。

由于它使用起来非常便捷,85% 以上的世界 500 强企业运用它保护登录安全,广泛应用在 VPN、网上银行、电子政务、电子商务等领域。

(5) USB Key:基于 USB Key 的身份认证方式是近几年发展起来的一种方便、安全的身份认证技术。它采用软硬件相结合、一次一密的强双因子认证模式,很好地解决了安全性与易用性之间的矛盾。USB Key 是一种 USB 接口的硬件设备,它内置单片机或智能卡芯片,可以存储用户的密钥或数字证书,利用 USB Key 内置的密码算法实现对用户身份的认证。基于 USB Key 身份认证系统主要有两种应用模式:一是基于冲击/响应的认证模式,二是基于 PKI 体系的认证模式,目前运用在电子政务、网上银行。

(6) 生物识别技术:运用"who you are"的方法,通过可测量的身体或行为等生物特征进行身份认证的一种技术。生物特征是指惟一的可以测量或可自动识别和验证的生理特征或行为方式。生物特征分为身体特征和行为特征两类。身体特征包括:指纹、掌型、视网膜、虹膜、人体气味、脸型、手的血管和 DNA 等;行为特征包括:签名、语音、行走步态等。目前部分学者将视网膜识别、虹膜识别和指纹识别等归为高级生物识别技术;将掌型识别、脸型识别、语音识别和签名识别等归为次级生物识别技术;将血管纹理识别、人体气味识别、DNA 识别等归为"深奥的"生物识别技术,指纹识别技术目前应用广泛的领域有门禁系统、微型支付等。

(7) 双因素身份认证:所谓双因素就是将两种认证方法结合起来,进一步加强认证的安全性,目前使用最为广泛的双因素有：①动态口令牌＋静态密码；②USB Key＋静态密码；③二层静态密码等等。

（8）Infogo 身份认证：网络安全准入设备制造商，联合国内专业网络安全准入实验室，推出安全身份认证准入控制系统。

（三）访问控制

访问控制是信息安全保障机制的重要内容，它是实现数据保密性和完整性机制的主要手段。访问控制的目的是决定谁能够访问系统、能访问系统的何种资源以及访问这些资源时所具备的权限。这里的权限指读取数据，更改数据，运行程序，发起链接等，从而使计算机系统在合法范围内使用。访问控制机制决定用户的程序能做什么，以及做到什么程度。

访问控制的手段包括用户识别代码、口令、登录控制、资源授权、授权核查、日志和审计。

按用户身份及其所归属的某预定义组来限制用户对某些信息项的访问，或限制对某些控制功能的使用。访问控制通常用于系统管理员控制用户对服务器、目录、文件等网络资源的访问。

1. 访问控制的主要功能

（1）防止非法的主体进入受保护的网络资源。

（2）允许合法用户访问受保护的网络资源。

（3）防止合法的用户对受保护的网络资源进行非授权的访问。

2. 访问控制实现的策略

（1）入网访问控制。

（2）网络权限限制。

（3）目录级安全控制。

（4）属性安全控制。

（5）网络服务器安全控制。

（6）网络监测和锁定控制。

（7）网络端口和节点的安全控制。

（8）防火墙控制。

3. 访问控制的类型

（1）根据实现的技术不同，访问控制可分为以下三种。

1）自主访问控制：是指由用户有权对自身所创建的访问对象（文件、数据表等）进行访问，并可将对这些对象的访问权授予其他用户和从授予权限的用户收回其访问权限。

2）强制访问控制：是指由系统（通过专门设置的系统安全员）对用户所创建的对象进行统一的强制性控制，按照规定的规则决定哪些用户可以对哪些对象进行什么样操作系统类型的访问，即使是创建者用户，在创建一个对象后，也可能无权访问该对象。

3）基于角色的访问控制。

（2）根据应用环境的不同，访问控制可分为以下三种。

1）网络控制访问。

2）主机、操作系统访问控制。

3）应用程序访问控制。

三、网络道德

所谓网络道德，是指以善恶为标准，通过社会舆论、内心信念和传统习惯来评价人们的上网行为，调节网络时空中人与人之间以及个人与社会之间关系的行为规范。网络道德是时代的产物，与信息网络相适应，人类面临新的道德要求和选择，于是网络道德应运而生。网络道德是人与人、人与人群关系的行为法则，它是一定社会背景下人们的行为规范，赋予人们在动机或行为上的是非善恶判断标准。

网络道德作为一种实践精神，是人们对网络持有的意识态度、网上行为规范、评价选择等构成的价值体系，是一种用来正确处理、调节网络社会关系和秩序的准则。网络道德的目的是按照善的法则创造性地完善社会关系和自身，其社会需要除了规范人们的网络行为之外，还有提升和发展自己内在精神的需要。

网络道德的基本原则：诚信、安全、公开、公平、公正、互助。

网络道德的特点是：自主性、多元性、开放性。

美国计算机学会（ACM）制定了《ACM道德和行为规范》，其主要的准则如下。

（1）保护好自己的数据：企业或个人有责任保持自己数据的完整和正确。

（2）不使用盗版软件：软件是一种商品，付费购买商品是天经地义的事，使用盗版软件既不尊重软件的作者，也不符合IT行业的道德准则。

（3）不做黑客：黑客是指对计算机系统未经授权访问的人，未经授权的访问或存取是一种违法行为。

（4）网络自律：不应在网上发布和传播不健康的内容。

四、计算机安全的规范化和法制化

计算机安全是三分技术和七分管理。技术也包含标准，是计算机安全的保证；管理是灵魂，管理的核心是法规。法规是计算机安全的法律规范，是管理的依据和保障，也使计算机安全纳入规范化和法制化的轨道。

（一）计算机安全法规的基本内容与作用

计算机安全法规是以公正和强制的方式规范计算机用户的行为准则、具有科学性、严密性和权威性，其目的在于明确责任，制止犯罪，保障正当的权益。

（1）惩治计算机犯罪和违法。惩治计算机犯罪和违法，是为了保护计算机系统的信息资源，维护计算机用户的权益。

（2）治理与控制计算机病毒。严格制止计算机病毒的研制开发，惩罚以防止计算机病毒的复制、传播，从而保护计算机的运行安全。

（3）规范计算机安全与组织法。规范计算机安全监察管理部门的职责与权利，规范计算机责任管理部门和直接使用部门的职责与权利。

（4）保护数据。保护数据包括数据法和数据保护法，目的是保护计算机用户（单位或个人）的正当权益，包括隐私等。

（二）国外计算机安全的立法简况

1973年，瑞士通过了世界上第一部保护计算机的法律。

美国对国家计算机安全尤其重视，其行政法、刑法、诉讼法等十分全面。在行政法方面，1987年推出的《计算机安全法》，定义了对联邦计算机系统中的敏感资料的保护；在刑法方面，1984年出台了《计算机诈骗和滥用法》，1987年正式颁布了联邦计算机犯罪法；在诉讼法方面，《联邦证据法》对计算机证据作了相应的规定；此外，美国早已制定了信息战框架，并在实战中得到检验，如《信息战条令》、《2010年联合构造》等。

俄罗斯在国家计算机安全方面也是极为重视，制定了完善的法律法规，如《参与国际信息交流法》、《俄联邦信息、信息化和信息保护法》等。2000年的《俄联邦计算机安全学说》包容了四方面内容：计算机安全领域的国家利益、保障计算机安全的方法、计算机安全保障国家政策的基本原则和实施这一政策的首要措施、计算机安全保障体系的主要职能和组成部分。

德国在 1996 年出台的《信息和通信服务规范法》,即《多媒体法》,被认为是世界上第一部规范因特网的法律。

日本在 1985 年就制定了计算机安全规范;1986 年成立了日本安全管理协会;1989 年日本警视厅公布了《计算机病毒等非法程序的对策指南》;2000 年底日本防卫厅发表了《信息军事革命手册》。

计算机安全是举世关注的问题。1992 年联合国各成员国签署了《国际电信联盟组织法》;1998 年联合国大会通过了"关于信息和传输领域成果只用于国际安全环境"的决议;欧洲委员会在 2000 年制定的《打击计算机犯罪公约》是首次出台的打击黑客的国际公约,包括美国在内的等 40 多个国家加入了该公约。

(三)我国计算机安全的立法简况

我国围绕国家计算机安全也制定颁布了一系列法律和规范:1986 年 9 月颁布了《中华人民共和国治安管理处罚条例》;1986 年 12 月颁布了《中华人民共和国标准化法》;1987 年 10 月推出的《电子计算机系统安全规范(试行草案)》,是我国计算机安全工作的第一个管理规范;1988 年 9 月颁布了《中华人民共和国保守国家秘密法》;1991 年 5 月颁布了《计算机软件保护条例》;1992 年 4 月颁布了《计算机软件著作权登记法》;1994 年 2 月,我国第一部计算机安全法规《中华人民共和国计算机信息系统安全保护条例》推出,这是我国计算机安全工作的总纲;1997 年 5 月颁布了《中华人民共和国计算机信息网络国际联网管理暂行规定》;1997 年 12 月颁布了《计算机信息网络国际联网安全保护管理办法》等。

在国家法规的基础上,地方性的"实施细则"或"暂行规定"也相继推出,如 1992 年,天津公安局通过的《天津市计算机病毒控制条例》。

(四) 知识产权

知识产权是指基于智力的创造性劳动所产生的权利。知识产权的最主要特点是专有性,即除权利人同意或法律的规定外,权利人以外的任何人不得享有或使用该项权利。

第一个国际性的保护知识产权的条约是在 1886 年缔结的《保护文学艺术作品伯尔尼公约》。1967 年在斯德哥尔摩成立了世界知识产权组织,1974 年该组织成为联合国专门机构之一。我国于 1980 年 3 月加入了世界产权组织。

计算机软件是专业工作人员智力劳动的结晶。为了鼓励计算机软件的开发和流通,保护软件合法拥有者的权利,维护我国的国际声誉,促进我国计算机应用事业的发展,国务院根据《中华人民共和国著作权法》的有关规定,颁布了《中华人民共和国计算机软件保护条例》,并从 1991 年 10 月 1 日起实施。该条例明文规定:未经软件著作人的同意,复制其软件的行为是侵权行为,侵权人要承担相应的民事责任。

■■ 第三节　防火墙、系统更新与系统还原

一、防火墙

(一)防火墙的基本概述

防火墙指的是一个由软件和硬件设备组合而成、在内部网和外部网之间、专用网与公共网之间的界面上构造的保护屏障。是一种获取安全性方法的形象说法,它是一种计算机硬件和软件的结合,使 Internet 与 Intranet 之间建立起一个安全网关(security gateway),从而保护内部网免受非法用户的侵入,防火墙主要由服务访问规则、验证工具、包过滤和应用网关四个部分组成。

（二）防火墙的功能

防火墙最基本的功能就是控制在计算机网络中，不同信任程度区域间传送的数据流。例如，互联网是不可信任的区域，而内部网络是高度信任的区域。以避免安全策略中禁止的一些通信，与建筑中的防火墙功能相似。它有控制信息基本的任务在不同信任的区域。典型信任的区域包括互联网（一个没有信任的区域）和一个内部网络（一个高信任的区域）。最终目标是提供受控连通性在不同水平的信任区域通过安全政策的运行和连通性模型之间根据最少特权原则。

防火墙对流经它的网络通信进行扫描，这样能够过滤掉一些攻击，以免其在目标计算机上被执行。防火墙还可以关闭不使用的端口。而且它还能禁止特定端口的流出通信，封锁特洛伊木马。最后，它可以禁止来自特殊站点的访问，从而防止来自不明入侵者的所有通信。

防火墙应该具有以下功能：①所有进出网络的通信流都应该通过防火墙；②所有穿过防火墙的通信流都必须有安全策略的确认与授权。

1. 防火墙是网络安全的屏障　一个防火墙（作为阻塞点、控制点）能极大地提高一个内部网络的安全性，并通过过滤不安全的服务而降低风险。由于只有经过精心选择的应用协议才能通过防火墙，所以网络环境变得更安全。如防火墙可以禁止诸如众所周知的不安全的 NFS 协议进出受保护网络，这样外部的攻击者就不可能利用这些脆弱的协议来攻击内部网络。防火墙同时可以保护网络免受基于路由的攻击，如 IP 选项中的源路由攻击和 ICMP 重定向中的重定向路径。防火墙应该可以拒绝所有以上类型攻击的报文并通知防火墙管理员。

2. 防火墙可以强化网络安全策略　通过以防火墙为中心的安全方案配置，能将所有安全软件（如口令、加密、身份认证、审计等）配置在防火墙上。与将网络安全问题分散到各个主机上相比，防火墙的集中安全管理更经济。例如，在网络访问时，一次一密口令系统和其他的身份认证系统完全可以不必分散在各个主机上，而集中在防火墙一身上。

3. 对网络存取和访问进行监控审计　如果所有的访问都经过防火墙，那么，防火墙就能记录下这些访问并作出日志记录，同时也能提供网络使用情况的统计数据。当发生可疑动作时，防火墙能进行适当的报警，并提供网络是否受到监测和攻击的详细信息。另外，收集一个网络的使用和误用情况也是非常重要的。首先的理由是可以清楚防火墙是否能够抵挡攻击者的探测和攻击，并且清楚防火墙的控制是否充足。而网络使用统计对网络需求分析和威胁分析等而言也是非常重要的。

4. 防止内部信息的外泄　通过利用防火墙对内部网络的划分，可实现内部网重点网段的隔离，从而限制了局部重点或敏感网络安全问题对全局网络造成的影响。再者，隐私是内部网络非常关心的问题，一个内部网络中不引人注意的细节可能包含了有关安全的线索而引起外部攻击者的兴趣，甚至因此而暴露了内部网络的某些安全漏洞。使用防火墙就可以隐蔽那些透漏内部细节如 Finger，DNS 等服务。Finger 显示了主机的所有用户的注册名、真名，最后登录时间和使用 shell 类型等。但是 Finger 显示的信息非常容易被攻击者所获悉。攻击者可以知道一个系统使用的频繁程度，这个系统是否有用户正在连线上网，这个系统是否在被攻击时引起注意等等。防火墙可以同样阻塞有关内部网络中的 DNS 信息，这样一台主机的域名和 IP 地址就不会被外界所了解。

除了安全作用，防火墙还支持具有 Internet 服务特性的企业内部网络技术体系 VPN（虚拟专用网）。

（三）硬件防火墙的分类

目前，根据防火墙的逻辑位置和其所具备的功能，可分为基本型和复合型防火墙两大类。基本型防火墙包括包过滤防火墙和应用型防火墙；复合型防火墙将以上两种基本型防火墙结合使用，主要包括主机屏蔽防火墙和子网屏蔽防火墙。

1. 包过滤防火墙　包过滤（packet filtering）技术是在网络层对数据包进行选择，选择的依据是系统内设置的过滤逻辑，被称为访问控制表（access control table）。通过检查数据流中每个数据包的源地址、目的地址、所用的端口号、协议状态等因素，或它们的组合来确定是否允许该数据包通过。数据包过滤防火墙逻辑简单，价格便宜，易于安装和使用，网络性能和透明性好，它通常安装在路由器上。路由器是内部网络与 Internet 连接必不可少的设备，因此在原有网络上增加这样的防火墙几乎不需要任何额外的费用。

数据包过滤防火墙的缺点有二：一是非法访问一旦突破防火墙，即可对主机上的软件和配置漏洞进行攻击；二是数据包的源地址、目的地址以及 IP 的端口号都在数据包的头部，很有可能被窃听或假冒。

2. 应用型防火墙　又称双宿主机网关防火墙。是在网络应用层上建立协议过滤和转发功能。它针对特定的网络应用服务协议使用指定的数据过滤逻辑，并在过滤的同时，对数据包进行必要的分析、登记和统计，形成报告。实际中的应用网关通常安装在专用工作站系统上。特点是容易实现，代价较小，但无法有效地区分同一 IP 地址的不同用户，因此安全性较差。

包过滤和应用型防火墙有一个共同的特点，就是它们仅仅依靠特定的逻辑判定是否允许数据包通过。一旦满足逻辑，则防火墙内外的计算机系统建立直接联系，防火墙外部的用户便有可能直接了解防火墙内部的网络结构和运行状态，这有利于实施非法访问和攻击。

3. 主机屏蔽防火墙　是由一个应用型防火墙和一个包过滤路由器混合组成，其优点是有两道防线，所以安全性好，但对路由器的路由表设置要求较高。

4. 子网屏蔽防火墙　由两个包过滤防火墙和一个应用型防火墙共同组成。它是最安全的一种防火墙体系机构。但实现的代价也高，且不易配置，网络的访问速度也要减慢，其费用也明显高于其他几种防火墙。

（四）常见的软件防火墙——天网防火墙

天网防火墙是国内外针对个人用户最好的中文软件防火墙之一，运行界面如图 7 - 16 所示。在目前网络受攻击案件数量直线上升的情况下，计算机随时都可能遭到各种恶意攻击，这些恶意攻击可能导致的后果是上网账号被窃取、冒用、银行账号被盗用、电子邮件密码被修改、财务数据被利用、机密档案丢失、隐私曝光等等，甚至黑客（hacker）或剑客（cracker）能通过远程控制删除硬盘上所有的资料数据，整个计算机系统架构全面崩溃。为了抵御黑客或剑客的攻击，建议在个人计算机上安装一套天网防火墙个人版，它能帮您拦截一些来历不明、有害敌意访问或攻击行为。

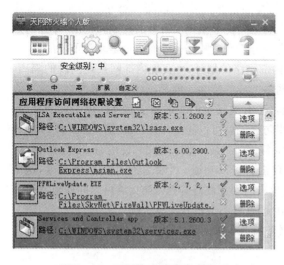

图 7 - 16　天网防火墙程序主界面

网防火墙个人版是个人电脑使用的网络安全程序，根据管理者设定的安全规则把守网络，提供强大的访问控制、信息过滤等功能，帮你抵挡网络入侵和攻击，防止信息泄露。天网防火墙把网络分为本地网和互联网，可针对来自不同网络的信息，来设置不同的安全方案，适合于任何方式上网的用户。

1. 严密的实时监控　天网防火墙（个人版）对所有来自外部机器的访问请求进行过滤，发现非授权的访问请求后立即拒绝，随时保护用户系统的信息安全。

2. 灵活的安全规则　天网防火墙(个人版)设置了一系列安全规则,允许特定主机的相应服务,拒绝其他主机的访问要求。用户还可以根据自己的实际情况,添加、删除、修改安全规则,保护本机安全。

3. 应用程序规则设置　新版的天网防火墙增加对应用程序数据包进行底层分析拦截功能,它可以控制应用程序发送和接收数据包的类型、通讯端口,并且决定拦截还是通过,这是目前其他很多软件防火墙不具有的功能。

4. 详细的访问记录和完善的报警系统　天网防火墙(个人版)可显示所有被拦截的访问记录,包括访问的时间、来源、类型、代码等都详细地记录下来,可以清楚地看到是否有入侵者想联接到你的机器,从而制定更有效的防护规则。与以往的版本相比,天网防火墙(个人版)设置了完善的声音报警系统,当出现异常情况的时候,系统会发出预警信号,从而让用户作好防御措施。

二、系统更新

任何操作系统都会存在或多或少的漏洞,从而为病毒或其他攻击提供了条件。Windows 操作系统也不例外。为了最大限度地减少最新病毒和其他安全威胁对计算机的攻击,微软公司建立了 Windows Update 网站,该网站向用户提供免费的更新软件包,这些软件包包括安全更新、重要更新和服务包(Service Pack)。

要进行"系统更新",通常可以使用打开"自动更新",打开自动更新之后,不必联机搜索更新或担心错过重要的修复程序,Windows 会根据用户确定的计划自动下载并安装。

"自动更新"的操作方法(若系统已设置为多用户系统,则必须以计算机管理员身份登录,才能完成该过程)如下。

第一步:打开系统,在开始菜单中找到"控制面板",然后双击控制面板中的"自动更新"图标,弹出"自动更新"对话框,如图 7 – 17 所示。

第二步:选择"自动(推荐)"单选按钮。

第三步:在"自动下载推荐的更新,并安装它们"下,选择希望 Windows 安装更新的日期和时间。最后单击"确定"按钮。

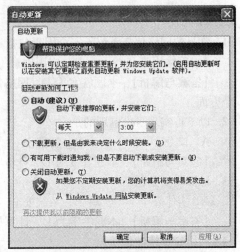

图 7 – 17　自动更新对话框

三、系统还原

在平时的操作中,难免进行了错误的操作,使得计算机系统无法正确运行。这个时候不一定要进行重新安装操作系统,可以采用一定的办法进行系统的还原。具体还原到进行误操作之前的某个时间。系统还原是 Windows XP 中相当有用的工具,如果误删了文件、计算机出现各种故障,甚至系统已经完全崩溃时,系统还原一般就可以恢复 XP 系统了。

1. 系统还原的启动　其实,系统还原的启动都是通过运行 rstrui 程序来进行的,我们可以找到系统还原的后台程序,进入"C:\windows\system32\restore"目录,找到"rstrui"文件,然后右键单击选择"发送到"|"桌面快捷方式",以后只需双击该快捷方式便可快速启动系统还原。在 DOS 环境的命令行提示符下直接输入"rstrui"或是单击"开始"|"运行"输入"rstrui"后回车,也可以同样启动系统还原。

2. 利用命令行运行系统还原　当系统已经崩溃连安全模式也无法进入,但能进入"带命令行提示的安全模式",我们可以在命令行提示符后面输入"C:\windows\system32\restore\rstrui"并回车,也可以进行系统还原。

3. 安全模式下利用菜单进行系统还原　有时候 Windows XP 无法用正常模式进入,但是还能进入安全模式的话,建议可以在安全模式下启动系统还原进行系统恢复,具体的步骤是:单击"开始"|"程序"|"附件"|"系统工具"|"系统还原",选择"恢复我的计算机到一个较早的时间",单击"下一步"按钮选择一个还原点(一个过去的具体时间),"确定"后系统即会重启并完成系统的还原。

4. 利用还原盘进行系统还原　如果这几种方法不行的话,那就考虑用专门的还原盘来进行还原。有还原软盘和还原光盘两种,还原软盘可以在平时制作,在市场上也可以买到还原光盘。不管是哪个版本的操作系统都可以利用这个方法来进行系统的还原。具体的操作是,把盘插进盘区,系统就可以自动运行盘里的还原软件进行系统的还原。

当然,不是任何程度的破坏都可以通过还原来恢复系统的,如果系统被很大程度上的破坏,那也只有进行系统的重新安装了。只有我们在平时少去修改系统盘,如果不懂就不要去动注册表,一般来说系统是不易出现问题甚至崩溃的。

▉▉ 实 践 与 解 析

选择解析

1. 常见的网络信息系统不安全因素包括:　　　　　　　　　　　　　　　　　( )

　　A. 网络因素　　　　　B. 应用因素　　　　　C. 管理因素　　　　　D. 以上皆是

　　【答案与解析】　本题答案为 D。网络信息系统安全因素包括网络因素、应用因素和管理因素三个方面。

2. 以下可实现身份鉴别的是:　　　　　　　　　　　　　　　　　　　　　　　( )

　　A. 口令　　　　　　　B. 智能卡　　　　　　C. 视网膜　　　　　　D. 以上皆是

　　【答案与解析】　本题答案为 D。身份鉴别包括口令、智能卡、视网膜、指纹、DNA 等技术。

3. 计算机安全包括:　　　　　　　　　　　　　　　　　　　　　　　　　　　( )

　　A. 实体安全　　　　　B. 系统安全　　　　　C. 信息安全　　　　　D. 以上皆是

　　【答案与解析】　本题答案为 D。计算机安全包括实体安全、系统安全和信息安全 3 方面内容。

4. 网络安全特性包括:　　　　　　　　　　　　　　　　　　　　　　　　　　( )

　　A. 保密性、完整性　　　　　　　　　　　　　B. 可用性、可控性

　　C. 不可否认性　　　　　　　　　　　　　　　D. 以上皆是

　　【答案与解析】　本题答案为 D。网络安全有四种特性:保密性、完整性、可用性、可控性。

5. 下列关于计算机病毒说法错误的是:　　　　　　　　　　　　　　　　　　　( )

　　A. 有些病毒仅能攻击某一种操作系统,如 Windows

　　B. 病毒一般附着在其他应用程序之后

　　C. 每种病毒都会给用户造成严重后果

　　D. 有些病毒能损坏计算机硬件

　　【答案与解析】　本题答案为 C。根据计算机病毒的分类可知有些病毒是良性的,不会给用户带来严重后果。

6. 下列关于网络病毒描述错误的是:　　　　　　　　　　　　　　　　　　　　( )

　　A. 网络病毒不会对网络传输造成影响

　　B. 与单机病毒比较,加快了病毒传播的速度

　　C. 传播媒介是网络

D．可通过电子邮件传播

【答案与解析】　本题答案为 A。根据计算机病毒的特性可知网络病毒会对网络传输造成影响。

7．下列计算机操作不正确的是：　　　　　　　　　　　　　　　　　　　　（　　）

A．开机前查看稳压器输出电压是否正常(220 V)

B．硬盘中的重要数据文件要及时备份

C．计算机加电后，可以随便搬动机器

D．关机时应先关主机，再关外部设备

【答案与解析】　本题答案为 C。计算机加电后，不能随意搬动机器，以免造成计算机断电，进而损坏计算机硬件。

8．拒绝服务的后果是：　　　　　　　　　　　　　　　　　　　　　　　　（　　）

A．信息不可用　　　　　　　　　　　　B．应用程序不可用

C．阻止通信　　　　　　　　　　　　　D．以上三项都是

【答案与解析】　本题答案为 D。从计算机安全角度考虑，拒绝服务会造成信息不可用、应用程序不可用、阻止通信等后果。

9．网络安全方案，除增强安全设施投资外，还应该考虑：　　　　　　　　　（　　）

A．用户的方便性

B．管理的复杂性

C．对现有系统的影响及对不同平台的支持

D．以上三项都是

【答案与解析】　本题答案为 D。在制定网络安全方案时，应充分考虑以下因素：增强安全设施投资、用户的方便性、管理的复杂性和对现有系统的影响及对不同平台的支持。

10．信息安全服务包括：　　　　　　　　　　　　　　　　　　　　　　　（　　）

A．机密性服务　　　　　　　　　　　　B．完整性服务

C．可用性服务和可审性服务　　　　　　D．以上皆是

【答案与解析】　本题答案为 D。根据信息安全服务包括的内容可知。

11．保障信息安全最基本、最核心的技术措施是：　　　　　　　　　　　　（　　）

A．信息加密技术　　　　　　　　　　　B．信息确认技术

C．网络控制技术　　　　　　　　　　　D．反病毒技术

【答案与解析】　本题答案为 D。信息加密技术、信息确认技术和反病毒技术都属于网络控制技术。

12．计算机病毒是计算机系统中一类隐藏在哪里并蓄意进行破坏的捣乱程序？　（　　）

A．内存　　　　　　B．软盘　　　　　　C．存储介质　　　　　　D．网络

【答案与解析】　本题答案为 D。根据计算机病毒的定义和特性可知计算机病毒是潜伏在计算机内存的一段程序代码。

13．计算机病毒：　　　　　　　　　　　　　　　　　　　　　　　　　　（　　）

A．都具有破坏性　　　　　　　　　　　B．有些病毒无破坏性

C．都破坏 EXE 文件　　　　　　　　　D．不破坏数据，只破坏文件

【答案与解析】　本题答案为 B。根据计算机病毒的特性和分类可知。

14．计算机病毒：　　　　　　　　　　　　　　　　　　　　　　　　　　（　　）

A．是生产计算机硬件时不注意产生的　　B．是人为制造的

C．都必须清除，计算机才能使用　　　　D．都是人们无意中制造的

【答案与解析】　本题答案为 B。计算机病毒本质上是人为编制的一段程序。

15. 计算机病毒按链接方式主要分为 4 种,不在其中的是: （   ）

    A. 源码型病毒   B. 嵌入型病毒   C. 混合型病毒   D. 外壳型病毒

    【答案与解析】 本题答案为 C。混合型病毒属是按照计算机病毒的寄生部位或传染对象分类的一种。

16. 网络信息系统的可靠性测度主要有: （   ）

    A. 抗毁性   B. 生存期   C. 有效性   D. 以上皆是

    【答案与解析】 本题答案为 D。网络信息系统可靠性测度包括抗毁性、生存期和有效性。

17. 完整性服务提供信息的正确性,它必须和什么服务配合才能对抗篡改性攻击? （   ）

    A. 机密性   B. 可用性   C. 可审性   D. 以上皆是

    【答案与解析】 本题答案为 D。可审性是保证信息安全的前提。

18. 网络隐私权的内涵包括: （   ）

    A. 网络隐私有不被他人了解的权利

    B. 自己的信息由自己控制

    C. 个人数据如有错误,拥有修改的权利

    D. 以上皆是

    【答案与解析】 本题答案为 D。根据网络隐私权的内涵可知。

19. 保障信息完整性的主要方法有: （   ）

    A. 协议和纠错编码方法   B. 密码校验法和数字签名

    C. 公证   D. 以上皆是

    【答案与解析】 本题答案为 D。信息安全完整性包括协议和纠错编码方法、密码校验法和数字签名及公证 3 个方面。

20. 数据保密性的基本类型包括: （   ）

    A. 静态数据保密性   B. 动态数据保密性

    C. 传输数据保密性   D. A、B 都是

    【答案与解析】 本题答案为 D。数据保密性的类型包括静态数据和动态数据的保密性。

21. 网络道德的特点是: （   ）

    A. 自主性   B. 多元性   C. 开放性   D. 以上皆是

    【答案与解析】 本题答案为 D。根据网络道德的定义和特点可知应选择 D 答案。

22. 计算机病毒按照传播媒介分类包括: （   ）

    A. 单机病毒   B. 网络病毒   C. 宏病毒   D. A、B 都是

    【答案与解析】 本题答案为 D。按照计算机病毒的传播媒介来分类,可分为单机病毒和网络病毒。

23. 计算机病毒的预防主要包括以下几个方面: （   ）

    A. 系统启动盘要专用,并且要加上写保护,以防病毒侵入

    B. 不使用来历不明的软盘或 U 盘,除非经过彻底检查

    C. 尽量不要使用非法复制或解密的软件

    D. 以上都正确

    【答案与解析】 本题答案为 D。根据计算机病毒预防的手段可知应选择 D 选项。

24. 属于计算机犯罪类型的是: （   ）

    A. 非法截获信息   B. 复制与传播计算机病毒

    C. 利用计算机技术伪造篡改信息   D. 以上皆是

    【答案与解析】 本题答案为 D。非法截获信息、复制与传播计算机病毒、利用计算机技术伪造

篡改信息均属于计算机犯罪类型。

25. 软件盗版的主要形式有： （　　）

    A．最终用户盗版　　　　　　　　　　B．购买非法途径获得的硬件预装软件

    C．客户机-服务器连接导致的软件滥用　D．以上皆是

    【答案与解析】　本题答案为 D。最终用户盗版、购买非法途径获得的硬件预装软件、客户机-服务器连接导致的软件滥用均属于软件盗版。

26. 属于计算机犯罪的是： （　　）

    A．非法截取信息、窃取各种情报

    B．复制与传播计算机病毒、黄色影像制品和其他非法活动

    C．借助计算机技术伪造篡改信息、进行诈骗及其他非法活动

    D．以上皆是

    【答案与解析】　本题答案为 D。根据计算机犯罪包括的内容可知应选择 D 选项。

27. 专利权属于： （　　）

    A．工业产权　　　B．著作权　　　C．商标权　　　D．专有权

    【答案与解析】　本题答案为 D。根据专利权的定义可知应选择 D 选项。

28. 著作权人的权利包括： （　　）

    A．人身权　　　B．人身权和财产权　　　C．财产权　　　D．放弃权

    【答案与解析】　本题答案为 B。著作权法规定了著作权人的权利包括人身权和财产权。

29. 网络隐私权包括的范围： （　　）

    A．网络个人信息的保护　　　　　　　B．网络个人生活的保护

    C．网络个人领域的保护　　　　　　　D．以上皆是

    【答案与解析】　本题答案为 A。网络隐私权保护网络隐私不受侵害、不被公开、不被利用的权利。

30. 破坏了数据的完整性的是： （　　）

    A．假冒他人地址发送数据　　　　　　B．不承认做过信息的递交行为

    C．数据在传输中途被窃听　　　　　　D．数据在传输中途被篡改

    【答案与解析】　本题答案为 D。数据完整性是指保证没有经过授权的用户不能改变或者删除信息，从而信息在传送的过程中不会被偶然或故意破坏，保持信息的完整、统一。

复 习 题

【A 型题】

1. 计算机病毒是计算机系统中一类隐藏在什么上蓄意进行破坏的程序？ （　　）

    A．内存　　　B．外存　　　C．传输介质　　　D．网络

2. 下面关于计算机病毒说法正确的是： （　　）

    A．都具有破坏性　　　　　　　　　　B．有些病毒无破坏性

    C．都破坏 EXE 文件　　　　　　　　　D．不破坏数据，只破坏文件

3. 下面关于计算机病毒说法正确的是： （　　）

    A．是生产计算机硬件时不注意产生的　B．是人为制造的

    C．必须清除，计算机才能使用　　　　D．是人们无意中制造的

4. 计算机病毒按寄生方式主要分为三种，其中不包括： （　　）

A．系统引导型病毒　　　　　　　　B．文件型病毒

C．混合型病毒　　　　　　　　　　D．外壳型病毒

5. 下面关于防火墙说法正确的是：　　　　　　　　　　　　　　（　　）

A．防火墙必须由软件以及支持该软件运行的硬件系统构成

B．防火墙的功能是防止把网外未经授权的信息发送到网内

C．任何防火墙都能准确地检测出攻击来自哪一台计算机

D．防火墙的主要支撑技术是加密技术

6. 下面关于系统还原说法正确的是：　　　　　　　　　　　　　（　　）

A．系统还原等价于重新安装系统

B．系统还原后可以清除计算机中的病毒

C．还原点可以由系统自动生成也可以自行设置

D．系统还原后，硬盘上的信息都会自动丢失

7. 下面关于系统更新说法正确的是：　　　　　　　　　　　　　（　　）

A．系统需要更新是因为操作系统存在着漏洞

B．系统更新后，可以不再受病毒的攻击

C．系统更新只能从微软网站下载补丁包

D．所有的更新应及时下载安装，否则系统会立即崩溃

8. 下面关于计算机病毒说法正确的是：　　　　　　　　　　　　（　　）

A．计算机病毒不能破坏硬件系统

B．计算机防病毒软件可以查出和清除所有病毒

C．计算机病毒的传播是有条件的

D．计算机病毒只感染.EXE 或 .CORN 文件

9. 信息安全需求不包括：　　　　　　　　　　　　　　　　　　（　　）

A．保密性、完整性　　　　　　　　B．可用性、可控性

C．不可否认性　　　　　　　　　　D．语义正确性

10. 访问控制不包括：　　　　　　　　　　　　　　　　　　　　（　　）

A．网络访问控制　　　　　　　　　B．主机、操作系统访问控制

C．应用程序访问控制　　　　　　　D．外设访问的控制

11. 保障信息安全最基本、最核心的技术措施是：　　　　　　　　（　　）

A．信息加密技术　　　　　　　　　B．信息确认技术

C．网络控制技术　　　　　　　　　D．反病毒技术

12. 下面属于被动攻击的手段是：　　　　　　　　　　　　　　　（　　）

A．假冒　　　　　B．修改信息　　　C．窃听　　　　　D．拒绝服务

13. 消息认证的内容不包括：　　　　　　　　　　　　　　　　　（　　）

A．证实消息的信源和信宿

B．消息内容是或曾受到偶然或有意的篡改

C．消息的序号和时间性

D．消息内容是否正确

14. 下面关于防火墙说法不正确的是：　　　　　　　　　　　　　（　　）

A．防火墙可以防止所有病毒通过网络传播

B．防火墙可以由代理服务器实现

C．所有进出网络的通信流都应该通过防火墙

D. 防火墙可以过滤所有的外网访问

15. 认证使用的技术不包括： （　　）

 A. 消息认证   B. 身份认证   C. 水印技术   D. 数字签名

16. 下面关于计算机病毒说法不正确的是： （　　）

 A. 正版的软件也会受计算机病毒的攻击

 B. 防病毒软件不会检查出压缩文件内部的病毒

 C. 任何防病毒软件都不会查出和杀掉所有的病毒

 D. 任何病毒都有清除的办法

17. 下面不属于计算机信息安全的是： （　　）

 A. 安全法规   B. 信息载体的安全保卫

 C. 安全技术   D. 安全管理

18. 下面不属于访问控制技术的是： （　　）

 A. 强制访问控制   B. 自主访问控制

 C. 自由访问控制   D. 基于角色的访问控制

19. 下面不正确的说法是： （　　）

 A. 阳光直射计算机会影响计算机的正常操作

 B. 带电安装内存条可能导致计算机某些部件的损坏

 C. 灰尘可能导致计算机线路短路

 D. 可以利用电子邮件进行病毒传播

20. 网络安全在分布网络环境中，不提供安全保护的是： （　　）

 A. 信息载体   B. 信息的处理、传输

 C. 信息的存储、访问   D. 信息语意的正确性

21. 下面不属于网络安全的基本属性是： （　　）

 A. 机密性   B. 可用性   C. 完整性   D. 正确性

22. 下列不属于可用性服务的是： （　　）

 A. 后备   B. 身份鉴别   C. 在线恢复   D. 灾难恢复

23. 信息安全并不涉及的领域是： （　　）

 A. 计算机技术和网络技术   B. 法律制度

 C. 公共道德   D. 身心健康

24. 计算机病毒是： （　　）

 A. 一种程序   B. 使用计算机时容易感染的一种疾病

 C. 一种计算机硬件   D. 计算机系统软件

25. 下面不属于计算机病毒特性的是： （　　）

 A. 传染性   B. 突发性   C. 可预见性   D. 隐藏性

26. 关于预防计算机病毒说法正确的是： （　　）

 A. 仅通过技术手段预防病毒   B. 仅通过管理手段预防病毒

 C. 管理手段与技术手段相结合预防病毒   D. 仅通过杀毒软件预防病毒

27. 一种病毒的出现，使得人们对计算机病毒只破坏计算机软件的认识发生了改变，这种计算机病毒是： （　　）

 A. 冲击波   B. 木马病毒   C. Backdoor   D. CIH

28. 电子邮件的发件人利用某些特殊的电子邮件软件，在短时间内不断重复地将电子邮件发送给同一个接收者，这种破坏方式叫做： （　　）

　　A．邮件病毒　　　　　B．邮件炸弹　　　　　C．木马　　　　　D．蠕虫

29. 我国将计算机软件的知识产权列入保护范畴的是：　　　　　　　　　　　　　　　（　）

　　A．专利权　　　　　　B．技术权　　　　　C．合同权　　　　　D．著作权

30. 计算机病毒在一定环境和条件下激活发作，该激活发作是指：　　　　　　　　　　（　）

　　A．程序复制　　　　　B．程序移动　　　　　C．病毒繁殖　　　　　D．程序运行

复习题

【问答题】

1. 什么是计算机病毒？计算机病毒的特点是什么？

2. 计算机病毒分哪几类？各类的特点是什么？

3. 预防计算机病毒的常用方法有哪些？

4. 什么是防火墙？防火墙的功能是什么？

5. 影响计算机网络安全的主要因素有哪些？

参考答案

第一章

1. A 2. D 3. D 4. C 5. C 6. A 7. A 8. C 9. D 10. C 11. C 12. C 13. D 14. B
15. B 16. A 17. D 18. D 19. A 20. B 21. A 22. D 23. C 24. D 25. C 26. A 27. D
28. A 29. A 30. C 31. D 32. D 33. D 34. B 35. D 36. B 37. C 38. C 39. B 40. D
41. B 42. D 43. C 44. A 45. B 46. C 47. D 48. B 49. B 50. D 51. B 52. D 53. A
54. C 55. A 56. A 57. C 58. D 59. C 60. D 61. D 62. A 63. B 64. C 65. B 66. C
67. B 68. B 69. C 70. B 71. B 72. A 73. A 74. A 75. D 76. D 77. C 78. C 79. B
80. B

第三章

第一节

1. A 2. C 3. D 4. A 5. B 6. C 7. D 8. B 9. D 10. A 11. D 12. B 13. A 14. A
15. A 16. B 17. A 18. C 19. C 20. B 21. D 22. D 23. B 24. B 25. D 26. A 27. B
28. A 29. B 30. C

第二节

1. B 2. A 3. C 4. D 5. B 6. C 7. B 8. C 9. C 10. D 11. C 12. C 13. C 14. A
15. A 16. C 17. A 18. A 19. A 20. C 21. A 22. B 23. C 24. A 25. B 26. A 27. B
28. B 29. D 30. B 31. C 32. B 33. C 34. C 35. D 36. C 37. B 38. C 39. C 40. C
41. D 42. B 43. D 44. A 45. A 46. B 47. C 48. A 49. B 50. A 51. B 52. C 53. D
54. B 55. C 56. C 57. D 58. A 59. C 60. C 61. C 62. C 63. A 64. C 65. A 66. B
67. A 68. B 69. C 70. B

第三节

1. D 2. B 3. A 4. B 5. C 6. D 7. D 8. C 9. A 10. B 11. D 12. B 13. D 14. A
15. C 16. C 17. D 18. B 19. D 20. B 21. C 22. D 23. D 24. C 25. D 26. B 27. B
28. D 29. D 30. C

第七章

1. A 2. A 3. B 4. D 5. B 6. C 7. A 8. C 9. D 10. D 11. D 12. C 13. D 14. A
15. C 16. C 17. A 18. D 19. A 20. D 21. B 22. B 23. D 24. A 25. C 26. C 27. B
28. B 29. D 30. D

参 考 文 献

[1] 王世伟. 医学计算机与信息技术应用基础[M]. 北京：中国铁道出版社，2006.
[2] 王世伟. 医学计算机与信息技术应用实验指导[M]. 北京：中国铁道出版社，2006.
[3] 王世伟. 医学计算机与信息技术应用基础[M]. 北京：清华大学出版社，2008.
[4] 王世伟. 医学计算机与信息技术应用实验指导[M]. 北京：清华大学出版社，2008.